生 物 化 学

（第 2 版）

主　编：许激扬

副主编：卞筱泓

编委会：卞筱泓　许　娟　许激扬　马宇翔

　　　　刘　煜　杨学干　曹荣月

东南大学出版社

·南　京·

内 容 提 要

全书共分十二章,重点阐述生物化学的基础理论、基本知识和基本技能,结合药学专业的特点,侧重生物化学在现代药学领域的发展,生物化学与生化药学的关系以及生化药学在药学学科中的地位。第一章为绪论,第二章至第四章为静态生化部分,主要介绍蛋白质、核酸、酶的化学,第五章介绍生物氧化,第六章至第九章,第十一章为动态生化部分,介绍糖、脂类、氨基酸、核酸代谢以及代谢调控,第十章介绍蛋白质的生物合成,第九章、第十章均涉及分子生物学内容,第十二章介绍了生化药物的知识。

本书主要用于药学专业成教专科和本科(专升本)学员的学习,也可供其他院校相关专业的师生参考。书后附有复习题和参考答案,便于读者学习参考与复习自测。

图书在版编目（CIP）数据

生物化学／许激扬主编. —2 版. —南京：东南大学出版社，2010.1（2020.10 重印）

ISBN 978 - 7 - 5641 - 2041 - 2

Ⅰ.生…　Ⅱ.许…　Ⅲ.生物化学—医学院校—教材

Ⅳ. Q5

中国版本图书馆 CIP 数据核字（2010）第 013597 号

东南大学出版社出版发行

（南京四牌楼 2 号　邮编 210096）

出版人：江建中

江苏省新华书店经销　南京京新印刷有限公司印刷

开本：787mm×1092mm　1/16　印张：20　字数：490 千字

2010 年 1 月第 2 版　　2020 年 10 月第 11 次印刷

ISBN 978 - 7 - 5641 - 2041 - 2

印数：51001 ~ 54000 册　　定价：40.00 元

（凡因印装质量问题，可直接向发行部调换。电话：025 - 83795801）

前　言

生物化学是研究生命的化学,也即研究生命现象本质的一门科学,是当代生物科学领域发展最为迅速的学科之一。它从分子水平来研究和阐述生物体(包括人类、动物、植物和微生物)内基本物质的化学组成和生命活动中所进行的化学变化(即代谢反应)的规律及其与生理机能关系的一门科学。

生物化学是生物科学中最活跃的分支学科之一,是现代生物学和生物工程技术的重要基础。工业、农业、医药、食品、能源、环境科学等越来越多的研究领域都以生物化学理论为依据,以其实验技术为手段。生物化学是高等医药院校的各药学专业普遍开设的重要专业基础课程,打好坚实的生物化学基础,使学生对该学科的基本理论与基本研究技术的原理有较全面和清晰的理解,是学生对相关专业知识的学习和研究工作的共同需要。

本教材共分十二章,重点阐述生物化学的基础理论、基本知识和基本技能,结合药学专业的特点,侧重生物化学在现代药学领域的发展,生物化学与生化药学的关系以及生化药学在药学学科中的地位。第一章为绪论,第二章至第四章为静态生化部分,主要介绍蛋白质、核酸、酶的化学,第五章介绍生物氧化,第六章至第九章,第十一章为动态生化部分,介绍糖、脂类、氨基酸、核酸代谢以及代谢调控,第十章介绍蛋白质的生物合成,第九章、第十章均涉及分子生物学内容,第十二章介绍了生化药物的知识。

本教材适合药学专业成教专科和本科(专升本)学员的学习,在实际教学中教学内容可根据不同专科或本科的教学要求有所侧重。本教材也可供其他院校相关专业的师生参考。书后附有复习题和参考答案,便于读者学习参考与复习自测。

参加本书编写工作的有中国药科大学许激扬、卞筱泓、许娟、马宇翔、刘煜、杨学干、曹荣月等7位同志,阚静、江春艳、沈继朵、刘蓉等对稿件进行了校对,在此一并表示衷心的感谢!

由于生物化学学科发展迅速,仅凭编者有限的水平和局限的时间,错误之处在所难免,敬请读者批评指正。

编　者

2009.10

目　录

第一章　绪论

第一节　生物化学发展概况

生物化学(biochemistry)是研究生命化学的科学,是一门在分子水平上研究生物体内基本物质的化学组成和生命活动过程中化学变化规律与生命本质的科学。

生物化学首先是对生命物质的组成成分、性质和含量以及结构与功能的研究。研究生物体各种组织的化学组成,是生命活动的物质基础,属于生物化学基础研究工作,通常被称为静态生物化学。在此基础上,继续深入研究维持生命活动的化学反应,研究生命物质在体内的代谢变化,以及酶、维生素、激素等在代谢中的作用。由于代谢处于动态平衡中,因此称为动态生物化学。随着研究的深入,对生命现象和本质更深入的了解,认识到体内物质代谢主要在细胞内进行。不同类别的细胞构成了不同的组织和器官,并赋予它们不同的生理功能。研究生物分子、亚细胞、细胞、组织和器官的结构与功能的关系,从一个完整的生物机体的角度来研究其体内的化学及其化学变化即功能生物化学。生物化学的发展是从对生物体物质组成的了解到这些物质在生命活动中的代谢的研究,进而研究物质代谢反应与生理功能之间的关系的过程。

20世纪下半叶以来,现代科学技术迅猛发展,生物化学发展的显著特征是分子生物学的崛起。1953年 J. D. Watson 和 F. H. Crick 提出了 DNA 双螺旋结构模型,是生物化学发展进入分子生物学时代的重要标志。此后,对 DNA 的复制机制、RNA 的转录及蛋白质合成过程进行了深入的研究,提出了遗传信息传递的中心法则。20世纪70年代初,随着限制性核酸内切酶的发现和 DNA 分子杂交技术的建立,基因工程学得到发展。1972年 P. Berg 首次将不同的 DNA 片段连接起来,并将这个重组的 DNA 分子有效地插入到细菌细胞中进行繁殖,于是产生了重组的 DNA 克隆。1976年 Y. W. Kan 等应用 DNA 实验技术就胎儿羊水细胞 DNA 做出了 α-地中海贫血出生前诊断。1977年人类第一个基因被克隆,美国成功地用基因工程方法生产出人生长激素抑制素。1981年 T. Cech 发现了核酶,表明 RNA 除了具有原先人们认识的功能以外,还具有催化功能。这一发现打破了一切酶都是蛋白质的传统观念,并提出在蛋白质尚未出现前展望有一 RNA 世界,为生命的起源提出新的理论。1986年 K. Mullis 等建立了 PCR 技术,使人们可以在体外进行极简便和快速的 DNA 扩增。1990年基因治疗正式进入了临床实验阶段。1992年发现蛋白激酶。2001年基本完成了人类基因组计划。在此基础上,后基因组计划将进一步深入研究各种基因的功能与调节。分子生物学的研究对生命科学的发展起了巨大的推动作用,受到国际科学界的高度重视。近20年来,几乎每年的诺贝尔医学和生理学奖以及一些诺贝尔化学奖都授予了从事生物化学和分子生物学的科学家,就足以说明生物化学与分子生物学在生命科学中的重要地位和作用。

我国对生物化学的发展做出了重大贡献。早在四千多前,我国劳动人民在生产和生活中就已经发明用粮食酿酒,在商周时期已知制造酱、醋和饴的技术。这些都是运用生物化学知识

1

和技术的发明创造。由于封建社会视科学为异端,因而限制了生物化学的发展。从 20 世纪 20 年代开始,我国生物化学家在蛋白质化学、免疫学、营养学等方面开展了许多工作。生化学家吴宪在血液分析方面,创立了血滤液的制备及血糖的测定方法;在蛋白质的研究中,提出了蛋白质变性学说。1965 年我国首先人工合成了有生物活性的蛋白质——结晶牛胰岛素。1971 年用 X 线衍射法精确测定了牛胰岛素分子的空间结构,分辨率达 0.18 nm。1979 年又成功地合成了酵母丙氨酰转运核糖核酸。1990 年研制了第一例转基因家畜。近年来我国在人类基因组、水稻基因组和生物工程药物等生物技术领域取得了举世瞩目的成就,积极地促进了生物化学的发展。

第二节 生物化学研究的主要内容

一、生物体的物质组成及生物分子的结构与功能

生物体是由许多物质按严格的规律构建起来的。人体内含水 $55\%\sim67\%$,蛋白质 $15\%\sim18\%$,脂类 $10\%\sim15\%$,糖类 $1\%\sim2\%$,无机盐 $3\%\sim4\%$,此外还有核酸等。除水、无机盐和核酸外,主要是蛋白质、脂类和糖类三类有机物质。看起来似乎比较简单,但是,若从分子水平上来看,是非常复杂的。除水外,每一类物质又包含很多化合物,如人体蛋白质就有 10 万种以上,各种蛋白质的组成和结构不同,因而也就具有不同的生物学功能。

当代生物化学研究的重点是生物大分子,即分子生物学研究的内容。因此,从广义的角度来看,分子生物学是生物化学的重要组成部分。生物大分子主要指蛋白质、核酸,其重要特征之一是具有信息功能,故也称为生物信息分子。它们都是由某些基本结构单位按一定顺序和方式连接所形成的多聚体,分子量一般大于 10^4,这些小而简单的基本单位可以看做是生物分子的构件,故也称作构件分子。

构件分子的种类不多,在一切生物体内都是一样的。但由于每个生物大分子中构件分子的数量、种类、排列顺序和方式的不同,而有不同的一级结构和空间结构,从而有着不同的生物学功能。功能与结构是密切相关的,结构是功能的基础,而功能则是结构的体现。生物大分子的功能还通过分子之间的相互识别和相互作用而实现。因此,分子结构、分子识别和分子间的相互作用是执行生物信息分子功能的基本要素。这一领域的研究是当今生物化学的热点之一。

二、物质代谢及其调节

生物体内各种物质都按一定规律进行物质代谢,通过物质代谢为生命活动提供所需的能量;同时,各种组织化学成分得到不断的代谢更新,这是生命现象的基本特征。物质代谢是机体与环境不断地进行物质交换。体内代谢途径既要适应环境的变化,还要维持内环境的相对稳定,这就需要各种代谢途径之间的互相协调。这样复杂的体系是通过多种调节因素来完成的。物质代谢一旦发生紊乱,则可发生疾病。现在,对生物体内的主要物质代谢途径虽已基本清楚,但仍然有许多问题有待探讨;物质代谢有序性调节的分子机制也尚需进一步阐明;细胞信息传递参与多种物质代谢及其相关的生长、繁殖、分化等生命进程的调节,细胞信息传递的机制及网络也是近代生物化学研究的重要课题。

三、基因表达及其调控

基因表达是指按照某特定结构基因所携带的遗传信息，经转录、翻译等一系列不同阶段，合成具有一定氨基酸序列的蛋白质分子，而发挥特定生物学功能的过程。基因表达调控可在多阶段、多水平上进行，是一个十分复杂而又协调有序的过程。这一过程与细胞的正常生长、发育和分化以及机体生理功能的完成密切相关。对基因表达调控的研究，将进一步阐明生命观，解释细胞行为和疾病的发生机制，从而在分子水平上为人类疾病的诊断、治疗和预防提供科学依据和实用技术。因此，基因表达及其调控，特别是真核生物基因表达时调控的规律是目前分子生物学最重要、最活跃的领域之一。生物技术的发展及人类基因组计划和后基因组计划的实施将大大推动这一领域的研究进程。

第三节　生化药学的涵义及其在药学科学中的地位

药学研究的对象是应用于人体疾病的诊断、预防和治疗的药物。20 世纪中叶以来，许多新理论、新技术被迅速引入药学研究领域，使对化学物质的结构、生物大分子的结构与功能和分子遗传学的理论有了深入的了解，加之生物化学和分子生物学的发展与引入，使实验医学有了重大突破，从而为药学研究与新药发展提供了新的理论、概念、技术和方法，药学科学步入了一个新的发展阶段。其特点是以化学模式为主体的药学科学迅速转向为以生命科学和化学相结合的新药研究模式。其中，生物化学和分子生物学起了先导作用，并与药学科学紧密结合、渗透融合而形成并产生了一门新的边缘学科——生化药学。生化药学是研究与药学学科相关的生物化学理论、原理研究新模式，并与药学科学紧密结合、交叉，形成了在新药发现、药物研究、药品生产、药物质量监控与药品在临床上具体应用的基础学科。

应用生化药学的理论与结构、分子生物学的技术，可以为新药的合理设计提供依据，以减少寻找新药的盲目性，从而提高发现新药的概率。应用现代生化技术，除了可以将从生物体中获得的生理活性物质直接开发为有意义的生物药物外，还可以从中发现结构新颖的先导化合物，设计合成新的化学实体，这是发现和创制新药的重要途径。

应用生化药学的理论与技术手段研究药物作用的分子机制以及药物在体内的代谢转化和代谢动力学是近代药理学的主要发展方向，并已经进一步形成了一个重要的学科分支——分子药理学。分子药理学是在分子水平上研究药物分子与生物大分子相互作用的机制，因此，生化药学是分子药理学的理论核心基础，而分子药理学则是现代生化药学的重要研究内容。

生物药物主要包括生化药物、微生物药物、生物制品及其相关的生物医药制品。生物药物的发现、研究与开发都是现代生化药学的研究成果及其直接应用。尤其是以现代生化药学为基础发展起来的生物工程制药工业更是现代制药工业的突出成就，它正在成为即将到来的生物经济时代的主导产业。

植物药学的研究对象也是取材于天然生物体，其有效成分的分离纯化及作用原理的研究也常常应用现代生化药学的理论、原理和技术。以分子生物学的理论和方法，在分子水平上研究生药的鉴定、生产和成分的一门新学科即分子生药学，更是现代生化药学的一个重要分支学科。它不仅继承了传统药学的内容和使命，而且将更进一步赋予生药学新的任务和挑战。

生物药剂学是研究药物及其制剂在体内的过程（包括吸收、分布、代谢转化和排泄的关系),从而阐明药物剂型因素、生物因素与疗效之间的关系。因此生化代谢与调控理论及其研究手段是生物药剂学的重要理论基础。实际上,生物药剂学就是药剂学与生化药学融合而成的一门边缘学科,许多药物新剂型的研究,如脂质体、微囊、靶向给药等都是以现代生化药学的研究成果为基础而研制的。

总之,现代生化药学在药学学科发展中起着核心和先导作用,是现代药学科学的主要理论基础,也是建立现代药学研究新模式的重要科学依据。

第四节　现代生物化学的重要发展领域

一、结构分子生物学

当今生命科学研究的特征是对分子、细胞、组织、器官乃至整体水平的多方位综合研究。生命活动是核酸、蛋白质等大分子的运动形式,以研究生物大分子的结构、功能为对象的结构分子生物学已成为生命科学的基础学科之一。结构分子生物学研究各种生物大分子的结构及其与功能的关系,生物功能是由生物大分子的结构所决定的,对其体现功能的结构从简单结构(一级结构)到复杂结构(空间结构及分子相互作用结构),都是体现生物信息的"语言",把这些结构信息"语言"转换成计算机语言,人们就可以应用计算机来储存、分辨、提取生物信息,并对任何感兴趣的生物大分子的结构、功能及结构与功能的关系进行分析、预测和比较研究。由此生长点出发,诞生了生物信息学(bioinformatics)或计算机生物学(computational biology)。由于研究生物大分子结构的新技术、新方法和新仪器不断涌现和改进,如 DNA 重组技术、基因合成和测序技术、X 射线衍射分析技术、核磁共振技术、酶逐步降解技术、计算机技术以及不同技术的组合应用等,使获得高分辨率的结构图像,以了解生命过程中蛋白质构象的动态变化以及对大分子结构的贮存、比较和结构等功能预测成为可能。现在,生物大分子三维结构的数据库迅速扩大,以蛋白质结构数据库为例,每天都有几个新的结构增加进来。现已阐明了许多具有重要生物学意义和难度较高的生物大分子的结构,如胰岛素、天花粉蛋白、人的组织相容性抗原、生长激素与受体复合物、人和动物的一些致病的病毒颗粒、HIV 蛋白酶、CD_4糖蛋白、细胞器、细胞膜复合物、核糖体等。这些结果表明,已有的技术手段,不仅能搞清楚单纯的生物大分子的三维结构,还能够搞清楚由同一来源的大分子或不同来源的大分子所构成的复合体的三维结构,大分子所构成的复合体——超分子复合体的三维结构,从而把微观形态与解剖形态联系起来,把大分子与细胞和亚细胞结构联系起来,进而对生物大分子在生命活动过程中的空间结构连续变化进行动态观察和分析研究。如已能在毫秒级水平测定酶—底物作用时的构象变化,蛋白质变性和新生肽折叠时的构象变化以及分子识别多肽和帮助多肽折叠时的构象变化。

结构分子生物学的研究对于研究发病机制与设计诊断、治疗和预防方案具有重要意义,特别对新药的分子设计与模拟具有重要指导作用,它已经成为合理药物设计(rational drug design)的理论基础。

二、基因组学

"人类基因组计划"(human genome project,HGP),于 1990 年正式出台,其主要目标是绘制遗传连锁图、物理图、序列图和转录图。经过国际合作，已完成遗传连锁图和物理图，人类基因组工作草图也已经在 2000 年 6 月 23 日宣告绘制完毕，标志着对人类遗传密码"基因组"全部碱基对的解读已基本告一段落，昭示人类对自身的了解进入了一个新阶段。另外，还完成了细菌、古细菌、支原体和酵母等共 17 种低等生物的全基因组的序列测定，并逐步扩展到各种模式生物基因组、经济动物和作物基因组等的研究，这些将是 21 世纪生命科学领域中的研究热点。"基因组学"（genomics）主要是解决人类基因组的"结构"，在这一目标越来越趋近完成的时候，人们又提出"后基因组学"（postgenomics），其实质是将人类基因组研究的重心逐步由"结构"向"功能"转移，即有关基因组功能信息的摄取、鉴定和开发利用，以及与此相关的数据资料、基因材料和技术手段的贮存和使用。所以"后基因组学"的主要研究内容包括人类基因的识别和鉴定以及基因功能信息的提取和鉴定。在过去几年里，国际上一批知名的大型制药集团和化学公司已经在基因组研究领域投入巨资，并形成一个新的产业部门，即生命科学工业。制药工业就是生命科学工业的重要支柱，与基因组研究尤其关系密切。药物基因组学（pharmacogenomics）研究表明，药物的疗效与患者的基因型相关。因此，今后的药物生产须考虑药物投放地区人群中有关的等位基因的频率，医疗处方也将因人而异，并趋向个性化。比较基因组学的研究，则有助于从模式生物的资料中找到与疾病可能相关的基因，并以此为靶目标设计药物，这就表明现代生物化学发展的另一个重要特点是基础研究与应用研究的密切结合。医药学和农学的发展不断地向生物化学和分子生物学提出挑战，随着基因工程、蛋白质工程、细胞工程和胚胎组织工程的发展，人类在战胜各种传染病、冠心病、艾滋病、肿瘤、计划生育和抗衰老等方面一定会取得更为有效的手段。当年生物化学的基础研究成果到实现产业化的时间距离已大大缩短，如某些细胞因子从基因的发现到生物工程产品的开发，只需要 1～2 年的时间，这就有力地证明了生物化学基础研究与现代药学科学的发展具有密切的关系和巨大的应用潜力。

三、蛋白质组学

研究代谢反应与生理机能的关系是机能生物化学的核心内容，对蛋白质的研究现已从翻译加工过程的作用机制这一极转向研究蛋白质降解机制的另一极。在"后基因组"时代出现的一个新领域就是蛋白质组学（proteomics）。蛋白质组学是研究细胞内全部蛋白质的组成及其活动规律的新兴学科。由于 mRNA 储存和翻译调控以及翻译后加工等的存在，并不能直接反应蛋白质的表达水平；蛋白质自身特有的活动规律，如蛋白质的修饰加工、转运定位、结构形成、代谢转化、蛋白质与蛋白质及其他生物大分子的相互作用等，均无法从基因组水平上的研究获知，因此，对生物功能的主要体现者或执行者——蛋白质的表达模式和功能模式的研究就成为生物化学发展的必然。

蛋白质组是指基因组表达的所有相应的蛋白质，也可以说是指细胞或组织或机体全部蛋白质的存在及其活动方式。蛋白质组学是从整体的蛋白质的水平上，在一个更加深入、更加贴近生命本质的层次上去探讨和发现生命活动的规律和重要生理、病理现象的本质等。蛋白质组具有多样性和可变性。蛋白质的种类和数量及其功能状态在同一机体的不同细胞中是各不相同的，即使是同一种细胞，它在不同时期、不同条件下，其蛋白质组也是在不断变化的。此外，在病理状态下或治疗过程中，细胞的蛋白质组成及其变化，与正常生理过程的也不同。随着蛋白质组学的诞生，人类就有可能从生物大分子整体活动的角度来认识生命，进而在分子水平上，从动态的、整体的角度对生命现象的本质及其活动规律和重大疾病的机制进行研究。

蛋白质组学的研究内容是蛋白质的表达模式与蛋白质的功能模式。蛋白质的表达模式主要解决各种细胞或组织的所有蛋白质的表征问题。目前是通过二维凝胶电泳（2DGE）建立一种细胞或组织的蛋白质组二维图谱，通过计算机模式识别分析各种蛋白质的等电点和分子量参数及蛋白质点强度、面积等，再结合以质谱分析为主要手段的蛋白质鉴定及数据库检索，从而大量鉴定其蛋白质组成员，形成相应的蛋白质组数据库。建立机体或组织或细胞的正常生理条件下的数据库是进行大规模蛋白质组分析研究的基础。蛋白质组分析的第二步是比较分析在不同条件下蛋白质组的变化，如蛋白质表达量的变化、翻译后的加工修饰等；或进一步分析蛋白质在亚细胞水平上的定位的改变等，从而发现和鉴定出特定功能的蛋白质。蛋白质功能模式的研究主要是揭示蛋白质相互作用的连锁关系和蛋白质发挥功能所依赖的结构基础，并为了解大量涌现出的新基因的功能提供依据。

蛋白质组学不断的深入发展，将在揭示诸如生长、发育和代谢调控等方面取得突破，并为探讨发病机制、疾病诊断与防治和新药开发提供重要的理论基础。例如可以应用蛋白质组技术发现药物作用的新靶点和研究药物代谢酶谱的变化以及药物产生毒副作用的相关蛋白质因子，从而为发现新药、研究药物作用机制以及指导临床合理用药提供可靠的理论依据。

四、神经生物化学

神经生物化学可能是现代生化发展的最大热门，因为神经系统不仅是生命活动的中枢，而且与学习、记忆、语言等生命活动直接相关，可能是生命活动中最复杂、最精细的内容。人脑是神经系统最高的组织形式，是最复杂的器官，是一切精神活动的物质基础。分子生物学的概念与技术已渗透到神经生物学的多个分支，并与其他实验技术相结合推动神经生物学的全面发展。近10年来，神经生化的研究已经取得了惊人的进展。

1. 突触传递和膜兴奋分子元件的结构和功能。根据结构，受体可以分为三类，包括递质（配体）门控性分子通道、G蛋白偶合受体和催化性受体，这三类受体的结构都已经通过重组DNA技术克隆阐明，受体的克隆为寻找新的高选择性的药物提供了机会。大量的细胞外信号需要通过G蛋白转导为细胞内效应，已知G蛋白可以直接影响离子通道。根据G蛋白的α亚基结构，G蛋白可分为Gs、Gi、Go、Gq、Gt等。递质转运蛋白又使释放的神经递质回到末梢或摄取到胶质细胞。许多递质转运蛋白也被克隆，如GABA转运蛋白和囊泡膜的单胺类转运蛋白等。与递质释放的某些有关分子，已有多种获得纯化，如Synapsins，VAMP（Synapto brevin）、Synatopyhsin、Synaptotagmin、RAB-3、Syntaxin等以及囊泡递质转运蛋白。电压门控性离子通道研究较多的有钠通道、钙通道和钾通道，而首先被克隆的就是钠通道。

2. 神经系统发育研究已发现，决定成为神经元的基因有Proneural基因（赋予细胞有发育成神经元的潜能），Neurogeni基因（选择成神经元）和Selector基因（决定成为哪一种类型的神经元）。一旦细胞被决定发育成为神经之后，需要一些物质使它分化成熟并继续存在，这种物质称为神经营养因子，如神经生长因子（NGF）。神经元之间建立联系要依赖许多分子暗号（molecular cues），神经元轴突的生长锥（growth cone）有识别分子暗号的受体，在不同时间和空间先后表达，以建立神经之间相互联系的分子机制。

3. 重组DNA和神经系统疾病。应用基因治疗技术在帕金森病方面已取得进展，神经营养物质，如NGF，已能用重组DNA技术生产；多种神经系统遗传性疾病和退化性疾病的基因已被克隆，它们的基因治疗已经被提上了日程。

第五节　生物化学的内容和学习要求

生物化学是在分子水平上研究生命活动规律的一门边缘学科。其内容相当广泛,在学习本课程时,将涉及无机化学、有机化学、物理化学、数学、物理学、生物学及生理学等许多学科的基本知识。学习时应遵照循序渐进的原则,在学好相应学科基本知识基础上再学习本课程。本书包括蛋白质、核酸、酶的化学,生物氧化,糖、脂类、蛋白质及核酸代谢、代谢调控及生化药物等。

绪论的基本内容:生物化学的定义、内容、研究目的及任务;生物化学与医药卫生及工农业生产的相互关系,本学科与其他学科的关系及其在医药工业中的地位和重要性;生物化学的发展概况、成就及其发展前景。对于绪论学习的基本要求:了解生物化学的进展及其发展前景;掌握生物化学的含义、内容和任务;熟悉生物化学在药学中的地位和重要性。

蛋白质化学的基本内容:蛋白质在生命活动中的重要意义;蛋白质元素组成和基本结构单位;蛋白质的分子结构;蛋白质的结构和功能;蛋白质的性质;蛋白质的分离、纯化基本原理;蛋白质的分类。学习这一章的基本要求:了解蛋白质是生命的物质基础;掌握氨基酸的结构和特点;掌握蛋白质的结构和重要性质;熟悉蛋白质结构与功能的关系。

核酸化学的基本内容:核酸的概念和化学组成;核酸的分子结构;核酸的理化性质;核酸的分离和含量测定。对于核酸化学这一章的学习,应了解核酸在生命活动中的重要意义;掌握核酸的化学组成、结构及核酸的重要性质。

酶的基本内容:酶的催化特性和作用特点;酶的结构和功能;酶的催化机制;酶促反应的动力学;酶的分离提纯及活性测定;同工酶、变构酶和固定化酶;酶在医药学上的应用。基本要求:了解酶在生命活动中的重要性;掌握酶的化学本质和酶的作用机制;掌握酶催化作用的影响因素;了解酶的提取、纯化和酶活力测定的一般原理和方法;掌握变构酶、同工酶、固定化酶的概念。

生物氧化的基本内容:生物氧化的概念;线粒体氧化体系——呼吸链;生物氧化与能量代谢;氧化磷酸化作用机理;其他氧化酶类。基本要求:掌握体内物质氧化过程中的氢与电子传递体系;掌握体内 ATP 的形成方式和氧化磷酸化作用机制;掌握呼吸链抑制剂。

糖代谢的基本内容:糖类的化学;糖的消化与吸收;糖的分解代谢;糖原的合成与分解;其他单糖的代谢;血糖;糖代谢的调节;糖代谢的紊乱。基本要求:了解糖类的概念、功能及分类;掌握糖的主要分解过程和生理意义;掌握血糖浓度水平的维持和调节机制;熟悉糖代谢障碍与糖尿病的关系。

脂类代谢的基本内容:自然界存在的重要的脂类的化学;脂类在体内的分布和生理功用;脂类在体内的消化和吸收;脂类在体内的储存、动员和运输;脂肪的代谢;类脂的代谢;脂类代谢的调节和紊乱。基本要求:了解脂类的概念、特征和功能,脂肪和类脂的结构特点;掌握脂肪酸与甘油氧化过程及其生理意义和脂肪酸的合成代谢;掌握酮体的生成、分解途径及其与糖代谢的关系;熟悉磷脂和胆固醇代谢的概要及其生理意义。

氨基酸代谢的基本内容:蛋白质的营养;蛋白质的消化、吸收和腐败;氨基酸的一般代谢;个别氨基酸的代谢。基本要求:了解蛋白质的营养意义、消化和吸收;掌握氨基酸的一般代谢;掌握氨基酸脱氨基作用及尿素生成过程。

核酸代谢与蛋白质生物合成的基本内容：核酸的消化和吸收；核酸的分解代谢；核酸的合成代谢；蛋白质的生物合成；药物对核酸代谢和蛋白质生物合成的影响。基本要求：了解核酸分解途径及产物；掌握核酸与蛋白质生物合成过程及其关系；掌握抗代谢物的理论及重要意义；熟悉核酸与遗传变异的关系。

代谢调控总论的基本内容：新陈代谢的概念和研究方法；物质代谢的相互关系；代谢调控总论；代谢抑制剂和抗代谢物。基本要求：了解代谢调控的一般概念，掌握糖、脂类、蛋白质三大代谢的相互关系。

第二章　蛋白质的化学

第一节　蛋白质是生命的物质基础

蛋白质和核酸是生命活动过程中最重要的物质基础。蛋白质在生命活动中的重要性主要表现在以下两个方面。

一、蛋白质是构成生物体的基本成分

蛋白质(protein)在生物界的存在具有普遍性,无论是简单的低等生物,还是复杂的高等生物,都毫无例外地含有蛋白质。蛋白质不仅是构成一切细胞和组织的重要组成成分,而且也是生物体细胞中含量最丰富的高分子有机化合物。人体内蛋白质含量约占人体总固体量的45%,肌肉、内脏和血液等都以蛋白质为主要成分(表2-1);微生物中蛋白质含量亦高,细菌中一般含50%~80%,干酵母含46.6%,病毒中除含少量核酸外,其余几乎皆为蛋白质;高等植物细胞原生质和种子中也含有较多的蛋白质,如黄豆几乎达40%。

表 2-1　人体部分组织器官中蛋白质含量(蛋白质 g/100g 干组织)

器官或组织	蛋白质含量/%	器官或组织	蛋白质含量/%
体液组织	85	心	60
神经组织	45	肝	57
脂肪组织	14	胰	47
消化道	63	肾	72
横纹肌	80	脾	84
皮肤	63	肺	82
骨骼	28		

二、蛋白质具有多样性的生物学功能

没有蛋白质就没有生命。许多重要的生命现象和生理活动都是通过蛋白质来实现的,一切生命现象都是蛋白质的功能,生物的多样性体现了蛋白质生物学功能的多样性。自然界蛋白质的种类繁多,据估计:最简单的单细胞生物如大肠杆菌有含 3 000 余种不同的蛋白质;人体含有 10 万种以上不同的蛋白质;而整个生物界蛋白质的种类约为 10^{10} 种。这些不同的蛋白质,各具有不同的生物学功能,它们决定不同生物体的代谢类型及各种生物学特性。蛋白质的重要性不仅在于它广泛、大量存在于生物界,更在于它在生命活动过程中起着重要的作用。

1. 生物催化作用　生命的基本特征是物质代谢,而物质代谢的全部生化反应几乎都需要

酶作为生物催化剂,而大多数酶的化学本质是蛋白质。正是这些酶类决定了生物的代谢类型,从而才有可能表现出不同生物的各种生命现象。

2. 代谢调节作用　生物体存在精细有效的调节系统以维持正常的生命活动。参与代谢调节的许多激素是蛋白质或多肽,如胰岛素、胸腺激素及各种促激素等。胰岛素可调节血糖的水平,若分泌不足可导致糖尿病。

3. 免疫保护作用　机体的免疫功能与抗体有关,而抗体是一类特异的球蛋白,它能识别进入体内的异体物质,如细菌、病毒和异体蛋白等,并与其结合而失活,使机体具有抵抗外界病原侵袭的能力。免疫球蛋白也可用于许多疾病的预防和治疗。

4. 转运和贮存的作用　体内许多小分子物质的转运和贮存可由一些特殊的蛋白质来完成。如血红蛋白运输氧和二氧化碳;血浆运铁蛋白转运铁,并在肝内形成铁蛋白复合物而贮存;不溶性的脂类物质与血浆蛋白结合成脂蛋白而运输,许多药物吸收后也常与血浆蛋白结合而转运。

5. 运动与支持的作用　负责运动的肌肉收缩系统也是蛋白质,如肌动蛋白、肌球蛋白、原肌球蛋白和肌原蛋白等。这是躯体运动、血液循环、呼吸与消化等机能活动的基础。皮肤、骨骼和肌腱的胶原纤维主要含胶原蛋白,它有强烈的韧性,1 mm 粗的胶原纤维可耐受 10～40 kg 的张力,这些结构蛋白(胶原蛋白、弹性蛋白、角蛋白等)的作用是维持器官、细胞的正常形态,抵御外界伤害的保护功能,保证机体的正常生理活动。

6. 控制生长和分化的作用　生物体可以自我复制,在遗传信息的复制、转录及翻译过程中,除了作为遗传基因的脱氧核糖核酸起了非常重要的作用外,离开了蛋白质分子的参与也是无法进行的,它在其中充当着至关重要的角色。生物体的生长、繁殖、遗传和变异等都与核蛋白有关,而核蛋白是由核酸与蛋白质组成的结合蛋白质。另外,遗传信息多以蛋白质的形式表达出来。有一些蛋白质分子(如组蛋白、阻遏蛋白等)对基因表达有调节作用,通过控制、调节某种蛋白基因的表达(表达时间和表达量)来控制和保证机体生长、发育和分化的正常进行。

7. 接受和传递信息的作用　完成这种功能的蛋白质为受体蛋白,其中一类为跨膜蛋白,另一类为胞内蛋白。如细胞膜上蛋白质类激素受体、细胞内甾体激素受体以及一些药物受体。受体首先和配基结合,接受信息,通过自身的构象变化,或激活某些酶,或结合某种蛋白质,将信息放大、传递,起着调节作用。

8. 生物膜的功能　生物膜的基本成分是蛋白质和脂类,它和生物体内物质的转运有密切关系,也是能量转换的重要场所。生物膜的主要功能是将细胞区域化,使众多的酶系处在不同的分隔区内,保证细胞正常的代谢。

总之,蛋白质的生物学功能极其广泛(见表 2-2)。近来分子生物学研究表明,在高等动物的记忆和识别功能方面,蛋白质也起着十分重要的作用。此外,有些蛋白对人体是有害的,称为毒蛋白,如细菌毒素、蛇毒蛋白、蓖麻子的蓖麻蛋白等,它们侵入人体后可引起各种毒性反应,甚至可危及生命。以上这些例子表明,生命活动是不可能离开蛋白质而存在的。因此,有人称核酸为"遗传大分子",而把蛋白质称作"功能大分子"。

在药学领域,人类早在古代就已利用动物脏器来防治疾病。近代,人们已大规模地生产和应用生化药物,这类药物可从动、植物和微生物直接提取制备,也可采用现代生物技术来生产。其有效成分许多为蛋白质或多肽(如酶类、一些激素等);即使有效成分本身并非蛋白质,但由于它们在组织细胞内与大量蛋白质共同存在,在提取、分离时也必然遇到有关蛋白质的处理问题。因此,蛋白质的研究不仅具有重要的生物学意义,而且对有关药物的生产、制备、分析、贮存和应用等也具有重要的现实意义。

表 2 - 2 蛋白质生物学功能的多样性

蛋白质的类型与举例		生物学功能
酶类	己糖激酶	使葡萄糖磷酸化
	糖原合成酶	参与糖原合成
	脂酰基脱氢酶	脂酸的氧化
	转氨酶	氨基酸的转氨作用
DNA 聚合酶		DNA 的复制与修复
激素蛋白	胰岛素	降血糖作用
	ACTH	调节肾上腺皮质激素合成
防御蛋白	抗体	免疫保护作用
纤维蛋白原		参与血液凝固
转运蛋白	血红蛋白	O_2 和 CO_2 的运输
	清蛋白	维持血浆胶渗压
	脂蛋白	脂类的运输
收缩蛋白	肌球蛋白、肌动蛋白	参与肌肉的收缩运动
核蛋白		遗传功能
视蛋白		视觉功能
受体蛋白		接受和传递调节信息
结构蛋白	胶原	保持结缔组织的纤维性
弹性蛋白		保持结缔组织的弹性

第二节 蛋白质的分类

蛋白质的种类繁多,功能复杂,为了方便研究和掌握,在蛋白质研究的不同历史时期,出现了许多分类方法,均反映了当时的研究重点与水平,但是无论是按其分子形状、化学组成和溶解度等的差异来进行的分类,还是根据其功能分类,均是粗略的划分。

一、根据分子形状分类

1. **球状蛋白(globular protein)** 即蛋白质分子形状的长、短轴比小于10。生物界大多数蛋白质属球状蛋白,一般为可溶性、有特异生物活性,如酶、免疫球蛋白等。

2. **纤维状蛋白(fibrous protein)** 蛋白质分子形状的长、短轴比大于10。一般不溶于水,多为生物体组织的结构材料,如毛发中的角蛋白、结缔组织的胶原蛋白和弹性蛋白、蚕丝的丝心蛋白等。

二、根据化学组成分类

1. **单纯蛋白(simple protein)** 其完全水解产物仅为氨基酸。如清蛋白、球蛋白、组蛋白、精蛋白、硬蛋白和植物谷蛋白等。

2. 结合蛋白(conjugated protein)　由单纯蛋白与非蛋白部分组成。非蛋白部分称为辅基(prosthetic group),根据辅基不同可分为下列几类(见表2-3):

表2-3　结合蛋白的种类

蛋白质名称	辅基	举例
核蛋白	核酸	染色体蛋白、病毒核蛋白
糖蛋白	糖类	免疫球蛋白、粘蛋白
色蛋白	色素	血红蛋白、黄素蛋白
脂蛋白	脂类	α脂蛋白、β脂蛋白
磷蛋白	磷酸	胃蛋白酶、酪蛋白
金属蛋白	金属离子	铁蛋白、胰岛素

三、根据溶解度分类

1. 可溶性蛋白　指可溶于水、稀中性盐和稀酸溶液。如清蛋白、球蛋白、组蛋白和精蛋白等。

2. 醇溶性蛋白　如醇溶谷蛋白,它不溶于水、稀盐,而溶于70%～80%的乙醇。

3. 不溶性蛋白　指不溶于水、中性盐、稀酸、碱和一般有机溶媒等。如角蛋白、胶原蛋白、弹性蛋白等。

四、根据功能分类

近年来,对蛋白质的研究已发展到深入探索蛋白质的功能与结构的关系,以及蛋白质—蛋白质(或其他生物大分子)相互关系的阶段,因此出现了根据蛋白质的功能进行分类的方法。

1. 活性蛋白质(active protein)　大多数是球状蛋白质,它们的特性在于都有识别功能(即它们与其他分子结合的功能),包括在生命活动过程中一切有活性的蛋白质以及它们的前体。绝大部分蛋白质都属于此。

2. 非活性蛋白质(passive protein)　主要包括一大类起保护和支持作用的蛋白质,实际上相当于按分子形状分类的纤维状蛋白和按溶解度分的不溶性蛋白。

第三节　蛋白质的化学组成

蛋白质在生命活动中的重要功能有赖于它的化学组成、结构和性质。

一、蛋白质的元素组成

蛋白质不仅在功能上与糖、脂肪不同,在元素组成上亦有差别。根据对蛋白质的元素分析表明,含碳50%～55%、氢6%～8%、氧19%～24%、氮13%～19%。除此四种元素之外,大多数蛋白质还含有少量硫,有的还含有少量的磷、碘或金属元素铁、铜、锰和锌等。

一切蛋白质皆含有氮,并且大多数蛋白质含氮量比较接近而恒定,平均为16%。这是蛋白质元素组成的一个重要特点,也是各种定氮法测定蛋白质含量的计算基础。因为动植物组织中含氮物以蛋白质为主,因此用定氮法测得的含氮量乘以 6.25,即可算出样品中蛋白质的含量。

蛋白质的含量＝蛋白质含氮量×100/16＝蛋白质含氮量×6.25

二、蛋白质结构的基本单位

蛋白质是高分子有机化合物,结构复杂,种类繁多,但其水解的最终产物都是氨基酸.因此,把氨基酸(amino acids)称为蛋白质结构的基本单位。

1. 氨基酸的结构　天然存在的氨基酸约 180 种,但组成蛋白质的氨基酸有 20 余种,称为基本氨基酸。其化学结构可用下列通式表示:

$$H_2N-C\alpha-H \quad \begin{array}{c} COOH \\ | \\ | \\ R \end{array}$$

由通式分析,各种基本氨基酸在结构上有下列共同特点:

(1) 组成蛋白质的基本氨基酸为 α-氨基酸,但脯氨酸例外,为 α-亚氨基酸。

(2) 不同的 α-氨基酸,其 R 侧链不同。它对蛋白质的空间结构和理化性质有重要的影响。

(3) 除 R 侧链为氢原子的甘氨酸外,其他氨基酸的 α-碳原子都是不对称碳原子(手性碳原子),可形成不同的构型,具有旋光性质。天然蛋白质中基本氨基酸皆为 L 型,故称为 L-α-氨基酸。

为表达蛋白质或多肽的氨基酸组成结构,其中氨基酸的名称常用三字或一字代号表示,见表 2-4。

表 2-4　氨基酸的结构与分类

	名　称	代　号		"R—"结构	分子量	等电点
非极性的氨基酸	1. 丙氨酸(alanine)	丙	Ala　A	$CH_3—$	89.06	6.00
	2. 缬氨酸＊(valine)	缬	Val　V	$CH_3CH(CH_3)—$	117.09	5.96
	3. 亮氨酸＊(leucine)	亮	Leu　L	$CH_3CH(CH_3)CH_2—$	131.11	5.98
	4. 异亮氨酸＊(isoleucine)	异亮	Ile　I	$CH_3CH_2CH(CH_3)—$	131.11	6.02
	5. 蛋氨酸＊(methionine)	蛋	Met　M	$CH_3SCH_2CH_2—$	149.15	5.74
	6. 脯氨酸(proline)	脯	Pro　P	(环状结构 —COOH, NH)	115.13	6.30
	7. 苯丙氨酸＊(phenylalanine)	苯丙	Phe　F	(苯环)—$CH_2—$	165.09	5.48
	8. 色氨酸＊(tryptophan)	色	Trp　W	(吲哚环)—$CH_2—$	204.22	5.89
极性不带电荷的氨基酸	9. 甘氨酸(glycine)	甘	Gly　G	$H—$	75.05	5.97
	10. 丝氨酸(serine)	丝	Ser　S	$HOCH_2—$	105.06	5.68
	11. 苏氨酸＊(threonine)	苏	Thr　T	$CH_3(OH)CH—$	119.08	6.16
	12. 半胱氨酸(cysteine)	半胱	Cys　C	$HSCH_2—$	121.12	5.07
	13. 天冬酰胺(asparagine)	天胺	Asn　N	$NH_2COCH_2—$	132.12	5.41
	14. 谷氨酰胺(glutamine)	谷胺	Gln　Q	$NH_2COCH_2CH_2—$	146.15	5.56
	15. 酪氨酸(tyrosine)	酪	Tyr　Y	$HO—$(苯环)$—CH_2—$	181.09	5.66

名　称		代　号		"R—"结构	分子量	等电点
带负电荷氨基酸（酸性氨基酸）	16. 天冬氨酸 （aspartic acid）	天	Asp D	$HOOCCH_2-$	133.60	2.77
	17. 谷氨酸 （glutamic acid）	谷	Glu E	$HOOCCH_2CH_2-$	147.08	3.32
带正电荷氨基酸（碱性氨基酸）	18. 赖氨酸 * （lysine）	赖	Lys K	$NH_2CH_2CH_2CH_2CH_2-$	146.63	9.74
	19. 精氨酸 （arginine）	精	Arg R	$\overset{NH}{\underset{\parallel}{NH_2CNHCH_2CH_2CH_2-}}$	174.14	10.76
	20. 组氨酸 （histidine）	组	His H		155.16	7.59

* 为必需氨基酸

2. 氨基酸的分类　目前常以侧链 R 基团的结构和性质作为氨基酸分类的基础。因为,蛋白质的许多性质、结构和功能等都与氨基酸的侧链 R 基团密切相关。

(1) 非极性 R 基氨基酸:其 R 基为疏水性的,因此这类氨基酸的特征是在水中的溶解度小于极性 R 基氨基酸。共有八种,即脂肪族氨基酸五种(丙、缬、亮、异亮和蛋);芳香族氨基酸一种(苯丙);杂环氨基酸两种(脯和色)。

(2) 极性不带电荷 R 基氨基酸:这类氨基酸的特征是比非极性 R 基氨基酸易溶于水。有七种,即含羟基氨基酸三种(丝、苏和酪);酰胺类氨基酸两种(天胺和谷胺);含巯基半胱氨酸及甘氨酸等。

(3) 带负电荷的 R 基氨基酸:有两种,即谷、天。这两种氨基酸都含有两个羧基,在生理条件下分子带负电,是一类酸性氨基酸。

(4) 带正电荷的 R 基氨基酸:这类氨基酸的特征是在生理条件下带正电荷,是一类碱性氨基酸。有三种,即赖、精和组等。

蛋白质组成中除上述 20 种基本氨基酸外,少数蛋白质还存在一些不常见的特有氨基酸,这些氨基酸在蛋白质生物合成中没有翻译密码,是蛋白质生物合成后由相应的氨基酸残基经加工修饰形成的,如羟脯氨酸、羟赖氨酸、胱氨酸、四碘甲腺原氨酸(甲状腺素,T_4)等。另外在生物界还发现有 150 多种非蛋白质氨基酸,它们以游离或结合形式存在,但不存在于蛋白质中。这类氨基酸中有些在代谢中起着重要的前体或中间体的作用。如 β-丙氨酸是构成维生素泛酸的成分;D-型苯丙氨酸参与组成抗生素短杆菌肽 S;同型半胱氨酸是蛋氨酸代谢的产物;瓜氨酸和鸟氨酸是尿素合成的中间产物;γ-氨基丁酸(GABA)是谷氨酸脱羧的产物,在脑中含量较多,对中枢神经系统有抑制作用。目前,一些非蛋白质氨基酸已作为药物用于临床。

下列一些氨基酸仅存在于少数蛋白质中,如:

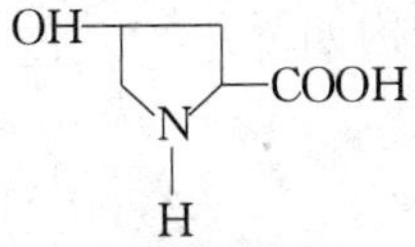

L-羟脯氨酸　　　　　　　　　　　　L-羟赖氨酸
（Hyp）　　　　　　　　　　　　　（Hyl）

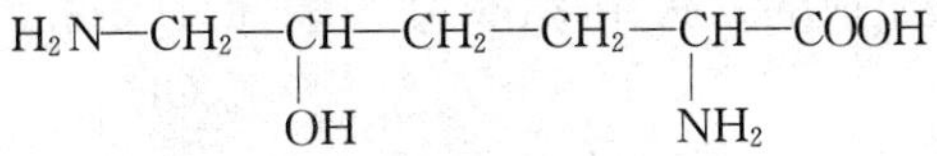

第四节　蛋白质的分子结构

蛋白质是具有三维空间结构的高分子物质,根据蛋白质肽链折叠的方式与复杂程度,将蛋白质的分子结构分为一、二、三、四级,即一级结构和空间结构(包括二、三、四级结构)。蛋白质的一级结构是基础,它决定蛋白质的空间结构。

一、蛋白质的一级结构

蛋白质的一级结构(primary structure)又称共价结构或基本结构。蛋白质是由许多 L-型 α 氨基酸组成的高分子有机化合物,不同蛋白质的氨基酸种类、数量和排列顺序各异,这是蛋白质结构的复杂性和生物学功能多样性的基础。蛋白质分子中所含的氨基酸有 20 多种,氨基酸的数目少则几十个,多则可达万个,因而分子巨大。蛋白质的一级结构要讨论的中心问题是:蛋白质分子中氨基酸之间是怎样连接的? 每种蛋白质是否有确定的氨基酸排列顺序?

实验证明,蛋白质分子是由氨基酸构成,氨基酸之间是通过肽键相连的。肽键(peptide bond)是蛋白质分子中基本的化学键,它是由一分子氨基酸的 α 羧基与另一分子氨基酸的 α 氨基缩合脱水而成。其结构如下:

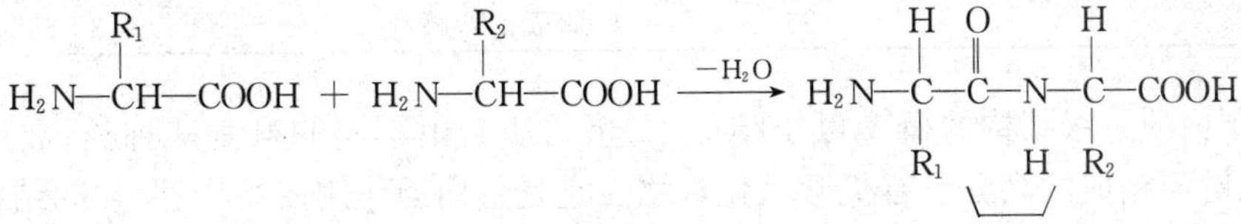

氨基酸

肽键也称酰胺键,氨基酸通过肽键相连的化合物称为肽。由两个氨基酸组成的肽,称为二肽,三个氨基酸组成的肽,称为三肽,依此类推。一般把十个氨基酸以下组成的肽,称为寡肽(oligopeptide)。十个氨基酸以上组成的肽,称为多肽或多肽链(polypeptide),其结构为:

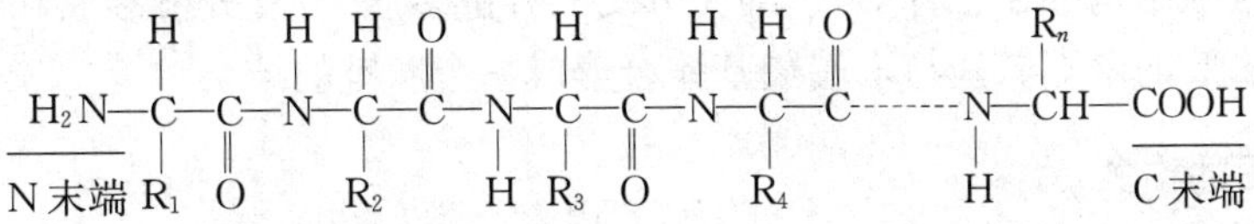

多肽链中的氨基酸,由于参与肽键的形成,已非原来完整的分子,称为氨基酸残基(residue)。多肽链中的骨干是由氨基酸的羧基与氨基形成的肽键部分规则地重复排列而成,称为共价主链;R 基部分,称为侧链。蛋白质分子结构可含有一条或多条共价主链和许多侧链。

多肽链的结构具有方向性。一条多肽链有两个末端,含自由 α 氨基一端称为氨基酸末端或 N 末端;含自由 α 羧基一端称为羧基末端或 C 末端。体内多肽和蛋白质生物合成时,是从氨基端开始,延长到羧基端终止,因此 N 末端被定为多肽链的头,故多肽链结构的书写通常是将 N 端写在左边,C 端写在右边。肽的命名也是从 N 端到 C 端,如丙丝甘肽,是由丙氨酸、丝

15

氨酸和甘氨酸组成的三肽,丙氨酸为 N 端,而甘氨酸为 C 端,其结构如下:

$$H_2N-\overset{\overset{\displaystyle CH_3}{|}}{C}-\overset{\overset{\displaystyle O}{\|}}{C}-N-\overset{\overset{\displaystyle CH_2}{|}\ \ \overset{\displaystyle OH}{|}}{CH}-\overset{\overset{\displaystyle O}{\|}}{C}-N-CH_2COOH$$

丙氨酸　　　　丝氨酸　　甘氨酸

若其中任何一种氨基酸顺序发生改变,则变成另一种不同的三肽顺序异构体。蛋白质分子中的顺序异构现象可解释为什么仅 20 种氨基酸却构成了自然界种类繁多的不同蛋白质。根据排列理论计算,由两种不同氨基酸组成的二肽,有异构体两种;由 20 种不同氨基酸组成的二十肽,其顺序异构体有 2×10^{18} 种,这仅是一个分子量约 2 600 的小分子多肽;对于分子量为 34 000 的蛋白质,若含 12 种不同的氨基酸,且每种氨基酸的数目均等,其顺序异构体可有 10^{300} 种,这是一个多么惊人的数字。1953 年 Sanger 等测定了牛胰岛素的氨基酸顺序,这是生化领域中具有划时代意义的重大突破,因为它第一次展示了蛋白质具有确切的氨基酸顺序。迄今已有 1 000 种以上的蛋白质的氨基酸顺序已完全确定,结果表明:每种蛋白质都具有特异而严格的氨基酸种类、数量和排列顺序。表 2-5 列出了部分蛋白质和多肽含氨基酸数。

表 2-5　部分蛋白质和多肽含氨基酸数

蛋白质或多肽	氨基酸数	蛋白质或多肽	氨基酸数
加压素	9	血红蛋白	574
胰高血糖素	29	γ 球蛋白	1 250
胰岛素	51	谷氨酸脱氢酶	8 300
核糖核酸酶	124	脂肪酸合成酶	20 000
干扰素	166	烟草花叶病毒	33 650

关于蛋白质一级结构的概念可小结如下:蛋白质是由不同的氨基酸种类、数量和排列顺序,通过肽键而构成的高分子有机含氮化合物。它是蛋白质作用的特异性、空间结构的差异性和生物学功能多样性的基础。

此外,蛋白质一级结构中除肽键外,有些还含有少量的二硫键。它是由两分子半胱氨酸残基的巯基脱氢而生成的,可存在于肽链内,也可存在于肽链间。如胰岛素是由两条肽链经二硫键连接而成。

多肽链的一级结构存在三种形式,即无分支的开链多肽、分支开链多肽和环状多肽。环状多肽是由开链多肽的末端氨基与末端羧基缩合形成一个肽键的结果。

二、蛋白质的构象

蛋白质分子的构象(conformation)又称空间结构、立体结构、高级结构和三维构象等。它指蛋白质分子中原子和基团在三维空间上的排列、分布及肽链的走向。蛋白质分子的构象是以一级结构为基础,是表现蛋白质生物学功能或活性所必需的。

蛋白质分子的构象可分为蛋白质的二级结构、三级结构和四级结构。下面分别讨论。

(一)维持蛋白质构象的化学键

蛋白质的空间构象离开了形成和维持构象的化学键是不可能存在的。蛋白质一级结构的主要化学键是肽键,也有少量的二硫键,这些共价键因键能大,稳定性也较强。而维持蛋白质构象的化学键主要是一些次级键,亦称副键,它们是蛋白质分子的主链和侧链上的极性、非极性和离子基团等相互作用而成的。一般来说,次级键的键能较小,因而稳定性较差。但由于次级键的数量众多,因此在维持蛋白质分子的空间构象中起着极为重要的作用。主要的次级键有氢键、疏水键、盐键、配位键和范德华力等。

1. 氢键（hydrogen bond） 由连接在一个电负性大的原子上的氢与另一个电负性大的原子相互作用而形成。氢键是次级键中键能最弱的,但其数量最多,所以是最重要的次级键。一般多肽链中主链骨架上羧基的氧原子与亚氨基的氢原子所生成的氢键是维持蛋白质二级结构的主要次级键。而侧链间或主链骨架间所生成的氢键则是维持蛋白质三、四级结构所需的。

2. 疏水键（hydrophobic bond） 它是由两个非极性基团因避开水相而群集在一起的作用力。蛋白质分子中一些疏水基团因避开水相而互相粘附并藏于蛋白质分子内部,这种相互粘附形成的疏水键是维持蛋白质三、四级结构的主要次级键。

3. 盐键（ionic bond） 又叫离子键。它是蛋白质分子中带正电荷基团和负电荷基团之间静电吸引所形成的化学键。

4. 配位键（dative bond） 它是两个原子由单方面提供共用电子对所形成的化学键。部分蛋白质含金属离子,如胰岛素（Zn）、细胞色素（Fe）等。蛋白质与金属离子结合中常含有配位键,并参与维持蛋白质的三、四级结构。

5. 二硫键（disulfide bond） 它是由两个硫原子间所形成的化学键。在蛋白质分子中它是两个半胱氨酸侧链的巯基脱氢形成。二硫键是较强的化学键,它对稳定具有二硫键蛋白质的构象有重要作用。

6. 范德华（Van der Waals）引力 这是原子、基团或分子间的一种弱的相互作用力。其在蛋白质内部非极性结构中较重要,在维持蛋白质分子的高级结构中也是一个重要的作用力。

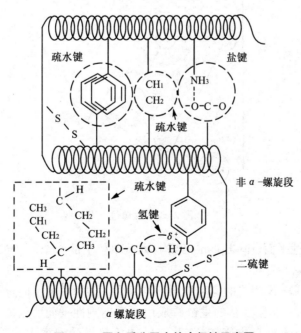

图 2-1　蛋白质分子中的次级键示意图

（二）蛋白质的二级结构（secondary structure）

蛋白质的二级结构是指多肽链的主链骨架中若干肽单位，各自沿一定的轴盘旋或折叠，并以氢键为主要的次级键而形成有规则的构象，如 α-螺旋、β-折叠和 β-转角等。蛋白质的二级结构一般不涉及氨基酸残基侧链的构象。

1. 肽单位　肽键是构成蛋白质分子的基本化学键，肽键与相邻的两个 α 碳原子所组成的基团，称为肽单位或肽平面（peptide unit）。多肽链是由许多重复的肽单位连接而成，它们构成肽链的主链骨架。肽单位和各氨基酸残基侧链的结构和性质对蛋白质的空间构象有重要影响。

肽单位和多肽链中肽单位的结构如下：

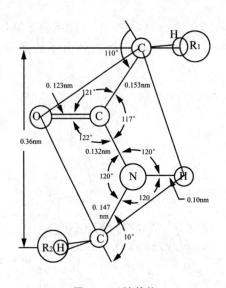

肽单位

多肽链中的肽单位

根据 X 线衍射结构分析的研究结果表明，肽单位具有以下特性：

（1）肽键具有部分双键的性质，不能自由旋转。肽键中的 C—N 键的键长为 0.132 nm，比 C—N 单键（键长 0.147 nm）短，而比 C＝N 双键（键长 0.127 nm）长。

图 2-2　肽单位

（2）肽单位是刚性平面（rigid plane）结构，即肽单位上的六个原子都位于同一个平面，称为肽键平面（图 2-3）。

（3）肽单位中与 C—N 相连的氢和氧原子与两个 α-碳原子呈反向分布。

根据这些特性，可以把多肽链的主链看成由一系列刚性平面所组成。因为主链 C—N 键具有部分双键的性质，不能自由旋转，使肽链的构象数目受到很大的限制。主链 C_α—N 和

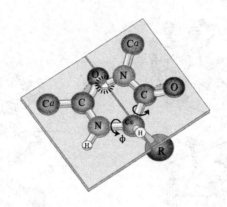

图 2-3 肽单位的平面结构

C_a—C 键虽然可以旋转，但也不是完全自由的，因为它们的旋转受到 R 基团和肽键中氢及氧原子空间阻碍的影响，影响的程度与侧链基团的结构和性质有关，这样使多肽链构象的数目又进一步受到限制。显然在肽键平面上，有 1/3 的键不能旋转，只有两端的 α-碳原子单键可以旋转，因此，多肽链的盘旋或折叠是由肽链中许多 α-碳原子的旋转所决定的。

由于肽键平面对多肽链构象的限制作用，使蛋白质二级结构的构象是有限的，主要有α-螺旋、β-片层和 β-折角等。

2. α-螺旋（α-helix） 蛋白质分子中多个肽键平面通过氨基酸 α-碳原子的旋转，使多肽链的主骨架沿中心轴盘曲成稳定的 α-螺旋构象。α-螺旋具有下列特征：

（1）螺旋的方向为右手螺旋，每 3.6 个氨基酸旋转一周，螺距为 0.54 nm，每个氨基酸残基的高度为 0.15 nm，肽键平面与螺旋长轴平行。

（2）氢键是稳定 α-螺旋的主要次级键。相邻的螺旋之间形成链内氢键，即一个肽单位的 N 上氢原子与第四个肽单位羧基上的氧原子生成氢键。α-螺旋构象允许所有肽键参与链内氢键的形成，因此 α-螺旋靠氢键维持是相当稳定的。若破坏氢键，则 α-螺旋构象即遭破坏。

（3）肽链中氨基酸残基的 R 基侧链分布在螺旋的外侧，其形状、大小及电荷等均影响 α-螺旋的形成和稳定性。如多肽中连续存在酸性或碱性氨基酸，由于所带电荷而同性相斥，阻止链内氢键形成趋势而不利于 α-螺旋的生成；较大的氨基酸残基的 R 侧链（如异亮氨酸、苯丙氨酸、色氨酸等）集中的区域，因空间阻碍的影响，也不利于 α-螺旋的生成；脯氨酸或羟脯氨酸残基的存在则不能形成 α-螺旋，因其 N 原子位于吡咯环中，C_a—N 单键不能旋转，加之其 α-亚氨基在形成肽键后，N 原子上无氢原子，不能生成维持 α-螺旋所需之氢键。显然，蛋白质分子中氨基酸的组成和排列顺序对 α-螺旋的形成和稳定性具有决定性的影响。

3. β-折叠（β-pleated sheet） 又称 β-片层。β-折叠中多肽链的主链相对较伸展，多肽链的肽平面之间呈手风琴状折叠。此结构具有下列特征：

（1）肽链的伸展使肽键平面之间一般折叠成锯齿状。

（2）两条以上肽链（或同一条多肽链的不同部分）平行排列，相邻肽链之间的肽键相互交替形成许多氢键，是维持这种结构的主要次级键。

（3）肽链平行的走向有顺式和反式两种，肽链的 N 端在同侧为顺式，两残基间距为 0.65 nm；不在同侧为反式，两残基间距为 0.70 nm。反式较顺式平行折叠更加稳定。

（4）肽链中氨基酸残基的 R 侧链分布在片层的上下。

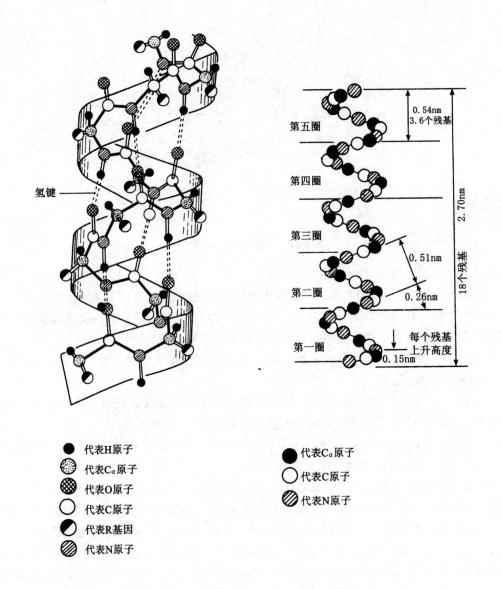

代表H原子

代表C$_a$原子

代表O原子

代表C原子

代表R基因

代表N原子

代表C$_a$原子

代表C原子

代表N原子

图 2-4　蛋白质分子的 α-螺旋结构

　　能形成 β-折叠的氨基酸残基一般不大，而且不带同种电荷，这样有利于多肽链的伸展，如甘氨酸、丙氨酸在 β 折叠中出现的几率最高。

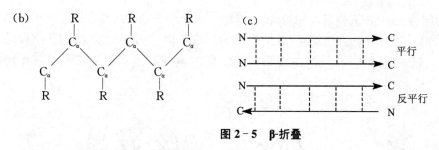

图 2-5 β-折叠

（a）β-折叠中两条多肽链之间形成氢键；（b）侧链（R 基）结合到 $C_α$ 原子位于 β-折叠的上方和下方；（c）极性的多肽链形成平行、反平行的 β-折叠。

4. β-折角（β- bend 或 β- turn）　伸展的肽链形成 180°的回折，即 U 型转折结构。它是由四个连续氨基酸残基构成，第一个氨基酸残基的羧基与第四个氨基酸残基的亚氨基之间形成氢键以维持其构象。

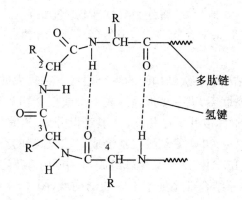

5. 无规线团（random coil）　蛋白质二级结构中除上述有规则的构象外，尚存在因肽键平面不规则排列的无规律构象，称为自由折叠或无规线团。

研究表明：一种蛋白质的二级结构并非单纯的 α-螺旋或 β-片层结构，而是这些不同类型构象的组合，只是不同蛋白质各占多少不同而已。

表 2-6　部分蛋白质中 α-螺旋量

蛋白质名称	α-螺旋（%）	β-折叠（%）
血红蛋白	78	0
细胞色素 C	39	0
溶菌酶	40	12
羧肽酶	38	17
核糖核酸酶	26	35
凝乳蛋白酶	14	45

（三）超二级结构

超二级结构（super-secondary structure）是指在多肽内顺序上相邻的二级结构常常在空间折叠中靠近，彼此相互作用，形成有规则的二级结构聚集体。目前发现的超二级结构有三种基本形式:α-螺旋组合(αα)、β-折叠组合(βββ)和 α-螺旋 β-折叠组合(βαβ),其中以 βαβ 组合最常见。它们可直接作为三级结构的"建筑块"或结构域的组成单位,是介于二级结构和结构域间的一个构象层次。超二级结构的形成,主要是组成它们的氨基酸残基侧链基团相互作用的结果。

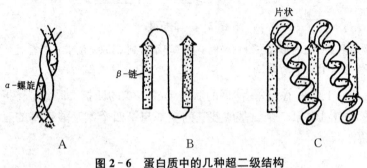

图 2-6 蛋白质中的几种超二级结构

A. αα 组合   B. βββ 组合   C. βαβ 组合

(四) 结构域(domain)

结构域是位于超二级结构和三级结构间的一个层次。在较大的蛋白质分子中,由于多肽链上相邻的超二级结构紧密联系,进一步折叠形成一个或多个相对独立的、致密的三维实体,即结构域。结构域与分子整体以共价键相连,一般难以分离,这是它与蛋白质亚基结构的区别。一般每个结构域由 100~200 个氨基酸残基组成,各有独特的空间构象,并承担不同的生物学功能。如免疫球蛋白(IgG)由 12 个结构域组成,其中两个轻链上各有 2 个,两个重链上各有 4 个;补体结合部位与抗原结合部位处于不同的结构域(图 2-7)。一般说来,较小蛋白质的短肽链如果仅有 1 个结构域,则此蛋白的结构域和三级结构即为同一结构层次。较大的蛋白质为多结构域,它们可能是相似的,也可能是完全不同的。

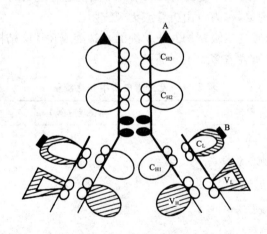

图 2-7 IgG 的结构域示意图

●●:链间二硫键;   ○○:链内二硫键

C_{H1}、C_{H2}、C_{H3}:重链恒定区结构域 1、2、3; C_L:轻链恒定区结构域;

V_L:轻链可变区结构域; V_H:轻链可变区结构域; A:抗原结合部位; B:补体结合部位

（五）蛋白质的三级结构

具有二级结构、超二级结构或结构域的一条多肽链，由于其序列上相隔较远的氨基酸残基侧链的相互作用，而进行范围更广泛的盘曲与折叠，形成包括主、侧链在内的空间排列，这种在一条多肽链中所有原子或基团在三维空间的整体排布称为三级结构（tertiary structure）。三级结构中多肽链的盘曲方式由氨基酸残基的排列顺序决定。各 R 基团间相互作用生成的次级键是稳定三级结构的主要化学键，如疏水键、氢键、盐键等（图 2-8）。

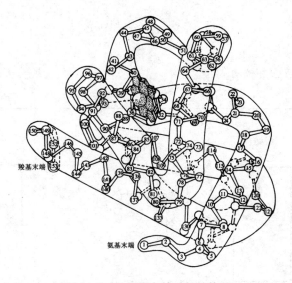

图 2-8　肌红蛋白的三级结构图

（六）蛋白质的四级结构

许多有生物活性的蛋白质由两条或多条肽链构成，肽链与肽链之间并不是通过共价键相连，而是由非共价键维系。每条肽链都有自己的一、二和三级结构。这种蛋白质的每条肽链被称为一个亚基（subunit）。由两个或两个以上的亚基之间相互作用，彼此以非共价键相连而形成更复杂的构象，称为蛋白质的四级结构（quarternary structure）。见图 2-9(d)。

1. 亚基　又称亚单位（subunit），有人称为原聚体或单体。亚基一般由一条多肽链组成，也有由两条或更多的多肽链组成。亚基本身各具有一、二、三级结构。由 2～10 个亚基组成具有四级结构的蛋白质称为寡聚体（oligomer），更多亚基数目构成的蛋白质则称为多聚体（polymer）。蛋白质分子中亚基结构可以相同，也可不同（表 2-7）。一般亚基多无活性，当它们构成具有完整四级结构的蛋白质时，才表现出生物学活性。

2. 亚基间的结合力　维持蛋白质四级结构的主要化学键是疏水键，它是由亚基间氨基酸残基的疏水基相互作用而形成的。一般能构成四级结构的蛋白质，其非极性氨基酸的量约占30%。这些多肽链在形成三级结构时，不可能将全部疏水氨基酸残基侧链藏于分子内，部分疏水基侧链位于亚基表面。亚基表面的疏水基侧链为了避开水相而相互作用形成疏水键，导致亚基的聚合。此外，氢键、范德华力、盐键、二硫键等在维持四级结构中也起一定的作用。

表 2-7　部分蛋白质中亚基数与分子量

蛋白质或酶	亚基数目	亚基分子量
牛乳球蛋白	2	18375
过氧化氢酶	4	60000
磷酸果糖激酶	6	130000
烟草斑纹病毒	2130	17530
血红蛋白	$4(\alpha_2\beta_2)$	α:15130
		β:15870
天冬氨酸转氨甲酰酶	$12(C_6,R_6)$	C:34000
		R:17000

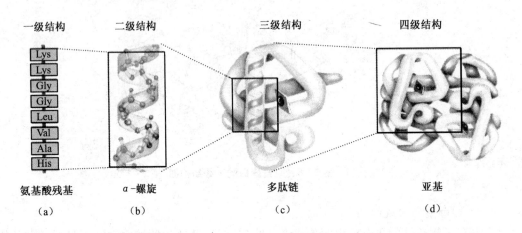

图 2-9　蛋白质一、二、三、四级结构示意图

第五节　蛋白质的结构与功能

　　研究蛋白质的结构与功能的关系是从分子水平上认识生命现象的一个极为重要的领域，对医药的研究也有十分重要的意义。它能从分子水平上阐明酶、激素等活性物质的作用机理，以及一些遗传性疾病发生的原因，这将为疾病（如肿瘤、遗传性疾病）的防治和药物研究提供重要的理论根据。近年来蛋白质工程的发展就是以蛋白质的结构和功能的关系为基础，通过分子设计，有控制的基团修饰与合成或对表达产物蛋白质的化学修饰，对天然蛋白质进行定向改造，创造出自然界不存在但功能上更优越的蛋白质，为人类的需要服务。

　　蛋白质是生命的基础。各种蛋白质都具有其特异的生物学功能，而所有这些功能又都与蛋白质分子的特异结构密切相关。总的说来，蛋白质分子的一级结构是形成空间结构的物质基础，而蛋白质的生物功能是蛋白质分子特定的天然构象所表现的性质或具有的属性。研究蛋白质结构与功能的关系是生物化学要解决的重要问题。

一、蛋白质一级结构与功能的关系

1. **一级结构不同、生物学功能各异**　不同蛋白质和多肽具有不同的功能,根本的原因是它们的一级结构各异,有时仅微小的差异就可表现出不同的生物学功能。如加压素与催产素都是由垂体后叶分泌的九肽激素,它们分子中仅两个氨基酸差异,但两者的生理功能却有根本的区别。加压素能促进血管收缩,升高血压及促进肾小管对水的重吸收,表现为抗利尿作用;而催产素则能刺激平滑肌引起子宫收缩,表现为催产功能。其结构如下:

加压素　　H$_2$N—半胱—酪—苯丙—谷胺—天胺—半胱—脯—精—甘—CO—NH$_2$
　　　　　　　　　　　　　　└——S————S——┘

催产素　　H$_2$N————————————异亮————————亮————————
　　　　　　　　　　　　　　　　　3　　　　　　　　8

2. **一级结构中"关键"部分相同,其功能也相同**　如促肾上腺皮质激素(ACTH)是由垂体前叶分泌的 39 肽激素。研究表明:其 1～24 肽段是活性所必需的关键部分,若 N-端 1 位丝氨酸被乙酰化,活性显著降低,仅为原活性的 3.5%;若切去 25～39 片段仍具有全部活性。不同动物来源的 ACTH,其氨基酸顺序差异主要在 25～33 位,而 1～24 位的氨基酸顺序相同,表现出相同的生化功能。这表明:一些蛋白质或多肽的生物功能并不要求分子的完整性。它启示我们用化学法合成 ACTH 时,不必合成整个 39 肽,而仅合成其活性所必需的关键部分。

1———————— 24 ——33—39	来源	31	33
ACTH 活性必需部分　种属特异性	人	丝	谷
	猪	亮	谷
	牛	丝	谷胺

再如促黑激素(MSH),其作用是促进黑色素细胞的发育和分泌黑色素,控制皮肤色素的产生与分布。MSH 有 α 和 β 两类,不同来源的 MSH 一级结构各异,但具有相同的活性所必需的氨基酸顺序部分,因而表现出相同的生化功能。

MSH 的来源	活性必需的氨基酸顺序
动物α- MSH	N′————蛋 谷 组 苯丙 精 色 甘—————— 22 肽 （11…17）
β-MSH	N′————蛋 谷 组 苯丙 精 色 甘—————— 18 肽 （7…13）
人　β-MSH	N′————蛋 谷 组 苯丙 精 色 甘—————— 13 肽 （4…10）

3. **一级结构"关键"部分的变化,其生物活性也改变**　多肽的结构与功能的研究表明,改变多肽中某些重要的氨基酸,常可改变其活性。近年来应用蛋白质工程技术,如选择性的基因突变或化学修饰等,定向改造多肽中一些"关键"的氨基酸,可得到自然界不存在而功能更优的多肽或蛋白质,这对研究多肽类新药具有重要意义。

4. **一级结构的变化与疾病的关系**　基因突变可导致蛋白质一级结构的变化,使蛋白质的生物学功能降低或丧失,甚至可引起生理功能的改变而发生疾病。这种由遗传突变引起的、在分子水平上仅存在微观差异而导致的疾病,称为分子病。现在几乎所有遗传病都与正常蛋白质分子结构改变有关,甚至有些缺损的蛋白质可能仅仅只有一个氨基酸异常。如镰刀状红细胞贫血(sickle cell anemia),就是患者血红蛋白(HbS)与正常血红蛋白(HbA)在 β 链第 6 位有一个氨基酸之差:

```
                         1   2   3   4   5   6   7   8
HbA   β链    H₂N—缬—组—亮—苏—脯—谷—谷—赖—
HbS   β链    H₂N—·····················缬············
```

HbAβ链第 6 位为谷氨酸,而患者 HbSβ链第 6 位换成了缬氨酸。HbS 的带氧能力降低,分子间容易"粘合"形成线状巨大分子而沉淀。红细胞从正常的双凹盘状被扭曲成镰刀状,容易产生溶血性贫血症。

胰岛素分子病是胰岛素 51 个氨基酸残基中一个氨基酸残基异常,使胰岛素活性很低而导致糖尿病。

```
                         21  22  23  24   25   26  27
正常人胰岛素   β链      —谷—精—甘—苯丙—苯丙—酪—苏—
异常人胰岛素   β链      ——————————亮——————————
```

二、蛋白质的空间构象与功能的关系

蛋白质分子特定的空间构象是表现其生物学功能或活性所必须的。若蛋白质分子特定的空间构象受破坏,其生物学功能也丧失,如蛋白质的变性;蛋白质以无活性的形式存在,在一定条件下,才转变为有特定构象的蛋白质而表现其生物活性,如酶原的激活、蛋白质前体的活化等;蛋白质与某些物质结合可引起蛋白质构象的改变,如蛋白质的变构、变构酶等。

1. 蛋白质前体的活化　生物体中有许多蛋白质是以无活性的蛋白质原的形式在体内合成、分泌的。这些肽链只有以特定的方式断裂后,才呈现出它的生物学活性。这是生物体内一种自我保护及调控的重要方式,是在长期生物进化过程中发展起来的,也是蛋白质分子结构与功能高度统一的表现。这类蛋白质主要包括消化系统中的一些蛋白水解酶、蛋白激素和参与血液凝固作用的一些蛋白质分子等。除酶原外,还发现许多蛋白质(如蛋白类激素)在体内往往以前体形式贮存,这些蛋白质前体无活性或活性很低。如胰岛素的前体是胰岛素原,猪胰岛素原是由 84 个氨基酸残基组成的一条多肽链,其活性仅为胰岛素活性的 10%。在体内胰岛素原经两种专一性水解酶的作用,将肽链的 31、32 和 62、63 位的四个碱性氨基酸残基切掉,结果生成一分子 C 肽(29 个氨基酸残基)和另一分子由 A 链(21 个氨基酸残基)同 B 链(30 个氨基酸残基)两条多肽链经两对二硫键连接的胰岛素分子(图 2 - 10)。胰岛素分子具有特定的空间结构,从而表现其完整的生物活性。

胰岛素原——→胰岛素　＋　　C 肽
（一条肽链）　（两条肽链）

2. 蛋白质的变构现象　一些蛋白质由于受某些因素的影响,其一级结构不变而空间构象发生一定的变化,导致其生物学功能的改变,称为蛋白质的变构效应或别构作用(allosteric effect)。变构效应是蛋白质表现其生物学功能的一种普遍而十分重要的现象,也是调节蛋白质生物学功能极有效的方式。近代研究表明,分子量较大的(>55 000)的蛋白质多为具有四级结构的多聚体。具有四级结构的酶或蛋白质常处于某些代谢通路的关键部位,所以具有调节整个反应过程的作用,它们常是通过多聚体的变构作用而实现的。组成蛋白质的各个亚基共同控制着蛋白质分子完整的生物活性,并对信息(变构效应物)做出反应,信息与一个亚基的结合可传递到整个蛋白质分子,这个传递是通过亚基构象的改变而实现的。血红蛋白是最早发现具有变构作用的蛋白质,在代谢通路中的关键酶有不少也都是变构酶。

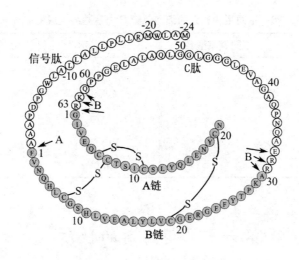

图 2－10　猪胰岛素原的结构

三、蛋白质的结构与生物进化

生物的性状取决于内容，功能依赖于结构。研究不同来源蛋白质结构上的差异，不仅可以了解蛋白质结构与功能的关系，也是研究生物进化的重要方法。

分子生物学的研究表明，蛋白质的生物合成是受核酸控制的，但是生物环境的不断变化必将影响遗传信息的携带者——脱氧核糖核酸（DNA），DNA虽然较保守，但在长期的发展过程中，变化是不可避免的，这就是DNA突变的必然性基础。

目前，对DNA突变的规律尚未完全了解，但DNA突变必然会影响蛋白质的生物合成，引起蛋白质分子中一些氨基酸组成的变异。若这种变异仅发生在蛋白质的非"关键"部位，不影响其生物学功能，这种变异蛋白在进化过程中可被保留下来，如许多同源蛋白质和多肽激素；若突变引起氨基酸组成的变异发生在蛋白质的"关键"部位，则可使其生物学功能受到影响或完全丧失。变异蛋白的影响程度取决于它在生命活动过程中的作用，有的可导致程度不同的疾病，如遗传病、肿瘤等；若这种蛋白是维持生命过程中不可代替的，此突变将是致命的，可导致此生物体同此蛋白质在自然界的消失。另一方面，DNA突变的结果也可产生功能更加完善的蛋白质，或产生更适应环境变化的、具有新功能的蛋白质。这种蛋白质将同有机体被自然优选下来，成为新蛋白质的来源之一。总之，生物在长期进化和发展过程中，不断分化出结构与功能相适应的蛋白质。因此，生物的变异不仅表现在生物的外部形态上，也必然要反映在蛋白质的结构上。

这里以细胞色素C为例说明蛋白质结构与生物进化的关系。细胞色素C是生物氧化还原系统中的电子传递体，由单链蛋白质和血红素辅基组成。脊椎动物细胞色素C的蛋白质含104个氨基酸残基，而无脊椎动物、酵母和高等植物等的细胞色素C的N-端还额外多一肽段，如小麦多一段八肽，此肽段对细胞色素C的功能无影响，因此在生物进化的过程中去掉了；80种真核生物细胞色素C蛋白质一级结构分析表明，有26个氨基酸残基恒定不变，为各生物共有，它们是维持细胞色素C特定构象和功能的"关键"部分，各生物与人类亲缘关系愈远，其氨基酸组成差异也愈大（表2－8）。细胞色素C蛋白质一级结构的种属差异与经典形态学分类结果完全一致，这从分子水平上为生物进化提供了新的、有价值的依据。

表 2-8 不同生物和人的细胞色素 C 中氨基酸组成的差异

生物名称	不同氨基酸数	生物名称	不同氨基酸数
黑猩猩	0	海龟	15
恒河猴	1	金枪鱼	21
猪、牛、羊	10	小蝇	25
马	12	小麦	35
鸡	13	酵母	44

第六节 蛋白质的性质

蛋白质是由氨基酸组成的高分子有机化合物,因此其性质必定有一部分与氨基酸相同或相关,例如两性解离及等电点、紫外吸收性质、呈色反应等等。但是,蛋白质作为高分子化合物,它又表现出与低分子化合物有根本区别的大分子特性,如胶体性、变性和免疫学特性等。

一、蛋白质分子的大小、形状及分子量的测定

蛋白质是一类高分子化合物,其在溶液中的形状可根据不对称常数而呈球形、椭圆形、纤维状等。分子量一般为 $1\times10^4\sim1\times10^6$ 或更高,表 2-9 列出了一些蛋白质的分子参数,通常将分子量低于 1×10^4 称为多肽,高于 1×10^4 者称为蛋白质。当然这种界限并不是很严格的,如胰岛素的分子量为 5 437,但习惯上称作蛋白质,有时亦称多肽。

表 2-9 一些蛋白质的分子资料

蛋白质	分子量	氨基酸残基数	多肽链数
牛胰岛素	5 733	51	2
人细胞色素 C	13 000	104	1
牛胰糜蛋白酶	21 600	241	3
人血红蛋白	64 500	574	4
人免疫球蛋白	145 000	~1320	4
E. coli RNA 聚合酶	450 000	~4100	5
人载脂蛋白 B	513 000	4636	1
牛肝谷氨酸脱氢酶	1 000 000	~8300	~40

蛋白质在溶液中的形状,根据扩散系数、粘度或其他物理方法等可推算出蛋白质的不对称常数,作为衡量蛋白质分子形状的依据。不对称常数近于 1,则分子呈球形(如 β-脂蛋白);不对称常数越大,则分子呈纤维状(如肌球蛋白);介于两者之间,则为椭圆形(如白蛋白、$β_1$-球蛋

白等）。

高分子特性是蛋白质的重要性质，也是蛋白质胶体性、变性和免疫学性质的基础。因此，测定蛋白质分子的大小是蛋白质化学的重要内容。测定蛋白质分子量有超速离心法、分子筛层析法、SDS-聚丙烯酰胺凝胶电泳、生物质谱法等等，下面介绍目前最常用的几种方法的基本原理。

1. 分子筛层析法　又名凝胶过滤法。它以具有一定大小孔径的凝胶为支持物，起分子筛的作用。蛋白质分子直径小于凝胶孔径者可进入胶粒内部，大于凝胶孔径者则被排阻于外。当用洗脱液洗脱时，大分子移动速度高于小分子而先流出柱外。一般球形蛋白质洗脱体积取决于分子大小。实验表明，在一定的分子量范围内，洗脱液的体积（Ve）是分子量（M）对数的线性函数。

$$Ve = K_1 - K_2 \ \log M$$

式中，K_1 和 K_2 是常数，随实验条件而定。因此，用已知分子量的蛋白质在同样条件下层析，以 Ve 对 logM 作图而得一条标准曲线，即可求得待测蛋白质的近似分子量。此法简便，设备要求不复杂，但要获得重复可靠的结果，应严格控制实验条件和操作。

2. SDS-聚丙烯酰胺凝胶电泳（SDS-PAGE）　蛋白质由于所带电荷和分子大小不同，在电场中的电泳速度各异。如在电泳系统中加入十二烷基硫酸钠（SDS）和少量的巯基乙醇，则蛋白质的电泳速度主要取决于它的分子量而与电荷无关。SDS 是一种阴离子表面活性剂，它与蛋白质结合成复合物，使不同蛋白质带上相同密度的负电荷，其数量远超过蛋白质原有的电荷量，从而消除不同蛋白质间原有的电荷差异；SDS 是一种变性剂，它能破坏蛋白质分子中的氢键和疏水键，巯基乙醇能打开二硫键，因此对具有四级结构的蛋白质，本法所测实为亚基的分子量。

实验结果表明，蛋白质的电泳迁移率（D）与其分子量（M）的对数呈线性关系。

$$\log M = K - \alpha \cdot d_e/d_o$$
$$= K - \alpha \cdot D$$

式中，K 和 α 为常数，d_e 为蛋白质的移动距离，d_o 为小分子示踪物的移动距离。根据方程用已知分子量的蛋白质制得标准曲线，在同样条件下测出未知蛋白质的电泳迁移率，即可从标准曲线求得其近似分子量。此法的优点是快速、微量，并可同时测定若干个样品。但此法误差较大，如能严格掌握实验技术也可获得满意的结果。

上述方法只能测得蛋白质的近似分子量，如要获得更准确的分子量，目前可采用生物质谱法或根据蛋白质的氨基酸组成或一级结构计算。

3. 生物质谱　质谱分析法是通过测定分子质量和相对应离子电荷实现对样品中分子的分析。通过质谱分析，可获得分析样品的分子量、分子式、分子中同位素构成和分子结构等多方面的信息。质谱分析的基本原理前面已叙述了。在过去，该法只能用于分析小分子和中型分子，而用于生物大分子却难度很大。这是因为生物大分子比较脆弱，应用此法在拆分和电离的过程中，生物大分子的结构和组成很容易被破坏。美国科学家 John. B. Fenn 采用对生物大分子施加电场方法以及日本科学家田中耕一采用激光轰击生物大分子的方法，均成功地使生物大分子相互完整地分离，同时也被电离。这两位科学家分别以"发明了对生物大分子进行确认和结构分析的方法"和"发明了对生物大分子的质谱分析法"而荣获 2002 年诺贝尔化学奖。

二、蛋白质的变性

　　蛋白质的高分子特性形成了复杂而特定的空间构象,从而表现出蛋白质特异的生物学功能。某些物理的和化学的因素使蛋白质分子的空间构象发生改变或破坏,导致其生物活性的丧失和一些理化性质的改变,这种现象称为蛋白质的变性作用(denaturation)。

　　1. 变性的本质　蛋白质变性的学说最早由我国生化学家吴宪提出,他认为天然蛋白质分子受环境因素的影响,从有规则的紧密结构变为无规则的松散状态,即变性作用。由于研究技术特别是 X-衍射技术的应用,使对蛋白质变性的研究从变性现象的观察、分子形状的改变,深入到分子构象变化的分析。现代分析研究的结果表明,由于蛋白质分子空间构象的形成与稳定的基本因素是各种次级键,蛋白质变性作用的本质是破坏了形成与稳定蛋白质分子空间构象的次级键,从而导致蛋白质分子空间构象的改变或破坏,而不涉及一级结构的改变或肽键的断裂。生物活性的丧失是变性的主要表现,这说明了变性蛋白质与天然分子的根本区别。构象的破坏是蛋白质变性的结构基础。见图 2-11。

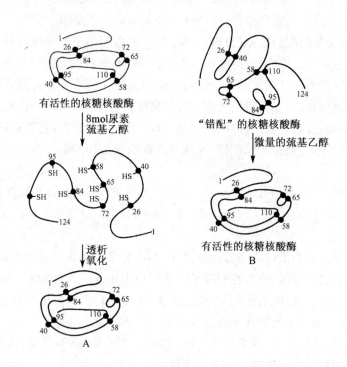

图 2-11　RNA 酶的变性和复性

　　2. 变性作用的特征

　　(1) 生物活性的丧失:这是蛋白质变性的主要特征。蛋白质的生物活性是指蛋白质表现其生物学功能的能力,如酶的生物催化作用、蛋白质激素的代谢调节功能、抗原与抗体的反应能力、蛋白质毒素的致毒作用、血红蛋白运输 O_2 和 CO_2 的能力等,这些生物学功能是由各种蛋白质的特定的空间构象所表现,一旦外界因素使其空间构象遭受破坏时,其表现生物学功能的能力也随之丧失。有时空间构象仅有微妙的变化,而这种变化尚未引起其理化性质改变时,在生物活性上已可反映出来。因此,在提取、制备具有生物活性的蛋白质类化合物时,如何防止变性的发生则是关键性的问题。

（2）某些理化性质的改变：一些天然蛋白可以结晶，而变性后失去结晶的能力；蛋白质变性后，溶解度降低，易发生沉淀，但在偏酸或偏碱时，蛋白质虽变性却可保持溶解状态；变性还可引起球状蛋白不对称性增加、粘度增加、扩散系数降低等。一般蛋白质变性后，分子结构松散，易为蛋白酶水解，因此食用变性蛋白更有利于消化。

3. 变性作用的因素和程度　能引起蛋白质变性的因素很多，物理因素有高温、紫外线、X射线超声波和剧烈振荡等；化学因素有强酸、强碱、尿素、去污剂、重金属（Hg^{2+}、Ag^+、Pb^{2+}）、三氯醋酸、浓乙醇等。各种蛋白质对这些因素敏感性不同，可根据需要选用。由于蛋白质分子空间构象的形成与稳定的基本因素是各种次级键，显然蛋白质的变性作用实质上是外界因素破坏这些次级键的形成与稳定，结果导致了蛋白质分子空间构象的改变或破坏。不同蛋白质对各种因素的敏感度不同，因此空间构象破坏的深度与广度各异。如除去变性因素后，蛋白质构象可恢复者称可逆变性；构象不能恢复者称不可逆变性。

4. 变性作用的意义　蛋白质的变性作用不仅对研究蛋白质的结构与功能方面有重要的理论价值，而且对医药生产和应用亦有重要的指导作用。实践中对蛋白质的变性作用有不同的要求，有时必须尽力避免，而有时则必须充分利用。如乙醇、紫外线消毒，高温、高压灭菌等是使细菌蛋白变性而失去活性；中草药有效成分的提取或其注射液的制备也常用变性的方法（加热、浓乙醇等）除去杂蛋白。在制备有生物活性的酶、蛋白质、激素或其他生物制品（疫苗、抗毒素等）时，要求所需成分不变性，而不需要的杂蛋白应使其变性或沉淀除去。此时，应选用适当的方法，严格控制操作条件，尽量减少所需蛋白质变性；有时还可加些保护剂、抑制剂等以增强蛋白质的抗变性能力。

三、蛋白质的两性电离与等电点

蛋白质由氨基酸组成，氨基酸分子含有氨基和羧基，它既可接受质子，又可释放质子，因此氨基酸是两性电解质。蛋白质分子中除两末端有自由的 $\alpha\text{-}NH_2$ 和 $\alpha\text{—}COOH$ 外，许多氨基酸残基的侧链上尚有不少可解离的基团，如—NH_2、—$COOH$、—OH 等，所以蛋白质也是两性物质。

蛋白质与氨基酸一样在纯水溶液和结晶状态中都以两性离子的形式存在，即同一分子中可带有、正负两种电荷，羧基带负电，而氨基带正电。蛋白质的解离情况如下：

$$\text{Pro}{<}^{\text{COOH}}_{\text{NH}_2}$$

$$\text{Pro}{<}^{\text{COOH}}_{\text{NH}_3^+} \underset{\text{H}^+}{\overset{\text{OH}^-}{\rightleftharpoons}} \text{Pro}{<}^{\text{COO}^-}_{\text{NH}_3^+} \underset{\text{H}^+}{\overset{\text{OH}^-}{\rightleftharpoons}} \text{Pro}{<}^{\text{COO}^-}_{\text{NH}_2}$$

$$\text{pH}<\text{pI} \qquad\qquad \text{pH}=\text{pI} \qquad\qquad \text{pH}>\text{pI}$$

蛋白质在溶液中的带电情况主要取决于溶液的 pH 值。使蛋白质所带正、负电荷相等，净电荷为零时溶液的 pH 值，称为蛋白质的等电点（pI）。各种蛋白质具有特定的等电点，这与其所含的氨基酸种类和数目有关，即其中酸性和碱性氨基酸的比例，及可解离基团的解离度（表2-10）。

表 2-10 蛋白质的氨基酸组成与 pI

蛋白质	酸性氨基酸数	碱性氨基酸数	pI
胃蛋白酶	37	6	1.0
胰岛素	4	4	5.35
RNA 酶	10	18	7.8
细胞色素 C	12	25	9.8~10.8

一般来说,含酸性氨基酸较多的酸性蛋白,等电点偏酸;含碱性氨基酸较多的碱性蛋白,等电点偏碱。当溶液的 pH>pI 时,蛋白质带负电荷;pH<pI 时,则带正电荷。体内多数蛋白质的等电点为 5 左右,所以在生理条件下(pH 为 7.4),它们多以负离子形式存在。

蛋白质的两性解离与等电点的特性是蛋白质极重要的性质,对蛋白的分离、纯化和分析等都具有重要的实用价值。如蛋白质的等电点沉淀、离子交换和电泳等分离分析方法的基本原理都是以此特性为基础。

四、蛋白质的胶体性质

蛋白质是高分子化合物。由于其分子量大,在溶液中所形成的质点大小约为 1~100 nm,达到胶体质点的范围,所以蛋白质具有胶体性质,如布朗运动、光散射现象、不能透过半透膜以及具有吸附能力等胶体溶液的一般特征。

蛋白质水溶液是一种比较稳定的亲水胶体。蛋白质形成亲水胶体有两个基本的稳定因素:

1. 蛋白质表面具有水化层　由于蛋白质颗粒表面带有许多亲水的极性基团,如 $-NH_3^+$、$-COO^-$、$-CO-NH_2$、$-OH$、$-SH$、肽键等。它们易与水起水合作用,使蛋白质颗粒表面形成较厚的水化层,每克蛋白质结合水约 0.3~0.5 g。水化层的存在使蛋白质颗粒相互隔开,阻止其聚集而沉淀。

2. 蛋白质表面具有同性电荷　蛋白质溶液除在等电点时分子的净电荷为零外,在非等电点状态时,蛋白质颗粒皆带有同性电荷,即在酸性溶液中为正电荷,碱性溶液中为负电荷。同性电荷相互排斥,使蛋白质颗粒不致聚集而沉淀。

蛋白质的亲水胶体性质具有重要的生理意义,因为,生物体中最多的成分是水,蛋白质与大量的水结合形成各种流动性不同的胶体系统。如构成生物细胞的原生质就是复杂的、非均一性的胶体系统,生命活动的许多代谢反应即在此系统中进行。其他各种组织细胞的形状、弹性、粘度等性质,也与蛋白质的亲水胶体性质有关。

蛋白质的胶体性质也是许多蛋白质分离、纯化方法的基础。因为,蛋白质胶体稳定的基本因素是蛋白质分子表面的水化层和同性电荷的作用,若破坏了这些因素即可促使蛋白质颗粒相互聚集而沉淀。这就是蛋白质盐析、等电点沉淀和有机溶剂分离沉淀法的基本原理。其他透析法是利用蛋白质大分子不能透过半透膜的性质以除去无机盐等小分子杂质。

五、蛋白质的沉淀反应

蛋白质分子聚集而从溶液中析出的现象,称为蛋白质的沉淀。蛋白质的沉淀反应有重要的实用价值,如蛋白类药物的分离制备、灭菌技术、生物样品的分析、杂质的除去等都要涉及此

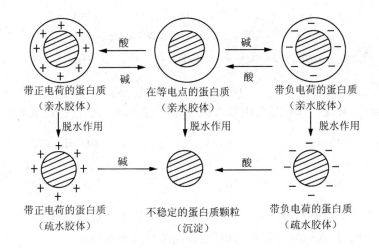

图 2-12　蛋白质胶体颗粒的沉淀
其中:＋和－分别代表正和负电荷;颗粒外层代表水化层。

类反应。但是,蛋白质沉淀可能是变性,也可能未变性,这取决于沉淀的方法和条件。这里介绍一些常用方法的基本原理。

1. 中性盐沉淀反应　蛋白质溶液中加入中性盐后,因盐浓度的不同可产生不同的反应。低盐浓度可使蛋白质溶解度增加,称为盐溶作用。因为低盐浓度可使蛋白质表面吸附某种离子,导致其颗粒表面同性电荷增加而排斥加强,同时与水分子作用也增强,从而提高了蛋白质的溶解度。高盐浓度时,因破坏蛋白质的水化层并中和其电荷,促使蛋白质颗粒相互聚集而沉淀,这称为盐析作用。不同蛋白质因分子大小、电荷多少不同,盐析时所需盐的浓度各异。混合蛋白质溶液可用不同的盐浓度使其分别沉淀,这种方法称为分级沉淀。常用的无机盐有 $(NH_4)_2SO_4$、$NaCl$、Na_2SO_4 等。本法的主要特点是沉淀出的蛋白质不变性,因此本法常用于酶、激素等具有生物活性蛋白质的分离制备。

2. 有机溶剂沉淀反应　在蛋白质溶液中加入一定量的、与水可互溶的有机溶剂(如乙醇、丙酮、甲醇等),能使蛋白质表面失去水化层,相互聚集而沉淀。在等电点时,加入有机溶剂更易使蛋白质沉淀。不同蛋白质沉淀所需有机溶剂的浓度各异,因此调节有机溶剂的浓度可使混合蛋白质达到分级沉淀的目的。但是本法有时可引起蛋白质变性,这与有机溶剂的浓度、与蛋白质接触的时间以及沉淀的温度有关。因此,用此法分离制备有生物活性的蛋白质时,应注意控制可引起变性的因素。

3. 加热沉淀反应　加热可使蛋白质变性沉淀。加热灭菌的原理就是因加热使细菌蛋白变性凝固而失去生物活性的结果。但加热使蛋白质变性沉淀与溶液的 pH 值有关,在等电点时最易沉淀;而偏酸或偏碱时,蛋白质虽加热变性也不易沉淀。实际工作中常利用在等电点时加热沉淀除去杂蛋白。

4. 重金属盐沉淀反应　蛋白质在 pH＞pI 的溶液中呈负离子,可与重金属离子(如 Cu^{2+}、Hg^{2+}、Pb^{2+}、Ag^+ 等)结合成不溶性蛋白盐而沉淀。临床上抢救误食重金属盐中毒的病人时,给以大量的蛋白质使生成不溶性沉淀而减少重金属离子的吸收。如:

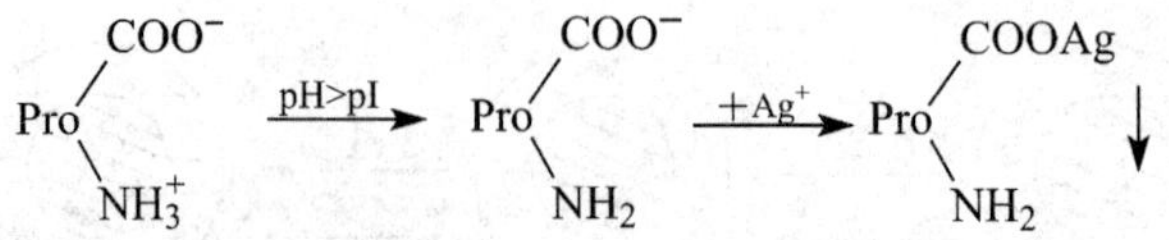

5. 生物碱试剂的沉淀反应　蛋白质在 pH<pI 时呈正离子,可与一些生物碱试剂(如苦味酸、磷钨酸、磷钼酸、鞣酸、三氯醋酸、磺基水杨酸等)结合成不溶性的盐而沉淀。如:

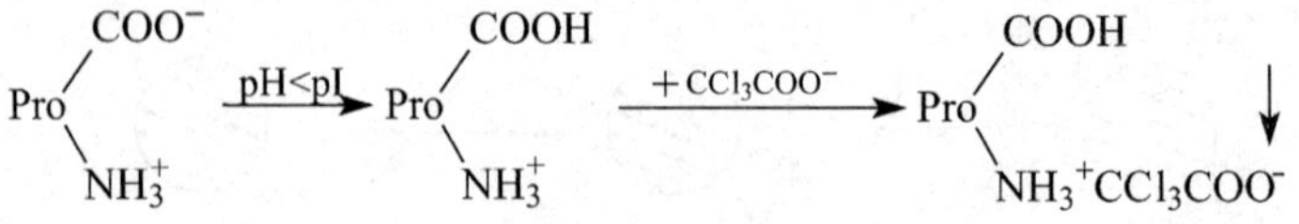

此类反应在实际工作中有许多应用,如血液样品分析中无蛋白滤液的制备、中草药注射液中蛋白的检查,及鞣酸、苦味酸的收敛作用等,皆以此反应为依据。

蛋白质变性和沉淀反应是两个不同的概念,两者有联系但又不完全一致。蛋白质变性有时可表现为沉淀,亦可表现为溶解状态;同样,蛋白质沉淀有时可以是变性,亦可以不是变性,这取决于沉淀的方法和条件以及是否对蛋白质空间构象有无破坏而定,切不可只看表面现象而忽视本质的方面。

六、蛋白质的颜色反应

蛋白质是由氨基酸通过肽键构成的化合物。因此,蛋白质的颜色反应实际上是其氨基酸的一些基团以及肽键等与一定的试剂所产生的化学反应,并非是蛋白质的特异反应。所以,在利用这些反应来鉴定蛋白质时,必须结合蛋白质的其他特性加以分析,切勿以任何单一的反应来确认蛋白质的存在。蛋白质的颜色反应很多,用这些反应可作为蛋白质或氨基酸定性、定量分析的基础(表 2-11)。下面介绍几种重要的颜色反应。

1. 茚三酮反应　在 pH 为 5～7 时,蛋白质与茚三酮丙酮液加热可产生蓝紫色。此反应的灵敏度为 $1\mu g$,凡具有氨基、能放出氨的化合物几乎都有此反应,据此可用于多肽与蛋白质以及氨基酸的定性与定量分析。

2. 双缩脲反应　蛋白质在碱性溶液中可与 Cu^{2+} 产生紫红色反应。这是蛋白质分子中肽键的反应,肽键越多,反应颜色越深。氨基酸无此反应。故此法可用于蛋白质的定性和定量,亦可用于测定蛋白质的水解程度。水解越完全,则颜色越浅。

3. 酚试剂反应　在碱性条件下,蛋白质分子中的酪氨酸、色氨酸可与酚试剂(含磷钨酸—磷钼酸化合物)生成蓝色化合物。蓝色的强度与蛋白质的量成正比。此法是测定蛋白质浓度的常用方法,主要的优点是灵敏度高,可测定微克水平的蛋白质含量。但缺点是本法只与蛋白质中个别氨基酸反应,受蛋白质中氨基酸组成的特异影响,即不同蛋白质所含酪氨酸、色氨酸不同而显色的强度有所差异,因而要求作为标准的蛋白质,其显色氨基酸的量应与样品接近,以减少误差。

表 2-11　氨基酸或氨基酸残基的特殊呈色反应

氨基酸名称	反应名称	试剂	颜色
酪氨酸	Millon	硝酸汞溶于亚硝酸	红色
	酚试剂反应	磷钼钨酸	蓝色
	黄色蛋白反应	浓硫酸	黄色
色氨酸	乙醛酸反应	乙醛酸＋浓硫酸	紫色
	Ehrlich	对二甲氨基苯甲醛＋浓盐酸	蓝色
精氨酸	坂口(Sakaguchi)反应	α-萘酚＋次氯酸钠碱性溶液	深红色
组氨酸	Pouly 反应	偶氮磺胺酸碱性溶液	橘红色
半胱氨酸	硝普盐试验	亚硝酰铁氰化钠＋稀氨水	红色
脯氨酸		酸性吲哚醌	蓝色
甘氨酸		邻苯二醛乙醇溶液	墨绿
含硫氨基酸	醋酸铅反应	强碱＋醋酸铅	黑色沉淀
芳香族氨基酸	黄色蛋白反应	浓硫酸	黄色→橙色
α-氨基酸	Folin 反应	1,2-萘醌-4-磺酸钠碱性液	深红

七、蛋白质的免疫学性质

凡能刺激机体免疫系统产生免疫应答，并能与相应的抗体和(或)致敏淋巴细胞受体发生特异性结合的物质，统称为抗原。抗原刺激机体产生能与相应抗原特异结合并具有免疫功能的免疫球蛋白，称为抗体。抗原与抗体结合所引起反应，称为免疫反应。免疫反应是人类对疾病具有抵抗力的重要标志。正常情况下，免疫反应对机体是一种保护作用；异常情况时，免疫反应伴有组织损伤或出现功能紊乱，称为变态反应或过敏反应，这是一类对机体有害的病理性免疫反应。

1. 抗原(antigen,Ag)　抗原物质的特点是具有异物性、大分子性和特异性。蛋白质是大分子物质，异体蛋白具有强的抗原性，是主要的抗原物质。进一步研究表明，蛋白质的抗原性不仅与分子大小有关，还与其氨基酸组成和结构有关，如明胶蛋白，其分子量高达 10 万，但组成中缺少芳香族氨基酸，几乎不具抗原性；一些小分子物质本身不具抗原性，但与蛋白质结合后而具有抗原性，这类小分子物质称为半抗原(hapten)，如脂类、某些药(青霉素、磺胺)等，这是一些药物引起过敏反应的重要原因。

2. 抗体(antibody,Ab)　近年来随着对抗体理化性质、结构及免疫化学的深入研究，将具有抗体活性以及化学结构与抗体相似的球蛋白统称为免疫球蛋白(immunoglobulin,Ig)。应注意到抗体都是免疫球蛋白，而免疫球蛋白不一定是抗体。即抗体是生物学和功能的概念，而免疫球蛋白是化学结构的概念。抗体具有高度特异性，它仅能与相应抗原发生反应，抗体的特异性取决于抗原分子表面的特殊化学基团，称为抗原决定簇(antigenic determinant)。各抗原分子具有许多抗原决定簇。因此，其他免疫动物所产生的抗血清实际上是多种抗体的混合物，称为多克隆抗体(polyclonal antibodies)。用这种传统的方法制备抗体，其效价不稳定而产量有限，要想将这些不同抗体分离纯化是极其困难的。单克隆抗体(monoclonal antibody,McAb)是针对一个抗原决定簇、又是由单一的 B 淋巴细胞克隆产生的抗体。它是结构和特异性完全相同的高纯度抗体。制备单克隆抗体是采用 B 淋巴细胞杂交瘤技术。单克隆抗体具有高度特异性、均一性，又有来源稳定、可大量生产等特点，这为抗体的制备和应用提供了全新的手段，同时还促进了生命科学领域里众多学科的发展。

3. 蛋白质免疫性质的应用　蛋白质免疫学性质具有重要的理论与应用价值，它不仅在医药学而且在整个生命学科都显示出广阔的应用前景。举例如下：

（1）疾病的免疫预防：卡介苗、脊髓灰质炎糖丸疫苗、白喉类毒素、乙肝的基因工程疫苗等。

（2）疾病的免疫诊断：α-甲胎蛋白诊断肝癌，血型、HBsAg 检测等。

（3）疾病的免疫治疗：破伤风抗毒素、狂犬病毒抗血清、抗蛇毒抗毒素、胸腺素和干扰素等。单克隆抗体也常作为靶向药物载体用于肿瘤治疗。

（4）免疫分析：免疫扩散、免疫电泳和标记免疫分析、放射免疫分析（RIA）、酶联免疫分析（EIA）、荧光标记免疫分析等。

但是，蛋白质的免疫学性质有时可带来严重的危害性，如异体蛋白进入人体内可产生病理性的免疫反应，甚至可危及生命。因此，对一些生产过程中可带入异体蛋白质的注射用药物，如生化药物、中药制剂、发酵生产的抗生素和基因工程产品等，其主要质量标准之一是异体蛋白的控制，过敏试验应符合规定，以保证药品的安全性。

（5）免疫分离纯化：免疫亲和层析。

第七节　蛋白质的分离与纯化的基本原理

蛋白质的分离与纯化是研究蛋白质化学组成、结构及生物学功能等的基础。在生化制药工业中，酶、激素等蛋白质类药物的生产制备也涉及分离和不同程度的纯化问题。蛋白质在自然界是存在于复杂的混合体系中的，而许多重要的蛋白质在组织细胞内的量又极低，因此要把所需蛋白质从复杂的体系中提取分离，又要防止其空间构象的改变和生物活性的损失，显然是有相当难度的。目前，蛋白质分离与纯化的发展趋向是精细而多样化技术的综合运用，但基本原理均是以蛋白质的性质为依据。实际工作中应按不同的要求和可能的条件选用不同的方法。下面简要介绍一些常用方法的基本原理。

一、蛋白质的提取

1. 材料的选择　蛋白质的提取首先要选择适当的材料，选择的原则是材料应含较高量的所需蛋白质，且来源方便。当然，由于目的不同，有时只能用特定的原料。原料确定后，还应注意其管理，否则也不能获得满意的结果。

2. 组织细胞的粉碎　一些蛋白质以可溶形式存在于体液中，可直接分离。但多数蛋白质存在于细胞内，并结合在一定的细胞器上，故需先破碎细胞，然后以适当的溶媒提取。应根据动物、植物或微生物原料不同，选用不同的细胞破碎方法。

3. 提取　蛋白质的提取应按其性质选用适当的溶媒和提取次数以提高收率。此外，还应注意细胞内外蛋白酶对有效成分的水解破坏作用。因此，蛋白质提取的条件是很重要的，总的要求是既要尽量提取所需蛋白质，又要防止蛋白酶的水解和其他因素对蛋白质特定构象的破坏作用。蛋白质的粗提液可进一步分离纯化。

二、蛋白质的分离与纯化

(一)根据溶解度不同的分离纯化方法

利用蛋白质溶解度的差异是分离蛋白质的常用方法之一。影响蛋白质溶解度的主要因素有溶液的 pH 值、离子强度、溶剂的介电常数和温度等。在一定条件下,蛋白质溶解度的差异主要取决于它们的分子结构,如氨基酸的组成、极性基团和非极性基团的多少等。因此,恰当的改变这些影响因素,可选择性地造成其溶解度的不同而分离。

1. 等电点沉淀 蛋白质在等电点时溶解度最小。单纯使用此法不易使蛋白质沉淀完全,常与其他方法配合使用。

2. 盐析沉淀 中性盐对蛋白质胶体的稳定性有显著的影响。一定浓度的中性盐可破坏蛋白质胶体的稳定因素而使蛋白质盐析沉淀。盐析沉淀的蛋白质一般保持着天然构象而不变性。有时不同的盐浓度可有效地使蛋白质分级沉淀。通常单价离子的中性盐(NaCl)比二价离子的中性盐$[(NH_4)_2SO_4]$对蛋白质溶解度的影响要小。

3. 低温有机溶剂沉淀法 有机溶剂的介电常数较水低,如20℃时,水为79、乙醇为26、丙酮为21。因此,在一定量的有机溶剂中,蛋白质分子间极性基团的静电引力增加,而水化作用降低,促使蛋白质聚集沉淀。此法沉淀蛋白质的选择性较高,且不需脱盐,但温度高时可引起蛋白质变性,故应注意低温条件。如用冷乙醇法从血清分离制备人体白蛋白和球蛋白。

4. 温度对蛋白质溶解度的影响 一般在 0~40℃,多数球状蛋白的溶解度随温度的升高而增加;40~50℃以上,多数蛋白质不稳定并开始变性。因此,对蛋白质的沉淀一般要求低温条件。

(二)根据分子大小不同的分离纯化方法

蛋白质是大分子物质,但不同的蛋白质分子大小各异,利用此性质可从混合蛋白质中分离各组分。

1. 透析和超滤 透析(dialysis)法是利用蛋白质大分子对半透膜的不可透过性而与其他小分子物质分开。此法简便,常用于蛋白质的脱盐,但需时间较长。超滤法(ultrafiltration)是依据分子大小和形状,在10^{-8} cm 数量级进行选择性分离的技术。其原理是利用超滤膜在一定的压力或离心力的作用下,大分子物质被截留而小分子物质则滤过排出。选择不同孔径的超滤膜可截留不同分子量的物质(表 2-12)。此法的优点是:可选择性地分离所需分子量的蛋白质、超滤过程无相态变化、条件温和、蛋白质不易变性,常用于蛋白质溶液的浓缩、脱盐、分级纯化等。本法的关键是超滤膜的质量。随着制膜技术和超滤装置的发展与改进,将使本法具有简便、快速、大容量和多用途的特点,是一种很有前途的分离技术。

表 2-12 超滤膜孔径与截留蛋白质的分子量

膜孔平均直径 (10^{-8} cm)	分子量截留值	膜孔平均直径 (10^{-8} cm)	分子量截留值
10	500	22	$3×10^4$
12	1000	30	$5×10^4$
15	$1×10^4$	55	$10×10^4$
18	$2×10^4$	140	$30×10^4$

2. 分子排阻层析（molecular-exclusion chromatography） 又名分子筛层析（molecular-sieve chromatography）、凝胶过滤（gel-filtration）。这是一种简便而有效的生化分离方法之一，其原理是利用蛋白质分子量的差异，通过具有分子筛性质的凝胶而被分离。

常用的凝胶有葡聚糖凝胶（Sephadex）、聚丙烯酰胺凝胶（Bio—gel）和琼脂糖凝胶（Sepharose）等。葡聚糖凝胶是以葡聚糖与交联剂形成有三维空间的网状结构物，两者的比例和反应条件决定其交联度的大小，即孔径大小，用 G 表示。G 越小，交联度越大，孔径越小。当蛋白质分子的直径大于凝胶的孔径时，被排阻于胶粒之外；小于孔径者则进入凝胶。在层析洗脱时，大分子受阻小而最先流出，小分子受阻大而最后流出，结果使大小不同的物质分离。图 2-13 为凝胶过滤层析示意图。

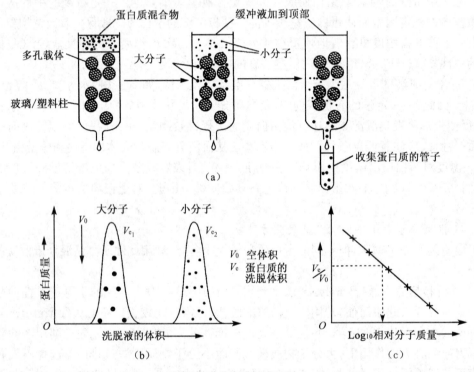

图 2-13 凝胶过滤层析

（a）凝胶过滤层析示意图；（b）洗脱曲线；（c）已知蛋白质相关洗脱体积对分子量的对数作图

3. 密度梯度离心（density gradient centrifugation） 蛋白质颗粒的沉降速度取决于它的大小和密度。当其在具有密度梯度的介质中离心时，质量和密度大的颗粒比质量和密度小的颗粒沉降得快，并且每种蛋白质颗粒沉降到与自身密度相等的介质梯度时，即停滞不前，可分步收集进行分析。在离心中使用密度梯度具有稳定作用，可以抵抗由于温度的变化或机械振动引起区带界面的破坏而影响分离效果。

（三）根据电离性质不同的分离纯化方法

蛋白质是两性电解质，在一定的 pH 条件下，不同蛋白质所带电荷的质与量各异，可用电泳法或离子交换层析法等分离纯化。

1. 电泳法 带电质点在电场中向电荷相反的方向移动，这种性质称为电泳（electrophoresis）。蛋白质除在等电点外，具有电泳性质。蛋白质在电场中移动的速度和方向主要取决于蛋白质分子所带的电荷的性质、数量及质点的大小和形状。带电质点在电场中的电泳速度以电泳迁移率表示,即单位电场下带电质点的泳动速度。

$$\mu = u/E = dL/Vt$$

式中,μ 为电泳迁移率,u 为质点泳动速度,E 为电场强度,d 为质点移动距离,L 为支持物的有效长度,V 为支持物两端的实际电压,t 为通电时间。

带电质点的泳动速度除受本身性质决定外,还受其他外界因素的影响,如电场强度、溶液的 pH、离子强度及电渗等。但是,在一定条件下,各种蛋白质因电荷的质、量及分子大小不同,其电泳迁移率各异,从而达到分离的目的。这是蛋白质分离和分析的重要方法。由于电泳装置、电泳支持物的不断改进和发展以及电泳目的的不同,它已构成形式多样、方法各异但本质相同的系列技术。这里仅介绍一些常用的方法。

(1) 醋酸纤维薄膜电泳:它以醋酸纤维薄膜作为支持物,电泳效果比纸电泳好,时间短、电泳图谱清晰。临床用于血浆蛋白电泳分析。

(2) 聚丙烯酰胺凝胶电泳(PAGE):又称分子筛电泳或圆盘电泳(disc electrophoresis),它以聚丙烯酰胺凝胶为支持物,具有电泳和凝胶过滤的特点,即电荷效应、浓缩效应、分子筛效应,因而电泳分辨率高。如醋纤膜电泳分离人血清只能分出 5~6 种蛋白成分,而本法可分出 20~30 种蛋白成分,且样品需要量少,一般用 1~100 μg 即可。

(3) 等点聚焦电泳(isoelectric focusing):它以两性电解质作为支持物,电泳时即形成一个由正极到负极逐渐增加的 pH 梯度。蛋白质在此系统中电泳各自集中在与其等电点相应的 pH 区域而达到分离的目的。此法分辨率高,各蛋白 pI 相差 0.02 pH 单位即可分开,可用于蛋白质的分离纯化和分析。

(4) 免疫电泳(immuno-electrophoresis):把电泳技术和抗原与抗体反应的特异性相结合,一般以琼脂或琼脂糖凝胶为支持物。方法是先将抗原中各蛋白质组分经凝胶电泳分开,然后加入特异性抗体,经扩散可产生免疫沉淀反应。本法常用于蛋白质的鉴定及其纯度的检查。目前此类方法已有许多新的发展,如荧光免疫电泳、酶免疫电泳、放射免疫电泳、Western Blot 分析等。

2. 离子交换层析(ion-exchange chromatography) 蛋白质是两性化合物,可用离子交换技术进行分离精制。但普通的离子交换树脂适用于小分子离子化合物的分离(如氨基酸、小肽等)。下面这一类离子交换剂常用于大分子物质的分离与纯化。

(1) 离子交换纤维素:它以纤维素分子为母体,大部分可交换基团位于纤维素表面,易与大分子蛋白质交换。如:二乙氨基乙基纤维素(DEAE-C)为阴离子纤维素,化学式为:纤维素-OCH_2-CH_2N-$(C_2H_5)_2$;羧甲基纤维素(CMC-)为阳离子交换纤维素,化学式为:纤维素-OCH_2-$COOH$。

(2) 离子交换凝胶:它把离子交换与分子筛两种作用结合起来,是离子交换技术的重要改进。一般是在凝胶分子上引入可交换的离子基团,如二乙氨基乙基葡聚糖凝胶(DEAE-Sephadex)、羧甲基葡聚糖凝胶(CM-Sephadex)等。

(3) 大孔型离子交换树脂:这类树脂孔径大,可交换基团分布在树脂骨架的表面,因此适用于较大分子物质的分离、精制。

图 2-14 为离子交换层析示意图。

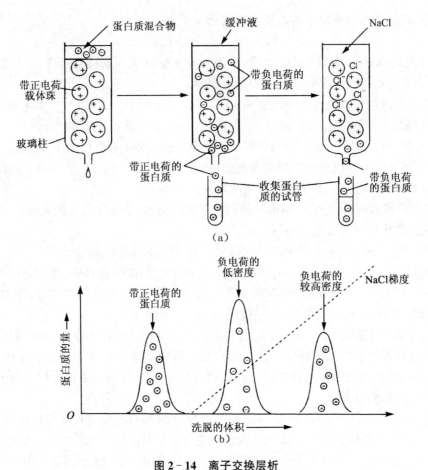

图 2-14 离子交换层析

(a) 离子交换层析示意图;(b) 洗脱曲线

（四）根据配基特异性的分离纯化方法

根据配基特异性的分离纯化方法为亲和层析法。

亲和层析法（affinity chromatography）又名选择层析、功能层析或生物特异吸附层析。蛋白质能与其相对应的化合物（称为配基）具有特异结合的能力，即亲和力。这种亲和力具有下列重要特性：

1. 高度特异性 如抗原与抗体、Protein A 与抗体、酶与底物或抑制剂、RNA 与其互补的DNA 之间等，它们相互结合，具有高度的选择性。

2. 可逆性 上述化合物在一定条件下可特异结合形成复合物，当条件改变时又易解开。如抗原与抗体的反应，一般在碱性时两者结合，而酸性时则解离。根据这种具有特异亲和力的化合物之间能可逆结合与解离的性质建立的层析方法，称为亲和层析。本法具有简单、快速、得率和纯化倍数高等显著优点，是一种具有高度专一性分离纯化蛋白质的有效方法。

亲和层析的步骤，以抗原纯化为例说明如下：

（1）配基的固相化：选用与抗原（Ag）相应的抗体（Ab）为配基，用化学方法使之与固相载体相连接。常用的固相载体有琼脂糖凝胶、葡聚糖凝胶、纤维素等。

（2）抗原的吸附：将连有抗体的固相载体装入层析柱，使含有抗原的混合物通过此柱，相应的抗原被抗体特异地结合，而非特异地抗原等杂质不能被吸附而直接流出层析柱。

（3）抗原的洗脱：将层析柱中的杂质洗净，改变条件使 Ag-Ab 复合物解离，此时洗脱液中的抗原即为纯化抗原，经冷冻干燥于低温保存。

图 2-15 为亲和层析示意图。

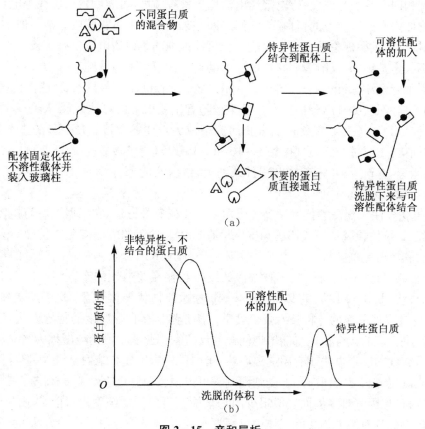

图 2-15 亲和层析
（a）亲和层析示意图；（b）洗脱曲线

三、蛋白质的纯度鉴定和含量测定

（一）蛋白质纯度的鉴定

蛋白质的纯度是指一定条件下的相对均一性。因为蛋白质的纯度标准主要取决于测定方法的检测极限，用低灵敏度的方法证明是纯的样品，改用高灵敏度的方法证明则可能是不纯的，所以，在确定蛋白质的纯度时，应根据要求选用多种不同的方法、从不同的角度去测定其均一性。下面介绍一些常用检查纯度的方法。

1. 层析法　用分子筛或离子交换层析检查样品时，如果样品是纯的，应显示单一的洗脱峰；若样品是酶类，层析后则显示恒定的比活性。如果是这样，可认为该样品在层析性质上是均一的，称为"层析纯"。

高压液相层析（high pressure liquid chromatography，HPLC）是新近发展的一种分离分析技术，在原理上与常压液相层析基本相同。它具有气相层析的优点，又不要求样品必须是可挥发性的；HPLC 采用特有的固相担体，加上在高压条件下工作，使它成为一种高效能的分析方法。HPLC 不仅可用于蛋白质纯度分析，也可用于少量样品的制备。

2. 电泳法　用 PAGE 检查样品呈现单一区带，也是纯度的一个指标，这表明样品在电荷和质量方面的均一性，如果在不同 pH 条件下电泳均为单一区带，则结果更可靠些；SDS－PAGE 检测纯度也很有价值，它说明蛋白质在分子大小上的均一程度，但此法只适用于单链多肽和具有相同亚基的蛋白质；等电聚焦电泳用于检查纯度，可表明蛋白质在等电点方面的均一性。生物体内有成千上万的蛋白质，它们之间在某些性质上可相同或非常相似，因此用一种方法检测时，出现重叠现象是完全有可能的。可以说纯的蛋白质电泳仅一条区带，但仅有一条区带却不一定是纯的，仅能表明它在电泳上的均一性，称为"电泳纯"。

高效毛细管电泳（high performance capillary electrophoresis, HPCE）是在传统电泳的基础上发展的一种新型的分离分析技术。近年来随着生物工程的迅速发展，新的基因工程产品不断出现，使 HPCE 在生物技术产品分析研究中成为重要的手段。HPCE 的主要特点是：快速（分析时间 1～15 分钟）、微量（样品 1～10 nl）、高效（理论塔板数为 104～106/m）、高灵敏度（如人生长激素 20 pg 即可分离检出），且试剂无毒性，实验条件缓冲液可变而不改变毛细管柱，有效避免柱污染等。

3. 免疫化学法　免疫学技术是鉴定蛋白质纯度的有效方法，它根据抗原与抗体反应的特异性，可用已知抗体检查抗原或用已知抗原检查抗体。常用的方法有免疫扩散、免疫电泳、双向免疫电泳和放射免疫分析等。特别是放射免疫分析（RIA），它是一种超微量的特异分析方法，灵敏度很高，可达 ng～pg 水平，但需特殊设备和存在放射性的有害污染。近来新建立一种酶标记免疫分析法（EIA），它以无害的酶作为标记物代替同位素，此法的灵敏度近似于 RIA，是一种有发展前途的分析技术。免疫学方法是鉴定蛋白质纯度的特异方法，但对那些具有相同抗原决定簇的化合物也可能出现同样的反应。用此法检测的纯度称为"免疫纯"。

蛋白质纯度的鉴定方法还有超速离心法、蛋白质化学组成和结构分析等，但这些方法因需特殊设备或测定方法复杂而应用上受到限制。可以说蛋白质最终的纯度标准应是其氨基酸组成和顺序分析，但因其难度大而一般很少用它来检查蛋白质的纯度。目前常用的方法仅表明在一定条件下的相对纯度。实际工作中可根据对纯度的要求选用适当的方法，若对纯度要求高，应选有相当灵敏度的多种方法进行分析。

（二）蛋白质的含量测定

1. 凯氏定氮法（Kjedahl 法）　这是测定蛋白质含量的经典方法。其原理是蛋白质具有恒定的含氮量，平均为 16%，因此测定蛋白质的含氮量即可计算其含量；含氮量的测定是使蛋白质经硫酸消化为 $(NH_4)_2SO_4$，碱性时蒸馏释出的 NH_3 用定量的硼酸吸收，再用标准浓度的酸滴定，求出含氮量即可计算蛋白质的含量。

2. 福林-酚试剂法（Lowry 法）　这是测定蛋白质浓度应用最广泛的一种方法。其原理是在碱性条件下蛋白质与 Cu^{2+} 生成复合物，还原磷钼酸－磷钨酸试剂生成蓝色化合物，可用比色法测定。此法优点是操作简便、灵敏度高，蛋白质浓度范围是 $25～25\ \mu g/mL$。但此法实际上是蛋白质中酪氨酸和色氨酸与试剂的反应，因此它受蛋白质氨基酸组成的影响，即不同蛋白质中此两种氨基酸量不同，使显色强度有所差异；此外，酚类等一些物质的存在可干扰此法的测定，导致分析的误差。

3. 双缩脲法　在碱性条件下，蛋白质分子中的肽键与 Cu^{2+} 可生成紫红色的络合物，可用比色法定量。此法简便，受蛋白质氨基酸组成影响小；但灵敏度小、样品用量大，蛋白质浓度范围为 $0.5～10\ mg/mL$。

4. 紫外分光光度法 蛋白质分子中常含有酪氨酸等芳香族氨基酸,在 280 nm 处有特征性的最大吸收峰,可用于蛋白质的定量。此法简便、快速、不损失样品,测定蛋白质的浓度范围是 0.1～0.5 mg/mL。若样品中含有其他具有紫外吸收的杂质,如核酸等,可产生较大的误差,故需作适当的校正。

蛋白质样品中含有核酸时,可按下列公式计算蛋白质的浓度。

蛋白质的浓度(mg/ml)$=1.55A_{280}-0.75A_{260}$

关于蛋白质浓度测定已有新方法报道,重要的方法有 BCA 比色法和 Bradford 蛋白分析法(或称 Bio－Rad 蛋白分析法),这些方法主要特点是简便、快速、灵敏和抗干扰作用强,可望替代传统的 Lowry 法,但试剂较贵。

5. BCA 比色法 其原理是在碱性溶液中,蛋白质将 Cu^{2+} 还原为 Cu^+ 再与 BCA 试剂(4,4′-二羧酸-2,2′-二喹啉钠)生成紫色复合物,于 562 nm 有最大吸收,其强度与蛋白质浓度成正比。此法的优点是单一试剂、终产物稳定,与 Lowry 法相比几乎没有干扰物质的影响。尤其在 TritonX-100,SDS 等表面活性剂中也可测定。其灵敏度范围一般在 10～1 200 $\mu g/mL$。

6. Bradford 蛋白分析法 这是一种迅速、可靠的通过染料法测定溶液中蛋白质的方法。其原理是基于考马斯亮蓝 G-250 有红、蓝两种不同颜色的形式。在一定浓度的乙醇及酸性条件下,可配成淡红色的溶液,当与蛋白质结合后,产生蓝色化合物,反应迅速而稳定。检测反应化合物在 595 nm 的光吸收值,可计算出蛋白质的含量。此法特点是:快速简便,10 分钟左右即可完成;灵敏度范围一般在 25～200 $\mu g/mL$。最小可测 2.5 $\mu g/mL$ 蛋白质;氨基酸、肽、ED-TA、Tris、糖等无干扰。Bio-Rad 公司的蛋白质定量检测试剂盒即以此法为依据。

第三章 核酸的化学

第一节 核酸的概念和化学组成

核酸（nucleic acid）是含有磷酸基团的重要生物大分子，因最初从细胞核分离获得，又具有酸性，故称为核酸。一切生物都含有核酸，凡是有生命的地方就有核酸存在。

核酸具有非常重要的生物学意义，不仅与正常生命活动，如生长繁殖、遗传变异、细胞分化等有着密切关系，而且与生命的异常活动，如肿瘤发生、辐射损伤、遗传病、代谢病、病毒感染等也息息相关。因此核酸研究是现代生物化学、分子生物学与医药学发展的重要领域。

一、核酸的概念和重要性

核酸在细胞内通常以与蛋白质结合成核蛋白的形式存在。天然的核酸分为两大类，即核糖核酸（RNA）和脱氧核糖核酸（DNA）。DNA 主要分布在细胞核中，RNA 可存在于细胞质和细胞核中。DNA 是生物遗传变异的物质基础。RNA 在细胞中的含量比 DNA 高。原核细胞和真核细胞都含有三种主要的 RNA：信使 RNA（mRNA）、核蛋白体 RNA（rRNA）和转运 RNA（tRNA）。真核细胞还含有核不均 RNA（HnRNA）和核小 RNA（SnRNA）。HnRNA 是 mRNA 的前体物，SnRNA 参与 RNA 的修饰加工和对细胞与基因行为的调控，是一类新的核酸调控分子。

（一）核酸是遗传变异的物质基础

遗传与变异是最重要、最本质的生命现象。遗传是相对的，有了遗传的特征才能保持物种的相对稳定性。变异是绝对的，有变异才有物种的进化和生物发展的可能。生物遗传特征的延续与生物进化都是由基因所决定的。基因特征是由 DNA 分子中的特定核苷酸种类、数目和排列顺序所决定的，一个基因（gene）系指含有合成一个功能性生物分子（蛋白质或 RNA）所需信息的一个特定 DNA 片段，所以说核酸是遗传变异的物质基础。利用 DNA 人工重组技术，可以使一种生物的 DNA 或片段（基因）引入另一种生物体内，而后者则能表现出前者的生物性状，从而实现超越生物物种间的基因转移，并表现出被转移基因的生物学功能。

（二）核酸与生物遗传信息的传递

生物遗传信息贮存在 DNA 分子上，但生物性状并不由 DNA 直接表现，而是通过各种蛋白质的生物功能才表现出来。蛋白质的结构是由 DNA 决定的，也就是说遗传信息是由 DNA 传向蛋白质的。遗传信息的这种传递不是直接的，而是通过中间信使，即 DNA 的副本 mRNA 来传递的，即 DNA 把自己的信息先给 mRNA，然后再由 mRNA 传给蛋白质。所以蛋白质的生物合成和生物性状的表现（如新陈代谢、生长发育、组织分化等）都直接与核酸紧密相关。

（三）核酸与医药

由于 DNA 是遗传信息的载体，因此，DNA 分子结构的改变，必将导致生物功能的改变。如病毒的致病作用、恶性肿瘤、放射病及遗传性疾病、代谢病、辐射损伤等都与核酸功能的变化密切相关。病毒主要是由蛋白质和核酸组成的，因此核酸类衍生物可作为抗病毒药物，如 5-

碘尿苷(5-碘脱氧嘧啶核苷)、阿糖胞苷(胞嘧啶阿拉伯糖苷)、阿糖腺苷(腺嘌呤阿拉伯糖苷)等,还有多种双股多聚核苷酸,如多聚肌苷酸、多聚胞苷酸,可诱导体内产生干扰素,保护细胞免受病毒感染,具有防治病毒性疾病的疗效。

许多抗癌药物属于核苷或核酸类衍生物,如治疗消化道癌症的 5-氟尿嘧啶,治疗白血病的6-巯基嘌呤等。抗癌和抗病毒药物的作用是抑制病原核酸与蛋白质的合成,从而抑制癌细胞与病毒的进一步增殖,因此抗癌、抗病毒药物的作用机制与新药合成研究都与核酸化学关系密切。

基因工程技术正在改变医药工业的传统生产方式,已有许多基因工程药物研究成功并投入临床应用,如人胰岛素、人生长素、α-干扰素、乙肝疫苗、人白介素-2 等,这不仅满足了医疗需要,而且将对医药产品结构的更新换代产生重大影响。另外,应用基因技术,还可能把遗传病病人所缺乏的基因导进体内,使其体细胞重新具有所缺陷的基因,表达所需要的蛋白,从而进行基因治疗。

应用转基因技术、构建转基因动物,将成为未来生物药物的一种新生产手段。因此核酸的研究与应用对医疗卫生和工农业生产极为重要,是战胜疾病、开发新药、创造新物种与新品种的有效手段。

二、核酸的基本结构单位——单核苷酸

核酸是一种多核苷酸(polynucleotide),它的基本结构单位是单核苷酸(mononucleotide)。核苷酸还可以进一步分解成核苷(nucleoside)和磷酸。核苷再进一步分解成碱基(base)(嘌呤碱与嘧啶碱)和戊糖(pentose)。戊糖有两种:D-核糖(D-ribose)和D-2-脱氧核糖(D-2-deoxyribose),据此将核酸分为核糖核酸和脱氧核糖核酸。

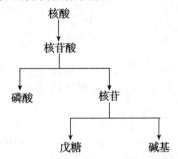

RNA 主要由腺嘌呤、鸟嘌呤、胞嘧啶和尿嘧啶四种碱基组成的核糖核苷酸构成。DNA 主要由腺嘌呤、鸟嘌呤、胞嘧啶和胸腺嘧啶四种碱基组成的脱氧核糖核苷酸组成。RNA 和 DNA 分子中三种碱基是相同的,只有一种碱基不同,RNA 分子中是尿嘧啶,而 DNA 分子中是胸腺嘧啶。RNA 和 DNA 的基本化学组成见表 3-1。

表 3-1　DNA 和 RNA 的基本化学组成

	DNA	RNA
嘌呤碱(purine bases)	腺嘌呤(adenine)	腺嘌呤
	鸟嘌呤(guanine)	鸟嘌呤
嘧啶碱(pyrimidine bases)	胞嘧啶(cytosine)	胞嘧啶
	胸腺嘧啶(thymine)	**尿嘧啶(uracil)**
戊糖(pentose)	**D-2-脱氧核糖**	**D-核糖**
酸	磷酸	磷酸

* 粗黑体字示 DNA 和 RNA 基本化学组成的不同处。

（一）核苷和核苷酸

1. 碱基　核酸中的碱基分两类：嘧啶碱和嘌呤碱。

（1）嘧啶碱：核酸中常见的嘧啶碱有三类：胞嘧啶、尿嘧啶和胸腺嘧啶。DNA 和 RNA 中都含有胞嘧啶，RNA 还含有尿嘧啶，DNA 还含有胸腺嘧啶。此外，小麦胚 DNA 中含有 5-甲基胞嘧啶，某些噬菌体中含有 5-羟甲基胞嘧啶和 5-羟甲基尿嘧啶等。

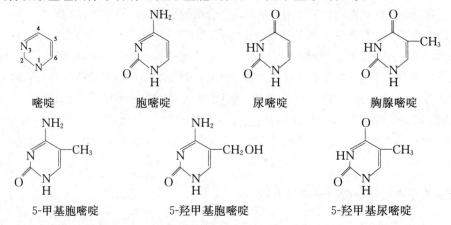

（2）嘌呤碱：核酸中所含的嘌呤碱主要有腺嘌呤和鸟嘌呤。

（3）稀有碱基：除五种基本的碱基外，核酸中还有一些含量甚少的碱基，称为稀有碱基，很多稀有碱基是甲基化碱基，如 1-甲基腺嘌呤、1-甲基鸟嘌呤、1-甲基次黄嘌呤和次黄嘌呤、二氢尿嘧啶等。

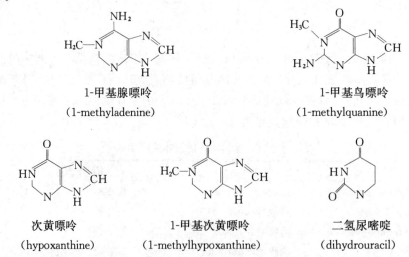

2. 核糖和脱氧核糖　RNA 和 DNA 两类核酸是因所含戊糖不同而分类的。RNA 含 β-D-核糖，DNA 含 β-D-2-脱氧核糖。某些 RNA 中含有少量 β-D-2-O-甲基核糖。核酸分子中的戊糖都是 β-D-型。

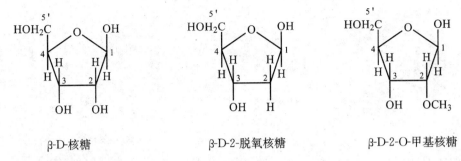

β-D-核糖   β-D-2-脱氧核糖   β-D-2-O-甲基核糖

3. 核苷　戊糖和碱基缩合而成的糖苷称为核苷(nucleoside)。戊糖和碱基之间的连接是戊糖的第一位碳原子(C_1)与嘧啶碱的第一位氮原子(N_1)或嘌呤碱的第九位氮原子(N_9)相连接。戊糖和碱基之间的连接键是 N—C 键,一般称为 N—糖苷键。

核苷中的 D-核糖和 D-2-脱氧核糖都是呋喃型环状结构。糖环中的 C_1 是不对称碳原子,所以有 α 和 β 两种构型。核酸分子中的糖苷键均为 β-糖苷键。

应用 X 射线衍射法证明,核苷中的碱基与糖环平面互相垂直。

根据核苷中所含戊糖不同,将核苷分为核糖核苷和脱氧核糖核苷两类。

在核苷的编号中,糖的编号数字上加一撇,以便与碱基编号区别。对核苷进行命名时,先冠以碱基的名称,如腺嘌呤核苷、胸腺嘧啶脱氧核苷等。

RNA 中主要的核糖核苷有四种:腺嘌呤核苷(adenosine,A)、鸟嘌呤核苷(guanosine,G)、胞嘧啶核苷(cytidine,C)和尿嘧啶核苷(uridine,U)。其结构式如下:

腺嘌呤核苷   鸟嘌呤核苷   胞嘧啶核苷   尿嘧啶核苷
（腺苷）　　　　　（鸟苷）　　　　　（胞苷）　　　　　（尿苷）

DNA 中主要的脱氧核糖核苷也有四种:腺嘌呤脱氧核苷(deoxyadenosine,dA)、鸟嘌呤脱氧核苷(deoxyguanosine,dG)、胞嘧啶脱氧核苷(deoxycytidine,dC)、胸腺嘧啶脱氧核苷(deoxythymidine,dT)。其结构式如下:

tRNA 中含有少量假尿嘧啶核苷(pseudouridine),其结构特殊,它的核糖不是与尿嘧啶的 N_1 相连接,而是与嘧啶环的 C_5 相连接,结构式如下:

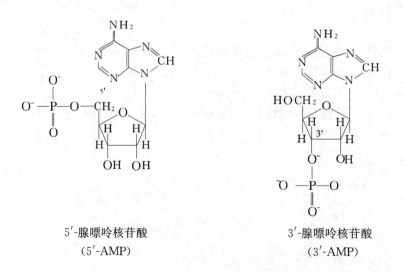

腺嘌呤脱氧核苷
（脱氧腺苷）

鸟嘌呤脱氧核苷
（脱氧鸟苷）

胞嘧啶脱氧核苷
（脱氧胞苷）

假尿嘧啶核苷

尿嘧啶脱氧核苷
（脱氧胸苷）

4. 核苷酸　核苷中戊糖的羟基磷酸酯化,就形成核苷酸(nucleotide),即核苷酸是核苷的磷酸酯。根据核苷酸中的戊糖不同,核苷酸可分为两大类:核糖核苷酸和脱氧核糖核苷酸。核苷酸是构成核酸分子的基本结构单位。由于核糖中有三个游离的羟基($2'$,$3'$和$5'$),因此核糖核苷酸有 $2'$-核苷酸、$3'$-核苷酸和 $5'$-核苷酸三种。而脱氧核糖只有 $3'$和$5'$两个游离羟基可被酯化,因此只有 $3'$-脱氧核苷酸和 $5'$-脱氧核苷酸两种。自然界存在的游离核苷酸为 $5'$-核苷酸,一般其代号可略去 $5'$。其结构式如下:

$5'$-腺嘌呤核苷酸
（$5'$-AMP）

$3'$-腺嘌呤核苷酸
（$3'$-AMP）

48

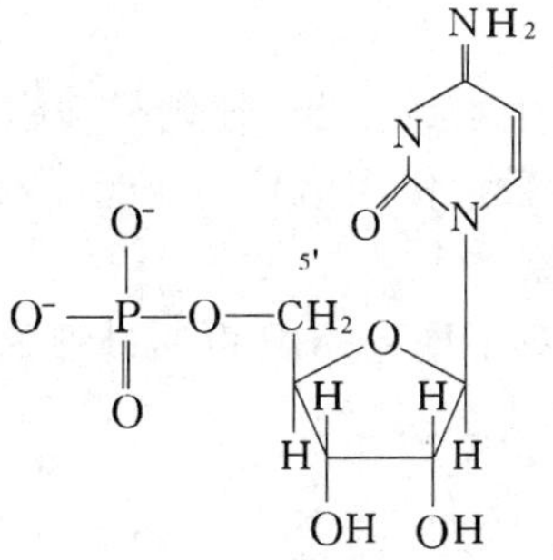

$$5'\text{-胞嘧啶脱氧核苷酸} \qquad\qquad 3'\text{-胞嘧啶脱氧核苷酸}$$

$$(5'\text{-dCMP}) \qquad\qquad\qquad (3'\text{-dCMP})$$

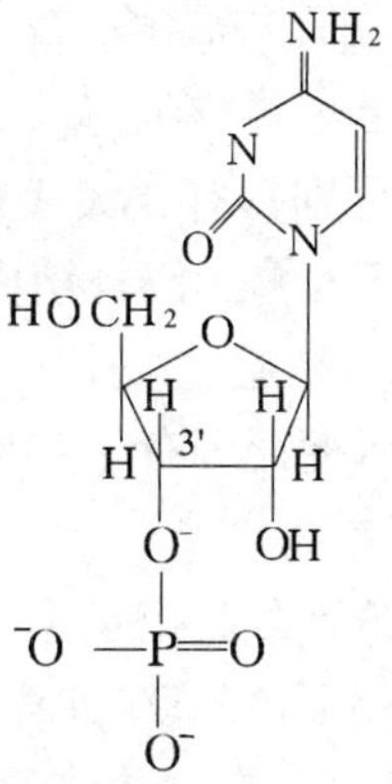

核酸(RNA 和 DNA)是由许多核苷酸分子以 $3',5'$-磷酸二酯键互相连接而组成的多核苷酸。RNA 和 DNA 的基本结构单位见表 3-2。

表 3-2　RNA 和 DNA 的基本结构单位

RNA 的基本结构单位	DNA 的基本结构单位
腺嘌呤核苷酸	腺嘌呤脱氧核苷酸
(adenosine monophosphate, AMP)	(deoxyadenosine monophosphate, dAMP)
鸟嘌呤核苷酸	鸟嘌呤脱氧核苷酸
(guanosine monophosphate, GMP)	(deoxyguanosine monophosphate, dGMP)
胞嘧啶核苷酸	胞嘧啶脱氧苷酸
(cytidine monophosphate, CMP)	(deoxycytidine monophosphate, dCMP)
尿嘧啶核苷酸	胸腺嘧啶脱氧核苷酸
(uridine monophosphate, UMP)	(deoxythymidine monophosphate, dTMP)

(二) 环化核苷酸

环化核苷酸如环化腺苷酸和环化鸟苷酸普遍存在于动植物和微生物细胞中。它们的结构式如下:

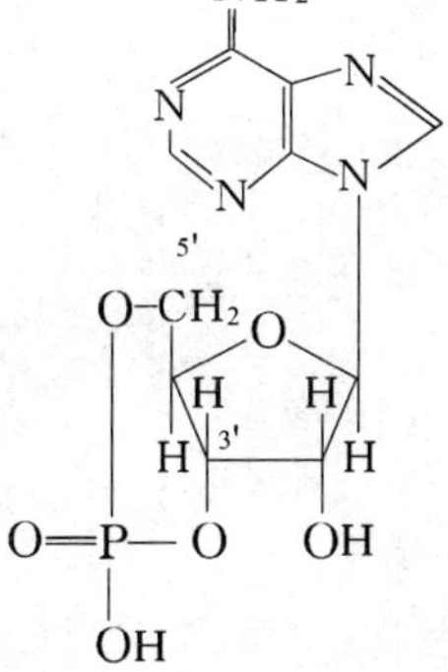

$$3',5'\text{-环腺苷酸} \qquad\qquad\qquad 3',5'\text{-环鸟苷酸}$$

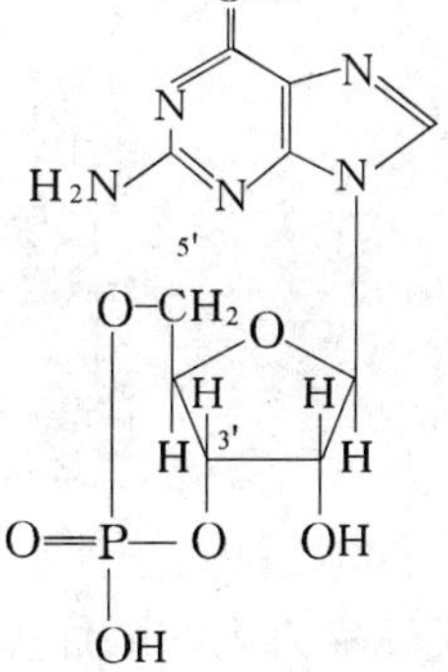

3′,5′-环腺苷酸(3′,5′-cyclic adenylic acid)或称环腺-磷(cAMP)。3′,5′-环鸟苷酸(3′,5′-cyclic guanylic acid)或称环鸟-磷(cGMP)。

环化核苷酸参与调节细胞生理生化过程,控制生物的生长、分化和细胞对激素的效应。cAMP 和 cGMP 分别具有放大激素作用信号和缩小激素作用信号的功能,因此称为激素的第二信使。cAMP 还参与大肠杆菌中 DNA 转录的调控。

外源 cAMP 不易通过细胞膜,cAMP 的衍生物双丁酰 cAMP 可通过细胞膜,已应用于临床,对心绞痛、心肌梗死等有一定疗效。

（三）辅酶类核苷酸

许多辅酶是核苷酸类衍生物,简述如下:

1. 辅酶Ⅰ(CoⅠ,NAD)和辅酶Ⅱ(CoⅡ,NADP) 辅酶Ⅰ(烟酰胺腺嘌呤二核苷酸)和辅酶Ⅱ(烟酰胺腺嘌呤二核苷酸磷酸)都是二核苷酸,即由两个单核苷酸组成,一个单核苷酸含有的碱基是腺嘌呤,另一个核苷酸的碱基是尼克酰胺(维生素 PP)。其组成简示如下:

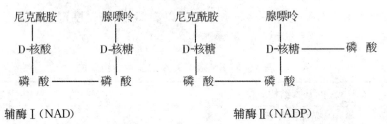

辅酶Ⅰ(NAD)　　　　　　　　　辅酶Ⅱ(NADP)

辅酶Ⅰ和辅酶Ⅱ都是脱氢酶的辅酶,其结构中的尼克酰胺部分能可逆地加氢与脱氢,在生物氧化中起递氢作用。

2. 黄素腺嘌呤二核苷酸(FAD) FAD 的组成简示如下:

可见 FAD 是类似二核苷酸的化合物,其分子中一半是腺嘌呤核苷酸,另一半是磷酸核黄素,又称黄素单核苷酸(FMN),其结构式与核苷酸类似。FAD 和 FMN 的主要功能是在生物氧化过程中起传递氢原子的作用。

3. 辅酶 A(CoA,CoA－SH) 辅酶 A 是核苷酸衍生物,结构中含有腺嘌呤核苷酸,其组成简示如下:

辅酶 A 分子中的泛酸是一种水溶性维生素,而氨基乙硫醇(H_2N—CH_2—CH_2—SH)结构中的巯基(—SH)是辅酶 A 参与酶促反应的一个重要基团,因此,辅酶 A 常用 CoA－SH 表示。

辅酶 A 参与糖、脂肪、蛋白质代谢,尤其对脂肪代谢的促进作用更加重要。辅酶 A 已应用于冠状动脉粥样硬化的防治。

第二节　核酸的分子结构

一、DNA 的分子结构

（一）DNA 的一级结构

核酸是由许多分子单核苷酸构成的。核酸的一级结构是指构成核酸的各个单核苷酸之间连接键的性质以及组成中单核苷酸的数目和排列顺序（碱基排列顺序）。

实验表明，核酸中核苷酸和核苷酸之间通过 $3',5'$-磷酸二酯键连接，即它们的连接方式是：一个核苷酸的脱氧核糖的第 $5'$ 位碳原子（C_5'）上的磷酸基与相邻的核苷酸的脱氧核糖的第 $3'$ 位碳原子（C_3'）上的羟基结合。后者分子中的 C_5 上的磷酸基又可与另一个核苷酸分子 C_3' 上的羟基结合。如此通过 $3',5'$-磷酸二酯键将许多核苷酸连接在一起，形成多核苷酸链。DNA 是由数量极其庞大的四种脱氧核糖核苷酸，通过 $3',5'$-磷酸二酯键彼此连接起来的直线形或环形分子，DNA 没有侧链。图 3-1 表示 DNA 多核苷键链的一个小片段。

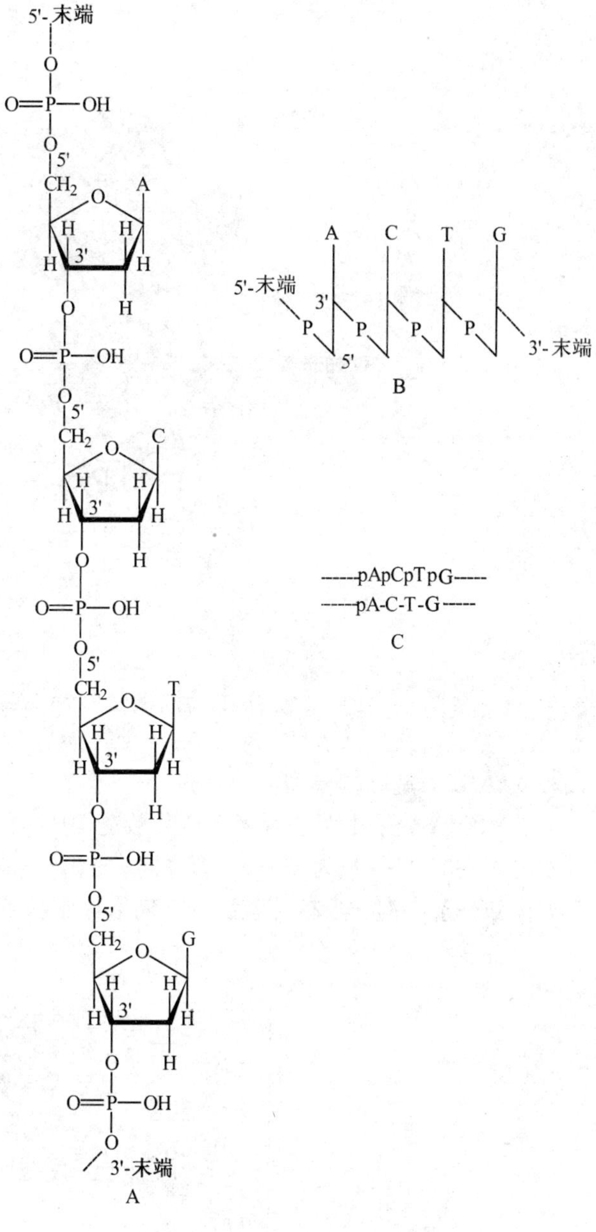

图 3-1 的右侧是多核苷酸的两种缩写法。B 为线条式缩写，竖线表示核糖的碳链，A、C、T、G 表示不同的碱基，P 和斜线代表 $3',5'$-磷酸二酯键。C 为文字式缩写，其中 P 表示磷酸基团，当 P 写在碱基符号左边时，表示 P 在 C_5' 上，而 P 写在碱基符号右边时，则表示 P 与 C_3'-相连。有时多核苷酸中的磷酸二酯键的 P 也被省略，如写成---pA-C-T-G---或 pACTG。各种简化式的读向是从左到右，所表示的碱基序列是从 $5'$ 到 $3'$。

不同的 DNA 的核苷酸数目和排

图 3-1　DNA 分子中多核苷酸链的一个小片段及缩写符号
A：DNA 多核苷酸链的一个小片段；
B：为线条式缩写；C：为文字式缩写

列顺序不同,生物的遗传信息就储存记录于 DNA 的核苷酸序列中。测定 DNA 的核苷酸序列,也即测定 DNA 的一级结构,近几年来已取得重大突破,如大肠杆菌 DNA、果蝇 DNA、小鼠 DNA 和人类 DNA 等的一级结构测序工作均已完成。

（二）DNA 的二级结构

1. DNA 二级结构的 Watson—Crick 模型 DNA 双螺旋结构模型是 Watson 和 Crick 在前人的工作基础上于 1953 年提出来的。根据此模型,结晶的 B 型 DNA 钠盐是由两条反向平行的多核苷酸链,围绕同一个中心轴构成的双螺旋结构(图 3-2)。

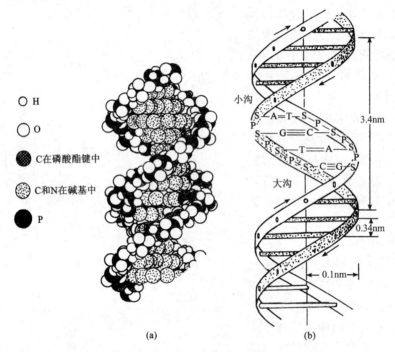

图3-2 右手螺旋 DNA 双螺旋结构(二级结构)
(a) 模型; (b) 图解

DNA 双螺旋结构模型的要点:

(1) DNA 分子由两条脱氧多核苷酸链构成,两条链都是右手螺旋,这两条链反向平行(即一条为 5'→3',另一条为 3'→5',围绕同一个中心轴构成双螺旋结构)。链之间的螺旋形成一条大沟和一条小沟。多核苷酸链的方向取决于核苷酸间的磷酸二酯键的走向(图 3-3)。

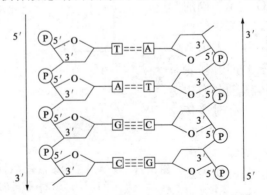

图3-3 DNA 分子中多核苷酸链的方向

(2) 磷酸基和脱氧核糖在外侧,彼此之间通过磷酸二酯键相连接,形成 DNA 的骨架。碱基连接在糖环的内侧。糖环平面与碱基平面相互垂直。

(3) 双螺旋的直径为 2 nm。顺轴方向,每隔 0.34 nm 有一个核苷酸,两个相邻核苷酸之间夹角为 36°。每一圈双螺旋有 10 对核苷酸,每圈高度为 3.4 nm。

(4) 两条链由碱基间的氢键相连,而且碱基间形成氢键有一定规律:腺嘌呤与胸腺嘧啶成对,鸟嘌呤与胞嘧啶成对。A 和 T 间形成两个氢键,G 和 C 间形成三个氢键。这种碱基之间互相配对称为碱基互补(图 3 - 4)。

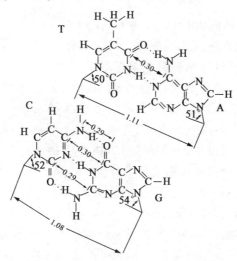

图 3 - 4　DNA 分子中的 A＝T,G≡C 配对(长度单位为 nm)

因此,当一条多核苷酸链的碱基序列已确定,就可推知另一条互补核苷酸链的碱基序列。每种生物的 DNA 都有其自己特异的碱基序列。

(5) 沿螺旋轴方向观察,配对的碱基并不充满双螺旋的全部空间。由于碱基对的方向性,使得碱基对占据的空间不对称,因此在双螺旋的表面形成两个凹下去的槽,一个槽大些,另一个槽小些,分别称为大沟和小沟。双螺旋表面的沟对 DNA 和蛋白质相互识别是很重要的。

影响 DNA 双螺旋结构的稳定因素:

DNA 双螺旋结构是很稳定的,主要有三种作用力使 DNA 双螺旋结构维持稳定。一种作用力是互补碱基之间的氢键,但氢键并不是 DNA 双螺旋结构稳定的主要作用力,因为氢键的能量很小。DNA 分子中碱基的堆积可以使碱基缔合,这种力称为碱基堆积力,是使 DNA 双螺旋结构稳定的主要作用力。碱基堆积力是由于杂环碱基的 π 电子之间相互作用所引起的。DNA 分子中碱基层层堆积,在 DNA 分子内部形成一个疏水核心。疏水核心内几乎没有游离的水分子,这有利于互补碱基间形成氢键。第三种使 DNA 分子稳定的力是磷酸基的负电荷与介质中的阳离子的正电荷之间形成的离子键。它可以减少 DNA 分子双链间的静电斥力,因而对 DNA 双螺旋结构也有一定的稳定作用。与 DNA 结合的阳离子,如 Na^+、K^+、Mg^{2+}、Mn^{2+},在细胞中很多。此外,在原核细胞中 DNA 常与精胺或亚精胺结合,真核细胞中的 DNA 一般与组蛋白结合。

天然 DNA 在不同湿度、不同盐溶液中结晶,其 X 线衍射所得数据不一样,因而 M. Wilkins 等将 DNA 的二级结构分为 A、B、C 三种不同的类型(表 3 - 3)。Watson 和 Crick 提出的结构为 B 型,溶液和细胞中天然状态的 DNA 可能是 B 型。

表 3 - 3　DNA 的类型

类型	结晶状态	螺距(nm)	堆积距离(nm)	每圈螺旋碱基对数	碱基夹角
A	75%相对湿度,钠盐	2.8	0.256	11	32.7°
B	92%相对湿度,钠盐	3.4	0.34	10	36°
C	66%相对湿度,锂盐	3.1	0.332	9.3	38°

因 DNA 纤维的含水量不同,而形成三种不同的 DNA 构象。A 型 DNA 是相对湿度为75%时制成的 DNA 钠盐纤维,也是右手螺旋。它与 B 型 DNA 不同之处是碱基不与纵轴相垂直,而呈 20°倾角,所以螺距与每圈螺旋的碱基数目发生了改变。A 型 DNA 的螺距不是3.4 nm,而是 2.8 nm,所以每圈螺旋含有 11 个碱基对。当 DNA 纤维中的水分再减少时,就出现 C 型,C 型 DNA 可能存在于染色体和某些病毒的 DNA 中。

2. 左手螺旋 DNA　1979 年,美国麻省理工学院 A. Rich 等从 d(GCGCGC)这样一个脱氧六核苷酸 X 线衍射结果发现,该片段以左手螺旋存在于晶体中,并提出了左手螺旋的 Z-DNA 模型。

Watson 和 Crick 右手螺旋 DNA 模型是平滑旋转的梯形螺旋结构,而新发现的左手螺旋DNA 虽也是双股螺旋,但旋转方向与它相反,主链中磷原子连接线呈锯齿形(zigzag),如似 Z字形扭曲,因此称为 Z-DNA。Z-DNA 直径约 1.8 nm,螺距 4.5 nm,每一圈螺旋含 12 个碱基对,整个分子比较细长而伸展。Z-DNA 的碱基对偏离中心轴并靠近螺旋外侧,螺旋的表面只有小沟没有大沟。此外,许多数据均与 B-DNA 不同(表 3 - 4)。

表 3 - 4　B-DNA 与 Z-DNA 的比较

类型	旋转方向	每圈残基数	直径(nm)	碱基堆积距离(nm)	螺距(nm)	每个碱基旋转角度
B-DNA	右旋	10	2.0	3.40	3.40	36°
Z-DNA	左旋	12	1.8	3.7	4.44	-60°

Rich 提出的左旋 DNA 模型虽然来自人工合成的脱氧六核苷酸的实验结果,但 20 世纪80 年代以来一些学者在多种实验基础上,指出左旋 DNA 也是天然 DNA 的一种构象,而且在一定条件下右旋 DNA 可转变为左旋,并提出 DNA 的左旋化可能与致癌、突变及基因表达的调控等重要生物功能有关。

（三）DNA 的三级结构

在 DNA 双螺旋二级结构基础上,双螺旋的扭曲或再次螺旋就构成了 DNA 的三级结构。超螺旋是 DNA 三级结构的一种形式。超螺旋的形成与分子能量状态有关。

在 DNA 双螺旋中,每 10 个核苷酸旋转一圈,这时双螺旋处于最低的能量状态。如果使正常的双螺旋 DNA 分子额外地多转几圈或少转几圈,这就会使双螺旋内的原子偏离正常位置,对应在双螺旋分子中就存在额外张力。如果双螺旋末端是开放的,这种张力可以通过键的转动而释放出来,DNA 将恢复到正常的双螺旋状态。如果 DNA 两端是以某种方式固定的,或是成环状 DNA 分子,这些额外的张力不能释放到分子之外,而只能在 DNA 内部使原子的位置重排,这样 DNA 本身就会扭曲,这种扭曲就称为超螺旋。环状 DNA 都是超螺旋。如果将这种超螺旋用 DNA 内切酶使其切断一条链,螺旋反转形成的张力释放,超螺旋则能恢复到低能的松弛状态(图 3-5)。超螺旋 DNA 的体积比环状松弛状 DNA 更紧缩。已发现大肠杆菌 DNA 可形成许多小环,并通过蛋白质连接在一起。每一个小环又形成超螺旋。形成小环和超螺旋使很大的环状 DNA 分子能够压缩成很小的体积而不需要包膜来帮助。

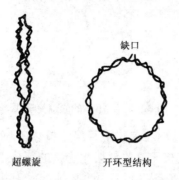

超螺旋　　　　开环型结构

图 3-5　环状 DNA 的超螺旋

（四）染色质与染色体

DNA 的三级结构和与其结合的蛋白质有关。具有三级结构的 DNA 和组蛋白紧密结合组成染色质。构成真核细胞的染色体物质称为"染色质"(chromatin),它们是不定型的,几乎是随机地分散于整个细胞核中。当细胞准备有丝分裂时,染色质凝集,并组装成因物种不同而数目和形状特异的染色体(chromosome),此时当细胞被染色后,用光学显微镜可以观察到细胞核中有一种密度很高的着色实体。因此真核染色体只限于定义体细胞有丝分裂期间这种特定形状的实体。所以"染色体"是细胞有丝分裂期间"染色质"的凝集物。

真核细胞染色质中,双链 DNA 是线状长链,以核小体(nucleosome)的形式串联存在。核小体是由组蛋白 H_2A、H_2B、H_3 和 H_4 各两分子组成的八聚体,外绕 DNA,长约 145 碱基对,形成所谓的核心颗粒(core particle)。实际上需再由组蛋白 H_1 与 DNA 两端连接(图 3-6),使 DNA 围成两圈左手超螺旋,共约 166 碱基对。与组蛋白皆以盐键相连,形成珠状核小体。这是染色质的基本结构单位。核小体长链进一步卷曲,每 6 个核小体为 1 圈,H_1 组蛋白在内侧相互接触,形成直径为 30 nm 的螺旋筒(solenoid)结构,组成染色质纤维(图 3-7)。在形成染色单体时,螺旋筒再进一步卷曲、折叠。人体每个细胞中长约 1.7 m 的 DNA 双螺旋链,最终压缩了 8400 多倍,分布于各染色单体中;46 个染色单体总长仅 200 μm 左右,储于细胞核中。

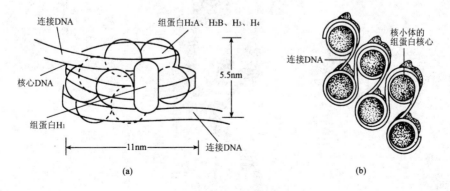

图 3-6　核小体(DNA 与组蛋白的复合物)

（a)核小体结构模式　（b)核小体纤维模式图

55

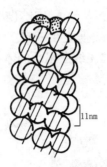

图 3-7　核小体的螺旋筒模式

在 30 nm 的核小体纤维中,DNA 获得上百倍的包装比,而且染色体 DNA 的某些部分和"核骨架"(nuclear scaffold)相连接。这些骨架相连接的部分把染色体 DNA 分隔成许多长度不同的 DNA 环(20 000~100 000 碱基对),每个环(loops)有相对独立性。当一个环被打断或被核酸酶所松弛时,其他环仍可保持超螺旋状态。实验还证实真核染色体还有更多层次的组织形式,每个层次都使染色体的包装变得更致密。因此真核染色体 DNA 包装是一个缠绕再接一次更高级的缠绕和包装,这种高层次包装的模式图如图 3-8。染色质中还存在一些非组蛋白(nonhistone proteins),一些非组蛋白参与了调节特殊基因的表达,以控制同种生物的基因组可以在不同组织与器官中表达出不同生物功能的活性蛋白。

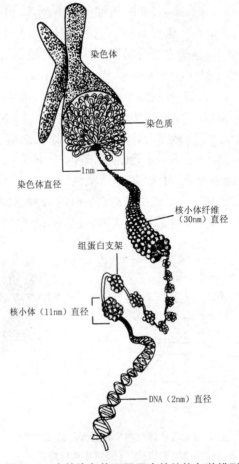

图 3-8　真核染色体不同层次的结构包装模型

二、RNA 的种类和分子结构

（一）RNA 的类型

根据结构、功能不同，动物、植物和微生物细胞的 RNA 主要有三类：核蛋白体 RNA（ribosomal RNA，rRNA），转运 RNA（transfer RNA，tRNA），信使 RNA（messenger RNA，mRNA）。

1. 核蛋白体 RNA　核蛋白体 RNA 是细胞中主要的一类 RNA，rRNA 占细胞中全部 RNA 的 80% 左右，是一类代谢稳定、分子量最大的 RNA，存在于核蛋白体内。

核蛋白体（ribosome）又称为核糖体或核糖核蛋白体，它是细胞内蛋白质生物合成的场所。在迅速生长着的大肠杆菌中，核蛋白体约占细胞干物质的 60%。每个细菌细胞约含 16×10^3 个核蛋白体。每个真核细胞约有 1×10^6 个核蛋白体。原核生物核蛋白体中蛋白质约占 1/3，rRNA 约占 2/3；真核生物核蛋白体中蛋白质和 rRNA 各占一半。核蛋白体由两个亚基组成，一个称为大亚基，另一个称为小亚基，两个亚基都含有 rRNA 和蛋白质，但其种类和数量却不相同。

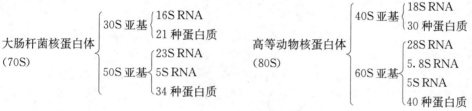

其中，S 为沉降系数单位，1 个 S 单位 $=1 \times 10^{-13}$ 秒。

大肠杆菌核蛋白体的沉降系数为 70×10^{-13} 秒，用 S 单位表示则为 70S。

2. 转运 RNA（转移 RNA）　转运 RNA 是细胞中一类最小的 RNA，tRNA 一般由 73～93 个核苷酸构成，分子量为 23 000～28 000。在已测定核苷酸序列的 tRNA 中，链最短的为 63 个核苷酸，如牛心线粒体丝氨酸 tRNA；链最长的有 93 个核苷酸，如大肠杆菌丝氨酸 tRNA。tRNA 的沉降系数为 4S。tRNA 约占细胞中 RNA 总量的 15%。在蛋白质生物合成中 tRNA 起携带氨基酸的作用。细胞内 tRNA 的种类很多，每一种氨基酸都有与其相对应的一种或几种 tRNA。

3. 信使 RNA　mRNA 在细胞中含量很少，占 RNA 总量的 3%～5%。mRNA 在代谢上很不稳定，它是合成蛋白质的模板，每种多肽链都由一种特定的 mRNA 负责编码，因此，细胞内 mRNA 的种类很多。mRNA 的分子量极不均一，其沉降系数为 4～25 S，mRNA 的平均分子量约为 500 000。大肠杆菌的 mRNA 平均含有 900～1 500 个核苷酸。真核 mRNA 中最大的是丝心蛋白 mRNA，它由 19 000 个核苷酸组成。

除上述三类 RNA 以外，细胞内还有一些其他类型的 RNA，如细胞核内的不均一核 RNA（HnRNA，heterogeneous nuclear RNA）、核小 RNA（SnRNA，small nuclear RNA）和染色体 RNA（ChRNA，chromosomal RNA）等。

近年的研究表明，一些长度较短的 RNA，即所谓"小核糖核酸"（SnRNA）能够对细胞和基因的很多行为进行调控，比如打开或关闭多种基因，删除一些不需要的 DNA 片段等。SnRNA 在核糖体生物合成中调控作用的确定，使 rRNA 加工中的许多难点获得突破。SnRNA 在细胞分裂过程中也发挥重要调控作用，可指导染色体的物质形成正确的结构。这些发现有望为操作干细胞提供新工具以及用于研究治疗癌症等由于基因组错误所导致的疾病的新方法。

（二）RNA 的结构特征

（1）RNA 的基本组成单位是 AMP、GMP、CMP 及 UMP。一般含有较多种类的稀有碱基核苷酸，如假尿嘧啶核苷酸及带有甲基化碱基的多种核苷酸等。

（2）每分子 RNA 中约含有几十个至数千个 NMP，与 DNA 相似，彼此通过 $3',5'$-磷酸二酯键连接而成多核苷酸链。

（3）RNA 主要是单链结构，但局部区域可卷曲形成双链螺旋结构，或称发夹结构（hairpin structure）。双链部位的碱基一般也彼此形成氢键而互相配对，即 A—U 及 G—C，双链区有些不参加配对的碱基往往被排斥在双链外，形成环状突起（图 3-9）。

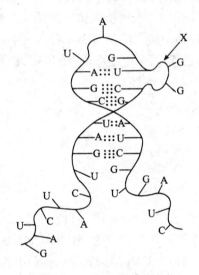

图 3-9 RNA 的二级结构

（4）RNA 与 DNA 对碱的稳定性不同。RNA 易被碱水解，使 $5'$-磷酸酯键断开，形成 $3'$-磷酸酯键的单核苷酸。DNA 无 $2'$-羟基，则不易被碱水解。

（三）参与蛋白质生物合成的三类 RNA 的结构

细胞内 RNA 分子的主要生物功能是参与蛋白质的生物合成，主要有三大类，即核糖体 RNA（ribosomal RNA，rRNA），转运 RNA（transfer RNA，tRNA）及信使 RNA（mssenger RNA，mRNA）。

1. tRNA 的结构　每一种氨基酸都有 2～6 种相应的 tRNA，分散于胞液中。书写各种不同氨基酸的 tRNA 时，在右上角注以氨基酸缩写符号，如 tRNA[Phe] 代表转运苯丙氨酸的 tRNA。

（1）一级结构：tRNA 皆由 70～90 个核苷酸组成，有较多的稀有碱基核苷酸，$3'$ 末端为 —C—C—AOH，沉降系数都在 4S 左右。

（2）二级结构：根据碱基排列模式，呈三叶草式（clover leaf）。双链互补区构成三叶草的叶柄，突环（loop）好像三片小叶，大致分为氨基酸臂、二氢尿嘧啶环、反密码环、额外环和 TφC 环等 5 个部分（图 3-10）。

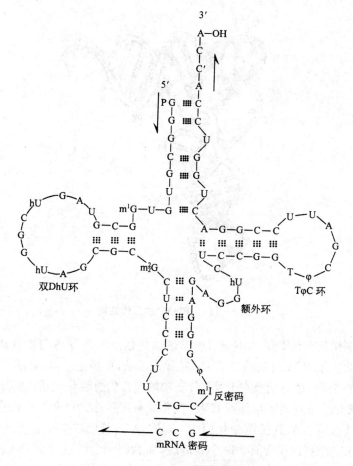

图 3-10 酵母 tRNA^Ala 的核苷酸序列

hU:二氢尿苷酸　Ⅰ:次黄苷酸　m^1G:1-甲基鸟苷酸
m^1Ⅰ:1-甲基次黄苷酸　m^2_2G:N^2-二甲基鸟苷酸　φ:假尿苷酸

① 氨基酸臂:由 7 对碱基组成,富含鸟嘌呤。末端为—CCA。蛋白质生物合成时,用于连接活化的相应氨基酸。

② 二氢尿嘧啶环(DhU loop):由 8～12 个核苷酸组成,含有二氢尿嘧啶,故称为二氢尿嘧啶环。

③ 反密码环:由 7 个核苷酸组成。环的中间是反密码子(anticodon),由 3 个碱基组成,次黄嘌呤核苷酸常出现于反密码子中。

④ 额外环(extra loop):由 3～18 个核苷酸组成。不同的 tRNA,此环大小不一,是 tRNA 分类的指标。

⑤ TφC 环:由 7 个核苷酸组成。因环中含有 T—φ—C 碱基序列,故名。

(3) 三级结构:酵母 tRNA^Phe 呈倒 L 形的三级结构,其他 tRNA 也类似。氨基酸臂与 TφC 臂形成一个连续的双螺旋区(图 3-11),构成字母 L 下面的一横,二氢尿嘧啶臂与反密码臂及反密码环共同构成 L 的一竖。二氢尿嘧啶环中的某些碱基与 TφC 环及额外环中的某些碱基之间可形成一些额外的碱基对,维持了 tRNA 的三级结构。大肠杆菌的起始 tRNA^met、tR-NA^Arg 及酵母 tRNA^Asp 都与此类似,但 L 两臂夹角有些差别。

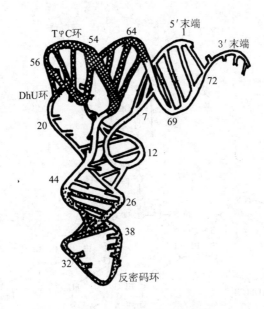

图 3-11　tRNA^phe 的三级结构

2. mRNA 的结构　mRNA 为传递 DNA 的遗传信息并指导蛋白质合成的一类 RNA 分子。mRNA 占细胞内 RNA 总量的 2%～5%,代谢活跃,更新迅速,半衰期一般较短。

mRNA 是在核蛋白体将记录在 DNA 分子中的遗传信息转化成蛋白质氨基酸顺序时的模板。mRNA 的核苷酸排列顺序与基因 DNA 核苷酸顺序互补。每个细胞约存在 10^4 分子 mRNA。mRNA 是单链 RNA,其长度变化很大。mRNA 的长度取决于它所指导合成的蛋白质长度。例如,如果一个蛋白质含有 100 个氨基酸,那么编码合成这种蛋白质的 mRNA 至少需要 300 个核苷酸长度,因为三个核苷酸编码一个氨基酸。但是,实际上,mRNA 的长度一般都比指导蛋白质合成所需要的核苷酸链长度长,这是因为分子中有些区段是不参加翻译的区段。

原核细胞的 mRNA 具有下列结构特点:

(1) 包括细胞和病毒的原核细胞 mRNA 一般都为多顺反子结构,即一个单链 mRNA 分子可作为多种多肽和蛋白肽链合成的模板。

(2) 原核细胞 mRNA 的转录与翻译是耦合的,即 mRNA 分子一边进行转录,同时一边进行翻译。

(3) 原核细胞 mRNA 分子包含有先导区、翻译区和非翻译区,即在两个顺反子之间有不参加翻译的插入顺序。

与原核细胞结构相比较,真核细胞 mRNA 的结构具有以下明显不同的特点:

(1) 绝大多数真核细胞 mRNA 的 3′末端有一段多聚腺苷酸(polyA),其长度约 200 个腺苷酸。原核细胞 mRNA 3′末端一般不含 polyA⁺顺序。而 polyA⁺的结构与 mRNA 从细胞核移至细胞质过程有关,也与 mRNA 的半衰期有关。新合成的 mRNA polyA 较长,衰老mRNA 的 polyA 较短;另外,真核细胞 mRNA 的 5′末端有一个特殊结构:7-甲基鸟嘌呤核苷三磷酸(通常有三种类型:$m^7 G^5 PPP^5 NP$,$m^7 G^5 PPP^5 N'mPNP$ 和 $m^7 G^5 PPP^5 N'mPNmP$),这种结构简称帽子结构,原核生物 mRNA 无帽子结构。

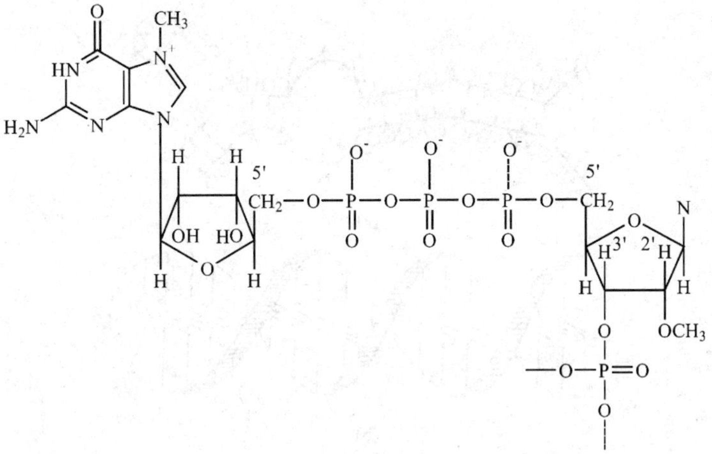

图 3-12　7-甲基鸟嘌呤核苷三磷酸 ($M^7 G^{5'} PPP^{5'} NP$)

(2) 真核细胞 mRNA 一般为单顺反子(即一个 mRNA 分子只为一种多肽编码)。

(3) 真核细胞 mRNA 的转录与翻译是分开进行的,先在核内转录产生前体 mRNA(核不均一 RNA,即 HnRNA),转运到胞浆内后,再在核外加工为成熟 mRNA,然后起翻译作用。

3. rRNA 的结构　rRNA 分子大小不均一。真核细胞的 rRNA 有 4 种,其沉降系数分别为 58S、5.8S、5S 和 18S,大约与 70 种蛋白质结合而存在于细胞质的核蛋白体的大、小两个亚基中。5SrRNA 与 tRNA 相似,具有类似三叶草型的二级结构。

其他 RNA,如 16S rRNA,23S rRNA 及病毒 RNA 也是由部分双螺旋结构和部分突环相间排列组成的。由 DNA 转录的产物总是单链 RNA,单链 RNA 趋向于右手螺旋构象,其构象基础是由碱基堆积而成的(图 3-13)。由于嘌呤基之间的堆积力比嘌呤基与嘧啶基或嘧啶基与嘧啶基之间的堆积力强,因此嘧啶碱基常常被挤出而形成两个嘌呤碱基的相互作用。RNA 能和具有互补顺序的 RNA 或 DNA 链进行碱基配对。

与双链 DNA 不同,RNA 没有一个简单的有规律的二级结构。在有互补顺序的地方形成的双链螺旋结构主要是 A 型右手螺旋。由于错配或无配对碱基常常打断螺旋,而在 RNA 分子中间形成"突起"和"环",在 RNA 链内最近的自身互补顺序能形成发卡环(图 3-14)。RNA 分子中形成的发卡结构是 RNA 具有的最普遍的二级结构形式。

图 3-13　单链 RNA 由碱基堆积而成的右手螺旋

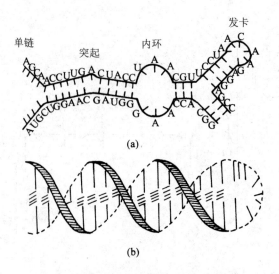

图 3-14 RNA 分子中的二级结构类型

（a）RNA 分子中的"突起"，"环"和发卡结构；

（b）RNAA 型双螺旋结构中的发卡结构

有些短序列如 UUGG 序列，常常存在于 RNA 发卡结构的末端，形成结实稳定的环，在形成 RNA 分子的三维结构中起重要作用，氢键是 RNA 三维结构的另一种维持作用力。在 rRNA 分子中存在大量氢键配对，分子中含有许多基环结构，尤其是大的 rRNA 分子，存在许多螺旋区和环区，每个区域在结构上和功能上都是相对独立的单位，因此尽管有些 rRNA 的一级结构序列不同，但它们的三维结构却十分类似（图 3-15）。

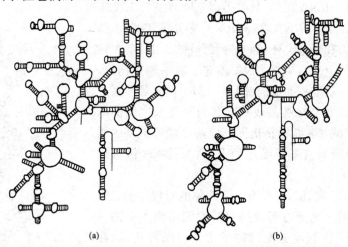

图 3-15 大肠杆菌与酿酒酵母 16-S-rRNAs 的三维结构

（a）E. coli 16-s-rRNA　　（b）酵母 16-S-rRNA

（两种来源不同的 16-S-rRNAs，虽然一级结构不同，但它们的三维结构却十分近似）

第三节 核酸的理化性质

一、核酸的分子大小

采用电子显微镜照相及放射自显影等技术,已能测定许多完整 DNA 的分子量。噬菌体 T_2DNA 的电镜像显示整个分子是一条连续的细线,直径为 2 nm,长度为 (49 ± 4) μm。由此计算其分子量约为 1×10^8。大肠杆菌染色体 DNA 的放射自显影像为一环状结构,其分子量约 2×10^9。真核细胞染色体中的 DNA 分子量更大。果蝇巨染色体只有一条线形 DNA,长达 4.0 cm,分子量约为 8×10^{10},为大肠杆菌 DNA 的 40 倍。RNA 分子比 DNA 短得多,其分子量为 $2.3\times10^4\sim110\times10^4$。

二、核酸的溶解度与粘度

RNA 和 DNA 都是极性化合物,都微溶于水,而不溶于乙醇、乙醚、氯仿等有机溶剂。它们的钠盐比自由酸易溶于水,RNA 钠盐在水中溶解度可达 4%。

高分子溶液比普通溶液粘度要大得多,不规则线团分子比球形分子的粘度大,而线性分子的粘度更大。由于天然 DNA 具有双螺旋结构,分子长度可达几厘米,而分子直径只有 2 nm,分子极为细长,因此,即使是极稀的 DNA 溶液,粘度也极大。RNA 分子比 DNA 分子短得多,RNA 呈无定形,不像 DNA 那样呈纤维状,RNA 的粘度比 DNA 粘度小。当 DNA 溶液加热,或在其他因素作用下发生螺旋→线团转变时,粘度降低,所以可用粘度作为 DNA 变性的指标。

三、核酸的酸碱性质

多核苷酸中两个单核苷酸残基之间的磷酸残基的解离具有较低的 pK′值(pK′=1.5),所以当溶液的 pH 高于 4 时,全部解离,呈多阴离子状态。因此,可以把核酸看成是多元酸,具有较强的酸性。核酸的等电点较低,酵母 RNA(游离状态)的等电点为 pH 2.0~2.8。多阴离子状态的核酸可以与金属离子结合成盐。一价阳离子如 Na^+、K^+,两价阳离子如 Mg^{2+}、Mn^{2+} 等都可与核酸形成盐。核酸盐的溶解度比游离酸的溶解度要大得多。多阴离子状态的核酸也能与碱性蛋白如组蛋白等结合。病毒与细菌中的 DNA 常与精胺、亚精胺等多阳离子胺类结合,使 DNA 分子具有更大的稳定性与柔韧性。

由于碱基对之间氢键的性质与其解离状态有关,而碱基的解离状态又与 pH 有关,所以溶液中的 pH 直接影响核酸双螺旋结构中碱基对之间氢键的稳定性。对 DNA 来说碱基对在 pH 4.0~11.0 之间最为稳定。超越此范围,DNA 就要变性。

四、核酸的紫外吸收

由于核酸的组成成分嘌呤及嘧啶碱具有强烈的紫外吸收,所以核酸也有强烈的紫外吸收,最大吸收值在 260 nm 处(图 3-16)。利用这一特性,可以鉴别核酸样品中的蛋白质杂质。

利用核酸的紫外吸收特性,还可对核酸进行定量测定。由于核酸制品的纯度不一,分子量大小不同,所以很难以核酸的重量来表示它的克分子消光系数。因核酸分子中碱基和磷原子的含量相等,因此可以根据磷的含量测定核酸溶液的吸收值。以每升的核酸溶液中1克原子磷为标准来计算核酸的消光系数,就叫克原子磷消光系数 $e(p)$。

$$e(p) = \frac{A}{CL}$$

式中: A 为吸收值, C 为每升溶液中磷的克原子数, L 为比色杯内径的厚度。由于:

$$C = \frac{每升溶液中的磷的重量 W(g)}{磷的原子量(30.98)}$$

所以上式可改写成: $e(p) = \frac{30.98A}{WL}$

这样,只要测定核酸溶液的磷含量和紫外吸收值,就可以求得它的 $e(p)$ 值。一般,DNA的 $e(p)$ 值均较其所含核苷酸单体的 $e(p)$ 值的总和要低 20%~60%。降低程度与核酸分子中双链结构多少有关。核酸在变性时, $e(p)$ 值显著升高,此现象称为增色效应(hyperchromic effect)。在一定条件下,变性核酸可以复性,此时 $e(p)$ 值又回复至原来水平,这一现象叫减色效应(hypochromic effect)。所以, $e(p)$ 值可作为核酸复性的指标。减色效应是由于在 DNA 双螺旋结构中堆积的碱基之间的电子相互作用,而减低了对紫外光的吸收。

五、核酸的变性、复性和杂交

(一) 变性

核酸分子具有一定的空间结构,维持这种空间结构的作用力主要是氢键和碱基堆积力。有些理化因素会破坏氢键和碱基堆积力,使核酸分子的空间结构改变,从而引起核酸理化性质和生物学功能改变,这种现象称为核酸的变性。核酸变性时,其双螺旋结构解开,但并不涉及核苷酸间共价键的断裂,因此变性作用并不引起核酸分子量降低。多核苷酸链的磷酸二酯键的断裂叫降解,伴随核酸的降解,核酸分子量降低。

多种因素可引起核酸变性,如加热、过高过低的 pH、有机溶剂、酰胺和尿素等。加热引起 DNA 的变性称为热变性。将 DNA 的稀盐溶液加热到 80~100℃ 几分钟,双螺旋结构即被破坏,氢键断裂,两条链彼此分开,形成无规则线

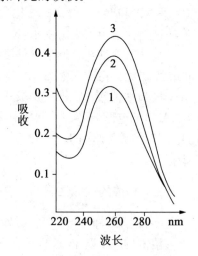

图 3-16 DNA 的紫外吸收光谱
1. 天然 DNA;2. 变性 DNA;
3. 核苷酸总吸收值

团。这一变化称为螺旋→线团转变(图 3-17)。随着 DNA 空间结构的改变,引起一系列性质变化,如粘度降低,某些颜色反应增强,尤其是 260 nm 紫外吸收增加,DNA 完全变性后,紫外吸收能力增加 25%~40%。DNA 变性后失去生物活性。DNA 热变性的过程不是一种"渐变",而是一种"跃变"过程,即变性作用不是随温度的升高徐徐发生,而是在一个很狭窄的临界温度范围内突然引起并很快完成,就像固体的结晶物质在其融点时突然融化一样。通常把 $e(p)$ 值达到最高值的 1/2 时的温度称为"熔点"或熔解温度(melting temperature),用符号 T_m 表示。DNA 的 T_m 值一般在 70~85℃(图 3-18)。

DNA 的 T_m 值与其分子中的 G—C 含量呈正比关系,G—C 对含量越多, T_m 值就越高,这是因为 G—C 对之间有三个氢键,所以含 G—C 对多的 DNA 分子更为稳定。而 G—C 对含量低,则 T_m 值低。因此测定 T_m 可推算 DNA 分子中 G—C 对含量,其经验公式为:

$$(G+C)\% = (T_m - 69.3) \times 2.44$$

T_m值还受介质中离子强度的影响,一般说,在离子强度较低的介质中,DNA 的熔解温度较低;而离子强度较高时,DNA 的 T_m 值也较高。所以 DNA 制品不应保存在极稀的电解质溶液中,一般在 1 mol/L 氯化钠溶液中保存较为稳定。

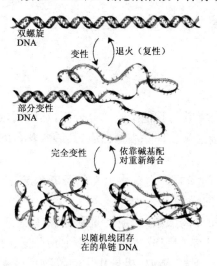

图 3-17　DNA 的变性过程

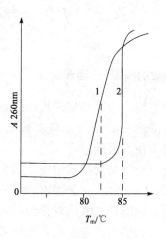

图 3-18　DNA 的熔点
1. 细菌 DNA　2. 病毒 DNA

RNA 也具有螺旋→线团之间的转变。但由于 RNA 只有局部的双螺旋区,所以这种转变不如 DNA 那样明显,变性曲线不那么陡,T_m 值较低。tRNA 具有较多的双螺旋区,所以具有较高的 T_m 值,变性曲线也较陡。RNA 变性后紫外吸收值约增加 1.1%。

（二）复性

变性 DNA 在适当条件下,可使两条彼此分开的链重新由氢键连接而形成双螺旋结构,这一过程叫复性(renaturation)。复性后 DNA 的一系列物理化学性质得到恢复,如 $e(p)$ 值降低,粘度增高,生物活性部分恢复。通常以 $e(p)$ 值的改变作为复性的指标。将热变性 DNA 骤然冷却至低温时,DNA 不可能复性,而在缓慢冷却时才可以复性。

（三）核酸的杂交

将不同来源的 DNA 经热变性、冷却,使其复性,在复性时,如这些异源 DNA 之间在某些区域有相同的序列,则会形成杂交 DNA 分子。DNA 与互补的 RNA 之间也会发生杂交。核酸杂交(hybridization)可以在液相或固相载体上进行。

最常用的是以硝酸纤维素膜作为载体进行杂交。英国分子生物学家 E. M. Southern 创立的 Southern 印迹法(Southern blotting)就是将凝胶电泳分离的 DNA 片段转移至硝酸纤维素膜上后,再进行杂交。其操作是将 DNA 样品经限制性内切酶降解后,用琼脂糖凝胶电泳分离 DNA 片段,将胶浸泡在 NaOH 溶液中进行 DNA 变性,然后将变性 DNA 片段转移到硝酸纤维素膜上,在 80℃时烤 4～6 小时,使 DNA 固定在膜上,再与标记的变性 DNA 探针进行杂交。杂交反应在较高盐浓度和适当温度(68℃)下进行 10 多小时,经洗涤除去未杂交的标记探针,将纤维素膜烘干后进行放射自显影即可鉴定待分析的 DNA 片段。除 DNA 外,RNA 也可用作探针(probe)。可用 ^{32}P 标记探针,也可用生物素标记探针。

将 RNA 经电泳变性后转移至纤维素膜上再进行杂交的方法称 Northern 印迹法(Northern blotting)。根据抗体与抗原可以结合的原理,用类似方法也可以分析蛋白质,这种方法称

Western 印迹法(Western blotting)。应用核酸杂交技术,可以分析含量极少的目的基因,这是研究核酸结构与功能的一个极其有用的工具。

第四节 核酸的分离与含量测定

一、核酸的提取、分离和纯化

提取核酸的一般原则是先破碎细胞,提取核蛋白使其与其他细胞成分分离,然后用蛋白质变性剂如苯酚或去垢剂(十二烷基硫酸钠)等,或用蛋白酶处理除去蛋白质,其后所获得的核酸溶液用乙醇等使其沉淀。

在提取、分离、纯化过程中应特别注意防止核酸的降解。为获得天然状态的核酸,在提取过程中,应防止核酸酶、化学因素和物理因素所引起的降解。

为了防止内源性核酸酶对核酸的降解,在提取和分离核酸时,应尽量降低核酸酶的活性,所以通常加入核酸酶的抑制剂。在核酸的提取过程中常用酸碱,因此在提取时应注意强酸、强碱对核酸的化学降解作用。核酸(特别是 DNA)是大分子,高温、机械作用力等物理因素均可破坏核酸分子的完整性,因此核酸的提取过程应在低温(0℃左右)以及避免剧烈搅拌等条件下进行。

(一) DNA 的分离纯化

真核细胞中 DNA 以核蛋白形式存在。DNA 蛋白(DNP)在不同浓度的氯化钠溶液中溶解度显著不同。DNP 溶于水,在 0.14 mol/L 氯化钠溶液中溶解度最小,仅为水中溶解度的1/100,当氯化钠浓度再增加时,其溶解度又增加。例如在 0.5 mol/L 时溶解度与水相似,而当氯化钠增至 1 mol/L 时,DNP 溶解度较在水中大两倍以上。利用这一性质可将 DNP 从破碎后的细胞匀浆中分离出来,也可以使 DNA 蛋白和 RNA 蛋白分离,因为 DNA 蛋白不溶于0.14 mol/L 氯化钠溶液,而 RNA 蛋白溶于 0.14 mol/L 氯化钠溶液。DNA 蛋白的蛋白部分可用下列方法除去:

1. 用苯酚提取 水饱和的新蒸馏苯酚与 DNP 振荡后,冷冻离心。DNA 溶于上层水相中,中间残留物也杂有部分 DNA,变性蛋白质在酚层内。这种操作需要反复多次。将含 DNA 的水相合并后,加入相当于 2.5 倍体积的冷水无水乙醇,可将 DNA 沉淀出来。此时 DNA 呈十分粘稠的物质,可用玻璃棒绕成一团,取出。由于苯酚能使蛋白质迅速变性,当然也抑制了核酸酶的降解作用。整个操作条件比较缓和,可用此法得到天然状态的 DNA。

2. 用三氯甲烷-戊醇提取 将 DNP 溶液和等体积的三氯甲烷-戊醇(3∶1)剧烈振荡,离心,上层水液含 DNA、蛋白质,下层为三氯甲烷和戊醇,两层之间为蛋白质凝胶。上层水相再用三氯甲烷-戊醇的混合液处理,并反复数次,至两层之间无蛋白质胶状物为止。

3. 去污剂法 用十二烷基硫酸钠(SDS)等去污剂可使蛋白质变性。用这种方法可以获得一种很少降解、而又可以复制的 DNA 制品。

4. 酶法 用广谱蛋白酶使蛋白质水解。DNA 制品中有少量 RNA 杂质,可用核糖核酸酶除去。

柠檬酸钠有抑制脱氧核糖核酸酶(DNase)的作用,制备 DNA 时,常用它来防止 DNase 引起的降解。由于 DNase 作用时需要 Mg^{2+},而柠檬酸钠作为一种螯合剂,可以除去 Mg^{2+},所以有抑制 DNase 的作用。

天然的 DNA 分子有的呈线性,有的呈环形。采用下列方法可以将不同构象的 DNA 分离:

蔗糖梯度区带超离心,可按 DNA 分子的大小和形状进行分离。

氯化铯密度梯度平衡超离心,可按 DNA 的浮力密度不同进行分离。双链 DNA 中如插入溴化乙啶等染料后,可以减低其浮力密度。但由于超螺旋状态的环状 DNA 中插入溴化乙啶的量比线状或开环 DNA 分子少,所以前者的浮力密度降低较小,因此,可将这几类 DNA 进行分离。

羟甲基磷灰石和甲基白蛋白硅藻土柱层析也是常用的纯化 DNA 的方法。

RNA 和 DNA 杂交已广泛地应用于基因分离。在应用分子杂交纯化基因的工作中最初是用硝酸纤维素方法。硝酸纤维素可以吸附变性 DNA,但天然 DNA 和 RNA 不被吸附。RNA-DNA 杂交体仍有游离的变性 DNA 区,所以也能被吸附,洗脱不吸附的 DNA、RNA 等杂质,再分别将变性 DNA 和杂交 RNA-DNA 洗脱下来,如此则可得到纯化的 DNA。

（二）RNA 的分离纯化

细胞内主要的 RNA 有三类:mRNA、rRNA 和 tRNA。目前在实验室先将细胞匀浆进行差速离心,制得细胞核、核蛋白体和线粒体等细胞器和细胞质,然后再从这些细胞器分离某一类 RNA。从核蛋白体分离 rRNA,从多聚核蛋白体分离 mRNA,从线粒体分离线粒体 DNA 和 RNA,从细胞核可以分离核内 RNA,从细胞质可以分离各种 tRNA。

RNA 在细胞内也常和蛋白质结合,所以必须除去蛋白质。从 RNA 提取液中除去蛋白质的方法有以下几种:

（1）在 10% 氯化钠溶液中加热至 90℃,离心除去不溶物,加乙醇使 RNA 沉淀,或者调节 pH 至等电点使 RNA 沉淀。

（2）用盐酸胍(最终浓度 2 mol/L)可溶解大部分蛋白质,冷却,RNA 即沉淀析出。粗制品再用三氯甲烷除去少量残余蛋白质。

（3）去污剂法,常用的为十二烷基硫酸钠(SDS),使蛋白质变性。

（4）苯酚法,可用 90% 苯酚提取,离心后,蛋白质和 DNA 留在酚层,而 RNA 在上层水相内,然后进一步分离。

制备 RNA 时常用的 RNA 酶抑制剂如皂土,皂土有吸附 RNA 酶的能力。

RNA 制品中往往混有链长不等的多核苷酸。这些多核苷酸或者是不同类型的 RNA,或者是 RNA 的降解产物。可以采用下列方法进一步纯化,得到均一的 RNA 制品:

蔗糖梯度区带超离心,可将 18S、28S、4S RNA 分开。

聚丙烯酰胺凝胶电泳,可将不同类型的 RNA 分开。

甲基白蛋白硅藻土柱、羟基磷灰石柱、各种纤维素柱,都常用来分级分离各种类型的 RNA。寡聚 dT-纤维素柱用于分离 mRNA,效果很好。凝胶过滤法也是分离 RNA 的有用方法。分离 mRNA 还可用亲和层析法和免疫法。

二、核酸含量测定的原理

（一）定磷法

RNA 和 DNA 中都含有磷酸,根据元素分析获知 RNA 的平均含磷量为 9.4%,DNA 的平均含磷量为 9.9%。因此,可从样品中测得的含磷量来计算 RNA 或 DNA 的含量。

用强酸(如 10 mol/L 硫酸)将核酸样品消化,使核酸分子中的有机磷转变为无机磷,无机磷与钼酸反应生成磷钼酸,磷钼酸在还原剂(如抗坏血酸、α-1,2,4-氢基萘酚磺酸、氯化亚锡等)作用下还原成钼蓝。可用比色法测定 RNA 样品中的含磷量。

（二）定糖法

RNA 含有核糖,DNA 含有脱氧核糖,根据这两种糖的颜色反应可对 RNA 和 DNA 进行定量测定。

1. 核糖的测定　RNA 分子中的核糖和浓盐酸或浓硫酸作用脱水生成糠醛,糠醛与某些酚类化合物缩合而生成有色化合物。如糠醛与地衣酚(3,5-二羟甲苯)反应产生深绿色化合物,当有高铁离子存在时,则反应更灵敏。反应产物在 660 nm 有最大吸收,并且与 RNA 的浓度成正比。

2. 脱氧核糖的测定　DNA 分子中的脱氧核糖和浓硫酸作用,脱水生成 ω-羟基-γ-酮基戊醛,与二苯胺反应生成蓝色化合物。反应产物在 595 nm 处有最大吸收,并且与 DNA 浓度成正比。

（三）紫外吸收法

紫外吸收法是利用核酸组分嘌呤环、嘧啶环具有紫外吸收的特性。用这种方法测定核酸含量时,通常规定在 260 nm 处,测得样品 DNA 或 RNA 溶液的 A_{260} 值,即可计算出样品中核酸的含量。

第四章 酶

第一节 概 述

酶学知识来源于生产实践,我国四千多年前的夏禹时代就已经酿酒盛行,周朝已开始制醋、酱,并用曲来治疗消化不良。酶的系统研究起始于 19 世纪中叶对发酵本质的研究。Pasteur 提出,发酵离不了酵母细胞。1897 年 Buchner 成功地用不含细胞的酵母液实现发酵,说明具有发酵作用的物质存在于细胞内,且并不依赖活细胞。1926 年 Sumner 首次从刀豆中分离提取出脲酶,并获得结晶,提出酶的化学本质是一种蛋白质。随后 Northrop 等得到了胃蛋白酶、胰蛋白酶和胰凝乳蛋白酶的结晶,进一步确认酶的蛋白质本质。现已有二千余种酶被鉴定出来,其中有二百余种得到结晶。特别是近三十年来,随着蛋白质分离技术的进步,酶的分子结构、酶作用机理的研究得到发展,有些酶的结构和作用机理已被阐明。总之,随着酶学理论的不断深入,必将对揭示生命本质研究作出更大的贡献。

大多数酶是生物细胞产生的、以蛋白质为主要成分的生物催化剂;但是近年来的研究表明,某些 RNA 分子也具有酶活性,称为核糖酶。抗体酶是专一作用于抗原分子的、有催化活性的、有特殊生物功能的蛋白质。因此酶是生物体内一类具有催化活性和特定空间构象的生物大分子,包括蛋白质和核酸等。

第二节 酶的作用特点

酶是生物催化剂(biological catalyst),具有两方面的特性,既有与一般催化剂相同的催化性质,又具有一般催化剂所没有的生物大分子的特征。

酶与一般催化剂一样,只能催化热力学允许的化学反应,缩短达到化学平衡的时间,而不改变平衡点。酶作为催化剂在化学反应的前后没有质和量的改变。微量的酶就能发挥较大的催化作用。酶和一般催化剂的作用机理都是降低反应的活化能(activation energy)。

因为酶是蛋白质,所以酶促反应又固有其特点:

1. 高度的催化效率 一般而论,酶促反应速度比非催化反应高 $10^7 \sim 10^{20}$ 倍,例如,

$$H_2O_2 + H_2O_2 \longrightarrow 2H_2O + O_2$$

在无催化剂时,需活化能 18 000 卡/克分子;胶体钯存在时,需活化能 11 700 卡/克分子;有过氧化氢酶(catalase)存在时,仅需活化能 2 000 卡/克分子以下。

2. 高度的专一性 一种酶只作用于一类化合物或一定的化学键,以促进一定的化学变化,并生成一定的产物,这种现象称为酶的特异性或专一性(specificity)。受酶催化的化合物称为该酶的底物或作用物(substrate)。

酶对底物的专一性通常分为以下几种：

(1) 绝对特异性(absolute specificity)：有的酶只作用于一种底物产生一定的反应，称为绝对专一性。如脲酶(urease)，只能催化尿素水解成 NH_3 和 CO_2，而不能催化甲基尿素水解。

(2) 相对特异性(relative specificity)：一种酶可作用于一类化合物或一种化学键，这种不太严格的专一性称为相对专一性。如脂肪酶(lipase)，不仅水解脂肪，也能水解简单的酯类；磷酸酶(phosphatase)对一般的磷酸酯都有作用，无论是甘油的还是一元醇或酚的磷酸酯均可被其水解。

(3) 立体异构特异性(stereopecificity)：酶对底物的立体构型的特异要求，称为立体异构专一性或特异性。如 α-淀粉酶(α-amylase)，只能水解淀粉中 α-1,4-糖苷键，不能水解纤维素中的 β-1,4-糖苷键；L-乳酸脱氢酶(L-lacticacid dehydrogenase)的底物只能是 L-乳酸，而不能是 D-乳酸。酶的立体异构特异性表明，酶与底物的结合至少存在三个结合点。

3. 酶活性的可调节性　酶是生物体的组成成分，和体内其他物质一样，不断在体内新陈代谢，酶的催化活性也受多方面的调控。例如，酶的生物合成的诱导和阻遏、酶的化学修饰、抑制物的调节作用、代谢物对酶的反馈调节、酶的别构调节以及神经体液因素的调节等，这些调控保证酶在体内新陈代谢中发挥其恰如其分的催化作用，使生命活动中的种种化学反应都能够有条不紊、协调一致地进行。

4. 酶活性的不稳定性　酶是蛋白质，酶促反应要求一定的 pH、温度等温和的条件，强酸、强碱、有机溶剂、重金属盐、高温、紫外线、剧烈震荡等任何使蛋白质变性的理化因素都可能使酶变性而失去其催化活性。

第三节　酶的分类和命名

一、酶的分类

国际酶学委员会(I. E. C)规定，按酶促反应的性质，可把酶分成六大类：

1. 氧化还原酶类(oxidoreductases)　指催化底物进行氧化还原反应的酶类。例如乳酸脱氢酶、琥珀酸脱氢酶、细胞色素氧化酶、过氧化氢酶等。

2. 转移酶类(transferases)　指催化底物之间进行某些基团的转移或交换的酶类。例如转甲基酶、转氨酸、己糖激酶、磷酸化酶等。

3. 水解酶类(hydrolases)　指催化底物发生水解反应的酶类。例如淀粉酶、蛋白酶、脂肪酶、磷酸酶等。

4. 裂解酶类(lyases)　指催化一个底物分解为两个化合物或两个化合物合成为一个化合物的酶类。例如柠檬酸合成酶、醛缩酶等。

5. 异构酶类(isomerases)　指催化各种同分异构体之间相互转化的酶类。例如磷酸丙糖异构酶、消旋酶等。

6. 合成酶类(连接酶类，ligases)　指催化两分子底物合成为一分子化合物，同时还必须偶联有 ATP 的磷酸键断裂的酶类。例如谷氨酰胺合成酶、氨基酸 tRNA 连接酶等。

二、酶的命名

1. 习惯命名法

（1）一般采用底物加反应类型而命名，如蛋白水解酶、乳酸脱氢酶、磷酸己糖异构酶等。

（2）对水解酶类，只要底物名称即可，如蔗糖酶、胆碱酯酶、蛋白酶等。

（3）有时在底物名称前冠以酶的来源，如血清谷氨酸－丙酮酸转氨酶、唾液淀粉酶等。

习惯命名法简单，应用历史长，但缺乏系统性，有时出现一酶数名或一名数酶的现象。

2. 系统命名法　鉴于新酶的不断发展和过去文献中对酶命名的混乱，国际酶学委员会规定了一套系统的命名法，使一种酶只有一个名称。它包括酶的系统命名和4个数字分类的酶编号。例如对催化下列反应酶的命名：

$$ATP + D\text{-葡萄糖} \longrightarrow ADP + D\text{-葡萄糖-6-磷酸}$$

该酶的正式系统命名是：ATP：葡萄糖磷酸转移酶，表示该酶催化从 ATP 中转移一个磷酸到葡萄糖分子上的反应。它的分类数字是：E. C. 2. 7. 1. 1，E. C 代表按国际酶学委员会规定的命名，第1个数字"2"代表酶的分类名称（转移酶类），第2个数字"7"代表亚类（磷酸转移酶类），第3个数字"1"代表亚亚类（以羟基作为受体的磷酸转移酶类），第4个数字"1"代表该酶在亚-亚类中的排号（D-葡萄糖作为磷酸基的受体）。

第四节　酶的分子组成和化学结构

一、酶的分子组成

根据酶的组成成分，可分为单纯酶和结合酶两类。

单纯酶（simple enzyme）是基本组成单位仅为氨基酸的一类酶。它的催化活性仅仅决定于它的蛋白质结构。脲酶、消化道蛋白酶、淀粉酶、脂酶、核糖核酸酶等都是单纯酶。

结合酶（conjugated enzyme）的催化活性，除蛋白质部分（酶蛋白 apoenzyme）外，还需要非蛋白质的物质，即所谓酶的辅助因子（cofactors），两者结合成的复合物称作全酶（holoenzyme），即：

全酶＝酶蛋白＋辅助因子

（结合蛋白质）（蛋白质部分）（非蛋白质部分）

酶的辅助因子可以是金属离子，也可以是小分子有机化合物。常见酶含有的金属离子有 K^+、Na^+、Mg^{2+}、Cu^{2+}（或 Cu^+）、Zn^{2+} 和 Fe^{2+}（或 Fe^{3+}）等。它们或者是酶活性的组成部分，或者是连接底物和酶分子的桥梁，或者在稳定酶蛋白分子构象方面所必需。小分子有机化合物是一些化学稳定的小分子物质，其主要作用是在反应中传递电子、质子或一些基团，常可按其与酶蛋白结合的紧密程度不同分成辅酶和辅基两大类。辅酶（coenzyme）与酶蛋白结合疏松，可以用透析或超滤方法除去；辅基（prosthetic group）与酶蛋白结合紧密，不易用透析或超滤方法除去。辅酶和辅基的差别仅仅是它们与酶蛋白结合的牢固程度不同，而无严格的界限。现知大多数维生素（特别是 B 族维生素）是组成许多酶的辅酶或辅基的成分（表 4 - 1）。

表 4-1　B 族维生素及其辅酶形式

B 族维生素	酶	辅酶形式	辅因子的作用
硫胺素（B$_1$）	α-酮酸脱羧酶	焦磷酸硫胺素（LTPP）	α-酮酸氧化脱羧酮基转移作用
硫辛酸	α-酮酸脱氢酶系	二硫辛酸（ L ）（S、S）	α-酮酸氧化脱羧
泛酸	乙酰化酶等	辅酶 A（CoA）	转移酰基
核黄素（B$_2$）	各种黄酶	黄素单核苷酸（FMN）黄素腺嘌呤二核苷酸（FAD）	传递氢原子
尼克酰胺（PP）	多种脱氢酶	尼克酰腺嘌呤二核苷酸（NAD$^+$）尼克酰腺嘌呤二核苷酸磷酸（NADP$^+$）	传递氢原子
生物素（H）	羧化酶	生物素	传递 CO_2
叶酸	甲基转移酶	四氢叶酸（THP）	"一碳基团"转移
钴铵素（B$_{12}$）	甲基转移酶	5-甲基钴铵素,5-脱氧腺苷钴铵素	甲基转移
吡哆醛（B$_6$）	转氨酶	磷酸吡哆醛	转氨、脱羧、消旋反应

　　体内酶的种类很多,而辅酶（基）的种类却较少,通常一种酶蛋白只能与一种辅酶结合,成为一种特异的酶,但一种辅酶往往能与不同的酶蛋白结合构成许多种特异性酶。酶蛋白在酶促反应中主要起识别底物的作用,酶促反应的特异性、高效率以及酶对一些理化因素的不稳定性均决定于酶蛋白部分。

二、酶的分子结构和活性中心

　　酶的分子中存在有许多功能基团,例如,—NH$_2$、—COOH、—SH、—OH 等,但并不是这些基团都与酶活性有关。一般将与酶活性有关的基团称为酶的必需基团（essential group）。有些必需基团虽然在一级结构上可能相距很远,但在空间结构上彼此靠近,集中在一起形成具有一定空间结构的区域,该区域与底物相结合并将底物转化为产物,这一区域称为酶的活性中

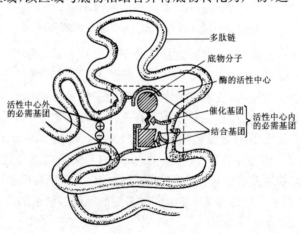

图 4-1　酶活性中心示意图

心（active center）。对于结合酶来说，辅酶或辅基上的一部分结构往往是活性中心的组成成分。

构成酶活性中心的必需基团可分为两种，与底物结合的必需基团称为结合基团（binding group），促进底物发生化学变化的基团称为催化基团（catalytic group）。活性中心中有的必需基团可同时具有这两方面的功能。还有些必需基团虽然不参加酶的活性中心的组成，但为维持酶活性中心应有的空间构象所必需，这些基团是酶的活性中心以外的必需基团。

酶分子很大，其催化作用往往并不需要整个分子，如用氨基肽酶处理木瓜蛋白酶，使其肽链自 N 端开始逐渐缩短，当其原有的 180 个氨基酸残基被水解掉 120 个后，剩余的短肽仍有水解蛋白质的活性；又如将核糖核酸酶肽链 C 末端的三肽切断，余下部分也有酶的活性，足见某些酶的催化活性仅与其分子的一小部分有关。

不同的酶有不同的活性中心，故对底物有严格的特异性。例如乳酸脱氢酶（LDH）是具有立体异构特异性的酶，它能催化乳酸脱氢生成丙酮酸的可逆反应：

$$
\begin{array}{ccc}
CH_3 & & CH_3 \\
| & \xrightarrow{\text{乳酸脱氢酶}} & | \\
C=O & \rightleftharpoons & HO-C-H \\
| & & | \\
COOH & & COOH \\
\text{丙酮酸} & & \text{L—乳酸}
\end{array}
$$

L（＋）乳酸通过其不对称碳原子上的—CH$_3$、—COOH 及—OH 基分别与乳酸脱氢酶活性中心的 A、B 及 C 三个功能基团结合，故可受酶催化而转变为丙酮酸。而 D（－）乳酸由于—OH、—COOH 的空间位置与 L（＋）乳酸相反，与酶的三个结合基团不能完全配合，故不能与酶结合受其催化（图 4－2）。由此可见，酶的特异性不但决定于酶活性中心的功能基团的性质，而且还决定于底物和活性中心的空间构象。只有那些有一定的化学结构，能与酶的结合基团结合，而且空间构型又完全适应的化合物，才能作为酶的底物。

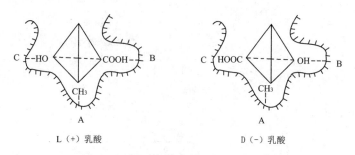

L（＋）乳酸　　　　　　　D（－）乳酸

图 4－2　乳酸脱氢酶的立体异构特异性
A、B、C 分别为 LDH 活性中心的三个功能基团

但是，酶的结构不是固定不变的，有人提出酶分子（包括辅酶在内）的构型与底物原来并非吻合，当底物分子与酶分子相碰时，可诱导酶分子的构象变得能与底物配合，然后底物才能与酶的活性中心结合，进而引起底物分子发生相应化学变化，此即所谓酶作用的诱导契合学说（induced fit theory）。"诱导契合"模式图见图 4－3。用 X 衍射分析的方法已证明，酶在参与催化作用时发生了构象变化。

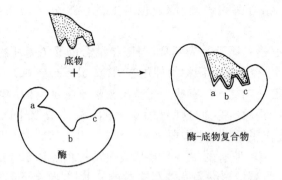

图 4－3　底物与酶相互作用的"诱导契合"模式图

第五节　酶的作用机理

一、酶作用在于降低反应活化能

在任何化学反应中,反应物分子必须超过一定的能阈,成为活化的状态,才能发生变化,形成产物。这种提高低能分子达到活化状态的能量,称为活化能。催化剂的作用主要是降低反应所需的活化能,以致相同的能量能使更多的分子活化,从而加速反应的进行。

酶能显著地降低活化能,故能表现为高度的催化效率(图 4－4)。例如前述的 H_2O_2 酶的例子,可以显著地看出,酶能降低反应活化能,使反应速度增高千百万倍以上。

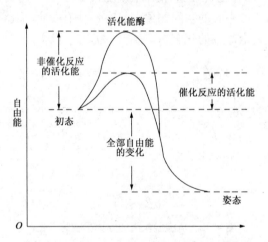

图 4－4　非催化过程和催化过程自由能的变化

二、中间复合物学说

目前一般认为,酶催化某一反应时,首先在酶的活性中心与底物结合生成酶－底物复合物,此复合物再进行分解而释放出酶,同时生成一种或数种产物,此过程可用下式表示:

$$E+S \Longleftrightarrow ES \Longleftrightarrow E+P$$

上式中 E 代表酶,S 代表底物,ES 代表酶底物中间复合物,P 代表反应产物。由于 ES

74

的形成速度很快,且很不稳定,一般不易得到 ES 复合物存在的直接证据,但从溶菌酶结构的研究中,已制成它与底物形成复合物的结晶,并得到了 X 线衍射图,证明了 ES 复合物的存在。

ES 的形成,改变了原来反应的途径,可使底物的活化能大大降低,从而使反应加速。

三、酶作用高效率的机理

酶作用的详细机制仍不太清楚,主要有下列四种因素:

1. 趋近效应(approximation)和定向效应(oientation) 酶可以将它的底物结合在它的活性部位,由于化学反应速度与反应物浓度成正比,若在反应系统的某一局部区域,底物浓度增高,则反应速度也随之提高。此外,酶与底物间的靠近具有一定的取向,这样反应物分子才被作用,大大增加了 ES 复合物进入活化状态的几率(图 4-5)。

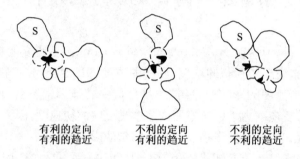

有利的定向　　　　不利的定向　　　　不利的定向
有利的趋近　　　　有利的趋近　　　　不利的趋近

图 4-5　底物分子和酶活性中心上的一个催化基团在相互作用时的趋近效应

2. 张力作用(distortion or strain) 底物的结合可诱导酶分子构象发生变化,比底物大得多的酶分子的三、四级结构的变化,也可对底物产生张力作用,使底物扭曲,促进 ES 进入活性状态(图 4-6)。

图 4-6　酶的活性中心诱导契合使底物分子扭曲

3. 酸碱催化作用(acid-base catalysis) 酶的活性中心具有某些氨基酸残基的 R 基团,这些基团往往是良好的质子供体或受体(表 4-2),在水溶液中这些广义的酸性基团或广义的碱性基团对许多化学反应是有力的催化剂。

4. 共价催化作用(covalent catalysis) 某些酶能与底物形成极不稳定的、共价结合的 ES 复合物,这些复合物比无酶存在时更容易进行化学反应。

例如:无酶催化的反应:　　$RX+H_2O \rightarrow ROH+HX$　　　　慢
　　　有酶存在时:　　　　$RX+E-OH \rightarrow ROH+EX$　　　快
　　　　　　　　　　　　　$EX+H_2O \rightarrow ROH+HX$　　　快

表 4-2　某些氨基酸残基的 R 基团

某些质子供体基团	某些质子受体基团
$-COOH$	$-COO^-$
$-NH_3^+$	$-NH_2$
$-SH$	$-S^-$

（两个咪唑环结构：质子供体为带 NH^+ 的咪唑，质子受体为中性咪唑）

第六节　酶促反应的动力学

酶促反应动力学（kinetics of enzyme-catalyzed reactions）是研究酶促反应速度及其影响因素的科学。这些因素主要包括酶的浓度、底物的浓度、pH、温度、抑制剂和激活剂等。在研究某一因素对酶促反应速度的影响时，应该维持反应中其他因素不变，而只改变要研究的因素。但必须注意，酶促反应动力学中所指明的速度是反应的初速度，因为此时反应速度与酶的浓度呈正比关系，这样避免了反应产物以及其他因素的影响。

酶促反应动力学的研究有助于阐明酶的结构与功能的关系，也可为酶作用机理的研究提供数据；有助于寻找最有利的反应条件，以最大限度地发挥酶催化反应的高效率；有助于了解酶在代谢中的作用或某些药物作用的机理等，因此对它的研究具有重要的理论意义和实践意义。

一、酶浓度对反应速度的影响

在一定的温度和 pH 条件下，当底物浓度大大超过酶的浓度时，酶的浓度与反应速度呈正比关系（图 4-7）。

二、底物浓度对反应速度的影响

在酶的浓度不变的情况下，底物浓度对反应速度影响的作用呈现矩形双曲线（见图4-8）。

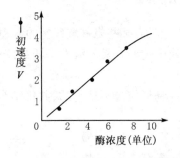

图 4-7　酶浓度对反应初速度的影响

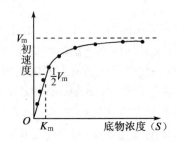

图 4-8　底物浓度对反应初速度的影响

在底物浓度很低时，反应速度随底物浓度的增加而急骤加快，两者呈正比关系，表现为一级反应。随着底物浓度的升高，反应速度不再呈正比例加快，反应速度增加的幅度不断下降。如果继续加大底物浓度，反应速度不再增加，表现为 0 级反应。此时，无论底物浓度增加多大，反应速度也不再增加,说明酶已被底物所饱和。所有的酶都有饱和现象,只是达到饱和时所需底物浓度各不相同而已。

（一）米氏方程式

解释酶促反应中底物浓度和反应速度关系的最合理学说是中间产物学说。酶首先与底物结合生成酶底物中间产物,此复合物再分解为产物和游离的酶。

Michaelis 和 Menten 在前人工作的基础上,经过大量的实验,于 1913 年前后提出了反应速度和底物浓度关系的数学方程式,即著名的米氏方程（Michaelis－Menten equation）.

$$V=\frac{V_{max}[S]}{K_m+[S]}$$

V_{max} 指该酶促反应的最大速度,$[S]$ 为底物浓度,K_m 是米氏常数,V 是在某一底物浓度时相应的反应速度。当底物浓度很低时,$[S]\ll K_m$,则 $V\approx V_{max}[S]/K_m$,反应速度与底物浓度呈正比。当底物浓度很高时,$[S]\gg K_m$,此时 $V\approx V_{max}$,反应速度达最大速度,底物浓度再增高也不影响反应速度。酶与不同浓度的底物相互作用模式见图 4－9。

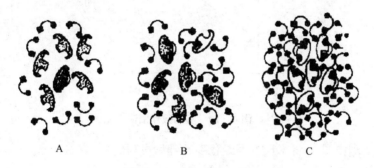

A   B   C

图 4‑9　酶与不同浓度的底物相互作用模式

（二）米氏常数的意义

当反应速度为最大速度一半时,米氏方程可以变换如下:

$$V_{max}/\,2=\frac{V_{max}[S]}{K_m+[S]}$$

进一步整理可得到:　　　　　　　　$K_m=[S]$

可知,K_m 值等于酶反应速度为最大速度一半时的底物浓度。

因为 $K_m=(K_2+K_3)/K_1$,当 $K_2\gg K_3$,即 ES 解离成 E 和 S 的速度大大超过分离成 E 和 P 的速度时,K_3 可以忽略不计,此时 K_m 值近似于 ES 解离常数 K_s,此时 K_m 值可用来表示酶对底物的亲和力。

$$K_m=K_2/K_1=[E][S]/[ES]=K_S$$

K_m 值愈大,酶与底物的亲和力愈小;K_m 值愈小,酶与底物的亲和力愈大。酶与底物亲和力大,表示不需要很高的底物浓度,便可容易地达到最大反应速度。但是 K_s 值并非在所有酶促反应中都远小于 K_2,所以 K_s 值（又称酶促反应的底物常数）和 K_m 值的涵义不同,不能互相代替使用。

K_m 值是酶的特征性常数,只与酶的性质,酶所催化的底物和酶促反应条件（如温度、pH、有无抑制剂等）有关,与酶的浓度无关。酶的种类不同,K_m 值不同,同一种酶与不同底物作用时,K_m 值也不同。各种酶的 K_m 值范围很广,大致在 $10^{-1}\sim10^{-6}$M。

当 K_3 不远远小于 K_2 和 K_1 时,K_m 表示整个反应的化学平衡的常数。

（三）K_m和V_{max}的求法

底物浓度曲线是矩形双曲线。从图中很难精确地测出K_m和V_{max}。为此人们将米氏方程进行种种变换，将曲线作图转变成直线作图。

1. 双倒数作图　将米氏方程两边取倒数，可转化为下列形式：

$$\frac{1}{V} = \frac{K_m + [S]}{V_{max} \cdot [S]} \qquad 即 \qquad \frac{1}{V} = \frac{K_m}{V_{max}} \frac{1}{[S]} + \frac{1}{V_{max}}$$

从图 4-10 可知，$1/V$ 对 $1/[S]$ 的作图得一直线，其斜率是 K_m/V，在纵轴上的截距为 $1/V_{max}$，横轴上的截距为 $-1/K_m$。此作图除用来求 K_m 和 V_{max} 值外，在研究酶的抑制作用方面还有重要价值。

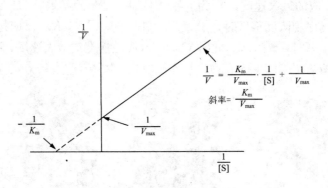

图 4-10　双倒数作图法

2. V 对 $V/[S]$ 作图　将米氏方程经移项整理后可写成：

$$V K_m + V[S] = V_{max}[S]$$
$$V[S] = V_{max}[S] - V K_m$$

故
$$V = V_{max} - K_m V/[S]$$

以 V 为纵坐标对 $V/[S]$ 横坐标作图，所得直线，其纵轴的截距为 V_{max}，斜率为 $-K_m$（图 4-11）。

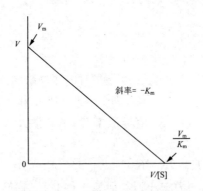

图 4-11　V 对 $V/[s]$ 作图法

必须指出，米氏方程只适用于较为简单的酶作用过程，对于比较复杂的酶促反应过程，如多酶体系、多底物、多产物、多中间物等，还不能全面地藉此概括和说明，必须借助于复杂的计算过程。

三、pH 对反应速度的影响

酶反应介质的 pH 可影响酶分子,特别是活性中心上必需基团的解离程度和催化基团中质子供体或质子受体所需的离子化状态,也可影响底物和辅酶的解离程度,从而影响酶与底物的结合。只有在特定的 pH 条件下,酶、底物和辅酶的解离情况最适宜于它们互相结合,并发生催化作用,使酶促反应速度达最大值,这种 pH 值称为酶的最适 pH(optimum pH)。它和酶的最稳定 pH 不一定相同,和体内环境的 pH 也未必相同。图 4-12 为胃蛋白酶和葡萄糖-6-磷酸酶的 pH 活性曲线。

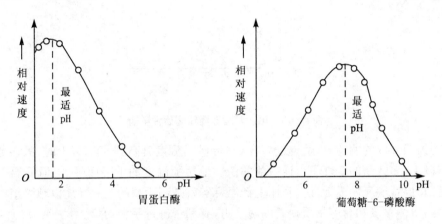

图 4-12　胃蛋白酶和葡萄糖-6-磷酸酶的 pH 活性曲线

动物体内多数酶的最适 pH 值接近中性,但也有例外,如胃蛋白酶的最适 pH 约 1.8,肝精氨酸酶最适 pH 约为 9.8。一些酶的最适 pH 见表 4-3。

表 4-3　一些酶的最适 pH

酶	最适 pH	酶	最适 pH	酶	最适 pH
胃蛋白酶	1.8	过氧化氢酶	7.6	延胡索酸酶	7.8
胰蛋白酶	7.7	精氨酸酶	9.8	核糖核酸酶	7.8

最适 pH 不是酶的特征性常数,它受底物浓度、缓冲液的种类和浓度以及酶的纯度等因素的影响。

溶液的 pH 值高于和低于最适 pH 时都会使酶的活性降低,远离最适 pH 值时甚至会导致酶的变性失活。测定酶的活性时,应选用适宜的缓冲液,以保持酶活性的相对恒定。

四、温度对反应速度的影响

化学反应的速度随温度增高而加快,但酶是蛋白质,可随温度的升高而变性。在温度较低时,前一影响较大,反应速度随温度升高而加快,一般地说,温度每升高 10℃,反应速度大约增加一倍。但温度超过一定数值后,酶受热变性的因素占优势,反应速度反而随温度上升而减缓,形成倒 V 形或倒 U 形曲线。在此曲线顶点所代表的温度,反应速度最大,称为酶的最适温度(optimum temperature)。图 4-13 为温度对唾液淀粉酶活性影响的曲线。

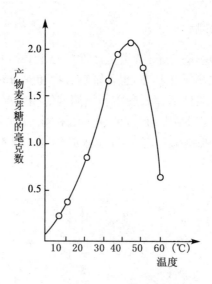

图 4-13 温度对唾液淀粉酶活性影响

从动物组织提取的酶,其最适温度多在 35~40℃,温度升高到 60℃以上时,大多数酶开始变性,80℃以上,多数酶的变性不可逆。酶的活性虽然随温度的下降而降低,但低温一般不破坏酶,温度回升后,酶又恢复活性。临床上低温麻醉就是利用酶的这一性质以减慢组织细胞代谢速度,提高机体对氧和营养物质缺乏的耐受力,有利于进行手术治疗。

酶的最适温度不是酶的特征性常数,这是因为它与反应所需时间有关,不是一个固定的值。酶可以在短时间内耐受较高的温度,相反,延长反应时间,最适温度便降低。

五、抑制剂对反应速度的影响

凡能使酶的活性下降而不引起酶蛋白变性的物质称为酶的抑制剂(inhibitor)。使酶变性失活(称为酶的钝化)的因素如强酸、强碱等,不属于抑制剂。通常抑制作用分为可逆性抑制和不可逆性抑制两类。

（一）不可逆性抑制作用

不可逆性抑制作用(irreversible inhibition)的抑制剂,通常以共价键方式与酶的必需基团进行不可逆结合而使酶丧失活性,按其作用特点,又有专一性及非专一性之分。

1. 非专一性不可逆抑制　抑制剂与酶分子中的一类或几类基团作用,不论是必需基团与否,皆可共价结合,由于其中必需基团也被抑制剂结合,从而导致酶的失活。某些重金属(Pb^{2+}、Cu^{2+}、Hg^{2+})及对氯汞苯甲酸等,能与酶分子的巯基进行不可逆结合,许多以巯基作为必需基团的酶(通称巯基酶),会因此而遭受抑制,属于此种类型。用二巯基丙醇(british anti lewisite,BAL)或二巯基丁二酸钠等含巯基的化合物可使酶复活,反应式如下:

$$酶\underset{SH}{\overset{SH}{\diagdown\diagup}} + Pb^{2+}(Hg^{2+}或\ Cu^{2+}) \longrightarrow 酶\underset{S}{\overset{S}{\diagdown\diagup}}Pb(Hg\ 或\ Cu) + 2H^+$$

$$\text{酶} \left\langle {{S \atop S}} \right\rangle Pb \;+\; \begin{array}{c} \text{COONa} \\ | \\ \text{CHSH} \\ | \\ \text{CHSH} \\ | \\ \text{COONa} \end{array} \longrightarrow \text{酶} \left\langle {{\text{SH} \atop \text{SH}}} \right\rangle + \begin{array}{c} \text{COONa} \\ | \\ \text{CHS} \\ \quad\;\; \backslash \\ \quad\;\; Pb \\ \text{CHS} \\ | \\ \text{COONa} \end{array}$$

二巯基丁二酸钠

2. 专一性不可逆抑制　此属抑制剂专一地作用于酶的活性中心或其必需基团,进行共价结合,从而抑制酶的活性。有机磷杀虫剂能专一作用于胆碱酯酶活性中心的丝氨酸残基,使其磷酰化而不可逆抑制酶的活性。当胆碱酯酶被有机磷杀虫剂抑制后,胆碱能神经末梢分泌的乙酰胆碱不能及时分解,过多的乙酰胆碱会导致胆碱能神经过度兴奋的症状。解磷定等药物可与有机磷杀虫剂结合,使酶和有机磷杀虫剂分离而复活,反应式如下:

$$\begin{array}{c} R_1O \;\; O \\ \backslash\; \| \\ P \\ /\; \backslash \\ R_2O \;\; X \end{array} + \text{HO—E} \longrightarrow \begin{array}{c} R_1O \;\; O \\ \backslash\; \| \\ P \\ /\; \backslash \\ R_2O \;\; OE \end{array} + HX$$

有机磷杀虫剂　　胆碱酯酶　　磷酰化酶

磷酰化酶　　　解磷定(PAM)　　　　磷酰化 PAM

(二) 可逆性抑制

抑制剂与酶以非共价键结合,在用透析等物理方法除去抑制剂后,酶的活性能恢复,即抑制剂与酶的结合是可逆的。这类抑制剂大致可分为以下三类:

1. 竞争性抑制 (competitive inhibition)　竞争性抑制是较常见而重要的可逆抑制。它是指抑制剂 I 和底物 S 对游离酶 E 的结合有竞争作用,互相排斥,酶分子结合 S 就不能结合 I,结合 I 就不能结合 S。这种情况往往是抑制剂和底物争夺同一结合位置(图 4 - 14)。

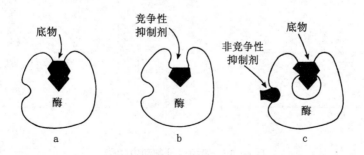

图 4 - 14　竞争性与非竞争性抑制剂的区别

a.酶-底物复合物　b.竞争性抑制剂阻止底物与酶结合　c.非竞争性抑制剂不阻止底物与酶结合

此外还有些因素也可以造成两者和酶的结合互相排斥。比如,两者的结合位置虽然不同,但由空间障碍使得 I 和 S 不能同时结合到酶分子上,故不可能存在 IES 三联复合体。可用下式表示：

$$E+S \underset{K_s}{\rightleftharpoons} ES \xrightarrow{K_o} E+P$$

$$\begin{array}{c} + \\ I \\ K_i \big\| \\ EI \end{array}$$

上式中 K_s 及 K_i 分别代表 ES 复合体和 EI 复合体的解离常数。在此反应体系中，当加入 I 时，可破坏 E 和 ES 的平衡，使 ES→E→EI；此时再增加 S 的浓度，又可逆转而使 EI→E→ES。故在酶量恒定的条件下，反应速度与[S]和[I]的比值有关。

竞争性抑制作用的反应速度公式：

$$V=\frac{V_{\max}[S]}{K_m(1+[I]/K_i)+[S]}$$

用 Lineweaver-Burk 法将上式作双倒数处理，可得

$$\frac{1}{V}=\frac{K_m}{V_{\max}}\Big(1+\frac{[I]}{K_i}\Big)\cdot\frac{1}{[S]}+\frac{1}{V_{\max}}$$

当[S]为无限大时，(8)式分母中 $K_m(1+[I]/K_i)$ 一项可略去不计，$V=V_{\max}$，故当[S]对 V 作图时[如图 4-15(a)]，有 I 时的曲线虽较无 I 时的曲线向右下方移动，但在[S]为无穷大时可与无 I 时的曲线相交。若以 1／[S]对 1／V 作图[如图 4-15(b)]，可见有 I 存在时的直线斜率高于无 I 时的斜率，增加了 $(1+[I]/K_i)$ 倍。当有 I 时，其在横轴上的截距为 $-\dfrac{1}{K_m(1+[I]/K_i)}$，即 K_m 变为 $K_m(1+[I]／K_i)$，可见有竞争性抑制剂存在时，K_m 增大，且 K_m 随[I]的增加而增加，称为表观 K_m，以 K_m^{app} 表示。无 I 与有 I 时的两条动力学曲线在纵轴上相交，其截距为 $1/V_{\max}$，即 $V_{\max}$ 的数值不变。

竞争性抑制动力学特点为：① 当有 I 存在时，K_m 增大而 $V_{\max}$ 不变，故 $K_m/V_{\max}$ 也增大。② K_m^{app} 随[I]的增加而增大。③ 抑制程度与[I]成正比，而与[S]成反比，故底物浓度极大时，同样可达到最大反应速度，即抑制作用可以解除。

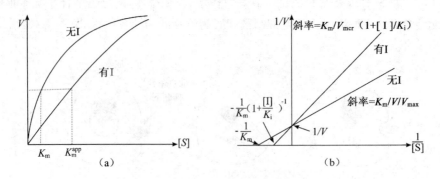

图 4-15 竞争性抑制动力学图

(a)[S]对 V 作图；(b) Lineweaver－Burk 双倒数作图

竞争性抑制的经典例子是丙二酸对琥珀酸脱氢酶的抑制，其反应式如下：

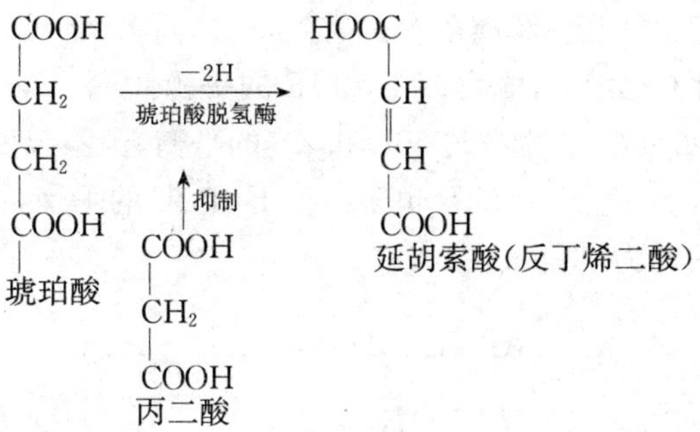

若增加底物琥珀酸的浓度，抑制作用即降低，甚至解除。

磺胺类药物也是典型的竞争性抑制剂。对磺胺敏感的细菌在生长和繁殖时不能利用现成的叶酸，只能利用对氨基苯甲酸合成二氢叶酸，而磺胺类药物与对氨基苯甲酸结构类似，竞争占据细菌体内二氢叶酸合成酶，从而抑制细菌生长所必需的二氢叶酸的合成。二氢叶酸可再还原为四氢叶酸，后者是合成核酸所必需的。磺胺抑制了细菌二氢叶酸的合成，使细菌核酸的合成受阻，从而抑制了细菌的生长和繁殖。而人体能从食物中直接利用叶酸，故其代谢不受磺胺影响。

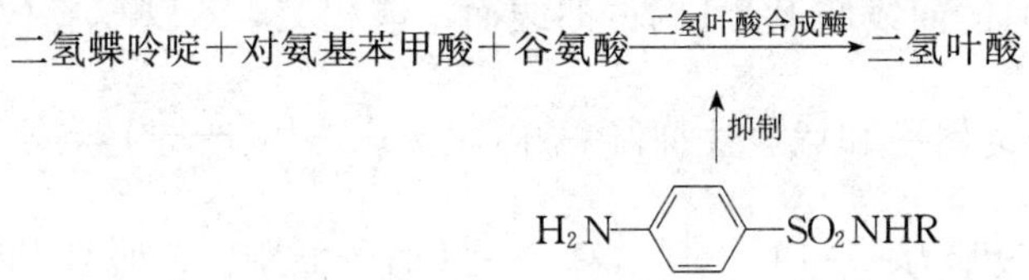

磺胺类

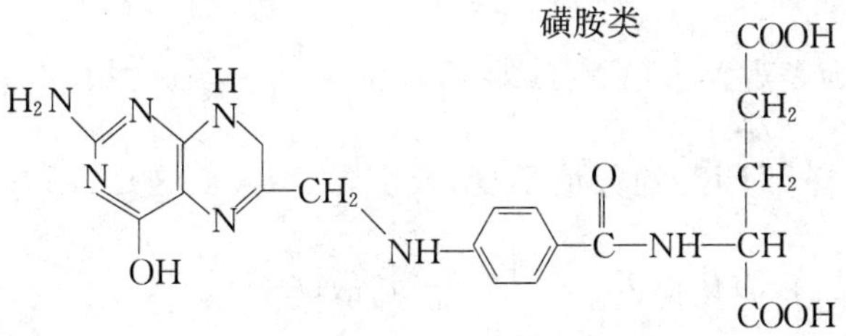

蝶呤啶　　对氨基苯甲酸　　谷氨酸

二氢叶酸分子结构

抗菌增效剂 TMP 可增强磺胺药的药效，因为它的结构与二氢叶酸有类似之处，是细菌二氢叶酸还原酶的强烈抑制剂，它与磺胺药配合使用，可使细菌的四氢叶酸合成受到双重阻碍，因而严重影响细菌的核酸及蛋白质合成。

竞争性抑制原理是药物设计的根据之一，如抗癌药阿拉伯糖胞苷、5-氟尿嘧啶等都是利用竞争性抑制而设计出来的。

2\. 非竞争性抑制　非竞争性抑制（noncompetitive inhibition）是指底物 S 和抑制剂（I）与酶的结合互不相关，既不排斥，也不促进，S 可与游离 E 结合，也可和 EI 复合体结合。同样 I 可和游离 E 结合，也可和 ES 复合体结合，但 IES 不能释放出产物。

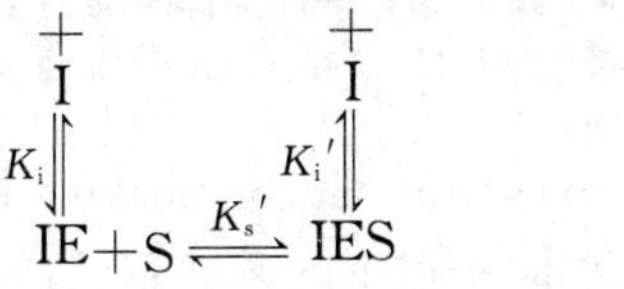

式中，K_S及K_S'，分别为 ES 及 IES 解离出 S 的解离常数，而 K_i 及 K_i' 分别为 IE 及 IES 解离出 I 的解离常数，当反应体系中加入 I，既可使 E 和 IE 的平衡倾向 IE，又可使 ES 与 IES 的平衡倾向 IES，并且 $K_i=K_i'$，故实际上并不改变 E 和 ES 的平衡，也不改变 E 和 S 的亲和力。同样在 E 和 I 的混合物中加入 S，因 $K_S=K_S'$，也不改变 E 和 IE 的平衡，不改变 E 和 I 的亲和力。

非竞争性抑制作用的动力学公式：

$$V=\frac{V_{\max}[S]}{K_m\left(1+\frac{[I]}{K_i}\right)+[S]\left(1+\frac{[I]}{K_i}\right)}$$

将上式作双倒数处理，得：

$$\frac{1}{V}=\frac{K_m}{V_{\max}}\left(1+\frac{[I]}{K_i}\right)\frac{1}{[S]}+\frac{1}{V_{\max}}\left(1+\frac{[I]}{K_i}\right)$$

当[S]为无限大时，上式简化成 $\frac{1}{V}=\frac{1}{V_{\max}}\left(1+\frac{[I]}{K_i}\right)$ 或 $V=\frac{V_{\max}}{(1+[I]/K_i)}$，即 V 恒小于 $V_{\max}$。

以[S]对 V 作图[图 4-16(a)]，有 I 时的曲线低于无 I 时的曲线而不能相交。若以 $\frac{1}{[S]}$ 对 $\frac{1}{V}$ 作图[图 4-16(b)]，可见有 I 时的直线的斜率和竞争性抑制一样，也为 $\frac{K_m}{V_{\max}}\left(1+\frac{[I]}{K_i}\right)$，高于无 I 时的直线的斜率；有 I 时在纵轴上的截距为 $\frac{1}{V_{\max}}\left(1+\frac{[I]}{K_i}\right)$，高于无 I 时的截距。说明有 I 时的最大速度随[I]增加而减小，称为表观 $V_{\max}(V_{\max}^{app})$，即 $V_{\max}^{app}=\frac{V_{\max}}{1+[I]/K_i}$。但有 I 时在横轴上的截距仍为 $-\frac{1}{K_m}$，和无 I 时的一样，即 K_m 的数值不变，或 $K_m^{app}=K_m$。这是因为：当 $\frac{1}{V}=0$ 时，$\frac{K_m}{V_{\max}}\left(1+\frac{[I]}{K_i}\right)\frac{1}{[S]}=\frac{1}{V_{\max}}\left(1+\frac{[I]}{K_i}\right)$，简化得 $K_m\cdot\frac{1}{[S]}=-1$，故 $\frac{1}{[S]}=-\frac{1}{K_m}$。

非竞争性抑制的动力学特点为：① 当有 I 存在时，K_m 不变而 $V_{\max}$ 减小，$K_m/V_{\max}$ 增大；② $V_{\max}^{app}$ 随[I]的加大而减小；③ 抑制程度只与[I]成正比，而与[S]无关。

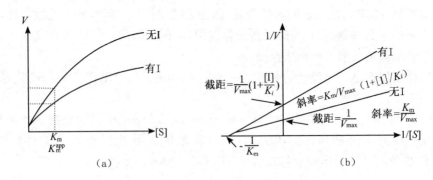

图 4-16 非竞争性抑抑制动力学图
(a)[S]对 V 作图；(b) Lineweaver-Burk 双倒数作图

3. 反竞争性抑制作用　反竞争性抑制（uncompetitive inhitition）为抑制剂 I 不与游离酶 E 结合，却和 ES 中间复合体结合成 EIS，但 EIS 不能释出产物。表示如下：

$$E+S \underset{}{\overset{K_s}{\rightleftharpoons}} ES \xrightarrow{\ K_o\ } E+P$$

$$+$$
$$I$$
$$K_i \,\Big\Updownarrow$$
$$IES$$

K_s 和 K_i 分别为 ES 及 EIS 的解离常数,当反应体系中加入 I 时,可使 E+S 和 ES 的平衡倾向 ES 的形成,因此 I 的存在反而增加 S 和 E 的亲和力。这种情况恰巧和竞争性抑制剂相反,故称为反竞争性抑制。

反竞争性抑制作用反应速度公式:

$$V = \frac{V_{max}[S]}{K_m + [S]\left(1 + \dfrac{[I]}{K_i}\right)}$$

用 Lineweaver-Burk 法将上式作双倒数处理,可得:

$$\frac{1}{V} = \frac{K_m}{V_{max}} \cdot \frac{1}{S} + \frac{1}{V_{max}}\left(1 + \frac{[I]}{K_i}\right)$$

当[S]为无限大时,上式简化为 $\dfrac{1}{V} = \dfrac{1}{V_{max}}\left(1 + \dfrac{[I]}{K_i}\right)$,故和非竞争性抑制相似,$V$ 也恒小于 V_{max}。以[S]对 V 作图[图 4-17(a)],有 I 时的曲线低于无 I 时的曲线而不能相交。若以 $\dfrac{1}{[S]}$ 对 $\dfrac{1}{V}$ 作图[图 4-17(b)],可见有 I 时直线斜率与无 I 时相同,呈平行,斜率均为 $\dfrac{K_m}{V_{max}}$。有 I 时在纵轴上的截距为 $\dfrac{1}{V_{max}}\left(1 + \dfrac{[I]}{K_i}\right)$,即 $V_{max}^{app} = \dfrac{K_m}{1 + [I]/K_i}$,数值随[I]的增加而减少。有 I 时在横轴上的截距为,$-\dfrac{1}{K_m}\left(1 + \dfrac{[I]}{K_i}\right)$ 即 $K_m^{app} = \dfrac{K_m}{1 + [I]/K_i}$ 可见 K_m^{app} 也随[I]增加而减少。

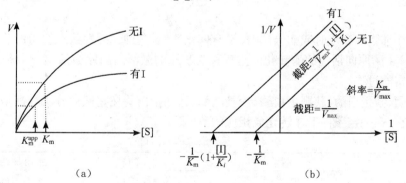

图 4-17 反竞争性抑制动力学图

(a) [S]对 V 作图;(b) Lineweaber-Burk 双倒数作图

反竞争性抑制的动力学特点为:① 当 I 存在时,K_m 和 V_{max} 都减小,而 K_m/V_{max} 不变;② 有 I 时的 K_m^{app} 和 V_{max}^{app} 都随[I]的增加而减小;③ 抑制程度既与[I]成正比,也和[S]成正比。

兹将上述三类抑制作用的各种动力学参数列于表 4-4:

表 4-4　三类抑制作用的动力学比较

抑制种类	Lineweaber-Burk 作图法			直线交点	表观 V_{max} (V_{max}^{app})	表观 K_m (K_m^{app})
	斜率	纵轴截距	横轴截距			
无	$\dfrac{K_m}{V_{max}}$	$\dfrac{1}{V_{max}}$	$-\dfrac{1}{K_m}$		V_{max}	K_m
竞争性抑制作用	$\dfrac{K_m}{V_{max}}\left(1+\dfrac{[I]}{K_i}\right)$ （增大）	$\dfrac{1}{V_{max}}$ （不变）	$-\dfrac{1}{K_m}\left(1+\dfrac{[I]}{K_i}\right)$ （减小）	纵轴	V_{max} （不变）	$K_m\left(1+\dfrac{[I]}{K_i}\right)$ （增大）
非竞争性抑制作用	$\dfrac{K_m}{V_{max}}\left(1+\dfrac{[I]}{K_i}\right)$ （增大）	$\dfrac{1}{V_{max}}\left(1+\dfrac{[I]}{K_i}\right)$ （增大）	$-\dfrac{1}{K_m}$ （不变）	横轴	$\dfrac{V_{max}}{1+[I]/K_i}$ （减小）	K_m （不变）
反竞争性抑制作用	$\dfrac{K_m}{V_{max}}$ （不变）	$\dfrac{1}{V_{max}}\left(1+\dfrac{[I]}{K_i}\right)$ （增大）	$-\dfrac{1}{K_m}\left(1+\dfrac{[I]}{K_i}\right)$ （增大）	无交点平行	$\dfrac{V_{max}}{1+[I]/K_i}$ （减小）	$\dfrac{K_m}{1+[I]/K_i}$ （减小）

六、激活剂对酶促反应速度的影响

能使酶活性提高的物质，都称为激活剂（activator），其中大部分是离子或简单的有机化合物。如 Mg^{2+} 是多种激酶和合成酶的激活剂，动物唾液中的 α-淀粉酶则受 Cl^- 的激活。

第七节　重要的酶类

一、酶原

有些酶在细胞内合成时或初分泌时，没有催化活性，这种无活性状态的酶的前身物称为酶原（zymogen）。酶原向活性的酶转化的过程称为酶原的激活。酶原激活实际上是酶的活性中心形成或暴露的过程。

胃蛋白酶、胰蛋白酶、胰糜蛋白酶、羧基肽酶、弹性蛋白酶在它们初分泌时都是以无活性的酶原形式存在，在一定条件下才转化成相应的酶（表 4-5）。

表 4-5　某些酶原的激活过程

酶原	激活条件	活化的酶	水解掉的肽段
胃蛋白酶原	H^+ 或胃蛋白酶 →	胃蛋白酶	六个多肽片段
胰蛋白酶原	肠激酶或胰蛋白酶 →	胰蛋白酶	六肽
糜蛋白酶原 A	胰蛋白酶糜蛋白酶 →	α-糜蛋白酶	两个二肽
羧基肽酶原 A	胰蛋白酶 →	羧基肽酶 A	几个碎片
弹性蛋白酶原	胰蛋白酶 →	弹性蛋白酶	几个碎片

例如，胰蛋白酶原进入小肠后，受肠激酶或胰蛋白酶本身的激活，第6位赖氨酸与第7位异亮氨酸残基之间的肽键被切断，水解掉一个六肽，酶分子空间构象发生改变，产生酶的活性中心，于是胰蛋白酶原变成了有活性的胰蛋白酶（图4-18）。

除消化道的蛋白酶外，血液中有关凝血和纤维蛋白溶解的酶类，也都以酶原的形式存在。

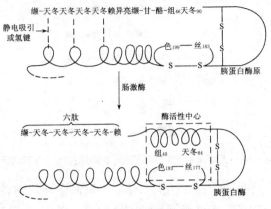

图4-18 胰蛋白酶原激活示意图

酶原激活的生理意义在于避免细胞内产生的蛋白酶对细胞进行自身消化，并可使酶在特定的部位和环境中发挥作用，保证体内代谢的正常进行。

二、同工酶

同工酶（isoenzyme）是指催化的化学反应相同，酶蛋白的分子结构、理化性质乃至免疫学性质不同的一组酶。这类酶存在于生物的同一种属或同一个体的不同组织，甚至同一组织或细胞中。

现已发现有数种同工酶，如6-磷酸葡萄糖脱氢酶、乳酸脱氢酶、酸性和碱性磷酸酶、谷丙转氨酶和谷草转氨酶、肌酸磷酸激酶、核糖核酸酶、过氧化酶和胆碱酯酶等。其中乳酸脱氢酶最为大家所熟悉，乳酸脱氢酶（LDH）有五种同工酶，它们的分子量在 130 000～150 000 范围内，都由四个亚基组成。LDH 的亚基可以分为两型：骨骼肌型（M 型）和心肌型（H 型）。M、H 亚基的氨基酸组成有差别，可用电泳分离，其免疫抗体无交叉反应。两种亚基以不同比例组成五种四聚体，即为一组 LDH 同工酶：$LDH_1(H_4)$、$LDH_2(H_3M)$、$LDH_3(H_2M_2)$、$LDH_4(HM_3)$ 和 $LDH_5(M_4)$。图4-19 为 LDH 同工酶结构模式图。电泳时都移向正极，其速度以 LDH_1 为最快，依次递减，以 LDH_5 为最慢。若用12M 尿素或5M 盐酸胍溶液处理，M 亚基和 H 亚基可以分开，但此时 LDH 无酶的活性。

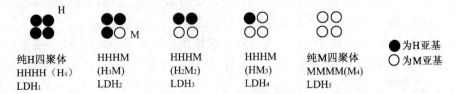

图4-19 LDH 同工酶结构模式图

LDH 同工酶的两种不同肽链是受不同基因控制产生的。不同类型的 LDH 同工酶在不同组织中的比例不同（图4-20），心肌中以 LDH_1 及 LDH_2 较为丰富，骨骼肌及肝中含 LDH_5 及 LDH_4 较多，这都与它们的生理功能关。LDH_1 和 LDH_2 对乳酸亲和力高，易使乳酸脱氢氧化生成丙酮酸，后者进一步氧化可释放出能量供心肌活动的需要；LDH_5 与 LDH_4 对丙酮酸的亲和力高,而使它得氢还原成乳酸,这对保证肌肉在短暂缺氧时仍可获得能量有关。

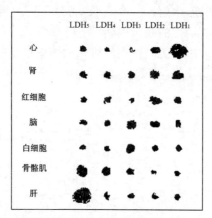

图 4 - 20　人体某些组织中乳酸脱氢酶同工酶电泳示意图

在临床检验方面,通过观测病人血清中 LDH 同工酶的电泳图谱,辅助诊断哪些器官组织发生病变,这远较单纯测定血清 LDH 总活性的方法敏感。例如,心肌受损病人血清 LDH_1 含量上升,肝细胞受损者血清 LDH_5 含量增高。

三、变构酶

1. 概念　有些酶除了活性中心外,还有一个或几个部位,当特异性分子非共价地结合到这些部位时,可改变酶的构象,进而改变酶的活性,酶的这种调节作用称为变构调节(allosteric regulation),受变构调节的酶称变构酶(allosteric enzyme),这些特异性分子称为效应剂(effector)。变构酶分子的组成一般是多亚基的,分子中凡与底物分子相结合的部位称为催化部位(catalytic site),凡与效应剂相结合的部位称为调节部位(regulatory site),这两个部位可以在不同的亚基上,或者位于同一亚基。

2. 机理

(1)一般变构酶分子上有两个以上的底物结合位点。当底物与一个亚基上的活性中心结合后,通过构象的改变,可增强其他亚基的活性中心与底物的结合,出现正协同效应(positive-cooperative effect),使其底物浓度曲线呈 S 形。即底物浓度低时,酶活性的增加较慢,底物浓度高到一定程度后,酶活性显著加强,最终达到最大值 V_{max}(图 4 - 21)。

多数情况下,底物对其变构酶的作用都表现正协同效应,但有时,一个底物与一个亚基的活性中心结合后,可降低其他亚基的活性中心与底物的结合,表现负协同效应(negative cooperative effect)。如 3-磷酸甘油醛脱氢酶对 NAD^+ 的结合为负协同效应。

(2)变构酶除活性中心外,存在着能与效应剂作用的亚基或部位,称调节亚基(或部位),效应剂与调节亚基以非共价键特异结合,可以改变调节亚基的构象,进而改变催化亚基的构象,从而改变酶活性。凡使酶活性增强的效应剂称变构激活剂(allosteric activitor),它能使上述 S 型曲线左移,饱和量的变构激活剂可将 S 形曲线转变为矩形双曲线。凡使酶活性减弱的效应剂称变构抑制剂(allosteric inhibitor),能使 S 形曲线右移。例如,ATP 是磷酸果糖激酶的变构抑制剂,而 ADP、AMP 为其变构激活剂。

(3)由于变构酶动力学不符合米－曼氏酶的动力学,所以当反应速度达到最大速度一半时的底物的浓度,不能用 K_m 表示,而代之以 $K_{0.5S}$ 表示(图 4 - 21)。为了解释变构酶协同效应的机制并推导出动力学曲线方程式,不少人曾提出各种模型,各有优缺点。

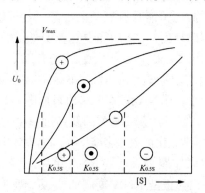

图 4－21　变构酶的底物活性曲线
⊙不加变构剂　－加变构抑制剂

3. 生理意义

（1）在变构酶的 S 形曲线中段,底物浓度稍有降低,酶的活性明显下降,多酶体系催化的代谢通路可因此而被关闭;反之,底物浓度稍有升高,则酶活性迅速上升,代谢通路又被打开,因此可以快速调节细胞内底物浓度和代谢速度。

（2）变构抑制剂常是代谢通路的终产物,变构酶常处于代谢通路的开端,通过反馈抑制,可以及早地调节整个代谢通路,减少不必要的底物消耗。

例如葡萄糖的氧化分解可提供能量使 AMP、ADP 转变成 ATP,当 ATP 过多时,通过变构调节酶的活性,可限制葡萄糖的分解;而 ADP、AMP 增多时,则可促进糖的分解。随时调节ATP/ADP 的水平,可以维持细胞内能量的正常供应。

四、修饰酶

体内有些酶可在其他酶的作用下,将酶的结构进行共价修饰,使该酶活性发生改变,这种调节称为共价修饰调节（covalent modification regulation）,这类酶称为修饰酶（proessing enzyme）。

例如,某些酶的巯基发生可逆的氧化还原,一些酶以共价键与磷酸、腺苷等基团的可逆结合,都会引起酶结构的变化而呈现不同的活性。酶的共价修饰是体内代谢调节的另一个重要的方式。

五、多酶复合体

多酶复合体（multienzyme complex）常包括三个或三个以上的酶,组成一个有一定构型的复合体。复合体中第一个酶催化的产物,直接由邻近下一个酶催化,第二个酶催化的产物又为复合体第三酶的底物,如此形成一条结构紧密的"流水生产线",使催化效率显著提高。如,葡萄糖氧化分解过程的丙酮酸脱氢酶复合体,即属于多酶复合体。

六、核酶与抗体酶

（一）核酶

核酶（ribozyme）又称催化 RNA、核糖酶、类酶、酶性 RNA。核酶是具有生物催化活性的RNA,其功能是切割和剪接 RNA,其底物是 RNA 分子。核酶的作用特点是:切割效率低,易被 RNase 破坏。核酶作用于 RNA,包括催化转核苷酰反应、水解反应(RNA 限制性内切酶反应)和连接反应(聚合酶活性)等,还可能具有氨基酸酯酶、氨基酰 tRNA 合成酶和肽基转移酶活性,表明核酶在翻译过程中和核糖体发挥功能中起着重要作用。

根据核苷酸序列、立体结构以及催化反应类型,核酶有以下几类:

1. 切割反应 第一类切割反应发生在 RNA 前体的成熟过程中,核酶切割 $3'$—OH 和 $5'$—磷酸末端,如 RNase P 能切除 tRNA 前体 $5'$ 端的附加序列。第二类切割反应发生在植物类病毒的环状单链卫星 RNA 和线性卫星 RNA 的复制过程中,在滚环式的 RNA 复制过程中的最后一步,这些 RNA 进行自我催化的裂解切割反应,如发卡核酶能把以环形正链 RNA 为模板所复制出的负链多拷贝串联体裂解成负链 RNA 单体,而发卡核酶还具有连接反应作用,可将线性的负链 RNA 单体环化为正链 RNA 复制的模板。垂头核酶所催化的裂解反应也是一个自我裂解反应,能将正链多拷贝串联体裂解成正链 RNA 单体。

2. 剪接反应 剪接反应包括了 RNA 的切割和连接,共有三种类型:第一类内含子自我剪接反应;第二类内含子自我剪接反应和第三类核 mRNA 前体的剪接反应。

第一类内含子自我剪接反应需要 Mg^{2+} 和鸟苷(或 GTP)参加,剪接的第一步是鸟苷(或 GTP)的—OH 攻击 $5'$ 剪接位点,鸟苷共体结合到内含子的 $5'$ 端,并释放出 $5'$ 外显子;第二步是 $5'$ 外显子的 $3'$—OH 攻击 $3'$ 剪接位点,$5'$ 外显子与 $3'$ 外显子之间形成磷酸二酯键,同时释放出线状内含子[图 4-22(a)]。第一类内含子核酶已被应用于治疗某些由基因突变造成的遗传性疾病。这类核酶可将正确的基因引入细胞内,通过剪接将突变的基因片段取代出来。

第二类内含子自我剪接需要 Mg^{2+} 参加,但不需要鸟苷(或 GTP)。在自我剪接的过程中,首先是位于 $3'$ 剪接位点附近的腺嘌呤核苷的 OH(位于 $3'$ 剪接点上游约 $7\sim8$ 个核苷酸处)进攻 $5'$ 剪接位点。使 $5'$ 剪接位点断开,并形成"套索"状的中间产物,然后是 $3'$ 剪接位点断开,两个外显子连接,同时释放出"套索"状内含子[图 4-22(b)]。

核 mRNA 前体的剪接与第二类内含子的剪接相似,但剪接反应必须在"剪接体"中进行。有 5 种核内小核糖核蛋白颗粒 SnRNP(u_1、u_2、u_5、u_4/u_6)参加。首先是 u_1、u_2 和 u_5 分别结合到 $5'$ 剪接位点、分支点,即含有腺苷的特征序列 C,位于 $3'$ 剪接位点上游约 30 个核苷酸处,以及 $3'$ 剪接位点,接着 u_4/u_6 参加,与 mRNA 前体一起组装成完整的"剪接体",在"剪接体"中,$5'$ 剪接位点首先被剪开,形成游离的 $5'$ 外显子和"套索"状中间物,然后 u_4 离开"剪接体",$3'$ 剪接点断开。最后 $5'$ 外显子和 $3'$ 外显子共价连接,形成成熟的 mRNA 和"套索"状的内含子[图 4-22(c)]。

核酶在阻断基因表达和抗病毒作用方面具有应用前景。

用核酶药物治疗疾病的原理是:核酶可以选择性地裂解癌细胞或病毒的 RNA,从而阻断它们合成蛋白质。如针对 HIV(艾滋病病毒)的 RNA 序列和结构,设计出专门裂解 HIV 病毒的 RNA 的核酶,而这种核酶对正常细胞 RNA 则没有影响。核酶是催化剂,可以反复作用,因此与反义 RNA 相比,核酶药物使用剂量较少,毒性也较小,而且核酶对病毒作用的靶向序列是专一的,因此病毒较难产生耐受性。

(二) 抗体酶

抗体酶(abzyme)也叫催化抗体(catalytic antibody),是一类新的模拟酶。根据酶与底物作用的过渡态结构设计合成一些类似物——半抗原,用人工合成的半抗原免疫动物,以杂交瘤细胞技术生产针对人工合成半抗原的单克隆抗体。这种抗体具有与半抗原特异结合的抗体特性,又具有催化半抗原进行化学反应的酶活性,将这种既有酶活性又有抗体活性的模拟酶称为

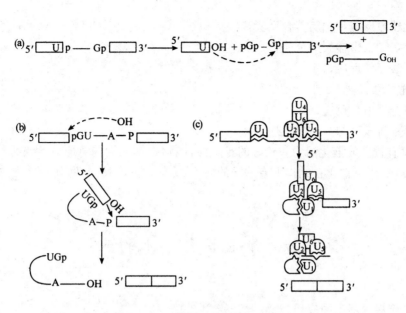

图 4‑22 RNA 催化的剪接反应

(a)第一类内含子的自我剪接反应；(b)第二类内含子的自我剪接反应；
(c)核 mRNA 前体的剪接反应，方框表示外显子，直线表示内含子

抗体酶。抗体酶能催化某些特殊反应。

1. 酰基转移反应 在蛋白质生物合成中，氨基酸的活化反应称酰基化反应。以中性磷酸二酯作为反应过渡态的稳定类似物所制备的单抗可以催化带丙氨酰酯的胸腺嘧啶 3′—OH 基团的氨酰化反应，酰基转移抗体酶的研究有利于改进蛋白质的人工合成方法，合成新型 tRNA。

2. 水解反应 主要有酯水解和酰胺水解两类。蛋白质水解都是酰胺水解，如 1989 年 Iverson 等用 CoⅢ－三乙烯酰胺－肽复合物作为半抗原，得到能专一切割 Gly－Phe 肽键的抗体酶。酯酶水解酯类是酯的羧基碳原子受到亲核攻击，形成四面体过渡态，过渡态的最终断裂即形成水解产物。以四面体过渡态磷酸酯类似物为半抗原，所得到的抗体能催化酯的水解。

$$F_3C-\overset{O}{\overset{\|}{C}}-\langle\!\!\!\!\!\!\!\!\bigcirc\!\!\!\!\!\!\!\!\rangle-CH_2-\overset{O}{\overset{\|}{C}}-O-\langle\!\!\!\!\!\!\!\!\bigcirc\!\!\!\!\!\!\!\!\rangle-\overset{O}{\overset{\|}{C}}-CH_3 \qquad 酯$$

$$F_3C-\overset{O}{\overset{\|}{C}}-\langle\!\!\!\!\!\!\!\!\bigcirc\!\!\!\!\!\!\!\!\rangle-CH_2-\overset{O}{\overset{\|}{\underset{X}{C}}}-O-\langle\!\!\!\!\!\!\!\!\bigcirc\!\!\!\!\!\!\!\!\rangle-\overset{O}{\overset{\|}{C}}-CH_3 \qquad 四面体的过渡态$$

$$F_3C-\overset{O}{\overset{\|}{C}}-\langle\!\!\!\!\!\!\!\!\bigcirc\!\!\!\!\!\!\!\!\rangle-CH_2-\overset{O}{\overset{\|}{\underset{\|}{\underset{O}{P}}}}-O-\langle\!\!\!\!\!\!\!\!\bigcirc\!\!\!\!\!\!\!\!\rangle-\overset{O}{\overset{\|}{C}}-CH_3 \qquad 磷酸酯类似物$$

迄今，已开发出近百种抗体酶，除了上述例举的反应外，尚有多种催化反应类型的抗体酶，如：

(1) 有机酸、碳酸酯水解反应；

(2) 立体选择性内酯反应；

(3) 氧化还原反应和金属螯合反应；

(4) 胸腺嘧啶二聚体裂解反应；

(5) 分支酸变位反应；

(6) β-消除反应；

(7) 卟啉金属取代反应；

(8) 原子重排反应与光诱导反应。

抗体酶具有较高的催化活力和较好的专一性,能够根据人们的意愿设计出天然蛋白酶所不能催化的反应,用以催化在结构上有差异的底物,为研究开发特异性强的治疗药物开辟了广阔前景。

第八节 酶在医药学上的应用

一、酶在疾病诊断上的应用

血清中有很多酶,是血清蛋白的重要组成部分,来自血细胞和各种组织。除少数血清酶在血中发挥重要催化功能外,大多数血清酶的活性很低。但当体内某些器官或组织发生病变时,往往会影响一些血清酶的活性,因此,测定血清酶活力在疾病诊断上具有重要意义。

血清酶活力测定已广泛用于诊断肝胆疾病、心肌梗死、肿瘤、骨骼疾病等。

（一）血清酶测定应用于肝胆疾病的诊断

当肝脏病变时,可引起血清中很多酶活力的变化,主要有：

1. 转氨酶　包括血清谷草转氨酶(SGOT)与血清谷丙转氨酶(SGPT),血清转氨酶是急性黄疸型肝炎前期最早出现的异常指标,因为它是肝细胞损伤最敏感的指标之一。

2. 卵磷脂—胆固醇转酰基酶(LCAT)　该酶由肝脏合成而分泌入血,催化卵磷脂和游离胆固醇之间的转脂肪酰基作用而生成溶血卵磷脂及胆固醇酯(见脂类代谢相关章节)。在肝病时,血清中的酶活力降低。

3. γ-谷氨酰转肽酶(γ-GT)　该酶催化下述反应：

$$\text{谷氨酰-半胱氨酰-甘氨酸} + \text{L-氨基酸} \xrightarrow{\gamma\text{-GT}} \gamma\text{-谷氨酰-L-氨基酸} + \text{半胱氨酰} + \text{甘氨酸}$$
$$(\text{GSH})$$

活动性肝病患者血清中 γ-GT 升高,故 γ-GT 是活动性肝病的诊断指标。

（二）血清酶的测定应用于急性心肌梗死的诊断

应用于心肌梗死的血清酶主要有血清谷草转氨酶(SGOT)、乳酸脱氢酶(LDH)和肌酸激酶(CK),其中 LDH 与 CK 具有较高阳性率与特异性。

1. LDH 同工酶　LDH_1在心肌中含量最高,心肌梗死时,释放 LDH_1 明显高于其他同工酶,因而患者血清中 LDH_1/LDH_2 比值明显升高。

2. CK 同工酶　CK-MB(M 及 B 表示亚基)同工酶是诊断心肌梗死的最好指标,心肌梗死时,血清中 CK-MB 可增高 6 倍。

（三）血清酶的测定应用于诊断肿瘤

1. γ-GT　γ-GT 可作为活动性肝病的指标,它对肝癌的诊断也有一定意义。实验证明,原发性或继发性肝癌时,血清 γ-GT 均见升高。

2. 半乳糖基转移酶(Gal T)同工酶　该酶有 Ⅰ、Ⅱ 两种同工酶。正常人血清中只有 Gal T-Ⅰ,而癌症患者血清中的 Gal T-Ⅰ 虽仅略高于正常,但可出现 Gal T-Ⅱ,阳性率为 73%～83%。所以 Gal T-Ⅱ 是一个较好的癌症诊断指标。

二、酶在治疗上的应用

用于治疗疾病的酶类药物主要有以下几类:

1. 助消化酶　该类药物中有胃蛋白酶、胰酶、纤维素酶及淀粉酶等。

2. 消炎酶　有胰蛋白酶、凝乳蛋白酶、溶菌酶、菠萝蛋白酶、木瓜蛋白酶、枯草杆菌蛋白酶、胶原蛋白酶、黑曲霉蛋白酶等。这些酶能水解炎症部位纤维蛋白及脓液中粘蛋白,适用于消炎、消肿、消疮、排脓与促进伤口愈合。

3. 防治冠心病用酶　胰弹性蛋白酶具有 β 脂蛋白酶的作用,能降低血脂、防治动脉粥样硬化。激肽释放酶(血管舒缓素)有舒张血管作用,临床用于治疗高血压和动脉粥样硬化。

4. 止血酶和抗血栓酶　止血酶有凝血酶和凝血酶致活剂。抗血栓酶有纤溶酶、葡激酶、尿激酶与链激酶,但后两者的作用是使无活性的纤溶酶原转化为有活性的纤溶酶,使血液中纤维蛋白溶解,防止血栓形成。

蛇毒降纤酶、蚓激酶、组织纤溶酶原激活剂(tPA)也是近期研究成功的有效抗栓剂。

5. 抗肿瘤酶类　L-天冬酰胺酶能水解破坏肿瘤细胞生长所需的 L-天冬酰胺,临床上用于治疗淋巴肉瘤和白血病。谷氨酰胺酶也有类似作用。

6. 其他酶类药物　细胞色素 C 是呼吸链电子传递体,可用于治疗组织缺氧。超氧化物歧化酶用于治疗类风湿性关节炎和放射病。青霉素酶治疗青霉素过敏。透明质酸酶用于药物扩散剂并治疗青光眼。

三、固定化酶及其在医药上的应用

(一)固定化酶的概念和优点

固定化酶(immobilized enzyme)是借助于物理和化学的方法把酶束缚在一定空间内并仍具有催化活性的酶制剂,是近代酶工程技术的主要研究领域。

酶在水溶液中不稳定,一般不便反复使用,也不易与产物分离,不利于产品的纯化。固定化酶可以弥补这些缺点,它在催化反应中具有许多优点:① 酶经固定化后,稳定性有了提高;② 可反复使用,提高了使用效率,降低了成本;③ 有一定机械强度,可进行柱式反应或分批反应,使反应连续化、自动化,适合于现代化规模的工业生产;④ 极易和产物分离,酶不混入产物中,简化了产品的纯化工艺。

(二)固定化酶的制备方法

1. 吸附法　使酶分子吸附于水不溶性的载体上,有物理吸附法及离子交换剂吸附法。用于物理吸附法的载体有高岭土、磷酸钙凝胶、多孔玻璃、氧化铝、硅胶、羟基磷灰石、纤维素、胶原、淀粉等。用于离子吸附法的载体有 CM-纤维素、DEAE-纤维素和 DEAE-Sephadex,合成的大孔阳离子和阴离子交换树脂等。

2. 共价结合法　将酶通过化学反应以共价键结合于载体的固定化方法。本法是固定化酶研究中最活跃的一大类方法。以重氮法举例如下:

$$R-NH_2 \xrightarrow[\text{HCl}]{\text{NaNO}_2} R-N\equiv N^+ Cl^- \xrightarrow{E} R-N=N-E$$

3. 交联法　它是用多功能试剂与酶蛋白分子进行交联的一种方法。基本原理为酶分子中游离氨基、酚基及咪唑基均可和多功能试剂之间形成共价键，得到三向的交联网状结构，如戊二醛和酶蛋白的交联如下：

$$OHC-(CH_2)_3-CHO + E \longrightarrow CH=N-E-N=CH(CH_2)_3CH=N-E-N\cdots\cdots$$

4. 包埋法　是将酶物理包埋在高聚物内的方法。可将酶包埋在凝胶格子中或半透膜微型胶囊中。

（三）固定化酶在医药上的应用

固定化酶在工业、医学、分析工作及基础研究等方面有广泛用途。现仅着重介绍与医药有关的几方面：

1. 在药物生产中的应用　医药工业是固定化酶用得比较成功的一个领域，并已显示巨大的优越性。如酶法水解 RNA 制取 $5'$-核苷酸，$5'$-磷酸二酯酶制成固定化酶用于水解 RNA 制备 $5'$-核苷酸，比用液相酶提高效果 15 倍。此外，青霉素酰化酶、谷氨酸脱羧酶、延胡索酸酶、L-天冬氨酸酶、L-天冬氨酸 β-脱羧酶等都已制成固定化酶用于药物生产。

2. 在亲和层析中的应用　亲和层析是利用生物大分子能与其相应的专一分子可逆结合的特性而发展的一种层析方法。如抗体和抗原、酶和底物或抑制剂、核糖核酸与其互补的脱氧核糖核酸间都存在专一的亲和力，若将其一方固定化在载体上，就可根据它们间的专一结合力而将被分离的大分子物质吸附于载体上，洗去杂质后再将它解离，就可得到纯的物质。

3. 在医疗上的应用　制造新型的人工肾，这种人工肾是由微胶囊的脲酶和微胶囊的离子交换树脂的吸附剂组成。前者水解尿素产生氨，后者吸附除去产生的氨，以降低病人血液中过高的非蛋白氮。

第五章　生物氧化

第一节　概　述

体内大部分物质都可进行氧化反应,在生物体内进行的氧化反应与体外氧化反应有许多共同之处:它们都遵循氧化反应的一般规律,常见的氧化方式有脱电子、脱氢和加氧等类型;最终氧化分解产物是 CO_2 和 H_2O,同时释放能量。但是生物氧化反应又有其特点:①体外氧化反应主要以热能形式释放能量;而生物氧化主要以生成 ATP 方式释放能量,为生物体所利用。②其最大区别在于:体外氧化往往在高温、强酸、强碱或强氧化剂的催化下进行;而生物氧化是在恒温(37℃)和中性 pH 环境下进行,催化氧化反应的催化剂是酶。

机体内进行的脱氢、加氧等氧化反应总称为生物氧化,按照生理意义不同可分为两大类:一类主要是将代谢物或药物和毒物等通过氧化反应进行生物转化,这类反应不伴有 ATP 的生成;另一类是糖、脂肪和蛋白质等营养物质通过氧化反应进行分解,生成 H_2O 和 CO_2,同时伴有 ATP 生物能的生成,这类反应进行过程中细胞要摄取 O_2、释放 CO_2,故又形象地称之为细胞呼吸(cellular respiration)。

代谢物在体内的氧化可以分为三个阶段,首行是糖、脂肪和蛋白质经过分解代谢生成乙酰辅酶 A 中的乙酰基;接着乙酰辅酶 A 进入三羧酸循环脱氢,生成 CO_2 并使 NAD^+ 和 FAD 还原成 $NADH+H^+$、$FADH_2$;第三个阶段是 $NADH+H^+$ 和 $FADH_2$ 中的氢经呼吸链将电子传递给氧生成水,氧化过程中释放出来的能量用于 ATP 合成。从广义来讲,上述三个阶段均为生物氧化,狭义地说只有第三个阶段才算是生物氧化,这是体内能量生成的主要阶段。有关的前两个阶段在代谢各章中讲述,本章只讨论第三个阶段,即代谢物脱下的氢是如何交给氧生成水的? 细胞通过什么方式将氧化过程中释放的能量转变成 ATP 分子中的高能键的?

第二节　呼吸链

呼吸链(respiratory chain)是由一系列的递氢体(hydrogen transfer)和递电子体(electron transfer)按一定的顺序排列所组成的连续反应体系,它将代谢物脱下的成对氢原子交给氧生成水,同时有 ATP 生成。实际上呼吸链的作用代表着线粒体最基本的功能,呼吸链中的递氢体和递电子体就是能传递氢原子或电子的载体,由于氢原子可以看作是由 H^+ 和电子 e 组成的,所以递氢体也是递电子体,递氢体和递电子体的本质是酶、辅酶、辅基或辅因子。

一、呼吸链的组成

构成呼吸链的递氢体和递电子体主要分为以下五类:

（一）尼克酰胺腺嘌呤二核苷酸（NAD$^+$）

尼克酰胺腺嘌呤二核苷酸或称辅酶Ⅰ（CoⅠ）为体内很多脱氢酶的辅酶，是连接作用物与呼吸链的重要环节，分子中除含尼克酰胺（维生素 PP）外，还含有核糖、磷酸及一分子腺苷酸（AMP），其结构如下：

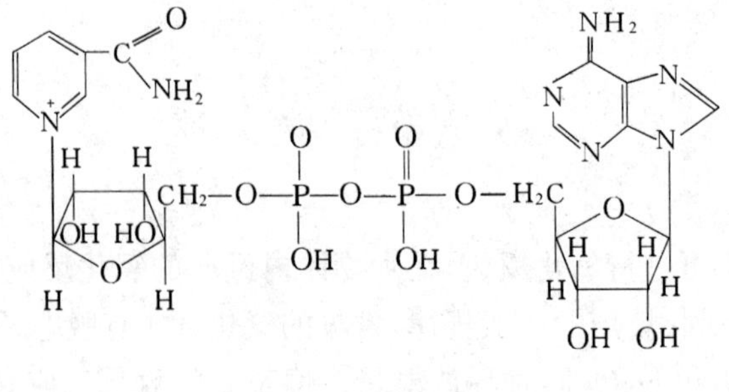

NAD$^+$（CoⅠ）结构

NAD$^+$的主要功能是接受从代谢物上脱下的 2H（2H$^+$＋2e），然后传给另一个传递体黄素蛋白。

在生理 pH 条件下，尼克酰胺中的氮（吡啶氮）为五价的氮，它能可逆地接受电子而成为三价氮，与氮对位的碳也较活泼，能可逆地加氢还原，故可将 NAD$^+$ 视为递氢体。反应时，NAD$^+$ 的尼克酰胺部分可接受一个氢原子及一个电子，尚有一个质子（H$^+$）留在介质中。

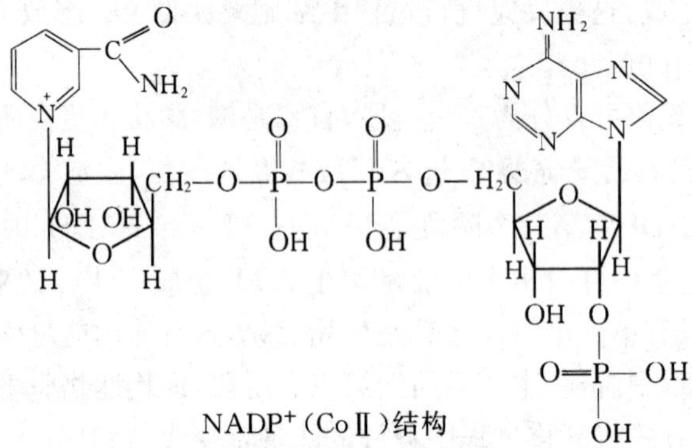

NADP$^+$（CoⅡ）结构

$$NADPH＋H^+＋NAD^+ \xrightarrow{\text{吡啶核苷酸转氢酶}} NADP^+＋NADH＋H^+$$

此外，亦有不少脱氢酶的辅酶为尼克酰胺腺嘌呤二核苷酸磷酸（NADP$^+$），又称辅酶Ⅱ（CoⅡ），它与 NAD$^+$ 不同之处是在腺苷酸部分中核糖的 2$'$-位碳上羟基的氢被磷酸基取代而成。

当此类酶催化代谢物脱氢后，其辅酶 NADP$^+$ 接受氢而被还原生成 NADPH＋H$^+$，它必须经吡啶核苷酸转氢酶（pyridine nucleotide transhydrogenase）作用将还原当量转移给 NAD$^+$，然后再经呼吸链传递，但 NADPH＋H$^+$ 一般是为合成代谢或羟化反应提供氢。

（二）黄素蛋白（flavoproteins）

黄素蛋白种类很多，其辅基有两种，一种为黄素单核苷酸（FMN），另一种为黄素腺嘌呤二核苷酸（FAD），两者均含核黄素（维生素 B$_2$）。此外 FMN 尚含一分子磷酸，而 FAD 则比FMN 多含一分子腺苷酸（AMP），其结构如下：

$$\text{FAD（或 FMN）} \quad +2H(2H^+ + 2e) \Longleftrightarrow \quad \text{FAD} \cdot H_2\text{（或 FMN} \cdot H_2\text{）}$$

在 FAD、FMN 分子中的异咯嗪部分可以进行可逆的脱氢加氢反应。

FAD 或 FMN 与酶蛋白部分之间是通过非共价键相连，但结合牢固，因此氧化与还原（即电子的失与得）都在同一个酶蛋白上进行，故黄素核苷酸的氧化还原电位取决于和它们结合的蛋白质，所以有关的标准还原电位指的是特定的黄素蛋白，而不是游离的 FMN 或 FAD；在电子转移反应中它们只是在黄素蛋白的活性中心部分，而其本身不能作为作用物或产物，这和 NAD^+ 不同，NAD^+ 与酶蛋白结合疏松，当与某酶蛋白结合时可以从代谢物接受氢，而被还原为 NADH，后者可以游离，再与另一种酶蛋白结合，释放氢后又被氧化为 NAD^+。

多数黄素蛋白参与呼吸链组成，与电子转移有关，如 NADH 脱氢酶（NADH dehydrogenase）以 FMN 为辅基，是呼吸链的组分之一，介于 NADH 与其他电子传递体之间；琥珀酸脱氢酶、线粒体内的甘油磷酸脱氢酶（glycerol phosphate dehydrogenase）的辅基为 FAD，它们可直接从作用物转移还原当量 $H^+ + e$（reducing equivalent）到呼吸链。此外脂肪酰 CoA 脱氢酶与琥珀酸脱氢酶相似，亦属于 FAD 为辅基的黄素蛋白类，也能将还原当量从作用物传递进入呼吸链，但中间尚需另一电子传递体[称为电子转移黄素蛋白（electron transferring flavoprotein，ETFP，辅基为 FAD）]参与才能完成。

（三）铁硫蛋白（iron sulfur proteins，Fe—S）

铁硫蛋白又称铁硫中心，其特点是含铁原子。铁是与无机硫原子或是蛋白质肽链上半胱氨酸残基的硫相结合。常见的铁硫蛋白有三种组合方式：① 单个铁原子与 4 个半胱氨酸残基上的巯基硫相连。② 两个铁原子、两个无机硫原子组成（2Fe—2S），其中每个铁原子还各与两个半胱氨酸残基的巯基硫相结合。③ 由 4 个铁原子与 4 个无机硫原子相连（4Fe—4S），铁与硫相间排列在一个正六面体的 8 个顶角端；此外 4 个铁原子还各与一个半胱氨酸残基上的巯基硫相连（图 5-1）。

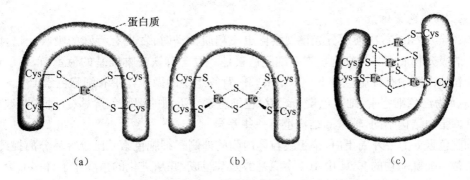

图 5-1 铁硫蛋白结构

（a）单个铁与半胱氨酸硫相连 （b）2Fe—2S （c）4Fe—4S

铁硫蛋白中的铁可以呈两价（还原型），也可呈三价（氧化型），由于铁的氧化、还原而达到传递电子作用。

$$Fe^{2+} \underset{+e}{\overset{-e}{\rightleftharpoons}} Fe^{3+}$$

在呼吸链中它多与黄素蛋白或细胞色素 b 结合存在。

（四）泛醌

泛醌(ubiquinone，UQ 或 Q)亦称辅酶 Q(coenzyme Q)，为一脂溶性苯醌，带有一条很长的侧链，是由多个异戊二烯(isoprene)单位构成的。不同来源的泛醌其异戊二烯单位的数目不同，在哺乳类动物组织中最多见的泛醌其侧链由 10 个异戊二烯单位组成。

泛醌接受一个电子和一个质子还原成半醌，再接受一个电子和质子则还原成二氢泛醌，后者又可脱去电子和质子而被氧化恢复为泛醌。其过程如下：

H_3CO 、O 、$(CH_2CH{-}C{-}CH_2)_{10}H$ 、CH_3 、H_3CO 、O 、CH_3

泛醌(UQ)(氧化型)

$\Big\Vert$ $H^+ + e$

H_3CO 、O 、$(CH_2CH{=}C{-}CH_2)_{10}H$ 、CH_3 、H_3CO 、OH 、CH_3

半醌(UQH)

$\Big\Vert$ $H^+ + e$

H_3CO 、OH 、$(CH_2CH{=}C{-}CH_2)_{10}H$ 、CH_3 、H_3CO 、OH 、CH_3

二氢泛醌(UQH$_2$)(还原型)

（五）细胞色素体系

1926 年 Keilin 首次使用分光镜观察昆虫飞翔肌振动时，发现有特殊的吸收光谱，因此把细胞内的吸光物质定名为细胞色素。细胞色素是一类含有铁卟啉辅基的色蛋白，属于递电子体。线粒体内膜中有细胞色素 b、c_1、c、aa_3，肝、肾等组织的微粒体中有细胞色素 P_{450}。细胞色素 b、c_1、c 为红色细胞素，细胞色素 aa_3 为绿色细胞素。不同的细胞色素具有不同的吸收光谱，不但其酶蛋白结构不同，辅基的结构也有一些差异。

细胞色素 c 为一外周蛋白，位于线粒体内膜的外侧。细胞色素 c 比较容易分离提纯，其结构已清楚。哺乳动物的 Cytc 由 104 个氨基酸残基组成，并从进化的角度作了许多研究。Cytc 的辅基血红素(亚铁原卟啉)通过共价键(硫醚键)与酶蛋白相连(图 5-2)，其余各种细胞色素中辅基与酶蛋白均通过非共价键结合。

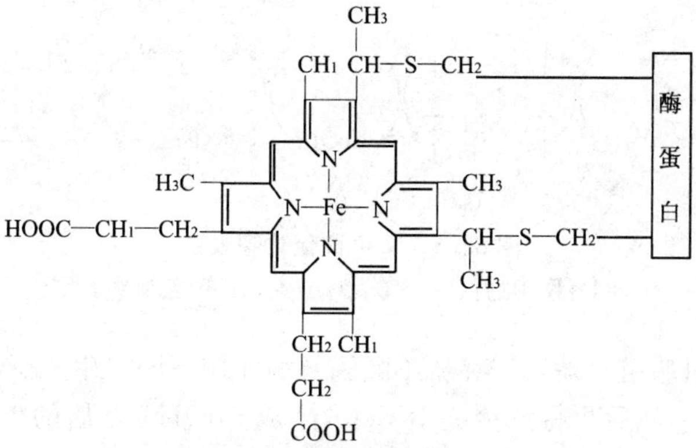

图 5－2 细胞色素 c 的辅基与酶蛋白的联接方式

细胞色素 a 和 a_3 不易分开,统称为细胞色素 aa_3。和细胞色素 P_{450}、b、c_1、c 不同,细胞色素 aa_3 的辅基不是血红素,而是血红素 A(图 5－3)。细胞色素 aa_3 可将电子直接传递给氧,因此又称为细胞色素氧化酶。

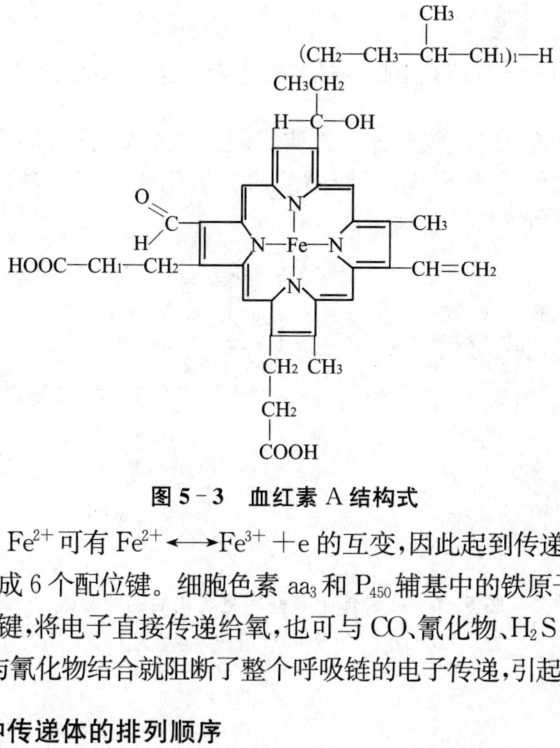

图 5－3 血红素 A 结构式

铁卟啉辅基所含的 Fe^{2+} 可有 $Fe^{2+} \longleftrightarrow Fe^{3+} + e$ 的互变,因此起到传递电子的作用。铁原子可以和酶蛋白及卟啉环形成 6 个配位键。细胞色素 aa_3 和 P_{450} 辅基中的铁原子只形成 5 个配位键,还能与氧再形成一个配位键,将电子直接传递给氧,也可与 CO、氰化物、H_2S 或叠氮化合物形成一个配位键。细胞色素 aa_3 与氰化物结合就阻断了整个呼吸链的电子传递,引起氰化物中毒。

二、呼吸链中各种传递体的排列顺序

1. NADH 氧化呼吸链 人体内大多数脱氢酶都以 NAD^+ 作辅酶,在脱氢酶催化下底物 SH_2 脱下的氢交给 NAD^+ 生成 $NADH+H^+$,在 NADH 脱氢酶作用下,$NADH+H^+$ 将两个氢原子传递给 FMN 生成 $FMNH_2$,再将氢传递至 CoQ 生成 $CoQH_2$,此时两个氢原子解离成 $2H^+ +2e$,$2H^+$ 游离于介质中,2e 经 Cyt b、c_1、c、aa_3 传递,最后将 2e 传递给 1/2 的 O_2,生成 O^{2-},O^{2-} 与介质中游离的 $2H^+$ 结合生成水。综合上述传递过程可用图 5－4 表示。

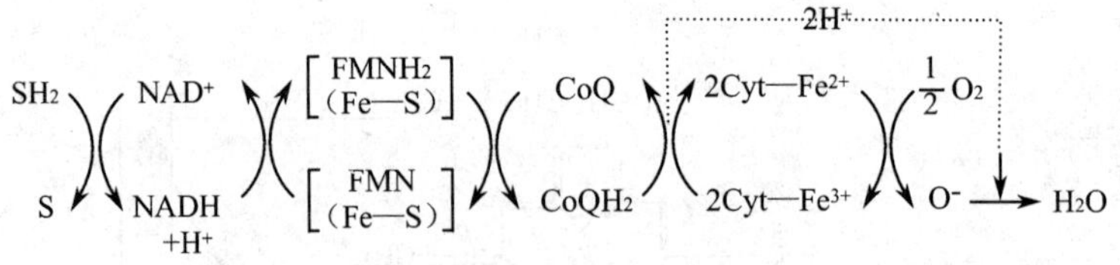

$$SH_2 \rightleftharpoons NAD^+ \rightleftharpoons \begin{bmatrix} FMNH_2 \\ (Fe-S) \end{bmatrix} \rightleftharpoons CoQ \rightleftharpoons 2Cyt-Fe^{2+} \rightleftharpoons \tfrac{1}{2}O_2$$

$$S \rightleftharpoons \begin{matrix} NADH \\ +H^+ \end{matrix} \rightleftharpoons \begin{bmatrix} FMN \\ (Fe-S) \end{bmatrix} \rightleftharpoons CoQH_2 \rightleftharpoons 2Cyt-Fe^{3+} \rightleftharpoons O^- \rightarrow H_2O$$

图 5-4　NADH 氧化呼吸链

SH_2:作用物;$(Fe-S)$:铁硫中心;Cyt:细胞色素

2. FADH₂氧化呼吸链　琥珀酸在琥珀酸脱氢酶作用下脱氢生成延胡索酸,FAD接受两个氢原子生成 $FADH_2$,然后再将氢传递给 CoQ,生成 $CoQH_2$,此后的传递和 NADH 氧化呼吸链相同,整个传递过程可用图 5-5 表示。

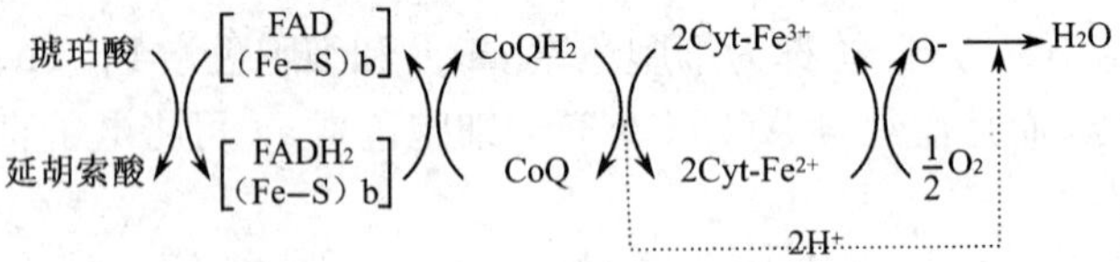

$$琥珀酸 \rightleftharpoons \begin{bmatrix} FAD \\ (Fe-S)\,b \end{bmatrix} \rightleftharpoons CoQH_2 \rightleftharpoons 2Cyt-Fe^{3+} \rightleftharpoons O^- \rightarrow H_2O$$

$$延胡索酸 \rightleftharpoons \begin{bmatrix} FADH_2 \\ (Fe-S)\,b \end{bmatrix} \rightleftharpoons CoQ \rightleftharpoons 2Cyt-Fe^{2+} \rightleftharpoons \tfrac{1}{2}O_2$$

图 5-5　琥珀酸氧化呼吸链

$(Fe-S)$:铁硫中心;b:琥珀酸脱氢酶复合体的细胞色素

3.线粒体氧化呼吸链总结　线粒体中物质代谢会生成大量的 $NADH+H^+$ 和 $FADH_2$,它们可来自丙酮酸氧化脱羧、三羧酸循环、脂肪酸的 β-氧化和 L-谷氨酸的氧化脱氨等反应。现将某些重要底物氧化时的呼吸链总结于图 5-6。

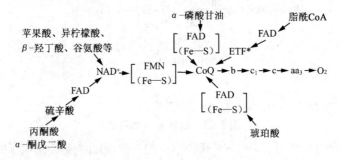

图 5-6　线粒体中某些底物氧化时的呼吸链

* ETF:电子传递黄素蛋白,辅基为 FAD

第三节　ATP 的生成、储存和利用

ATP 几乎是生物组织细胞能够直接利用的唯一能源,在糖、脂类及蛋白质等物质氧化分解中释放出的能量,相当大的一部分能使 ADP 磷酸化成为 ATP,从而把能量保存在 ATP 分子内。

ATP 为一游离核苷酸,由腺嘌呤、核糖与三分子磷酸构成,磷酸与磷酸间借磷酸酐键相连，当这种高能磷酸化合物水解时(磷酸酐键断裂)，自由能(G)变化为 30.5kJ/mol，而一般的磷酸酯水解时(磷酸酯键断裂)自由能的变化只有 8～12kJ/mol，因此曾称此磷酸酐键为高能磷酸键。但实际上这样的名称是不够确切的，因为一种化合物水解时释放自由能的多少取决于该化合物整个分子的结构，以及反应的作用物自由能与产物自由能的差异，而不是由哪个特殊化学键的破坏所致，但为了叙述及解释问题方便，高能磷酸键的概念至今仍被生物化学界采用。

ATP 是一高能磷酸化合物，当 ATP 水解时首先将其分子的一部分，如磷酸(Pi)或腺苷酸(AMP)转移给作用物，或与催化反应的酶形成共价结合的中间产物，以提高作用物或酶的自由能，最终被转移的 AMP 或 Pi 将被取代而放出。ATP 多以这种通过磷酸基团等转移的方式，而非单独水解的方式，参加酶促反应提供能量，用以驱动需要加入自由能的吸能反应，ATP 水解反应的总结如下：

$$ATP \longrightarrow ADP + Pi \quad 或 \quad ATP \longrightarrow AMP + PPi(焦磷酸)$$

一、ATP 的生成方式

体内 ATP 生成有两种方式。

1. 底物水平磷酸化(substrate level phosphorylation)　底物分子中的能量直接以高能键形式转移给 ADP 生成 ATP，这个过程称为底物水平磷酸化，这一磷酸化过程在胞浆和线粒体中进行，包括：

(1) 1,3-二磷酸甘油酸＋ADP $\xrightarrow{\text{3-磷酸甘油酸激酶}}$ 3-磷酸甘油酸＋ATP

(2) 磷酸烯醇式丙酮酸＋ADP $\xrightarrow{\text{丙酮酸激酶}}$ 烯醇式丙酮酸＋ATP

(3) 琥珀酰 CoA＋H_3PO_4＋GDP $\xrightarrow{\text{琥珀酸激酶}}$ 琥珀酸＋CoASH＋GTP

2. 氧化磷酸化(oxidative phosphorylation)　氧化和磷酸化是两个不同的概念。氧化是底物脱氢或失电子的过程，而磷酸化是指 ADP 与 Pi 合成 ATP 的过程。在结构完整的线粒体中，氧化与磷酸化这两个过程是紧密地偶联在一起的，即氧化释放的能量用于 ATP 合成，这个过程就是氧化磷酸化，氧化是磷酸化的基础，而磷酸化是氧化的结果。

机体代谢过程中能量的主要来源是线粒体，既有氧化磷酸化，也有底物水平磷酸化，以前者为主要来源。胞液中底物水平磷酸化也能获得部分能量，实际上这是酵解过程的能量来源。对于酵解组织、红细胞和组织相对缺氧时的能量来源是十分重要的。

二、氧化磷酸化偶联部位的测定

确定氧化磷酸化偶联部位通常用两种方法。

1. P/O 值测定　P/O 值指在氧化磷酸化过程中消耗一摩尔氧所消耗的无机磷的摩尔数，或者说消耗一摩尔氧所生成的 ATP 的摩尔数。P/O 值实质上指的是呼吸过程中磷酸化的效率。

测定 P/O 值的方法通常是在一密闭的容器中加入氧化的底物、ADP、Pi、氧饱和的缓冲液，再加入线粒体制剂时就会有氧化磷酸化进行。反应终了时测定 O_2 消耗量(可用氧电极法)和 Pi 消耗量(或 ATP 生成量)就可以计算出 P/O 值了。在反应系统中加入不同的底物，可测得各自的 P/O 值，结合我们所了解的呼吸链的传递顺序，就可以分析出大致的偶联部位了。

表 5-1　离体线粒体的 P/O 比值

底物	呼吸的组成	P/O 比值	生成 ATP 数
(1) β-羟丁酸	$NAD^+ \rightarrow FMN \rightarrow CoQ \rightarrow Cyt \rightarrow O_2$	2.4～2.8	3
(2) 琥珀酸	$FAN \rightarrow CoQ \rightarrow Cyt \rightarrow O_2$	1.7	2
(3) 抗坏血酸	$Cyt \rightarrow Cytaa_3 \rightarrow O_2$	0.88	1
(4) 细胞色素	$cCytaa_3 \rightarrow O_2$	0.61～0.68	1

从表 5-1 可以看出 P/O 值为小数,由于线粒体的偶联作用在离体条件下不能完全发挥,故可认为实际的 ATP 生成数是他们所接近的正整数值。

比较表中的(1)和(2),呼吸链传递的差异是在 CoQ 之间,两者 ATP 的生成数相差 1,所以这个 ATP 的生成部位一定在 NAD→CoQ 之间。

比较表中的(2)和(3),呼吸链传递的差异是在 Cytc 之间,两者 ATP 的生成数相差 1,所以这个 ATP 的生成部位在 CoQ→Cytc 之间。

比较表中的(3)和(4),生成的 ATP 数均为 1,呼吸链传递的区别是在 Cytc→Cytaa$_3$,故 Cytc→aa$_3$ 不存在偶联部位,而在 Cytaa$_3$→O$_2$ 之间存在着一个偶联部位。

2. 根据氧化还原电位计算电子传递释放的能量是否能满足 ATP 合成的需要。

氧化还原反应中释放的自由能 $\triangle G'_0$ 与反应底物和产物标准氧化还原电位差值($\triangle E'_0$)之间存在下述关系:

$$\triangle G'_0 = nF \triangle E'_0$$

式中,n 为氧化还原反应中电子转移数目,F 为法拉第常数(96500 库仑/克分子)。

一摩尔 ATP 水解生成 ADP 与 Pi 所释放的能量为 7.3 千卡,凡氧化过程中释放的能量大于 7.3 千卡,均有可能生成一摩尔 ATP,就是说可能存在有一个偶联部位。根据上式计算,当 $n=2$ 时,$\triangle E'_0 = 0.1583$ V 时可释放 7.3 千卡能量,所以反应底物与生成物的标准氧化还原电位的变化大于 0.1583 V 的部位均可能存在着一个偶联部位。

从图 5-7 可以看出,在 NAD→CoQ, Cytb→Cytc 和 Cytaa$_3$→O$_2$ 处可能存在着偶联部位。必须明确,这种计算的基础是反应处在热力学平衡状态,温度为 25℃,pH 为 7.0,反应底物和产物的浓度均为 1 摩尔/升,这种条件在体内是不存在的,因此这一计算结果只能供参考。

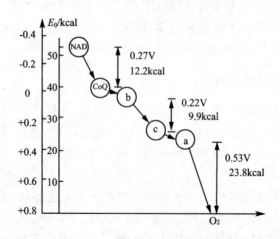

图 5-7　呼吸链中电子对传递时自由能的变化

综上所述,呼吸链中电子传递和磷酸化的偶联部位可用图5-8表示。

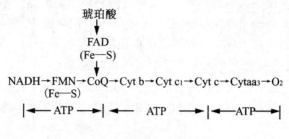

图5-8 偶联部位示意图

呼吸链磷酸化的全过程可用下述方程式表示:

$$NADH + H^+ + 3ADP + 3Pi + 1/2O_2 \rightarrow NAD^+ + 3ATP + 4H_2O$$
$$FADH_2 + 2ADP + 2Pi + 1/2O_2 \rightarrow FAD + 2ATP + 3H_2O$$

三、氧化磷酸化中 ATP 生成的结构基础

ATP 是由位于线粒体内膜上的 ATP 合成酶催化 ADP 与 Pi 合成的。ATP 合成酶是一个大的膜蛋白质复合体,由两个主要组成(或称因子)构成,一个是疏水的 F_0,另一个是亲水的 F_1,故又称 F_0F_1 复合体。在电子显微镜下观察线粒体时,可见到线粒体内膜基质侧有许多球状颗粒突起,这就是 ATP 合成酶,其中球状的头与茎是 F_1 部分,由 α_3、β_3、γ、δ、ε 等9种多肽亚基组成,β 与 α 亚基上有 ATP 结合部位;γ 亚基被认为具有控制质子通过的闸门作用;δ 亚基是 F_1 与膜相连所必需,其中中心部分为质子通路;ε 亚基是酶的调节部分。F_0 是由3个大小不一的亚基组成,其中有一个亚基称为寡霉素敏感蛋白质(oligomycin sensitivity conferringprotein,OSCP),此外尚有一个蛋白质部分为分子量 28kD 的因子,F_0 主要构成质子通道见图5-9。

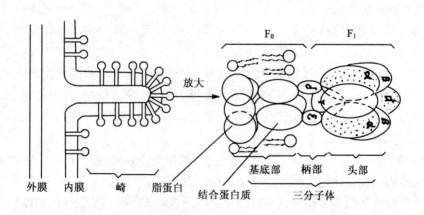

图5-9 线粒体内膜上三联体(三分子体)结构示意图

四、氧化磷酸化的偶联机理

有关氧化磷酸化的偶联机理已经做了许多研究,目前氧化磷酸化的偶联机理还不完全清

楚。20 世纪 50 年代 Slater 及 Lehninger 提出了化学偶联学说,1964 年 Boear 又提出了构象变化偶联学说,这两种学说的实验依据不多,支持这两种观点的人已经不多了。目前多数人支持化学渗透学说(chemiosmotic hypothesis),这是英国生化学家 P. Mitchell 于 1961 年提出的,当时没有引起人们的重视,1966 年他根据逐步积累的实验证据和生物膜研究的进展,逐步地完善了这一学说。氧化磷酸化的化学渗透学说的基本观点是:

1. 线粒体的内膜中电子传递与线粒体释放 H^+ 是偶联的,即呼吸链在传递电子过程中释放出来的能量不断地将线粒体基质内的 H^+ 逆浓度梯度泵出线粒体内膜,这一过程的分子机理还不十分清楚(图 5 - 10)。

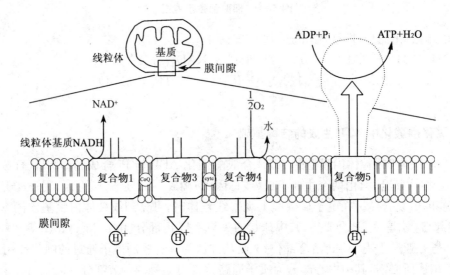

图 5 - 10   电子传递与质子传递偶联(注:复合物Ⅱ未显示)

2. H^+ 不能自由透过线粒体内膜,结果使得线粒体内膜外侧 H^+ 浓度增高,基质内 H^+ 浓度降低,在线粒体内膜两侧形成一个质子跨膜梯度,线粒体内膜外侧带正电荷,内膜内侧带负电荷,这就是跨膜电位 $\triangle\psi$。由于线粒体内膜两侧 H^+ 浓度不同,内膜两侧还有一个 pH 梯度 $\triangle$pH,膜外侧 pH 较基质 pH 约低 1.0 单位,底物氧化过程中释放的自由能就储存于 $\triangle\psi$ 和 $\triangle$pH 中。

3. 线粒体外的 H^+ 可以通过线粒体内膜上的三分子体顺着 H^+ 浓度梯度进入线粒体基质中,这相当于一个特异的质子通道。H^+ 顺浓度梯度方向运动所释放的自由能用于 ATP 的合成,寡霉素能与 OSCP 结合,特异阻断这个 H^+ 通道,从而抑制 ATP 合成。有关 ATP 合成的分子机制目前还不十分清楚。

4. 解偶联剂的作用是促进 H^+ 被动扩散通过线粒体内膜,即增强线粒体内膜对 H^+ 的通透性,解偶联剂能消除线粒体内膜两侧的质子梯度,所以不能再合成 ATP。

总之,化学渗透学说认为在氧化与磷酸化之间起偶联作用的因素是 H^+ 的跨膜梯度。

每对 H^+ 通过三分子体回到线粒体基质中可以生成一分子 ATP。以 NADH+ H^+ 作底物,其电子沿呼吸链传递,在线粒体内膜中形成三个回路,所以生成 3 分子 ATP。以 $FADH_2$ 为底物,其电子沿琥珀酸氧化呼吸链传递,在线粒体内膜中形成两个回路,所以生成两个 ATP 分子。

自从 Mitchell 提出化学通透学说以来,已为大量的实验结果验证,为该学说提供了实验依据。

五、氧化磷酸化抑制剂

氧化磷酸化抑制剂可分为三类,即呼吸抑制剂、磷酸化抑制剂和解偶联剂。

1. 呼吸抑制剂　这类抑制剂抑制呼吸链的电子传递,也就是抑制氧化,氧化是磷酸化的基础,抑制了氧化也就抑制了磷酸化。呼吸链某一特定部位被抑制后,其底物一侧均为还原状态,其氧一侧均为氧化态,这很容易用分光光度法(双波长分光光度计)检定,重要的呼吸抑制剂有以下几种。

鱼藤酮(rotenone)系从植物中分离到的呼吸抑制剂,专一抑制 NADH→CoQ 的电子传递。

抗霉素 A(actinomycin A)由霉菌中分离得到,专一抑制 CoQ→Cytc 的电子传递。

CN、CO、NaN_3 和 H_2S 均抑制细胞色素氧化酶。

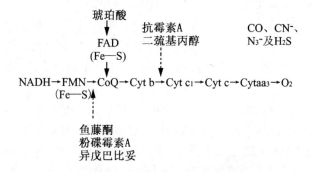

图 5-11　电子传递链抑制作用点

2. 磷酸化抑制剂　这类抑制剂抑制 ATP 的合成,抑制了磷酸化,也一定会抑制氧化。

寡霉素(oligomycin)可与 F_0 的 OSCP 结合,阻塞氢离子通道,从而抑制 ATP 合成。

二环己基碳二亚胺(dicyclohexyl carbodiimide,DCC)可与 F_0 的 DCC 结合蛋白结合,阻断 H^+ 通道,抑制 ATP 合成。栎皮酮(quercetin)直接抑制参与 ATP 合成的 ATP 酶。

3. 解偶联剂(uncoupler)　解偶联剂使氧化和磷酸化脱偶联,氧化仍可以进行,而磷酸化不能进行,解偶联剂作用的本质是增大线粒体内膜对 H^+ 的通透性,消除 H^+ 的跨膜梯度,因而无 ATP 生成,解偶联剂只影响氧化磷酸化而不干扰底物水平磷酸化,解偶联剂的作用使氧化释放出来的能量全部以热的形式散发。动物棕色脂肪组织线粒体中有独特的解偶联蛋白,使氧化磷酸化处于解偶联状态,这对于维持动物的体温十分重要。

常用的解偶联剂有 2,4-二硝基酚(dinitrophenol,DNP),羰基-氰-对-三氟甲氧基苯肼(FC-CP),双香豆素(dicoumarin)等。过量的阿司匹林也使氧化磷酸化部分解偶联,从而使体温升高。

过量的甲状腺素也有解偶联作用,甲状腺素诱导细胞膜上 Na^+-K^+-ATP 酶的合成,此酶催化 ATP 分解,释放的能量将细胞内的 Na^+ 泵到细胞外,而 K^+ 进入细胞。Na^+-K^+-ATP 酶的转换率为 100 个分子 ATP/秒,酶分子数增多,单位时间内分解的 ATP 增多,生成的 ADP 又可促进磷酸化过程。甲亢病人表现为多食、无力、喜冷怕热,基础代谢率(BMR)增高,因此也有人将甲状腺素看作是调节氧化磷酸化的重要激素。

六、氧化磷酸化的调节

机体的氧化磷酸化主要受细胞对能量需求的调节。

1. ATP/ADP 值对氧化磷酸化的直接影响　线粒体内膜中有腺苷酸转位酶,催化线粒体内 ATP 与线粒体外 ADP 的交换,ATP 分子解离后带有 4 个负电荷,而 ADP 分子解离后带有 3 个负电荷,由于线粒体内膜内外有跨膜电位($\Delta\psi$),内膜外侧带正电,内膜内侧带负电,所以 ATP 出线粒体的速度比进线粒体速度快,而 ADP 进线粒体速度比出线粒体速度快。Pi 进入线粒体也由磷酸转位酶催化,磷酸转位酶催化 OH^- 与 Pi 交换,磷酸二羧酸转位酶催化 Pi 与二羧酸(如苹果酸)交换。

当线粒体中有充足的氧和底物供应时,氧化磷酸化就会不断进行,直至 ADP+Pi 全部合成 ATP,此时呼吸降到最低速度,若加入 ADP,耗氧量会突然增高,这说明 ADP 控制着氧化磷酸化的速度。人们将 ADP 的这种作用称为呼吸受体控制。

机体消耗能量增多时,ATP 分解生成 ADP,ATP 出线粒体增多,ADP 进线粒体增多,线粒体内 ATP/ADP 值降低,使氧化磷酸化速度加快,ADP+Pi 接受能量生成 ATP。机体消耗能量少时,线粒体内 ATP/ADP 值增高,线粒体内 ADP 浓度减低就会使氧化磷酸化速度减慢。

2. ATP/ADP 值的间接影响　ATP/ADP 值增高时,使氧化磷酸化速度减慢,结果 NADH 氧化速度减慢,NADH 浓度增高,从而抑制了丙酮酸脱氢酶系、异柠檬酸脱氢酶、α-酮戊二酸脱氢酶系和柠檬酸合成酶活性,使糖的氧化分解和 TCA 循环的速度减慢。

3. ATP/ADP 值对关键酶的直接影响　ATP/ADP 值增高会抑制体内的许多关键酶,如变构抑制磷酸果糖激酶、丙酮酸激酶和异柠檬酸脱氢酶,还能抑制丙酮酸脱羧酶、α-酮戊二酸脱氢酶系,通过直接反馈作用抑制糖的分解和 TCA 循环。

七、高能磷酸化合物的储存和利用

无论是底物水平磷酸化还是氧化磷酸化,释放的能量除一部分以热的形式散失于周围环境中之外,其余部分多直接生成 ATP,以高能磷酸键的形式存在。同时,ATP 也是生命活动利用能量的主要直接供给形式。

1. 高能化合物　人体存在多种高能化合物,但这些高能化合物的能量并不相同。

体外实验中,在 pH 7.0、25℃条件下,每克分子 ATP 水解生成 ADP+Pi 时释放的能量为 7.1 千卡或 30.4 千焦耳。在体内,pH 7.4、37℃条件下,ATP、ADP+Pi、Mg^{2+} 均处于细胞内生理浓度的情况下,每克分子 ATP 水解生成 ADP+Pi 时释放的能量为 33.5~50 千焦耳或 8~12 千卡。几种常见高能化合物水解时释放的能量见表 5-2。

卫生学规定,中度体力劳动者每日每千克体重需供给能量 34~40 千卡,若一成人重 70 kg,从事中度体力劳动,则每日应供应含能量 2 450 千卡的食物,其中 40% 的能量转变成化学能,储存于 ATP 分子的高能键中,这一部分能量应为 2450×0.4＝980.0 千卡,按每克分子 ATP 水解生成 ADP+Pi 释放 7.3 千卡能量计算,应当合成 134.3 克分子 ATP,ATP 的分子量为 507.22,所以 134.3 克分子 ATP 重达 68.12 kg,这足以表明 ATP 在体内的代谢十分旺盛。

表 5-2　几种常见高能化合物水解时释放的能量

化合物	千焦耳/克分子	千卡/克分子
磷酸烯醇式丙酮酸	-62.1	-14.8
1,3-二磷酸甘油酸	-49.5	-11.8
磷酸肌酸	-43.9	-10.5
乙酰 CoA	-31.4	-8.2
ATP	-30.4	-7.3
S-腺苷蛋氨酸	-29.3	-7.0
F-6-P	-15.6	-3.8
谷氨酰胺	-14.2	-3.4
G-6-P	-13.48	-3.3

ATP 在能量代谢中之所以重要,就是因为 ATP 水解时的标准自由能变化位于多种物质水解时标准自由能变化的中间,它能从具有更高能量的化合物接受高能磷酸键,如接受 PEP、1,3-二磷酸甘油、磷酸肌酸分子中的～Pi 生成 ATP,ATP 也能将～Pi 转移给水解时标准自由能变化较小的化合物,如转移给葡萄糖生成 G-6-P。

2. ATP 能量的转移　ATP 是细胞内的主要磷酸载体,ATP 作为细胞的主要供能物质,参与体内的许多代谢反应,还有一些反应需要 UTP 或 CTP 作供能物质,如 UTP 参与糖原合成和糖醛酸代谢,GTP 参与糖异生和蛋白质合成,CTP 参与磷脂合成过程,核酸合成中需要 ATP、CTP、UTP 和 GTP 作原料合成 RNA,或以 dATP、dCTP、dGTP 和 dTTP 作原料合成 DNA。

作为供能物质所需要的 UTP、CTP 和 GTP 可经下述反应再生:

UDP ＋ ATP　→ UTP ＋ ADP

GDP ＋ ATP　→ GTP ＋ ADP

CDP ＋ ATP　→ CTP ＋ ADP

dNTP 由 dNDP 的生成过程也需要 ATP 供能:

dNDP ＋ ATP　→ dNTP ＋ ADP

3. 磷酸肌酸　ATP 是细胞内主要的磷酸载体或能量传递体,人体储存能量的方式不是 ATP 而是磷酸肌酸。肌酸主要存在于肌肉组织中,在骨骼肌中含量多于平滑肌,脑组织中含量也较多,肝、肾等其他组织中含量很少。

磷酸肌酸的生成反应如下:

肌酸＋ATP ⇌ 磷酸肌酸＋ADP

肌细胞线粒体内膜和胞液中均有催化该反应的肌酸激酶,它们是同工酶。线粒体内膜的肌酸激酶主要催化正向反应,生成的 ADP 可促进氧化磷酸化,生成的磷酸肌酸逸出线粒体进入胞液,磷酸肌酸所含的能量不能直接利用;胞液中的肌酸激酶主要催化逆向反应,生成的 ATP 可补充肌肉收缩时的能量消耗,而肌酸又回到线粒体用于磷酸肌酸的合成。此过程可用图 5-12 表示:

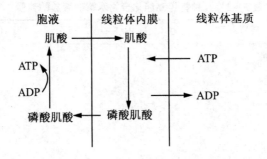

图 5 - 12　磷酸肌酸的生成与利用

肌肉中磷酸肌酸的浓度为 ATP 浓度的 5 倍,可储存肌肉几分钟收缩所急需的化学能,可见肌酸的分布与组织耗能有密切关系。

ATP 的生成、储存和利用可用图 5 - 13 表示:

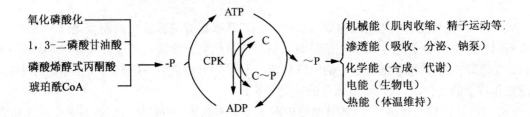

图 5 - 13　ATP 的生成、储存和利用总结示意图

CPK:肌酸磷酸激酶

第六章　糖代谢

第一节　糖类的化学

一、糖的概念、分布及主要生物学作用

(一) 糖的概念、分布

糖类是自然界存在的一大类具有广谱化学结构和生物功能的有机化合物。它由碳、氢及氧 3 种元素组成，其分子式是 $C_n(H_2O)_n$。一般把糖类看作是多羟基醛或多羟基酮及其聚合物和衍生物的总称。

由于一些糖分子中氢原子和氧原子的比例为 2∶1，刚好与水分子中氢、氧原子数的比例相同，因此曾将糖叫做碳水化合物(carbohydrates)。但实际上有些糖分子中氢、氧原子数之比并非 2∶1，如鼠李糖(ramonse，$C_6H_{12}O_5$)和脱氧核糖(deoxyribose，$C_5H_{10}O_4$)等。

糖是生物界中分布极广、含量较多的一类有机物质，几乎所有的动物、植物、微生物体内都含有它，其中以植物界最多，约占其干重的 80%。生物细胞内、血液里也有葡萄糖或由葡萄糖等单糖物质组成的多糖(如肝糖原、肌糖原)存在。人和动物的器官组织中含糖量不超过组织干重的 2%。微生物体内含糖量约占菌体干重的 10%～30%。它们以糖或与蛋白质、脂类结合成复合糖存在。

(二) 糖的主要生物学作用

1. 糖是人和动物的主要能源物质　糖类物质的主要生物学作用是通过氧化而放出大量的能量，以满足生命活动的需要。如粮食的主要成分是淀粉，在体内水解成葡萄糖，在组织细胞中氧化，为机体的一切活动提供能量。糖在自然界还是能量贮存的一种重要形式，动物除利用植物淀粉为能源物质外，草食动物和某些微生物还存在利用纤维素作能源。淀粉、糖原也能转化为生命必需的其他物质，如蛋白质和脂类物质。

2. 糖类还具有结构功能　植物茎秆的主要成分纤维素是起支持作用的结构物质。细胞间质中的粘多糖也是结构物质。细胞结构中的蛋白质、脂类中有些是与糖结合而成的糖蛋白和糖脂，它们都是具有重要生理功能的物质。

3. 糖具有复杂的多方面的生物活性与功能　戊糖是核苷酸的重要组成成分，1,6-二磷酸果糖可治疗急性心肌缺血性休克，多糖类则广泛作用于免疫系统、血液系统和消化系统等疾病的治疗。香菇多糖、猪苓多糖、胎盘脂多糖、肝素、透明质酸、右旋糖酐等都已在临床应用，为肿瘤、艾滋病及其他疾病的治疗开辟了新方向。

二、糖的分类

根据糖类物质含糖单位的数目而分成以下几类：

1. 单糖(monosaccharide)　凡不能被水解成更小分子的糖称为单糖。单糖是糖类中最简

单的一种,是组成糖类物质的基本结构单位。单糖又可根据其分子中含碳原子多少分类。最为简单的单糖是三碳糖。在自然界分布广、意义大的是五碳糖和六碳糖,它们分别称为戊糖(pentose)和己糖(hexose)。核糖(ribose)、脱氧核糖属戊糖,葡萄糖、果糖和半乳糖(galactose)为己糖。下面简要叙述和人体营养及代谢有关的单糖:

(1) 丙糖:只有两种,即甘油醛和二羟丙酮,它们是糖代谢的中间产物。

(2) 丁糖:在自然界常见的也有两种,即 D-赤藓糖和 D-赤藓酮糖,它们的磷酸酯是糖代谢的重要中间产物。

(3) 戊糖:在自然界存在的戊醛糖主要有 D-核糖、D-木糖,它们大多以聚戊糖或糖苷的形式存在。在核酸中还有 D-2-脱氧核糖。戊酮糖有 D-核酮糖和 D-木酮糖,它们都是糖代谢的中间产物。

(4) 己糖:在自然界分布最广,数量也最多,和机体的营养代谢也最密切。重要的己醛糖有:D-葡萄糖、D-半乳糖和 D-甘露糖;己酮糖则有 D-果糖。

葡萄糖可以以单糖形式存在,但绝大多数以多糖形式存在,也可以组成糖苷。果糖是糖类中最甜的糖,以组成二糖的形式为多见。半乳糖亦以乳糖、棉子糖或琼胶等二糖、三糖或多糖形式为常见,这三种己糖对人体的营养最重要,是人体获得能量的最主要来源。

(5) 庚糖:单糖中还有一种庚酮糖,又称 D-景天庚酮糖,它并不游离存在,而以磷酸酯的形式作为糖代谢的重要中间产物。

2.寡糖(oligosaccharide) 是由单糖缩合而成的短链结构(一般含 2～6 个单糖分子)。其中,二糖是寡糖中存在最为广泛的一类,蔗糖(sucrose)、麦芽糖(maltose)和乳糖(lactose)是其重要代表。单糖和寡糖能溶于水,多有甜味。

(1) 二糖:又称双糖,为两分子单糖以糖苷键连接而成,水解后生成两分子单糖。二糖有的有还原性,有的没有,但都有旋光性。最常见的为食物中的蔗糖、麦芽糖和乳糖。

(2) 三糖:以棉子糖为常见,存在于棉子和桉树的糖蜜中,甜菜中也有棉子糖,它是半乳糖、葡萄糖和果糖以糖苷键连接的三糖。

3. 多糖(polysaccharide) 是由许多单糖分子缩合而成的长链结构,分子量都很大,在水中不能成真溶液,有的成胶体溶液,有的根本不溶于水,均无甜味,也无还原性。多糖有旋光性,但无变旋现象。多糖与人类生活关系极为密切,其中最重要的多糖是淀粉(starch)、糖原(glycogen)和纤维素(cellulose)。多糖中有一些是与非糖物质结合的糖,称为复合糖,如糖蛋白和糖脂。

多糖按其组成成分分类为:

(1) 同聚多糖(均一多糖)(homopolysaccharide):多糖是由一种单糖缩合而成,如淀粉、糖原、纤维素、戊糖胶、木糖胶、阿拉伯糖胶、几丁质等。

(2) 杂聚多糖(不均一多糖)(heteropolysaccharide):多糖是由不同类型的单糖缩合而成,如肝素、透明质酸和许多来源于植物中的多糖,如波叶大黄多糖、当归多糖、茶叶多糖等。

(3) 粘多糖(mucopolysaccharide):是一类含氮的不均一多糖,其化学组成通常为糖醛酸及氨基己糖或其衍生物,有的还含有硫酸,如透明质酸、肝素、硫酸软骨素等。粘多糖也称为糖胺聚糖(glycosaminoglycan)。

4. 结合糖 也称糖复合物(glycoconjugate)或复合糖,是指糖和蛋白质、脂质等非糖物质结合的复合分子。主要有以下几类:

(1) 糖蛋白(glycoproteins):是糖与蛋白质以共价键结合的复合分子,其中糖的含量一般小于蛋白质。糖和蛋白质结合的方式有:

① 和含羟基的氨基酸(丝氨酸、苏氨酸、羟赖氨酸等)以糖苷形式结合,称为 O 连接。

② 糖和天冬酰胺的酰胺基连接,称为 N 连接。N 连接的糖链多数具有 Man-β-1,4-Glc-NAc-βAsn 结构。此外还有连接着很多甘露糖的高甘露糖类型等。

常见的糖蛋白包括人红细胞膜糖蛋白、血浆糖蛋白、粘液糖蛋白等。此外,酶也有不少为糖蛋白,具有运载功能的蛋白质也有不少为糖蛋白,很多激素、血型物质、作为结构原料或起着保护作用的蛋白质等,都是糖蛋白。

(2) 蛋白聚糖(proteoglycan):也是一类由糖与蛋白质结合形成的非常复杂的大分子糖复合物,其中蛋白质含量一般少于多糖。蛋白聚糖主要由糖胺聚糖链共价连接于核心蛋白所组成,根据其组织来源的不同,分别称为软骨蛋白聚糖、动脉蛋白聚糖、角膜蛋白聚糖等;或根据其所含糖胺聚糖种类的不同,分别称为硫酸软骨素蛋白聚糖、硫酸皮肤素蛋白聚糖和肝素蛋白聚糖等。蛋白聚糖是构成动物结缔组织大分子的基本物质,也存在于细胞表面,参与细胞与细胞或者细胞与基质之间的相互作用等。

(3) 糖脂(glycolipids):是糖和脂类以共价键结合形成的复合物,组成和总体性质以脂为主体。根据国际纯化学和应用化学联盟和国际生化联盟(IUPAC-IUB)命名委员会所下的定义,糖脂是糖类通过其还原末端,以糖苷键与脂类连接起来的化合物。根据脂质部分的不同,糖脂又可分为:

① 分子中含鞘氨醇的鞘糖脂(glycosphingolipids):又分为中性和酸性鞘糖脂两类,分别以脑苷脂和神经节苷脂为代表。

② 分子中含甘油酯的甘油糖脂(glycoglycerolipids)。

③ 由磷酸多萜醇衍生化的糖脂。

④ 由类固醇衍生化的糖脂。

糖脂广泛存在于生物体,其主要的功能包括参与细胞与细胞间的相互作用和识别,参与细胞生长调节、癌变和信息传递以及与生物活性因子的相互作用,细胞表面标记和抗原及免疫学功能等。

(4) 脂多糖(Lipopolysaccharide):也是糖与脂类结合形成的复合物。与糖脂不同的是,在脂多糖中以糖为主体成分。常见的脂多糖有胎盘脂多糖、细菌脂多糖等。

三、重要多糖的化学结构与生理功能

(一) 淀粉

淀粉(starch)是高等植物的贮存多糖,在植物种子、块根与果实中含量很多。大米中淀粉含量可达 70%~80%,它是供给人体能量的主要营养物质。

天然淀粉是由直链淀粉(amylose)和支链淀粉(amylopectin)两种成分组成,它们都是由α-D-葡萄糖缩合而成的同聚多糖。

直链淀粉是由 α-1,4 糖苷键相连而成的直链结构,分子量约为 $3.2×10^4~1×10^5$。其空间结构为空心螺旋状,每一圈螺旋约含 6 个葡萄糖单位。

支链淀粉的分子比直链淀粉大,分子量在 $1×10^5~1×10^6$,它是由多个较短的 α-1,4 糖苷键直链(通常约 24~30 个葡萄糖单位)结合而成,每两个短直链之间的连接为 α-1,6 糖苷键。其结构的一部分简示如下:

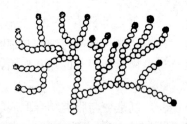

淀粉在冷水中不溶解,但在加热的情况下淀粉可吸收水而膨胀成糊状。直链淀粉遇碘产生蓝色,据认为这是由于葡萄糖单位形成6圈以上螺旋所致。支链淀粉遇碘则产生紫红色。

淀粉水解进程中产生的一系列分子大小不等的多糖称为糊精(dextrins)。淀粉水解时一般先生成淀粉糊精(遇碘成蓝色),继而生成红糊精(遇碘成红色),再生成无色糊精(与碘不显色)以及麦芽糖,最终生成葡萄糖。

（二）糖原

糖原(glycogen)又称动物淀粉,是动物体内的贮存多糖,主要存在于肝及肌肉中。

糖原也是由 α-D-葡萄糖构成的同聚多糖,分子量约为 $2.7 \times 10^5 \sim 3.5 \times 10^6$。它的结构与支链淀粉相似,也是带有 α-1,6 分支的 α-1,4-葡萄糖多聚物,但分支比支链淀粉多,每一短链约含 8～10 个葡萄糖单位,其基本结构如图 6-1。

图 6-1 糖原分子的部分结构示意图

糖原遇碘产生红色,彻底水解后产生 D-葡萄糖。糖原的生理功能是:肌肉中的糖原为肌肉收缩所需的能源,肝脏中的糖原可分解为葡萄糖进入血液,运输到各组织被利用。

（三）葡聚糖

葡聚糖(dextran)又称右旋糖酐,是酵母菌及某些细菌中的贮存多糖。它也是由多个葡萄糖缩合而成的同聚多糖,但与糖原、淀粉不同之处在于:在葡萄糖之间几乎均为 α-1,6 连接,偶尔也通过 α-1,2、α-1,3 或 α-1,4 连接而形成分支状。右旋糖酐作为代血浆已用于临床。

（四）纤维素

纤维素(cellulose)是自然界最丰富的有机物质,其含量占生物界全部有机碳化物的一半以上。它是构成植物细胞壁和支撑组织的重要成分。纤维素是由许多 β-D-葡萄糖苷 α-1,4 糖苷键连接而成的直链同聚多糖,其分子中的 β-D-葡萄糖连接方式见下。

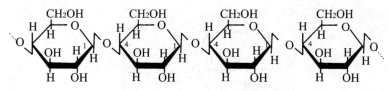

纤维素分子的 β-D-葡萄糖连接方式

纤维素不溶于水、稀酸及稀碱。其结构中的 β-1,4 键对酸水解有较强的抵抗力,用强酸水解可生产 D-葡萄糖及部分水解产物纤维二糖。大多数哺乳动物的消化道不分泌水解 β-1,4-糖苷键的酶,因此它们不能消化纤维素。但反刍动物(牛、羊)消化道中存在的细菌产生水解纤维素的酶,故这些动物能利用纤维素作养料。

纤维素结构中的每一个葡萄糖残基含有 3 个自由羟基,因此能与酸形成酯。纤维素与浓硝酸作用生成硝化纤维素(纤维素三硝酸酯),它是炸药的原料。纤维素一硝酸酯和二硝酸酯混合物的醇醚溶液为火棉胶,其在医药、化学工业上应用很广。纤维素与醋酸结合生成的醋酸纤维素是多种塑料的原料,还可制成离子交换纤维素,如羧甲基纤维素(CM 纤维素)、二乙基氨基乙基纤维素(DEAE 纤维素)等都是常用的生化分析试剂。食物中的纤维素虽然不被人体吸收,但可以在人体胃肠道中吸附有机物和无机物,供肠道正常菌群利用,维持正常菌群的平衡。此外,食物中的纤维素还具有促进排便等功能。

（五）琼胶

琼胶(agar)又称琼脂,是一些海藻所含的多糖。其单糖组成为 L-及 D-半乳糖。它的化学结构是 D-半乳糖以 α-1,3 糖苷键连接成短链(含 9 个 D-半乳糖单位)再与 L-半乳糖以 1,4 糖苷键相连,L-半乳糖 C_6 结合一硫酸基琼胶结构示意如下:

（D-半乳糖）　　　　　　　　（L-半乳糖）

琼胶结构

琼胶能吸水膨胀,不溶于冷水,但可溶于热水成溶胶,冷却后成凝胶。琼胶不易被细菌分解,所以被用作细菌培养基的凝固剂。

（六）几丁质

几丁质(chitin)又称甲壳素或壳多糖,是虾、蟹和昆虫甲壳的主要成分。此外,低等植物、菌类和藻类的细胞膜,高等植物的细胞壁等也含有几丁质。其量仅次于纤维素。几丁质是由 N-乙酰氨基葡萄糖通过 β-1,4 糖苷键连接起来的同聚多糖。几丁质在医药、化工及食品行业具有较为广泛的用途,如作为药用辅料、贵重金属回收吸附剂、高能射线辐射防护材料等。几丁质的结构示意如下:

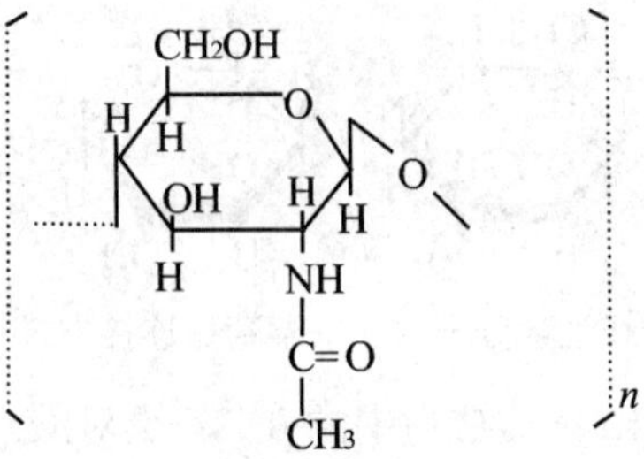

几丁质结构

（七）粘多糖类

具有代表性的粘多糖有下列几类：

1. 透明质酸　透明质酸（hyaluronic acid）存在于动物的结缔组织、眼球的玻璃体、角膜、关节液中。因其具有很强的吸水性，在水中能形成粘度很大的胶状液，故有粘合与保护细胞的作用。存在于某种细菌及蜂毒中的透明质酸酶能促进透明质酸水解，使其失去特有的粘性，以便于异物的入侵。透明质酸酶又是一种药物，利用它水解透明质酸，使药物容易扩散至病变部位，以提高治疗效果。

透明质酸由 D-葡萄糖醛酸和 N-乙酰氨基葡萄糖交替组成。其结构为葡萄糖醛酸与 N-乙酰氨基葡萄糖以 β-1,3 键连接成二糖单位，后者再以 β-1,4 键同另一个二糖单位连成线性结构。透明质酸的二糖单位结构示意如下：

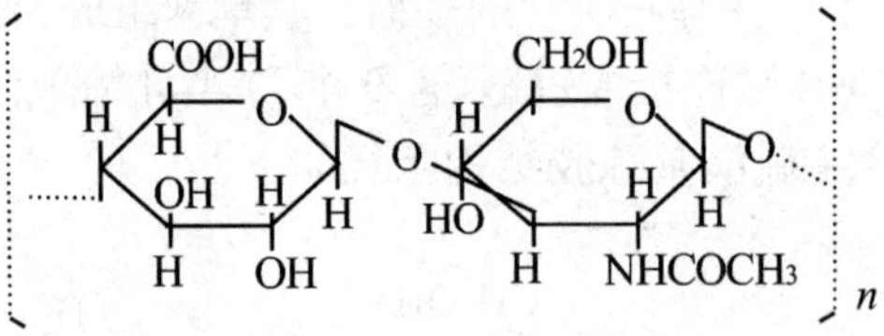

β-D-葡糖醛酸　　N-乙酰氨基葡萄糖

透明质酸的二糖单位结构

2. 硫酸软骨素　硫酸软骨素（chondroitin sulfate）是体内最多的粘多糖，为软骨的主要成分。其结构也是一类二糖的聚合物，分为 A、B、C 三种，其组成单位如下：

硫酸软骨素 A：葡萄糖醛酸-1,3-N-乙酰氨基半乳糖-4-硫酸酯。

硫酸软骨素 B：艾杜糖醛酸-1,3-N-乙酰氨基半乳糖-4-硫酸酯。

硫酸软骨素 C：葡萄糖醛酸-1,3-N-乙酰氨基半乳糖-6-硫酸酯。

其中硫酸软骨素 B 又叫硫酸皮肤素，是存在于皮肤的粘多糖。

硫酸软骨素有降血脂和抗凝血的作用，临床用于冠心病和动脉粥样硬化的治疗。

3. 肝素　肝素（heparin）最早在肝中发现，故称为肝素，但它也存在于肺、血管壁、肠粘膜等组织中，是动物体内一种天然抗凝血物质。

肝素的组成是硫酸氨基葡萄糖、葡萄糖醛酸和艾杜糖醛酸的硫酸酯。其结构中氨基葡萄糖苷为 α 型，糖醛酸糖苷是 β 型，肝素分子结构中四糖重复单位见下：

肝素在临床上用作血液体外循环时的抗凝剂，也用于防止脉管中血栓形成。肝素能使细胞膜上脂蛋白脂酶释放进入血液，该酶使极低密度脂蛋白所携带的脂肪水解，因而肝素有降血脂作用。肝素经水解，破坏其硫酸基制成改构肝素，其抗凝血作用降低，但降血脂作用不改变。

体内重要的粘多糖除上述三种以外尚有硫酸角质素（keratan sulfate）、硫酸类肝素（heparan

114

肝素结构中的四糖重复单位结构

sulfate)等(表6-1)。

表6-1　粘多糖的组成成分及分布

名称	主要组成成分	分布
透明质酸	乙酰葡萄糖胺,D-葡萄糖醛酸	眼球玻璃体、脐带、关节
硫酸软膏A	乙酰葡萄糖胺,D-葡萄糖醛酸,硫酸	软骨、骨
硫酸软膏B	乙酰葡萄糖胺,L-艾杜糖醛酸,硫酸	皮肤、腱、心瓣膜
硫酸软膏C	乙酰葡萄糖胺,D-葡萄糖醛酸,硫酸	软骨、脐带、腱
软骨素	乙酰葡萄糖胺,D-葡萄糖醛酸	皮肤
硫酸角质素	乙酰葡萄糖胺,D-半乳糖,硫酸	角膜、肋骨
肝素	磺酰葡萄糖胺,D-葡萄糖醛酸,硫酸	肝、肺、肾、肠黏膜等
硫酸类肝素	乙酰葡萄糖胺,D-葡萄糖醛酸,硫酸	肝、肺等

（八）细菌多糖

1. 肽聚糖　肽聚糖(peptidoglycan)又称胞壁质(murein),是构成细菌细胞壁基本骨架的主要成分。

肽聚糖是一种多糖与氨基酸链相连的多糖复合物。由于此复合物中氨基酸链不像蛋白质那样长,因此,此聚合物称为肽聚糖。

肽聚糖结构中的D-氨基酸肽有抵抗肽水解酶的作用,故对细菌细胞有保护作用。溶菌酶能水解肽聚糖结构中的β-1,4糖苷键,从而导致细菌细胞膨胀破裂,所以该酶能溶解革兰阳性菌的机制即在于此。

青霉素的抗菌作用就在于抑制肽聚糖的生物合成,使得肽聚糖合成不完全,细胞壁不完整,不能维持正常生长,从而导致细菌死亡。

2. 脂多糖　革兰阴性菌的细胞壁较复杂,除含有低于10%的肽聚糖外,尚含有十分复杂的脂多糖。脂多糖一般由外层低聚糖链、核心多糖及脂质三部分所组成。

细菌脂多糖的外层低聚糖是使人致病的部分,其单糖组分随菌株而不相同,各种菌的核心多糖链均相似。

四、食物中糖的消化和吸收

食物中的糖类主要是植物淀粉(starch)和动物糖原(glycogen)两类可消化吸收的多糖,少量蔗糖(sucrose)、麦芽糖(maltose)、异麦芽糖(isomaltose)和乳糖(lactose)等寡糖或单糖。这些糖首先在口腔被唾液中的淀粉酶(α-amylase)部分水解成 α-1,4糖苷键(α-1.4glycosidic bond），进而在小肠被胰液中的淀粉酶进一步水解生成麦芽糖、异麦芽糖和含 4 个糖基的临界糊精（α-dextrins），最终被小肠黏膜刷毛缘的麦芽糖酶（maltase）、乳糖酶（lactase）和蔗糖酶（sucrase）水解为葡萄糖（glucose）、果糖（fructose）、半乳糖（galatose），这些单糖可吸收入小肠细胞。此吸收过程是一个主动耗能的过程，由特定载体完成，同时伴有 Na^+ 转运，不受胰岛素的调控。除上述糖类以外，由于人体内无 β-糖苷酶，食物中含有的纤维素（cellulose）无法被人体分解利用，但是其具有刺激肠蠕动等作用，对于身体健康也是必不可少的。临床上，有些患者由于缺乏乳糖酶等双糖酶，可导致食物中糖类消化吸收障碍而使未消化吸收的糖类进入大肠，被大肠中细菌分解产生 CO_2、H_2O 等，引起腹胀、腹泻等症状。

第二节 糖的分解代谢

人体组织均能对糖进行分解代谢，主要的分解途径有四条：① 无氧条件下进行的糖酵解途径；② 有氧条件下进行的有氧氧化；③ 生成磷酸戊糖的磷酸戊糖途径；④ 生成葡萄糖醛酸的糖醛酸代谢。

一、糖酵解途径

糖酵解途径是指细胞在胞浆中分解葡萄糖生成丙酮酸（pyruvate）的过程，此过程中伴有少量 ATP 的生成。在缺氧条件下丙酮酸被还原为乳酸（lactate），称为糖酵解。有氧条件下丙酮酸可进一步氧化分解生成乙酰 CoA 进入三羧酸循环，生成 CO_2 和 H_2O。

（一）葡萄糖的转运

葡萄糖不能直接扩散进入细胞内，其通过两种方式转运入细胞：一种是与 Na^+ 共转运方式，它是一个耗能、逆浓度梯度转运，主要发生在小肠黏膜细胞、肾小管上皮细胞等部位；另一种方式是通过细胞膜上特定转运载体将葡萄糖转运入细胞内（图 6-2），它是一个不耗能、顺浓度梯度的转运过程。目前已知转运载体有 5 种，其具有组织特异性，如转运载体-1（GLUT-1）主要存在于红细胞，而转运载体-4（GLUT-4）主要存在于脂肪组织和肌肉组织。

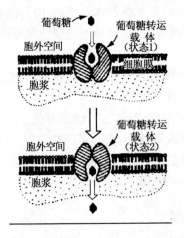

图 6-2 葡萄糖通过转运载体转入细胞示意图

（二）糖酵解过程

糖酵解分为两个阶段，共 10 个反应。每个分子葡萄糖经第一阶段共 5 个反应，消耗 2 分子 ATP，为耗能过程；第二阶段 5 个反应，生成 4 个分子 ATP，为释能过程。

1. 第一阶段

（1）葡萄糖的磷酸化（phosphorylation of glucose）：进入细胞内的葡萄糖首先在第 6 位碳上被磷酸化生成 6-磷酸葡萄糖（glucose-6-phophate，G-6-P），磷酸根由 ATP 供给。

葡萄糖　　　　　　　　　　　　　　6-磷酸葡萄糖

这一过程不仅活化了葡萄糖，有利于它进一步参与合成与分解代谢，同时还能使进入细胞的葡萄糖不再逸出细胞。催化此反应的酶是己糖激酶（hexokinase，HK）。己糖激酶催化的反应不可逆，反应需要消耗 ATP，Mg^{2+} 是反应的激活剂，它能催化葡萄糖、甘露糖、氨基葡萄糖、果糖进行不可逆的磷酸化反应，生成相应的 6-磷酸酯。6-磷酸葡萄糖是 HK 的反馈抑制剂，此酶是糖酵解的限速酶（rate limiting enzyme）或称关键酶（key enzyme），它有同工酶 Ⅰ～Ⅳ型，Ⅰ、Ⅱ、Ⅲ型主要存在于肝外组织，其对葡萄糖 K_m 值为 10^{-5}～10^{-6}M。Ⅳ型主要存在于肝脏，特称葡萄糖激酶（glucokinase，GK），对葡萄糖的 K_m 值为 1～10^{-2}M。正常血糖浓度为 5mmol/L，当血糖浓度升高时，GK 活性增加，葡萄糖和胰岛素能诱导肝脏合成 GK，GK 能催化葡萄糖、甘露糖生成其 6-磷酸酯，6-磷酸葡萄糖对此酶无抑制作用。

HK 与 GK 两者区别见表 6-2。

表 6-2　己糖激酶（HK）和葡萄糖激酶（GK）的区别

项　目	HK	GK
组织分布	绝大多数组织	肝脏和 β 细胞
K_m	低	高
6-磷酸葡萄糖的抑制	有	无

（2）6-磷酸葡萄糖的异构反应（isomerization of glucose-6-phosphate）：这是由磷酸己糖异构酶（phosphohexose isomerase）催化 6-磷酸葡萄糖（醛糖 aldose sugar）转变为 6-磷酸果糖（fructose-6-phosphate，F-6-P）的过程，此反应是可逆的。

6-磷酸葡萄糖　　　　　　　　　　6-磷酸果糖

（3）6-磷酸果糖的磷酸化（phosphorylation of fructose-6-phosphate）：此反应是 6-磷酸果糖第一位上的 C 进一步磷酸化生成 1,6-二磷酸果糖，磷酸根由 ATP 供给。催化此反应的酶是磷酸果糖激酶-1（phosphofructokinase-1，PFK-1）。

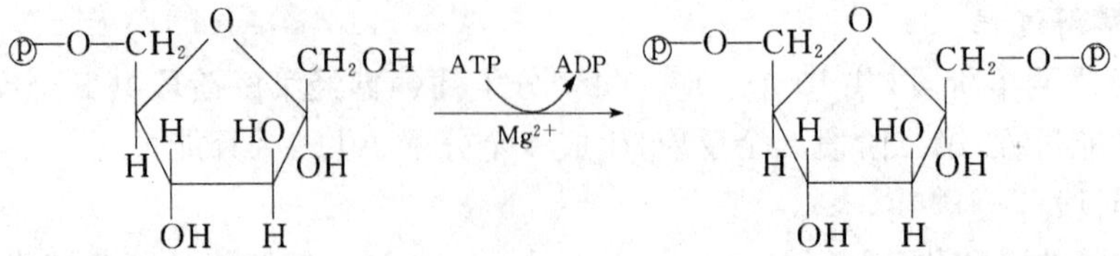

6-磷酸果糖　　　　　　　　　　　　　1,6-二磷酸果糖

PFK-1 催化的反应是不可逆反应,它是糖酵解中最重要的限速酶,也是变构酶。柠檬酸、ATP 等是变构抑制剂,ADP、AMP、Pi、1,6 -二磷酸果糖等是变构激活剂,胰岛素可诱导它的生成。

(4) 1,6 -二磷酸果糖裂解反应(cleavage of fructose 1,6 - diphosphate):醛缩酶(aldolase)催化 1,6-二磷酸果糖生成磷酸二羟丙酮和 3-磷酸甘油醛,此反应是可逆的。

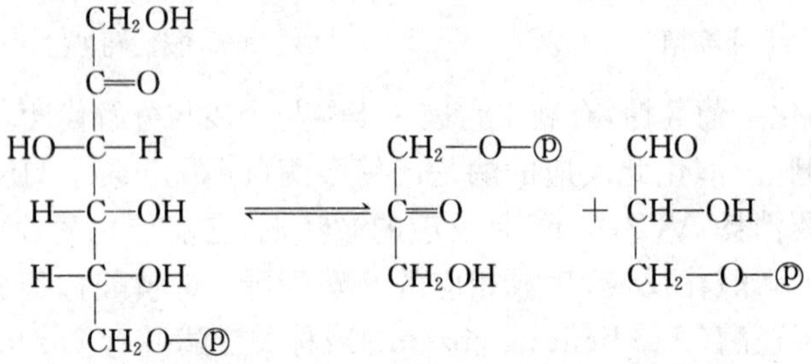

1,6-二磷酸果糖　　　　　　　　磷酸二羟丙酮　　　　3-磷酸甘油醛

(5) 磷酸二羟丙酮的异构反应(isomerization of dihydroxyacetonephosphate):磷酸丙糖异构酶(triose phosphate isomerase)催化磷酸二羟丙酮转变为 3-磷酸甘油醛,此反应可逆。

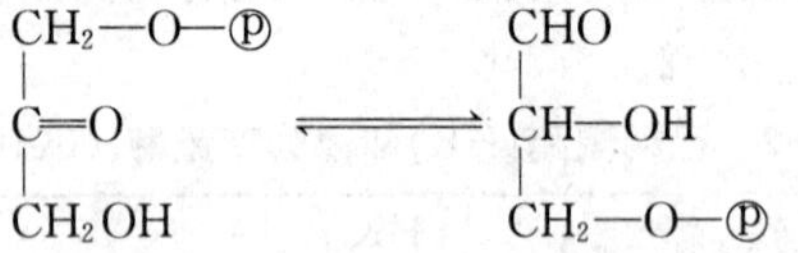

磷酸二羟丙酮　　　　　　　　　　3-磷酸甘油醛

到此 1 分子葡萄糖生成 2 分子 3-磷酸甘油醛,通过两次磷酸化作用消耗 2 分子 ATP。

2. 第二阶段

(6) 3-磷酸甘油醛氧化反应(oxidation of glyceraldehyde-3-phosphate):此反应由 3-磷酸甘油醛脱氢酶(glyceraldehyde 3-phosphatedehydrogenase)催化 3-磷酸甘油醛氧化脱氢并磷酸化生成含有 1 个高能磷酸基团的 1,3-二磷酸甘油酸,本反应脱下的氢和电子转给脱氢酶的辅酶 NAD^+ 生成 $NADH + H^+$,磷酸根来自无机磷酸。

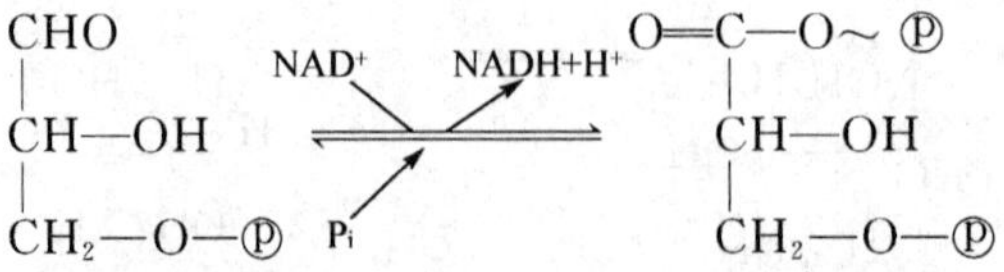

3-磷酸甘油醛　　　　　　　　　　1,3-二磷酸甘油酸

(7) 1,3-二磷酸甘油酸的高能磷酸键转移反应:在磷酸甘油酸激酶(phosphoglycerate kinase, PGK)催化下,1,3-二磷酸甘油酸生成 3-磷酸甘油酸,同时其 C_1 上的高能磷酸根转移给 ADP 生成 ATP。这种底物氧化过程中产生的能量直接将 ADP 磷酸化生成 ATP 的过程,称

118

为底物水平磷酸化(substrate-level phosphorylation)。此激酶催化的反应是可逆的。

$$\begin{array}{ccc} O=C-O\sim ℗ & \xrightarrow[\text{ADP}\quad\text{ATP}]{} & COO^- \\ | & & | \\ CH-OH & & CH-OH \\ | & & | \\ CH_2-O-℗ & & CH_2-O-℗ \end{array}$$

1,3-二磷酸甘油酸　　　　2-磷酸甘油酸

(8) 3-磷酸甘油酸的变位反应:在磷酸甘油酸变位酶(phosphoglycerate mutase)催化下,3-磷酸甘油酸 C_3 位上的磷酸基转变到 C_2 位上,生成 2-磷酸甘油酸。此反应可逆。

$$\begin{array}{ccc} COO^- & \Longleftrightarrow & COO^- \\ | & & | \\ CH-OH & & CH-O-℗ \\ | & & | \\ CH_2-O-℗ & & CH_2-OH \end{array}$$

3-磷酸甘油酸　　　　2-磷酸甘油酸

(9) 2-磷酸甘油酸的脱水反应:由烯醇化酶(enolase)催化,2-磷酸甘油酸脱水的同时,能量重新分配,生成含高能磷酸基团的磷酸烯醇式丙酮酸(phosphoenolpyruvate,PEP)。此反应可逆。

$$\begin{array}{ccc} COO^- & \Longleftrightarrow & COO^- \\ | & & | \\ CH-O-℗ & & C-O\sim ℗ + H_2O \\ | & & \| \\ CH_2-OH & & CH_2 \end{array}$$

2-磷酸甘油酸　　　磷酸烯醇式丙酮酸

(10) 磷酸烯醇式丙酮酸的磷酸转移:在丙酮酸激酶(pyruvate kinase,PK)催化下,磷酸烯醇式丙酮酸上的高能磷酸根转移至 ADP 生成 ATP,这是又一次底物水平上的磷酸化过程。此反应是不可逆的。

$$\begin{array}{ccc} COO^- & \xrightarrow[\text{ADP}\quad\text{ATP}]{} & COO^- \\ | & & | \\ C-O\sim ℗ & & C=O \\ \| & & | \\ CH_2 & & CH_3 \end{array}$$

磷酸烯醇式丙酮酸　　　丙酮酸

丙酮酸激酶是糖酵解的限速酶,具有变构酶性质。ATP 是变构抑制剂,ADP 是变构激活剂,Mg^{2+} 或 K^+ 可激活丙酮酸激酶的活性,胰岛素可诱导 PK 的生成,烯醇式丙酮酸又可自动转变成丙酮酸。过程如下:

$$\text{磷酸烯醇式丙酮酸} \xrightarrow[\text{ADP}\quad\text{ATP}]{\text{PK}} \text{烯醇式丙酮酸} \xleftarrow{\quad\text{自动}\quad} \text{丙酮酸}$$

总结糖的无氧酵解:在细胞液阶段的过程中,一分子的葡萄糖或糖原中的一个葡萄糖单位,可氧化分解产生 2 分子丙酮酸,丙酮酸将进入线粒体继续氧化分解。此过程中产生的两对 NADH ＋ H$^+$,由递氢体 α-磷酸甘油(肌肉和神经组织细胞)或苹果酸(心肌或肝脏细胞)传递进入线粒体,再经线粒体内氧化呼吸链的传递,最后氢与氧结合生成水,在氢的传递过程释放能量,其中一部分以 ATP 形式贮存。

在整个细胞液阶段中的 10 或 11 步酶促反应中,在生理条件下有三步是不可逆的单向反应,催化这三步反应的酶活性较低,是整个糖的有氧氧化过程的关键酶,其活性大小对糖的氧化分解速度起决定性作用,在此阶段经底物水平磷酸化产生四个分子 ATP(图 6-3)。

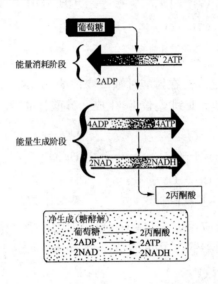

图 6-3　葡萄糖分解的两个阶段

总而言之,经过糖酵解途径,1 分子葡萄糖可氧化分解产生 2 分子丙酮酸。在此过程中,经底物水平磷酸化可产生 4 分子 ATP,与第一阶段葡萄糖磷酸化和磷酸果糖的磷酸化消耗 2 分子 ATP 相互抵消,每分子葡萄糖降解至丙酮酸净产生 2 分子 ATP。即:

$$葡萄糖 + 2P_i + 2NAD^+ + 2ADP \longrightarrow 2\,丙酮酸 + 2ATP + 2NADH + 2H^+ + 2H_2O$$

如从糖原开始,因开始阶段仅消耗 1 分子 ATP,所以每个葡萄糖单位可净生成 3 分子 ATP。

(三) 丙酮酸在无氧条件下生成乳酸

氧供应不足时从糖酵解途径生成的丙酮酸转变为乳酸。缺氧时葡萄糖分解为乳酸称为糖酵解(glycolysis),因它和酵母菌生醇发酵非常相似。丙酮酸转变成乳酸由乳酸脱氢酶(lactate dehydrogenase)催化,在这个反应中丙酮酸起了氢接受体的作用。由 3-磷酸甘油醛脱氢酶反应生成的 NADH + H$^+$,缺氧时不能经电子传递链氧化。正是通过将丙酮酸还原成乳酸,使 NADH 转变成 NAD$^+$,糖酵解才能继续进行。过程如下:

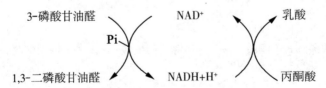

乳酸脱氢酶是由 M 和 H 两种亚基构成的四聚体,有 5 种同工酶。这些同工酶在组织中分布不同,对丙酮酸的 K_m 也有较大差异。H$_4$ 主要分布在心肌,它的酶动力学参数表明 H$_4$ 有利于催化乳酸氧化成丙酮酸,所以心肌进行有氧氧化而且能利用乳酸作为燃料。骨骼肌中为 M$_4$ 型,它对反应方面无倾向性,但肌细胞内底物的浓度有利于生成乳酸。

（四）糖酵解及其生理意义

糖酵解是生物界普遍存在的供能途径,但其释放的能量不多。而且在一般生理情况下,大多数组织有足够的氧以供有氧氧化之需,很少进行糖酵解,因此这一代谢途径供能意义不大。但少数组织,如视网膜、睾丸、肾髓质和红细胞等组织和细胞,即使在有氧条件下,仍需从糖酵解获得能量。

在某些情况下,糖酵解有特殊的生理意义。例如,剧烈运动时,能量需求增加,糖分解加速,此时即使呼吸和循环加快以增加氧的供应量,仍不能满足体内糖完全氧化所需要的能量。这时肌肉处于相对缺氧状态,必须通过糖酵解过程,以补充所需的能量。在剧烈运动后,可见血中乳酸浓度成倍地升高,这是糖酵解加强的结果;又如人们从平原地区进入高原的初期,由于缺氧,组织细胞也往往通过增强糖酵解获得能量。

在某些病理情况下,如严重贫血、大量失血、呼吸障碍、肿瘤组织等,组织细胞也需通过糖酵解来获取能量。倘若糖酵解过度,可因乳酸产生过多,而导致酸中毒。

（五）糖酵解的调节

正常生理条件下,人体内的各种代谢受到严格而精确的调节,以满足机体的需要,保持内环境的稳定。这种控制主要是通过调节酶的活性来实现的。在一个代谢过程中往往催化不可逆反应的酶限制代谢反应速度,这种酶称为限速酶。糖酵解途径中主要的限速酶是己糖激酶（HK）、磷酸果糖激酶-1(PFK-1)和丙酮酸激酶(PK)。

1. 激素的调节　胰岛素能诱导体内葡萄糖激酶、磷酸果糖激酶、丙酮酸激酶的合成,因而促进这些酶的活性。一般来说,这种促进作用比对限速酶的变构或修饰调节慢,但作用比较持久。

2. 代谢物对限速酶的变构调节　上述三个限速酶中,起决定作用的是催化效率最低的酶PFK-1。其分子是一个四聚体形式,不仅具有对反应底物6-磷酸果糖和ATP的结合部位,而且尚有几个与别位激活剂和抑制剂结合的部位。6-磷酸果糖、1,6-二磷酸果糖、ADP和AMP是其激活剂,而ATP、柠檬酸等是其抑制剂。ATP既可作为反应底物又可作为抑制剂,其原因在于PFK-1有两个ATP结合位点:一个是与底物ATP的结合位点,另一个是与抑制剂ATP的结合位点。两个位点对ATP的亲和力不同,与底物的位点亲和力高,抑制剂作用的位点亲和力低。对ATP有两种结合位点,这样,当细胞内ATP不足时,ATP主要作为反应底物,保证酶促反应进行;而当细胞内ATP增多时,ATP作为抑制剂,降低了酶对6-磷酸果糖的亲和力。它在体内也是由6-磷酸果糖磷酸化而成,但磷酸化是在C_2位而不是C_4位,参与的酶也是另一个激酶:磷酸果糖激酶-2(PFK-2)。

2,6-二磷酸果糖可被二磷酸果糖磷酸酶-2去磷酸而生成6-磷酸果糖,失去其调节作用。2,6-二磷酸果糖的作用在于增强PFK-1对6-磷酸果糖的亲和力和取消ATP的抑制作用（见图6-4）。

临床上丙酮酸激酶异常,可导致葡萄糖酵解障碍,红细胞破坏出现溶血性贫血。

二、糖的有氧氧化

葡萄糖在有氧条件下,氧化分解生成二氧化碳和水的过程称为糖的有氧氧化(aerobicoxidation)。有氧氧化是糖分解代谢的主要方式,大多数组织中的葡萄糖均进行有氧氧化分解,供给机体能量。

（一）有氧氧化过程

糖的有氧氧化分两个阶段进行。第一阶段是由葡萄糖生成丙酮酸,在细胞液中进行。第

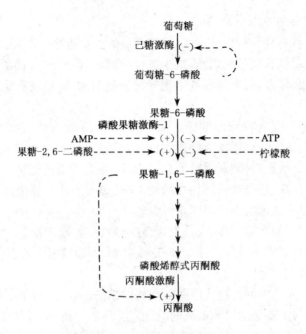

图6-4 糖酵解的主要调控步骤

二阶段是上述过程中产生的 NADH＋H⁺ 和丙酮酸,在有氧状态下,进入线粒体中,丙酮酸氧化脱羧生成乙酰 CoA 进入三羧酸循环,进而氧化生成 CO_2 和 H_2O,同时 NADH＋H⁺ 等可经呼吸链传递,伴随氧化磷酸化过程生成 H_2O 和 ATP。下面将主要讨论有氧氧化在线粒体中进行的第二阶段代谢。

1. 丙酮酸的氧化脱羧　即:

$$丙酮酸＋CoASH＋NAD^+ \xrightarrow{丙酮酸脱氢酶复合体} 乙酰 CoA＋CO_2＋NADH＋H^+$$

催化氧化脱羧的酶是丙酮酸脱氢酶系(pyruvate dehydrogenase system),此多酶复合体包括:丙酮酸脱羧酶,辅酶是 TPP;二氢硫辛酸乙酰转移酶,辅酶是二氢硫辛酸和辅酶 A;还有二氢硫辛酸脱氢酶,辅酶是 FAD 及存在于线粒体基质液中的 NAD^+。多酶复合体形成了紧密相连的连锁反应机构,提高了催化效率。

从丙酮酸到乙酰 CoA 是糖有氧氧化中关键的不可逆反应,催化这个反应的丙酮酸脱氢酶系受到很多因素的影响。反应中的产物乙酰 CoA 和 NADH＋H⁺,可以分别抑制酶系中的二氢硫辛酸乙酰转移酶和二氢硫辛酸脱氢酶的活性。丙酮酸脱羧酶(pyruvate decarboxylase,PDC)活性受 ADP 和胰岛素的激活,受 ATP 的抑制。

丙酮酸脱氢反应的重要特征是丙酮酸氧化释放的自由能贮存在乙酰 CoA 中的高能硫酯键中,并生成 NADH＋H⁺,丙酮酸脱氢酶复合物的作用机制见图6-5。

2. 三羧酸循环(tricarboxylic acid cycle)　乙酰 CoA 进入由一连串反应构成的循环体系,被氧化生成 H_2O 和 CO_2。由于这个循环反应开始于乙酰 CoA 与草酰乙酸(oxaloacetate)缩合生成的含有三个羧基的柠檬酸,因此称为三羧酸循环或柠檬酸循环(citric acid cycle)。其详细过程如下:

(1)乙酰 CoA 进入三羧酸循环:乙酰 CoA 具有硫酯键,乙酰基有足够能量与草酰乙酸的羧基进行醛醇型缩合。首先从羰甲基上除去一个 H,生成的阴离子对草酰乙酸的羰基碳进行亲核攻击,生成柠檬酰 CoA 中间体,然后高能硫酯键水解放出游离的柠檬酸,使反应不可逆地

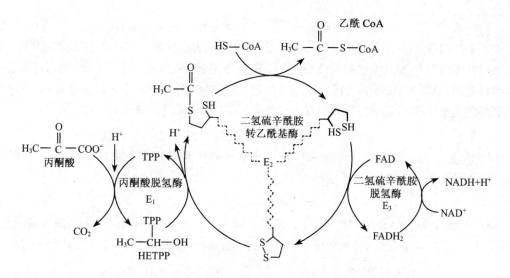

图 6-5　丙酮酸脱氢酶复合物的作用机制

向右进行。该反应由柠檬酸合成酶（citrate synthetase）催化，是很强的放能反应。

$$乙酰 CoA + 草酰乙酸 \xrightarrow{柠檬酸合成酶} 柠檬酸 + CoASH$$

由草酰乙酸和乙酰 CoA 合成柠檬酸是三羧酸循环的重要调节点，柠檬酸合成酶是一个变构酶，ATP 是柠檬酸合成酶的变构抑制剂。此外，α-酮戊二酸、NADH 能变构抑制其活性，长链脂酰 CoA 也可抑制它的活性，AMP 可对抗 ATP 的抑制而起激活作用。

（2）异柠檬酸形成：柠檬酸的叔醇基不易氧化，转变成异柠檬酸而使叔醇变成仲醇，就易于氧化，此反应由顺乌头酸酶催化，为可逆反应。

$$柠檬酸 \xleftarrow{顺乌头酸酶} 异柠檬酸$$

（3）第一次氧化脱羧：在异柠檬酸脱氢酶作用下，异柠檬酸的仲醇氧化成羰基，生成草酰琥珀酸（oxalosuccinate）的中间产物，后者在同一酶表面，快速脱羧生成 α-酮戊二酸（α-ketoglutarate）、NADH 和 CO_2。此反应为 β-氧化脱羧，此酶需要 Mn^{2+} 作为激活剂。

$$异柠檬酸 + NAD^+ \xrightarrow{异柠檬酸脱氢酶} \alpha\text{-}酮戊二酸 + CO_2 + NADH + H^+$$

此反应是不可逆的，是三羧酸循环中的限速步骤，ADP 是异柠檬酸脱氢酶的激活剂，而 ATP、NADH 是此酶的抑制剂。

（4）第二次氧化脱羧：在 α-酮戊二酸脱氢酶系作用下，α-酮戊二酸氧化脱羧生成琥珀酰 CoA、$NADH + H^+$ 和 CO_2，反应过程完全类似于丙酮酸脱氢酶系催化的氧化脱羧，属于 α-氧化脱羧，氧化产生的能量中一部分储存于琥珀酰 CoA 的高能硫酯键中。

$$\alpha\text{-}酮戊二酸 + CoASH + NAD^+ \xrightarrow{\alpha\text{-}酮戊二酸脱氢酶} 琥珀酰 CoA + NADH + H^+ + CO_2$$

α-酮戊二酸脱氢酶系也由三个酶（α-酮戊二酸脱羧酶、硫辛酸琥珀酰基转移酶、二氢硫辛酸脱氢酶）和五个辅酶（TPP、硫辛酸、HSCoA、NAD^+、FAD）组成。

此反应也是不可逆的。α-酮戊二酸脱氢酶复合体受 ATP、GTP、NAPH 和琥珀酰 CoA 抑制，但不受磷酸化/去磷酸化的调控。

（5）底物磷酸化生成 ATP：在琥珀酸硫激酶（succinate thiokinase）的作用下，琥珀酰 CoA 的硫酯键水解，释放的自由能用于合成 GTP，在细菌和高等生物可直接生成 ATP；在哺乳动物中，先生成 GTP，再生成 ATP。此时，琥珀酰 CoA 生成琥珀酸和辅酶 A。

$$\text{琥珀酰 CoA} + \text{GDP} \xleftarrow{\text{琥珀酸合成酶}} \text{琥珀酸} + \text{HSCoA} + \text{GTP}$$

（6）琥珀酸脱氢：琥珀酸脱氢酶（succinate dehydrogenase）催化琥珀酸氧化成为延胡索酸。该酶结合在线粒体内膜上，而其他三羧酸循环的酶则都是存在于线粒体基质中的。此酶含有铁硫中心和共价结合的 FAD，来自琥珀酸的电子通过 FAD 和铁硫中心，然后进入电子传递链到 O_2。丙二酸是琥珀酸的类似物，是琥珀酸脱氢酶强有力的竞争性抑制物，所以可以阻断三羧酸循环。

$$\text{琥珀酸} + \text{FAD} \xrightarrow{\text{琥珀酸脱氢酶}} \text{延胡索酸} + \text{FADH}_2$$

（7）延胡索酸的水化：延胡索酸酶仅对延胡索酸的反式双键起作用，而对顺丁烯二酸（马来酸）则无催化作用，因而是属于立体专一性的。

$$\text{延胡索酸} + H_2O \xleftarrow{\text{延胡索酸酶}} \text{苹果酸}$$

（8）草酰乙酸再生：在苹果酸脱氢酶（malic dehydrogenase）作用下，苹果酸仲醇基脱氢氧化成羰基，生成草酰乙酸（oxalacetate），NAD^+ 是脱氢酶的辅酶，接受氢成为 $NADH + H^+$。

$$\text{苹果酸} + NAD^+ \xleftarrow{\text{苹果酸脱氢酶}} \text{草酰乙酸} + NADH + H^+$$

整个三羧酸循环的过程用图 6-6 表示如下：

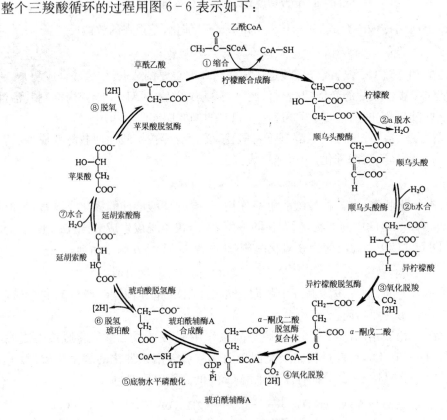

图 6-6　三羧酸循环

3. 三羧酸循环总结

乙酰 CoA $+$ 3NAD$^+$ $+$ FAD $+$ GDP $+$ Pi $+$ 2H$_2$O $\longrightarrow$ 2CO$_2$ $+$ 3NADH $+$ FADH$_2$ $+$ GTP $+$ 3H$^+$ $+$ CoASH

（1）CO_2 的生成：循环中有两次脱羧基反应（反应 3 和反应 4），两次都同时有脱氢作用，但作用的机理不同。由异柠檬酸脱氢酶所催化的 β-氧化脱羧，辅酶是 NAD^+，它们先使底物脱氢生成草酰琥珀酸，然后在 Mn^{2+} 或 Mg^{2+} 的协同下，脱去羧基，生成 α-酮戊二酸。

α-酮戊二酸脱氢酶系所催化的 α-氧化脱羧反应和前述丙酮酸脱氢酶系所催化的反应基本相同。

(2) 三羧酸循环的四次脱氢：其中三对氢原子以 NAD^+ 为受氢体，一对以 FAD 为受氢体，分别还原生成 $NADH+H^+$ 和 $FADH_2$。它们又经线粒体内递氢体系传递，最终与氧结合生成水，在此过程中释放出来的能量使 ADP 和 Pi 结合生成 ATP，凡 $NADH+H^+$ 参与的递氢体系，每 2 个 H 氧化成 1 分子 H_2O，生成 3 分子 ATP，而 $FADH_2$ 参与的递氢体系则生成 2 分子 ATP，再加上三羧酸循环中有一次底物磷酸化产生 1 分子 ATP，1 分子乙酰 CoA 参与三羧酸循环，共生成 12 分子 ATP。

(3) 乙酰 CoA 中乙酰基的碳原子：乙酰 CoA 进入循环，与四碳受体分子草酰乙酸缩合，生成六碳的柠檬酸，在三羧酸循环中有两次脱羧生成 2 分子 CO_2，与进入循环的二碳乙酰基的碳原子数相等，但是，以 CO_2 方式失去的碳并非来自乙酰基的两个碳原子，而是来自草酰乙酸。

(4) 三羧酸循环的中间产物：从理论上讲，可以循环不消耗，但是由于循环中的某些组成成分还可参与合成其他物质，而其他物质也可不断通过多种途径生成中间产物，所以说三羧酸循环组成成分处于不断更新之中。

例如：草酰乙酸——→天冬氨酸；α-酮戊二酸——→谷氨酸；草酰乙酸——→丙酮酸——→丙氨酸，其中丙酮酸羧化酶催化的生成草酰乙酸的反应最为重要，因为草酰乙酸的含量多少，直接影响循环的速度，因此不断补充草酰乙酸是使三羧酸循环得以顺利进行的关键。

$$
\begin{array}{ccc}
CH_3 & & COOH \\
| & & | \\
C=O & +CO_2 \xrightarrow{\text{生物素}} & CH_2 \\
| & & | \\
COOH & & CO \\
& & | \\
& & COOH \\
\text{丙酮酸} & & \text{草酰乙酸}
\end{array}
$$

三羧酸循环中生成的苹果酸和草酰乙酸也可以脱羧生成丙酮酸，再参与合成许多其他物质或进一步氧化。

$$\text{苹果酸}+NAD^+ \xrightarrow{\text{苹果酸酶}} \text{丙酮酸}+CO_2+NADH+H^+$$

$$\text{草酰乙酸} \xrightarrow{\text{草酰乙酸脱羧酶}} \text{丙酮酸}+CO_2$$

(二) 糖有氧氧化的生理意义

1. 三羧酸循环是机体获取能量的主要方式。1 个分子葡萄糖经无氧酵解仅净生成 2 分子 ATP，而有氧氧化可净生成 38 个 ATP，其中三羧酸循环生成 24 个 ATP。在一般生理条件下，许多组织细胞皆从糖的有氧氧化获得能量。糖的有氧氧化不但释能效率高，而且逐步释能，并逐步储存于 ATP 分子中，因此能量利用率也很高。

2. 三羧酸循环是糖、脂肪和蛋白质三种主要有机物在体内彻底氧化的共同代谢途径。三羧酸循环的起始物乙酰 CoA，不但是糖氧化分解的产物，它也可来自脂肪的甘油、脂肪酸和来自蛋白质的某些氨基酸代谢，因此三羧酸循环实际上是三种主要有机物在体内氧化供能的共同通路，估计人体内 2/3 的有机物是通过三羧酸循环而被分解的。

3. 三羧酸循环是体内三种主要有机物互变的联结机构。因糖和甘油在体内代谢可生成 α-酮戊二酸及草酰乙酸等三羧酸循环的中间产物，这些中间产物可以转变成为某些氨基酸；而有些氨基酸又可通过不同途径变成 α-酮戊二酸和草酰乙酸,再经糖异生的途径生成糖或转变成甘油。因此,三羧酸循环不仅是三种主要的有机物分解代谢的最终共同途径,而且也是它们互变的联络机构。

（三）糖有氧氧化的调节

如上所述,糖有氧氧化分为两个阶段,第一阶段糖酵解途径的调节,在糖酵解部分已探讨过,下面主要讨论第二阶段丙酮酸氧化脱羧生成乙酰 CoA 并进入三羧酸循环的一系列反应的调节。

丙酮酸脱氢酶复合体、柠檬酸合成酶、异柠檬酸脱氢酶和 α-酮戊二酸脱氢酶复合体是这一过程的限速酶。

丙酮酸脱氢酶复合体受变构调控,也受化学修饰调控。该酶复合体受它的催化产物 ATP、乙酰 CoA 和 NADH 有力的抑制,这种变构抑制可被长链脂肪酸所增强,当进入三羧酸循环的乙酰 CoA 减少,而 AMP、辅酶 A 和 NAD$^+$ 堆积,酶复合体就被变构激活。除上述的变构调节,在脊椎动物还有第二层次的调节,即酶蛋白的化学修饰。PDH 含有两个亚基,其中一个亚基上特定的一个丝氨酸残基经磷酸化后,酶活性就受抑制,脱磷酸化活性就恢复。磷酸化-脱磷酸化作用是由特异的磷酸激酶和磷酸蛋白磷酸酶分别催化的,它们实际上也是丙酮酸酶复合体的组成。即前已述及的调节蛋白,激酶受 ATP 激活,当 ATP 高时,PDH 就磷酸化而被激活;当 ATP 浓度下降,激酶活性也降低。而如果磷酸酶除去 PDH 上的磷酸,PDH 又被激活了。

对三羧酸循环中柠檬酸合成酶、异柠檬酸脱氢酶和 α-酮戊二酸脱氢酶的调节,主要是通过产物的反馈抑制来实现的,而三羧酸循环是机体产能的主要方式,因此 ATP/ADP 与 NADH/NAD$^+$ 两者的比值是其主要调节物。ATP/ADP 值升高,抑制柠檬酸合成酶和异柠檬酸脱氢酶活性;反之 ATP/ADP 值下降,可激活上述两个酶。同样,NADH/NAD$^+$ 值升高,抑制柠檬酸合成酶和 α-酮戊二酸脱氢酶活性。除此之外,其他一些代谢产物对酶的活性也有影响,如柠檬酸抑制柠檬酸合成酶活性,而琥珀酰 CoA 抑制 α-酮戊二酸脱氢酶活性。总之,组织中代谢产物决定循环反应的速度,以便调节机体 ATP 和 NADH 浓度,保证机体能量供给。

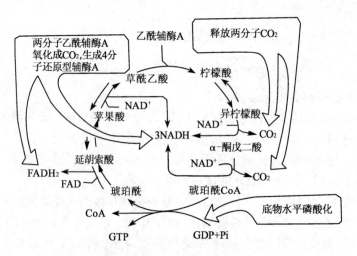

图 6-7　三羧酸循环中还原型辅酶和 CO_2 的生成

126

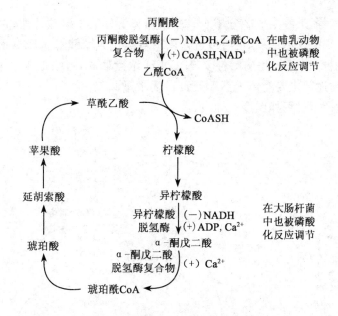

图 6-8　丙酮酸脱氢酶复合物和三羧酸循环的调节

（四）有氧氧化和糖酵解的相互调节

Pasteur 在研究酵母发酵时,发现在供氧充足的条件下,细胞内糖酵解作用受到抑制,葡萄糖消耗和乳酸生成减少。这种有氧氧化对糖酵解的抑制作用称为巴士德效应(Pasteur effect)。

产生巴士德效应主要是由于在供氧充足的条件下,细胞内 ATP/ADP 值升高,抑制了 PK 和 PFK,使 6-磷酸果糖和 6-磷酸葡萄糖含量增加,后者反馈抑制己糖激酶(HK),使葡萄糖利用减少,呈现有氧氧化对糖酵解的抑制作用。

Crabtree 效应与巴士德效应相反,在癌细胞中发现,给予葡萄糖时不论供氧充足与否都呈现很强的酵解反应,而糖的有氧氧化受抑制,称为 Crabtree 效应或反巴士德效应。这种现象较普遍地存在于癌细胞中,此外也存在于一些正常组织细胞,如视网膜、睾丸、颗粒白细胞等。

一般认为,具 Crabtree 效应的细胞,其酵解酶系(如 PK、PFK、HK)活性强,而线粒体内氧化酶系,如细胞色素氧化酶活性则较低。它们在争夺 ADP、Pi 及 NADH+H$^+$ 方面,线粒体必然处于劣势,因而缺乏进行氧化磷酸化的底物,即使在供氧充足的情况下,其有氧氧化生成 ATP 的能力仍低于正常细胞,呈现 Crabtree 效应。

三、磷酸戊糖途径

磷酸戊糖途径(pentose phosphate pathway)又称己糖单磷酸旁路(hexose monophosphate shut,HMS)或磷酸葡萄糖旁路(phosphogluconate shut)。此途径由 6-磷酸葡萄糖开始,生成具有重要生理功能的 NADPH 和 5-磷酸核糖,此过程不是机体产能的方式。其主要发生在肝脏、脂肪组织、哺乳期的乳腺、肾上腺皮质、性腺、骨髓和红细胞等。

（一）反应过程

磷酸戊糖途径在细胞液中进行,全过程分为不可逆的氧化阶段和可逆的非氧化阶段。在氧化阶段,3 分子 6-磷酸葡萄糖在 6-磷酸葡萄糖脱氢酶和 6-磷酸葡萄糖酸脱氢酶等催化下,经氧化脱羧生成 6 分子 NADPH+H$^+$、3 分子 CO$_2$ 和 3 分子 5-磷酸核酮糖;在非氧化阶段,5-磷酸核酮糖在转酮基酶(TPP 为辅酶)和转硫基酶催化下,使部分碳链进行相互转换,经三碳、四碳、七碳和磷酸酯等,最终生成 2 分子 6-磷酸果糖和 1 分子 3-磷酸甘油,它们可转变为 6-磷酸葡萄糖继续进行磷酸戊糖途径,也可以进入糖有氧氧化或糖酵解途径。此反应途径中的限速酶是 6-磷酸葡萄糖脱氢酶,此酶活性受 NADPH 浓度影响,NADPH 浓度升高,抑制酶的活性,因此磷酸戊糖途径主要受体内 NADPH 的需求量调节。

磷酸戊糖途径全过程如图 6-9 所示:

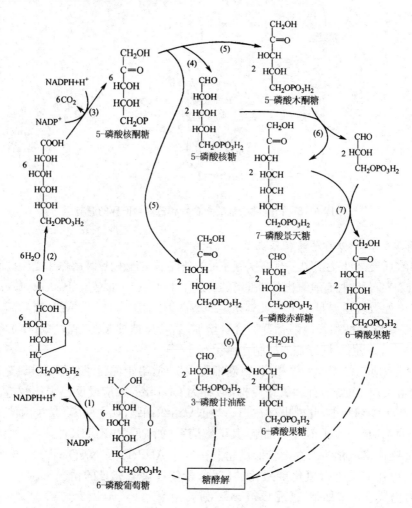

图 6-9　磷酸戊糖途径

(1) 6-磷酸葡萄糖脱氢酶;(2) 内酯酶;(3) 6-磷酸葡萄糖酸脱氢酶;
(4) 异构酶;(5) 差向酶;(6) 转酮基酶;(7) 转醛基酶

（二）生理意义

1. 5-磷酸核糖的生成。此途径是葡萄糖在体内生成 5-磷酸核糖的唯一途径,故命名为磷酸戊糖通路。体内需要的 5-磷酸核糖可通过磷酸戊糖通路氧化阶段的不可逆反应过程生成,也可经非氧化阶段的可逆反应过程生成,而在人体内主要由氧化阶段生成。5-磷酸核糖是合成核苷酸辅酶及核酸的主要原料,故在损伤后修复、再生的组织(如梗死的心肌、部分切除后的肝脏),此代谢途径都比较活跃。

2. NADPH+H⁺ 与 NADH 不同,它携带的氢不是通过呼吸链氧化磷酸化生成 ATP,而是作为供氢体参与许多代谢反应,具有多种不同的生理意义。

(1) 作为供氢体参与体内多种生物合成反应。例如脂肪酸、胆固醇和类固醇激素的生物合成,都需要大量的 NADPH＋H$^+$,因此磷酸戊糖途径在合成脂肪及固醇类化合物的肝、肾上腺、性腺等组织中特别旺盛。

(2) NADPH＋H$^+$ 是谷胱甘肽还原酶的辅酶,对维持还原型谷胱甘肽(GSH)的正常含量有很重要的作用。GSH 能保护某些蛋白质中的巯基,如红细胞膜和血红蛋白上的—SH 基,因此缺乏 6-磷酸葡萄糖脱氢酶的人,因 NADPH＋H$^+$ 缺乏,GSH 含量过低,红细胞易于破坏而发生溶血性贫血。

(3) NADPH＋H$^+$ 参与肝脏生物转化反应。肝细胞内质网含有以 NADPH＋H$^+$ 为供氢体的加单氧酶体系,参与激素、药物、毒物的生物转化过程。

(4) NADPH＋H$^+$ 参与体内嗜中性粒细胞和巨噬细胞产生离子态氧的反应,因而有杀菌作用。

第三节　糖异生

非糖物质转变为葡萄糖或糖原的过程称为糖异生(gluconeogenesis)。非糖物质主要有生糖氨基酸(甘、丙、苏、丝、天冬、谷、半胱、脯、精、组氨酸等)、有机酸(乳酸、丙酮酸及三羧酸循环中的各种羧酸)和甘油等。不同物质转变为糖的速度不同。

进行糖异生的器官,首推肝脏。长期饥饿和酸中毒时肾脏中的糖异生作用大大加强,相当于同重量的肝组织的作用。

一、糖异生的途径

糖异生的途径基本上是糖酵解或糖有氧氧化的逆过程。糖酵解通路中大多数的酶促反应是可逆的,但是糖酵解途径中己糖激酶、磷酸果糖激酶和丙酮酸激酶三个限速酶催化的三个反应过程,都有相当大的能量变化,因为己糖激酶(包括葡萄糖激酶)和磷酸果糖激酶所催化的反应都要消耗 ATP 而释放能量,丙酮酸激酶催化的反应使磷酸烯醇式丙酮酸转移其能量及磷酸基生成 ATP,这些反应的逆过程就需要吸收相等量的能量,因而构成"能障"。越过障碍、实现糖异生,可以由另外不同的酶来催化逆行过程,而绕过各自能障。这种由不同的酶催化的单向反应,造成两个作用物互变的循环称为作用物循环或底物循环。

（一）由丙酮酸激酶催化的逆反应

由丙酮酸激酶催化的逆反应是由两步反应来完成的。首先由丙酮酸羧化酶催化,将丙酮酸转变为草酰乙酸,然后再由磷酸烯醇式丙酮酸羧激酶催化,由草酰乙酸生成磷酸烯醇式丙酮酸。过程表示如下:

$$
\text{丙酮酸} \xrightarrow[\quad]{\text{ATP} \quad \text{ADP+Pi}} \text{草酰乙酸} \xrightarrow[\quad]{\text{GTP} \quad \text{GDP+Pi}} \text{磷酸烯醇式丙酮酸}
$$

这个过程中消耗两个高能键(一个来自 ATP,另一个来自 GTP),而由磷酸烯醇式丙酮酸分解为丙酮酸只生成 1 个 ATP。

由于丙酮酸羧化酶仅存在于线粒体内,胞液中的丙酮酸必须进入线粒体才能羧化生成草酰乙酸,而磷酸烯醇式丙酮酸羧激酶在线粒体和胞液中都存在,因此草酰乙酸可在线粒体中直接转变为磷酸烯醇式丙酮酸再进入胞液中,也可在胞液中被转变为磷酸烯醇式丙酮酸。但是,草酰乙酸不能通过线粒体膜,其进入胞液可通过两种方式将其转运:一种是经苹果酸脱氢酶作用,将其还原成苹果酸,然后通过线粒体膜进入胞液,再由胞液中 NAD^+-苹果酸脱氢酶将苹果酸脱氢氧化为草酰乙酸而进入糖异生反应途径。由此可见,以苹果酸代替草酰乙酸透过线粒体膜,不仅解决了糖异生所需要的碳单位,同时又从线粒体内带出一对氢,以 $NADH+H^+$ 形成使 1,3-二磷酸甘油酸生成 3-磷酸甘油醛,从而保证了糖异生顺利进行。另一种方式是经谷草转氨酶的作用,生成天冬氨酸后再逸出线粒体,进入胞液中的天冬氨酸再经胞液中谷草转氨酶催化而恢复生成草酰乙酸。有实验表明,以丙酮酸或能转变为丙酮酸的某些生糖氨基酸作为原料成糖时,以苹果酸通过线粒体方式进行糖异生,而乳糖进行糖异生反应时,它在胞液中变成丙酮酸时已脱氢生成 $NADH+H^+$,可供利用,故常在线粒体内生成草酰乙酸后,再变成天冬氨酸而出线粒体内膜进入胞浆。草酰乙酸逸出线粒体的方式如图 6-10 所示。

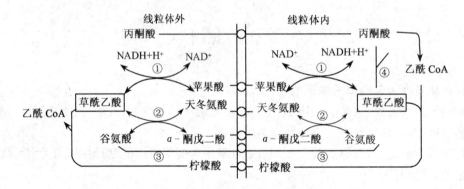

图 6-10 草酰乙酸逸出线粒体的方式示意图
① 苹果酸脱氢酶;② 谷草转氨酶;③ 柠檬合成酶;④丙酮酸羧化酶;⑤ ATP-柠檬酸裂合酶

(二) 由己糖激酶和磷酸果糖激酶催化的两个反应的逆行过程

由己糖激酶和磷酸果糖激酶催化的两个反应的逆行过程由两个特异的磷酸酶水解己糖磷酸酯键完成。催化 G-6-P 水解生成葡萄糖的酶为葡萄糖-6-磷酸酶(glucose-6-phosphatase);催化 1,6-二磷酸果糖水解生成 F-6-P 的酶是果糖二磷酸酶(fructose diphosphatase)。

除上述几步反应以外,糖异生反应就是糖酵解途径的逆反应过程。

现将肝脏和肾皮质中糖的氧化与糖异生作用过程总结如图 6-11,糖异生作用的三种主要原料有乳酸、甘油和氨基酸等,乳酸在乳酸脱氢酶作用下转变为丙酮酸,经前述羧化支路成糖;甘油被磷酸化生成磷酸甘油后,氧化成磷酸二羟丙酮,再循糖酵解逆行过程合成糖;氨基酸则通过多种渠道成为糖酵解或糖有氧氧化过程中的中间产物,然后生成糖;三羧酸循环中的各种羧酸则可转变为草酰乙酸,然后生成糖。

二、糖异生的生理意义

(一) 糖异生作用的主要生理意义

在饥饿情况下,维持血糖浓度的相对恒定。

血糖的正常浓度为 3.89~6.11 mmol/L,即使禁食数周,血糖浓度仍可保持在3.40 mmol/L左右,这对保证某些主要依赖葡萄糖供能的组织的功能具有重要意义。停食一夜(8~10 小

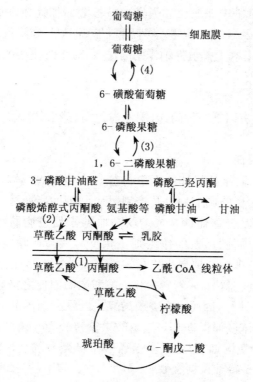

图 6‑11 肝与肾皮质中糖氧化与糖异生的通路示意图

(1)(2)(3)(4)是糖异生作用的关键反应

时)、处于安静状态的正常人每日体内葡萄糖的利用量为,脑约 125 g,肌肉(休息状态)约 50 g,血细胞等约 50 g,仅这几种组织消耗糖量达 225 g。体内贮存可供利用的糖约 150 g,贮糖量最多的肌糖原仅供本身氧化供能,若只用肝糖原的贮存量来维持血糖浓度最多不超过 12 小时,由此可见糖异生的重要性。

(二)糖异生作用与乳酸的作用密切关系

在激烈运动时,肌肉糖酵解生成大量乳酸,后者经血液运到肝脏可再合成肝糖原和葡萄糖,因而使不能直接产生葡萄糖的肌糖原间接变成血糖,并且有利于回收乳酸分子中的能量,更新肌糖原,防止乳酸酸中毒的发生(图 6‑12)。

(三)协助氨基酸代谢

实验证实,进食蛋白质后,肝中糖原含量增加;禁食晚期、糖尿病或皮质醇过多时,由于组织蛋白质分解,血浆氨基酸增多,糖异生作用增强。因而氨基酸成糖可能是氨基酸代谢的主要途径。

(四)促进肾小管泌氨的作用

长期禁食后肾脏的糖异生可以明显增加,发生这一变化的原因可能是饥饿造成的代谢性酸中毒,体液 pH 降低可以促进肾小管中磷酸烯醇式丙酮酸羧激酶的合

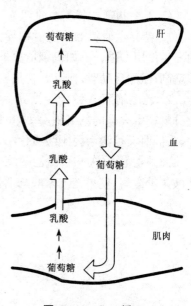

图 6‑12 Cori 循环

131

成,使成糖作用增加。当肾脏中 α-酮戊二酸经草酰乙酸而加速成糖后,可因 α-酮戊二酸的减少而促进谷氨酰胺脱氨以及谷氨酸脱氨,肾小管细胞将 NH_3 分泌入管腔中,与原尿中 H^+ 结合,降低原尿 H^+ 的浓度,有利于排氢保钠作用的进行,对于防止酸中毒有重要作用。

三、糖异生的调节

糖异生的限速酶主要有以下 4 种酶:丙酮酸羧化酶、磷酸烯醇式丙酮酸羧激酶、果糖二磷酸酶和葡萄糖磷酸酶。

（一）激素对糖异生的调节

激素调节糖异生作用对维持机体的恒稳状态十分重要,激素对糖异生调节实质是调节糖异生和糖酵解这两个途径的调节酶以及控制供应肝脏的脂肪酸,更大量的脂肪酸使肝脏氧化更多的脂肪酸,也就促进葡萄糖合成。胰高血糖素促进脂肪组织分解脂肪,增加血浆脂肪酸,所以促进糖异生;而胰岛素的作用则正相反。胰高血糖素和胰岛素都可通过影响肝脏酶的磷酸化修饰状态来调节糖异生作用。胰高血糖素激活腺苷酸环化酶以产生 cAMP,也就激活 cAMP 依赖的蛋白激酶,后者磷酸化丙酮酸激酶而使之抑制。这一酵解途径上的调节酶受抑制就刺激糖异生途径,因而阻止磷酸烯醇式丙酮酸向丙酮酸转变。胰高血糖素降低2,6-二磷酸果糖在肝脏的浓度而促进 1,6-二磷酸果糖转变为 6-磷酸果糖,这是由于 2,6-二磷酸果糖是果糖二磷酸酶的变构抑制剂,又是 6-磷酸果糖激酶的变构激活剂,胰高血糖素能通过 cAMP 促进双功能酶(6-磷酸果糖激酶 2/果糖 2,6-二磷酸酶)磷酸化。这个酶经磷酸化后就灭活激酶部位,却活化磷酸酶部位,因而 2,6-二磷酸果糖生成减少,而被水解为 6-磷酸果糖增多。这种由胰高血糖素引起的 2,6-二磷酸果糖下降的结果是 6-磷酸果糖激酶-1 活性下降,果糖二磷酸酶活性增高,果糖二磷酸转变为 6-磷酸果糖增多,有利于糖异生。而胰岛素的作用正相反。

除上述胰高血糖素和胰岛素对糖异生和糖酵解的短快调节,它们还分别诱导或阻遏糖异生和糖酵解的调节酶。胰高血糖素/胰岛素值高,诱导大量磷酸烯醇式丙酮酸羧激酶、果糖 6-磷酸酶等糖异生酶的合成,而阻遏葡萄糖激酶和丙酮酸激酶的合成。

（二）变构剂对糖异生的调节

1. 糖异生原料的浓度对糖异生作用的调节　血浆中甘油、乳酸和氨基酸浓度增加时,糖的异生作用增强。例如饥饿情况下,脂肪动员增加,组织蛋白质分解加强,血浆中甘油和氨基酸增高;激烈运动时,血乳酸含量剧增,都可促进糖异生作用。

2. 乙酰辅酶 A 浓度对糖异生的影响　乙酰辅酶 A 决定了丙酮酸代谢的方向,脂肪酸氧化分解产生大量的乙酰辅酶 A,可以抑制丙酮酸脱氢酶系,使丙酮酸大量蓄积,为糖异生提供原料;同时又可激活丙酮酸羧化酶,加速丙酮酸生成草酰乙酸,使糖异生作用增强。

此外乙酰 CoA 与草酰乙酸缩合生成柠檬酸,由线粒体内透出而进入细胞液中,可以抑制磷酸果糖激酶,使果糖二磷酸酶活性升高,促进糖异生(图 6-13)。

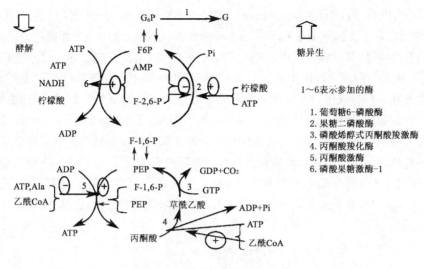

图 6-13　变构剂对糖异生的调节

第四节　糖原的合成与分解

一、糖原的合成

由葡萄糖(包括少量果糖和半乳糖)合成糖原的过程称为糖原合成,反应在细胞质中进行,需要消耗 ATP 和 UTP。合成反应包括以下几个步骤:

反应 1:葡萄糖磷酸化:葡萄糖 ＋ ATP ⟶ 6-磷酸葡萄糖 ＋ ADP,催化这步反应的是己糖激酶,在酵解途径相关内容中已介绍了。

反应 2:6-磷酸葡萄糖转变为 1-磷酸葡萄糖:6-磷酸葡萄糖⟶1-磷酸葡萄糖,催化这步反应的是磷酸葡萄糖变位酶。

反应 3:尿苷二磷酸葡萄糖的生成。本步反应由尿苷二磷酸葡萄糖焦磷酸化酶(UDPG pyrophosphorylase)催化,产生的尿苷二磷酸葡萄糖(UDPG)是活泼的葡萄糖。这个反应是可逆的,但是焦磷酸随即被焦磷酸酶水解,所以实际是合成 UDPG 的单向反应。PPi 水解推动原本可逆反应向单方向进行是很常见的情况。

反应 4:UDPG 与糖原结合:UDPG ＋(葡萄糖)$_n$ ⟶(葡萄糖)$_{n+1}$＋UDP,催化这个反应的是糖原合酶(glycogen synthase),作用物是 UDPG 和糖原,葡萄糖 1 位碳与糖原非还原末端葡萄糖残基上的 C_4 羟基形成 1→4 糖苷键,产生直链淀粉,不能形成 1→6 糖苷键。要合成分支链,尚要另外的酶。

糖原合成酶催化的糖原合成反应不能从头开始合成第一个糖分子,至少需要含 4 个葡萄糖

残基的 α-1,4-多聚葡萄糖作为引物(primer),在其非还原性末端与 UDPG 反应。UDPG 上的葡萄糖基 C_1 与糖原分子非还原末端 C_4 形成 α-1,4-糖苷链,使糖原增加一个葡萄糖单位。UDPG 是活泼葡萄糖基的供体,其生成过程中消耗 UTP,故糖原合成是耗能过程,糖原合成酶只能促成 α-1,4-糖苷键。因此该酶催化反应生成为 α-1,4-糖苷键相连构成的直链多糖分子,如淀粉。

机体内存在一种特殊蛋白质称为 glycogenin,可作为葡萄糖基的受体,从头开始如合成第一个糖原分子的葡萄糖,催化此反应的酶是糖原起始合成酶(glycogen initiaor synthase),进而合成一寡糖链作为引物,再继续由糖原合成酶催化合成糖。同时糖原分枝链的生成需分枝酶(branching enzyme)催化,将 5~8 个葡萄糖残基寡糖直链转到另一糖原子上,以 α-1,6-糖苷键相连,生成分枝糖链,在其非还原性末端可继续由糖原合成酶催化进行糖链的延长。多分枝增加糖原水溶性有利于其贮存,同时在糖原分解时可从多个非还原性末端同时开始,提高分解速度。

糖原合成过程如图 6-14 所示。

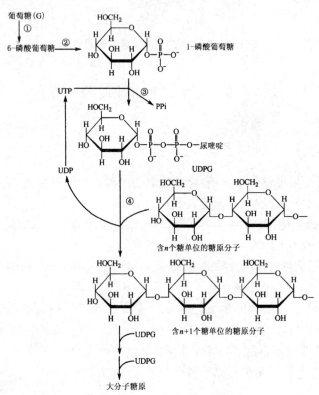

图 6-14 糖原合成示意图
① 己糖激酶或葡萄糖激酶(肝中);② 磷酸葡萄糖变位酶;
③ UDPG 焦磷酸化酶;④ 糖原合成酶

二、糖原的分解

糖原分解不是糖原合成的逆反应,除磷酸葡萄糖变位酶外,其他酶均不一样,反应包括:

(1) G_n(糖原) $+ P_i \xrightarrow{\text{糖原磷酸化酶}}$ G-1-P $+ G_{(n-1)}$

(2) G-1-P $\xleftrightarrow{\text{变位酶}}$ G-6-P

(3) G-6-P $+ H_2O \xrightarrow{\text{6-磷酸葡萄糖磷酸酶}}$ G $+ P_i$

这样将糖原中 1 个糖基转变为 1 分子葡萄糖,但是磷酸化酶只作用于糖原上的 α(1→4)糖苷键,并且催化至距 α(1→6)糖苷键 4 个葡萄糖残基时就不再起作用,这时就要有脱枝酶(debranching enzyme)的参与才可将糖原完全分解。脱枝酶是一种双功能酶,它催化糖原脱枝的两个反应,第一种功能是 4-α-葡聚糖基转移酶(4-α-D-glucanotrnsferase)活性,即将糖原上四葡聚糖分枝链上的三葡聚糖基转移到酶蛋白上,然后再交给同一糖原分子或相邻糖原分子末端具自由 4-羟基的葡萄糖残基上,生成 α(1→4)糖苷键,结果直链延长 3 个葡萄糖,而α(1→6)分枝处只留下 1 个葡萄糖残基。脱枝酶的另一功能,即在 1,6-葡萄糖苷酶活性催化下,这个葡萄糖基被水解脱下,成为游离的葡萄糖,在磷酸化酶与脱枝酶的协同和反复的作用下,糖原可以完全磷酸化和水解。

糖原分解过程如图 6-15 所示。

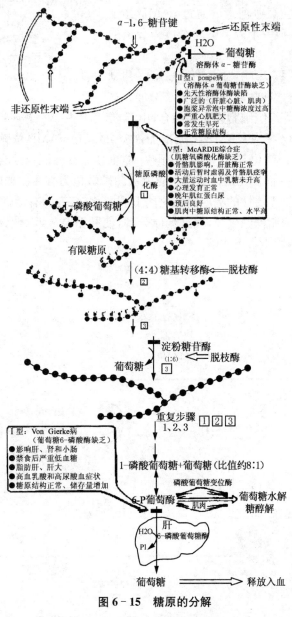

图 6-15　糖原的分解

三、糖原代谢的调节

糖原合成酶和磷酸化酶分别是糖原合成与分解代谢中的限速酶,它们均受到变构与共价修饰两重调节。

(一)糖原代谢的变构调节

6-磷酸葡萄糖可激活糖原合成酶,刺激糖原合成;同时,抑制糖原磷酸化酶,阻止糖原分解。ATP 和葡萄糖也是糖原磷酸化酶抑制剂,高浓度 AMP 可激活无活性的糖原磷酸化酶 b,使之产生活性,加速糖原分解。Ca^{2+} 可激活磷酸化酶激酶,进而激活磷酸化酶,促进糖原分解(图 6 - 16)。

(二)激素的调节

体内肾上腺素和胰高血糖素可通过 cAMP 连锁酶促反应逐级放大,构成一个调节糖原合成与分解的控制系统。

当机体受到某些因素影响,如血糖浓度下降和剧烈活动时,促进肾上腺素和胰高血糖素分泌增加。这两种激素与肝或肌肉等组织细胞膜受体结合,由 G 蛋白介导活化腺苷酸环化酶,使 cAMP 生成增加,cAMP 又使 cAMP 依赖蛋白激酶(cAMP dependent protein kinase)活化,活化的蛋白激酶一方面使有活性的糖原合成酶 a 磷酸化为无活性的糖原合成酶 b;另一面使无活性的磷酸化酶激酶磷酸化为有活性的磷酸化酶激酶,活化的磷酸化酶激酶进一步使无活性的糖原磷酸化酶 b 磷酸化,转变为有活性的糖原磷酸化酶 a(图 6 - 17)。最终结果是抑制糖原生成,促进糖原分解,使肝糖原分解为葡萄糖释放入血,使血糖浓度升高,肌糖原分解用于肌肉收缩。

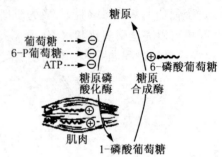

图 6 - 16　糖原合成和分解的变构调节

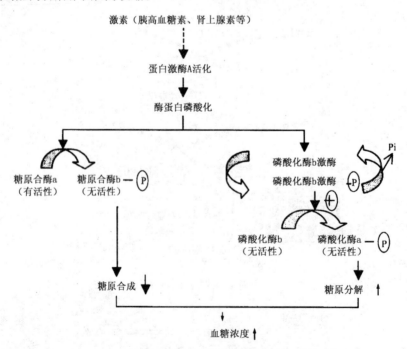

图 6 - 17　糖原合成与分解的共价修饰调节

第五节　血糖及血糖含量调节

血液中的糖主要是葡萄糖,称为血糖(blood sugar),血糖的含量是反映体内糖代谢状况的一项重要指标。正常情况下,血糖含量有一定的波动范围,正常人空腹静脉血含葡萄糖3.89～6.11 mmol/L。当血糖的浓度高于8.89～10.00 mmol/L,超过肾小管重吸收的能力,就可出现糖尿现象。通常将8.89～10.00 mmol/L 的血糖浓度称为肾糖阈(renal threshold of glucose),即尿中出现糖时血糖的最低界限。

人在进食后,由于大量葡萄糖吸收入血,血糖升高,但一般在2小时后又可恢复到正常范围;在轻度饥饿初期,血糖可以稍低于正常,但在短期内,即使不进食物,血糖也可恢复并维持在正常水平。为什么血糖含量能经常地维持在一定范围内? 这是因为血糖有许多来源和去路,这些来源和去路在神经和激素的调节下,使血糖处于动态平衡状态。

血糖含量维持在一定水平,对于保证人体各组织器官,特别是脑组织的正常功能活动极为重要。脑组织主要依靠糖有氧氧化供能,所以脑组织在血糖低于正常值的1/3～1/2时,即可引起功能障碍,甚至引起死亡。

一、血糖的来源和去路

血糖的每一来源和去路都是糖代谢反应的一条途径。血糖的根本来源是食物中的糖类。在不进食而血糖趋于降低时,则肝糖原分解作用加强;当长期饥饿时,则肝脏糖异生作用增强,因而血糖仍能继续维持在正常水平。

血糖的主要去路是在组织器官中氧化供能,也可合成糖原贮存,或转变成脂肪及某些氨基酸等。血糖从尿中排出不是一种正常的去路,只是在血糖浓度超过肾糖阈时,一部分糖从尿中排出,称为糖尿(glucosuria)。

血糖的来源和去路可用图6-18表示为:

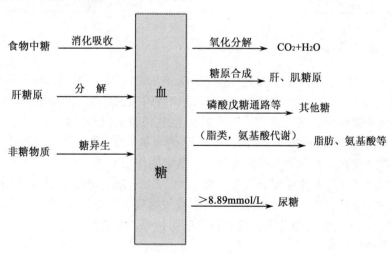

图6-18　血糖的来源和去路

二、激素对血糖的调节作用

多种激素参与对血糖浓度的调节,使血糖浓度降低的激素有胰岛素,使血糖升高的激素主要有肾上腺素、胰高血糖素、肾上腺皮质激素、生长素等,它们对血糖的调节主要是通过对糖代谢各主要途径的影响来实现的。

表6-3 激素对血糖及糖原合成、分解代谢影响

降低血糖的激素	对糖代谢影响	促进释放主要因素	升高血糖的激素	对糖代谢影响	促进释放主要因素
胰岛素	1. 促进肌肉、脂肪组织细胞膜对葡萄糖的通透性,使血糖易于释入细胞内(肝、脑例外)	高血糖,高氨基酸,迷走神经兴奋	肾上腺素	1. 促进肝糖原分解为血糖 2. 促进肌糖原酵解 3. 促进糖异生	交感神经兴奋,低血糖
	2. 促进葡萄糖激酶活性,使血糖易于进入肝细胞内合成肝糖原		胰高血糖素	1. 促进肝糖原分解成血糖 2. 促进糖异生	低血糖,低氨基酸,促胰酶(胆囊素收缩素)
	3. 促进糖氧化		糖皮质激素	1. 促进肝外组织蛋白分解生成氨基酸 2. 促进肝脏中糖异生	应激
	4. 促进糖变成脂肪				
	5. 抑制糖异生,肝糖原分解		生长素	早期:有胰岛素样作用(时间很短) 晚期:有抗胰岛素样作用(主要作用)	低血糖,运动,应激

三、神经调节

用电刺激交感神经系的视丘下部腹内侧核(ventromedial hypothalamic nucleus,VMH)或内脏神经,能使肝糖原减少,血糖升高,同时磷酸化酶磷酸酶活性迅速降低,磷酸化酶 a 的含量增加和葡萄糖-6-磷酸酶的活性升高。上升效果在电刺激后仅 30 秒钟即可达到最高值,比注射肾上腺素或胰高血糖素的效果快,而且 cAMP 的含量不变,磷酸化酶激酶的活性也不变,说明电刺激的直接应答反应与肾上腺素或胰高血糖素的作用不同。

用电刺激副交感神经系的视丘下部外侧核(lateral hypothalamic nucleus,LH)或迷走神经时,肝糖原合成酶活性增加,而磷酸烯醇式丙酮酸羧激酶活性却降低,从而肝糖原合成增加。摘除动物的胰岛,仍可得到类似结果。以上事实证明神经对血糖浓度可通过对糖原合成和分解代谢的调节而产生影响。

四、糖代谢障碍

1. 高血糖及糖尿病(hyperglycemia and glucosuria) 空腹血糖浓度高于7.22～

7.78 mmol/L 称为高血糖,超过肾糖阈时出现糖尿。在生理情况下也会出现高血糖和糖尿,如情绪激动时交感神经兴奋,使肾上腺素分泌增加,肝糖原分解,血糖浓度上升而出现糖尿,称为情感性糖尿(emotional glucosuria);一次食入大量的糖,血糖急剧增高,出现糖尿,称为饮食性糖尿(alimentary glucosuria);临床上静脉点滴葡萄糖速度过快,每小时每公斤体重超过0.4~0.5 克时,也会引起糖尿。

持续性高血糖和糖尿,特别是空腹血糖和糖耐量曲线高于正常范围,主要见于糖尿病(diabetes mellitus)。

某些慢性肾炎、肾病综合征等引起肾脏对糖的重吸收障碍而出现糖尿,但血糖及糖耐量曲线均正常。

2. 低血糖(hypoglycemia)　空腹血糖浓度低于 3.33~3.89mmol/L 时称为低血糖。

低血糖影响脑的正常功能,因为脑细胞中含糖原极少,脑细胞所需要的能量主要来自葡萄糖的氧化。当血糖含量降低时,就会影响脑细胞的功能活性,因而出现头晕、倦怠无力、心悸、手颤、出冷汗,严重时出现昏迷,称为低血糖休克,如不及时给病人静脉输入葡萄糖液,就会死亡。

出现低血糖的病因有:(1)胰性(胰岛 β 细胞机能亢进、胰岛 α 细胞机能低下等);(2)肝性(肝癌、糖原病等);(3)内分泌异常(垂体功能低下,肾上腺皮质功能低下等);(4)肿瘤(如胃癌)等;(5)饥饿或不能进食者等。

3. 糖耐量试验(glucose tolerane test,GTT)　临床上常用糖耐量试验来诊断病人有无糖代谢异常,常用口服的糖耐量试验。被试者清晨空腹静脉采血,测定血糖浓度,然后一次服用100 克葡萄糖,服糖后的 1/2、1、2 小时(必要时可在 3 小时)各测血糖一次。以测定血糖的时间为横坐标(空腹时为 0 时),血糖浓度为纵坐标,绘制糖耐量曲线图 6-19。正常人服糖后1/2~1 小时达到高峰,然后逐渐降低,一般在 2 小时左右恢复正常值,糖尿病患者空腹血糖高于正常值。服糖后血糖浓度急剧升高,2 小时后仍可高于正常。

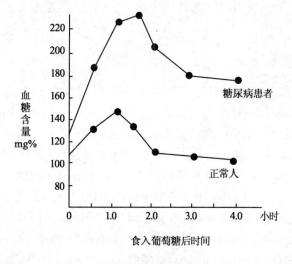

图 6-19　糖耐量曲线

第七章 脂类代谢

第一节 概 述

一、脂类的分类及其功能

脂类分为两大类,即脂肪(fat)和类脂(lipids)。

1. 脂肪 即甘油三酯,或称为脂酰甘油(triacylglycerol),它是由 1 分子甘油与 3 分子脂肪酸通过酯键相结合而成。人体内脂肪酸种类很多,生成甘油三酯时可有不同的排列组合,因此,甘油三酯具有多种形式。贮存能量和供给能量是脂肪最重要的生理功能。1 克脂肪在体内完全氧化时可释放出 38kJ(9.3kcal)能量,比 1 克糖原或蛋白质所放出的能量多两倍以上。脂肪组织是体内专门用于贮存脂肪的组织,当机体需要时,脂肪组织中贮存的脂肪可动员出来分解供给机体能量。此外,脂肪组织还可起到保持体温、保护内脏器官的作用。

2. 类脂 包括磷脂(phospholipids)、糖脂(glycolipid)和胆固醇及其酯(cholesterol and cholesterol ester)三大类。磷脂是含有磷酸的脂类,包括由甘油构成的甘油磷脂(phosphoglycerides)和由鞘氨醇构成的鞘磷脂(sphingomyelin)。糖脂是含有糖基的脂类。这三大类类脂是生物膜的主要组成成分,构成疏水性的"屏障",分隔细胞水溶性成分和细胞器,维持细胞的正常结构与功能。此外,胆固醇还是脂肪酸盐和维生素 D_3 以及类固醇激素合成的原料,对于调节机体脂类物质的吸收,尤其是脂溶性维生素 A、D、E、K 的吸收以及钙、磷代谢等均起着重要作用。

二、脂类的消化和吸收

正常人一般每日每人从食物中消化的脂类,其中甘油三酯占到 90% 以上,除此以外还有少量的磷脂、胆固醇及其酯和一些游离脂肪酸(free fatty acids)。食物中的脂类在成人的口腔和胃中不能被消化,这是由于口腔中没有消化脂类的酶,胃中虽有少量脂肪酶,但此酶只有在中性 pH 值时才有活性,因此在正常胃液中此酶几乎没有活性(但是婴儿时期,胃酸浓度低,胃中 pH 值接近中性,脂肪尤其是乳脂可被部分消化)。脂类的消化及吸收主要在小肠中进行,首先在小肠上段,通过小肠蠕动,由胆汁中的胆汁酸盐使食物脂类乳化,使不溶于水的脂类分散成水包油的小胶体颗粒,提高了溶解度,增加了酶与脂类的接触面积,有利于脂类的消化及吸收。在形成的水包油界面上,分泌入小肠的胰液中包含的酶类,开始对食物中的脂类进行消化,这些酶包括胰脂肪酶(pancreatic lipase)、辅脂酶(colipase)、胆固醇酯酶(pancreatic cholesteryl ester hydrolase or cholesterol esterase)和磷脂酶 A_2(phospholipase A_2)。

食物中的脂肪乳化后,被胰脂肪酶催化,水解甘油三酯的 1 和 3 位上的脂肪酸,生成 2-甘油一酯和脂肪酸。此反应需要辅脂酶协助,将脂肪酶吸附在水界面上,有利于胰脂酶发挥作用。

$$甘油三酯 \xrightarrow{胰脂肪酶} 2\text{-}甘油一脂 + 2 \times 脂肪酸$$

食物中的磷脂被磷脂酶 A_2 催化，在第 2 位上水解生成溶血磷脂和脂肪酸。胰腺分泌的是磷脂酶 A_2 原，是一种无活性的酶原形式，在肠道被胰蛋白酶水解释放一个 6 肽后成为有活性的磷脂酶 A_2，催化上述反应。

$$磷脂 \xrightarrow{磷脂酶 A_2} 溶血磷脂 + 脂肪酸$$

食物中的胆固醇酯被胆固醇酯酶水解，生成胆固醇及脂肪酸。

$$胆固醇酯 \xrightarrow{胆固醇脂酶} 胆固醇 + 脂肪酸$$

食物中的脂类经上述胰液中的酶类消化后，生成甘油一酯、脂肪酸、胆固醇及溶血磷脂等。这些产物极性明显增强，与胆汁乳化成混合微团（mixed micelles）。这种微团体积很小（直径 20 nm），极性较强，可被肠黏膜细胞吸收。

脂类的吸收主要在十二指肠下段和盲肠。甘油及中短链脂肪酸（≤10C）无需混合微团协助，直接吸收入小肠黏膜细胞，进而通过门静脉进入血液。长链脂肪酸及其他脂类消化产物随微团吸收入小肠黏膜细胞。长链脂肪酸在脂酰 CoA 合成酶（fattyacyl CoA synthetase）催化下，生成脂酰 CoA，此反应消耗 ATP。

$$脂肪酸 + HSCoA + ATP \longrightarrow 脂酰 CoA + AMP$$

脂酰 CoA 可在转酰基酶（acyltransferase）作用下，将甘油一酯、溶血磷脂和胆固醇酯化生成相应的甘油三酯、磷脂和胆固醇酯。体内具有多种转酰基酶，它们识别不同长度的脂肪酸，催化特定酯化反应。

$$甘油一酯 \xrightarrow{脂酰 CoA} 甘油二酯 \xrightarrow{脂酰 CoA} 甘油三酯$$
$$溶血磷脂 \xrightarrow{脂酰 CoA} 磷脂$$
$$胆固醇 \xrightarrow{脂酰 CoA} 胆固醇酯$$

这些反应可看成脂类的改造过程，即将食物中动、植物的脂类转变为人体的脂类。

在小肠黏膜细胞中，生成的甘油三酯、磷脂、胆固醇酯及少量胆固醇，与细胞内合成的载脂蛋白（apolipprotein）构成乳糜微粒（chylomicrons），通过淋巴最终进入血液，被其他细胞所利用。可见，食物中脂类的吸收与糖的吸收不同，大部分脂类通过淋巴直接进入体循环，而不通过肝脏。因此食物中的脂类主要被肝外组织利用，肝脏利用外源的脂类是很少的。

第二节 血脂及其代谢

血浆中含有的脂类统称为血脂，包括甘油三酯、磷脂、胆固醇及其酯和非酯化脂肪（non-esterified fatty acid），亦称游离脂肪酸（free fatty acid，简写 FFA）。血脂在脂类的运输和代谢上起着重要作用。血脂只占体重的 0.04%，其含量受到饮食、营养、疾病等因素的影响，因而是临床上了解患者脂类代谢情况的一个重要窗口。正常人血脂含量见表 7-1。它们是以脂蛋白的形式存在并运输的。脂蛋白由脂类与载脂蛋白结合而形成。脂蛋白具有微团结构，非极性的甘油三酯、胆固醇酯等位于核心，外周为亲水性的载脂蛋白和胆固醇、磷脂等极性基团，这样使脂蛋白具有较强水溶性，可在血液中运输（图 7-1）。

表7-1　正常成人空腹血脂的主要成分和含量

脂类物质	含量(毫克/100毫升血浆)	脂类物质	含量(毫克/100毫升血浆)
脂类总重	400～700(500)	胆固醇	105～260(200)
甘油三酯	10～160(100)	酯型	90～260(145)
磷脂	150～250(200)	自由型	40～70(55)
磷脂酰胆碱	80～225(110)	脂肪酸总量	110～485(300)
磷脂酰乙醇胺	0～30(10)	非酯化型脂肪酸	5～20
神经磷脂	10～50(30)		

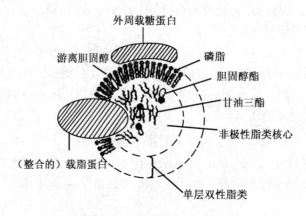

图7-1　血浆脂蛋白的一般结构

一、血浆脂蛋白的分类

血液中的脂蛋白不是单一的分子形式,其脂类和蛋白质的组成有很大的差异,因此血液中的脂蛋白存在多种形式。根据它们各自的特性,采用不同的分类方法,可将它们进行多种分类,一般采用电泳法和超速离心法进行血浆脂蛋白的分类。

（一）电泳分类法

本法根据不同脂蛋白表面所带电荷不同,在一定外加电场作用下,电泳迁移率不同,可将血浆脂蛋白分为四类。如以硝酸纤维素薄膜为支持物,电泳结果是:α-脂蛋白泳动最快,相当于 α_1 球蛋白的位置;前β脂蛋白次之,相当于 α_2-球蛋白位置;β-脂蛋白泳动在前β之后,相当于β-球蛋白的位置;乳糜微粒停留在点样的位置上(图7-2)。

（二）超速离心法

本法依据不同脂蛋白中蛋白质脂类成分所占比例不同,因而分子密度不同(甘油三酯含量多者密度低,蛋白质含量多的分子密度高),在一定离心力作用下,分子沉降速度或漂浮率不同,将脂蛋白分为四类:即乳糜微粒(chylomicrons)、极低密度脂蛋白(very low density lipoprotein,VLDL)、低密度脂蛋白(low density lipoprotein,LDL)和高密度脂蛋白(high density lipoprotein,HDL);分别相当于电泳分离中的乳糜微粒、前β脂蛋白、β-脂蛋白和α-脂蛋白。除上述几类脂蛋白以外,还有一种中间密度脂蛋白(intermediate density lipoprotein,IDL),其密度位于 VLDL 与 LDL 之间,这是 VLDL 代谢的中间产物。HDL 在代谢过程中分子中蛋白

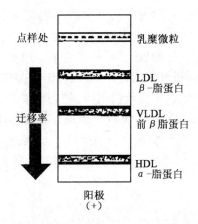

图 7-2 血浆脂蛋白的电泳行为

质与脂类成分有变化,可将 HDL 再分为 HDL$_1$、HDL$_2$ 与 HDL$_3$。HDL$_1$ 在高胆固醇膳食时才出现,HDL$_2$ 为成熟的 HDL,HDL$_3$ 为新生的 HDL,其分子中蛋白质成分多。

二、血浆脂蛋白的组成

(一)脂蛋白中脂类的组成特点

几乎所有脂蛋白均含有甘油三酯、磷脂、胆固醇及其酯。但组成比例有很大差异,其中甘油三酯在乳糜微粒中含量为最高,达其化学组成的 90％ 左右;磷脂含量以 HDL 为最高,达 36％;胆固醇及其酯以 LDL 中最多,几乎占其含量 50％。

(二)血浆脂蛋白的组成、理化性质和生理功能

血浆脂蛋白的组成、理化性质和生理功能见表 7-2。

表 7-2 血浆脂蛋白的组成、理化性质和生理功能

密度分类法	电泳相当的位置	密度	颗粒直径大小(nm)	化学组成(％)				正常人空腹时血浆中含量(％)	主要生理功能
				蛋白质	甘油三酯	胆固醇	磷脂		
乳糜微粒	原点	< 0.96	80～500	0.8～2.5	80～95	2～7	6～9	难于检出	转运外源性脂肪
极低密度脂蛋白	前 β	0.96～1.006	25～80	5～10	50～70	10～15	10～15	很少	转运内源性脂肪
低密度脂蛋白	β	1.063	20～25	25	10	45	20	61～70	转运胆固醇
高密度脂蛋白	α	1.063～1.210	5～30	45～50	5	20	36	30～40	转运磷脂和胆固醇

(三)载脂蛋白

脂蛋白中与脂类结合的蛋白质称为载脂蛋白(apoprotein,apo),载脂蛋白在肝脏和小肠黏膜细胞中合成。目前已发现了十几种载脂蛋白,结构与功能研究比较清楚的有 apoA、apoB、 apoC、apoD 与 apoE 五类。每一类脂蛋白又可分为不同的亚类,如 apoB 分为 B100 和 B48;apoC 分为 CⅠ、CⅡ、CⅢ等。载脂蛋白在分子结构上具有一定特点,往往含有较多的双性 α-螺旋结构,表现出两面性,分子的一侧极性较高,可与水溶剂及磷脂或胆固醇极性区结合,构成脂蛋白的亲水面;分子的另一侧极性较低,可与非极性的脂类结合,构成脂蛋白的疏水核心区。

载脂蛋白的主要功能是稳定血浆脂蛋白结构,作为脂类的运输载体。除此以外有些脂蛋白还可作为酶的激活剂,如 apoAⅠ可激活卵磷脂胆固醇脂酰转移酶(lecithin-cholesterol transferase. LCAT),apoCⅡ可激活脂蛋白脂肪酶(lipoproteinlipase,LPL)。有些脂蛋白也可作为细胞膜受体的配体,如 apo B48,apoE 参与肝细胞对 CM 的识别,apoB100 可被各种组织细胞表面 LDL 受体所识别等。

（四）脂蛋白的代谢

1. 乳糜微粒　乳糜微粒是在小肠上皮细胞中合成的,其特点是含有大量脂肪(约占90%),而蛋白质含量很少。肠黏膜上皮细胞能将食物中消化吸收的脂类(主要是脂肪酸、甘油一酯、胆固醇及溶血卵磷脂等)再重新合成脂肪,然后由内质网上合成的蛋白质、磷脂、胆固醇等组成外壳,将新合成的脂肪包裹起来而形成乳糜微粒。乳糜微粒中的脂肪来自食物,因此乳糜微粒为外源性脂肪的主要运输形式,其运输量与食物中脂肪的含量基本上一致。乳糜微粒经乳糜管、胸导管进入血液。由于乳糜微粒的颗粒很大,能使光散射而呈现乳浊,这就是在饱餐后血清混浊的原因。

2. 极低密度脂蛋白　极低密度脂蛋白主要由肝实质细胞合成,其合成及分泌过程与小肠黏膜上皮细胞合成和分泌乳糜微粒的过程基本类似,其组成上只有量的变化而无质的差别。极低密度脂蛋白的主要成分也是脂肪,但磷脂和胆固醇的含量比乳糜微粒多。肝细胞合成极低密度脂蛋白的脂肪来源是糖在肝细胞中转变而来的,也可由脂库中的脂肪动员出来,所以,它是转运内源性脂肪的主要运输形式。事实上,乳糜微粒所携带的脂肪也有一部分参与极低密度脂蛋白的合成。

当血液经过脂肪组织、肝、肌肉等组织毛细血管时,经管壁的脂蛋白脂肪酶的作用,使乳糜微粒和极低密度脂蛋白中的脂肪水解成脂肪酸和甘油,这些水解产物的大部分则进入细胞被氧化或重新合成脂肪而储存。这种作用进行得很快,所以正常人空腹血浆几乎不易检出乳糜微粒,而且极低密度脂蛋白也很少。

3. 低密度脂蛋白　低密度脂蛋白是血浆中极低密度脂蛋白在清除过程中水解掉部分脂肪及少量蛋白质后的残余部分。由于其中脂肪已被水解掉一部分,低密度脂蛋白中脂肪含量较少,而胆固醇和磷脂的含量则相对地增高,因此,它的主要功能是运输胆固醇。在临床上,对低密度脂蛋白的增多很重视,因为它的增多会导致胆固醇总量的增多,如果低密度脂蛋白结构不稳定,则胆固醇很容易在血管壁沉着而形成斑块,这就是动脉粥状硬化的病理基础,由此可诱发一系列的心、脑血管系统疾病。

4. 高密度脂蛋白　高密度脂蛋白主要是在肝中生成和分泌出来的。最初在细胞内,由蛋白质部分结合磷脂和胆固醇而形成的高密度脂蛋白,其密度大于 1.2,在酶的作用下使其中的胆固醇转变为胆固醇酯,其组成中除蛋白质含量最多外,胆固醇(约 20%)和磷脂(30%)的含量也较高。高密度脂蛋白如果减少,可能会影响血浆脂蛋白的清除,因此,在某些疾病中,作为临床上颇受重视的指标。

以上 4 种血浆脂蛋白的组成中都或多或少的含有磷脂,故磷脂是血浆脂蛋白不可缺少的成分。

（五）高脂蛋白血症

血浆脂蛋白代谢紊乱可以表现为高脂蛋白血症和低脂蛋白血症，后者较为少见，现只介绍高脂蛋白血症。

高脂蛋白血症(hyperlipoproteinemia)亦称高脂血症(hyperlipidemia)，因实际上两者均系血中脂蛋白合成与清除紊乱所致。这类病症可以是遗传性的，也可能是其他原因引起的，表现为血浆脂蛋白异常、血脂增高等，现将其六种主要类型列于表7-3。

表7-3 高脂蛋白血症的类型

类型	脂蛋白变化	血脂的变化		病　因
		主要升高的脂类	次要升高的脂类	
I	CM增高	甘油三酯	胆固醇	LPL或apoCII遗传缺陷
IIa	LDL增高	胆固醇		LDL受体的合成或功能的遗传缺陷
IIb	LDL、VLDL增高	甘油三酯	胆固醇	遗传因素影不大，主要受膳食影响
III	LDL增高	甘油三酯、胆固醇		apoE异常干扰了CM及VLDL残粒的吸收
IV	VLDL增高	甘油三酯	胆固醇	分子缺陷不清，多由于肥胖，饮酒过量或糖尿病所致
V	CM、VLDL增高	甘油三酯	胆固醇	实际为I型和IV型的混合症

第三节　甘油三酯代谢

甘油三酯是人体内含量最多的脂类，大部分组织均可以利用甘油三酯分解产物供给能量，同时肝脏、脂肪等组织还可以进行甘油三酯的合成，在脂肪组织中贮存。

一、甘油三酯的分解代谢

脂肪组织中的甘油三酯在一系列脂肪酶的作用下，分解生成甘油和脂肪酸，并释放入血供其他组织利用的过程，称为脂肪动员。

$$甘油三酯 \xrightarrow{\text{脂肪酶}} 甘油+3分子游离脂肪酸$$

在这一系列的水解过程中，催化由甘油三酯水解生成甘油二酯的甘油三酯脂肪酶是脂肪动员的限速酶，其活性受许多激素的调节，称为激素敏感脂肪酶(hormone sensitive lipase, HSL)。胰高血糖素、肾上腺素和去甲肾上腺素与脂肪细胞膜受体作用，激活腺苷酸环化酶，使细胞内cAMP水平升高，进而激活cAMP依赖蛋白激酶，将HSL磷酸化而活化，促进甘油三酯水解，这些可以促进脂肪动员的激素称为脂解激素(lipolytic hormones)。胰岛素和前列腺素等与上述激素作用相反,可抑制脂肪动员,称为抗脂解激素(antilipolytic hormones)。激素影响甘油三酯脂肪酶活性的作用机理见图7-3。

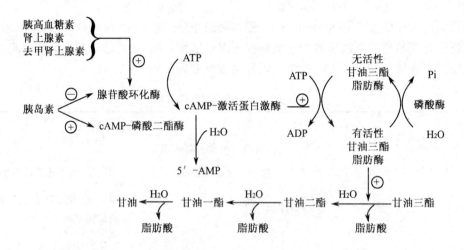

图 7-3　激素影响甘油三酯脂肪酶活性的作用机理

脂肪动员生成的脂肪酸可释放入血,与白蛋白结合形成脂酸白蛋白,运输至其他组织被利用。但是,脑及神经组织和红细胞等不能利用脂肪酸。甘油被运输到肝脏,被甘油激酶催化生成3-磷酸甘油,进入糖酵解途径分解或用于糖异生。脂肪和肌肉组织中因缺乏甘油激酶而不能利用甘油。

二、甘油三酯合成代谢

人体可利用甘油、糖、脂肪酸和甘油一酯为原料,经过磷脂酸途径和甘油一酯途径合成甘油三酯。

(一)甘油一酯途径

以甘油一酯为起始物,与脂酰 CoA 共同在脂酰转移酶作用下酯化生成甘油三酯。

$$甘油一酯 \xrightarrow{脂酰 CoA} 甘油二酯 \xrightarrow{脂酰 CoA} 甘油三酯$$

(二)磷脂酸途径

磷脂酸即 3-磷酸-1,2-甘油二酯,是合成含甘油酯类的共同前体。糖酵解的中间产物磷酸二羟丙酮在甘油磷酸脱氢酶作用下,还原生成 α-磷酸甘油(或称 3-磷酸甘油);游离的甘油也可经甘油激酶催化,生成 α-磷酸甘油(因脂肪及肌肉组织缺乏甘油激酶,故不能利用激离的甘油)。α-磷酸甘油在脂酰转移酶(acyl transferase)作用下,与两分子脂酰 CoA 反应生成 3-磷酸-1,2 甘油二酯即磷脂酸(phosphatidic acid)。此外,磷酸二羟丙酮也可不转为 α-磷酸甘油,而是先酯化,后还原生成溶血磷脂酸,然后再经酯化合成磷脂酸。

磷脂酸在磷脂酸磷酸酶作用下,水解释放出无机磷酸,而转变为甘油二酯,它是甘油三酯的前身物,只需酯化即可生成甘油三酯。

甘油三酯的合成过程见图7-4。

146

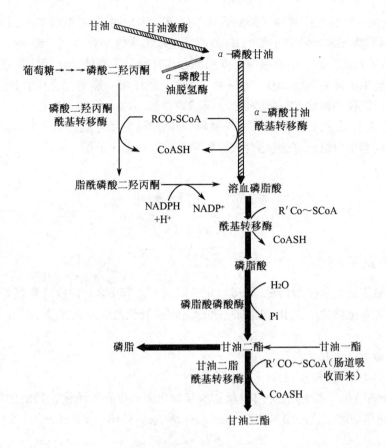

图 7-4 甘油三酯的合成

注:图中粗线表示生成磷脂酸的主要途径

甘油三酯所含的三个脂肪酸可以是相同的或不同的,可以是饱和脂肪酸或不饱和脂肪酸。

甘油三酯的合成速度受激素的影响而改变,如胰岛素可促进糖转变为甘油三酯。由于胰岛素分泌不足或作用失效所致的糖尿病患者,不仅不能很好利用葡萄糖,而且葡萄糖或某些氨基酸也不能用于合成脂肪酸,而表现为脂肪的氧化速度增加,酮体生成过多,其结果是患者体重下降。此外,胰高血糖素、肾上腺皮质激素等也影响甘油三酯的合成。

（三）不同组织甘油三酯的合成特点

不同的组织细胞中甘油三酯的合成各有特点,下面主要讨论肝脏、脂肪组织和小肠黏膜上皮细胞合成甘油三酯的特点。

1. 肝脏 肝脏可利用糖、甘油和脂肪酸作原料,通过磷脂酸途径合成甘油三酯。脂肪酸的来源有脂肪动员来的脂肪酸,由糖和氨基酸转变生成的脂肪酸和食物中来的外源性脂肪酸(食物中脂肪消化吸收后经血入肝的中短链脂肪酸,乳糜微粒残余颗粒中脂肪分解生成的脂肪酸)。

肝细胞含脂类物质约 $4\%\sim7\%$,其中甘油三酯约占 $1/2$,甘油三酯含量过高会引起脂肪肝。正常情况下,肝脏合成的甘油三酯和磷脂、胆固醇、载脂蛋白一起形成极低密度脂蛋白,分泌入血。若磷脂合成障碍或载脂蛋白合成障碍就会影响甘油三酯转运出肝,引起脂肪肝。另外,若进入肝脏的脂肪酸过多,合成甘油三酯的量超过了合成载脂蛋白的能力,也可引起脂肪肝。

2. 脂肪组织　脂肪组织甘油三酯的合成与肝脏基本相同,两者的区别是脂肪组织不能利用甘油,只能利用糖分解提供的 α-磷酸甘油;脂肪组织能大量储存甘油三酯。

3. 小肠黏膜上皮细胞　小肠黏膜上皮细胞合成甘油三酯有两条途径。在进餐后,食物中的甘油三酯水解生成游离脂肪酸和甘油一酯,吸收后经甘油一酯途径合成甘油三酯。这些甘油三酯参与乳糜微粒的组成,这一途径是小肠黏膜甘油三酯合成的主要特点。而在饥饿情况下,小肠黏膜也能利用糖、甘油和脂肪酸作原料,经磷脂酸途径合成甘油三酯,这一部分甘油三酯参与极低密度脂蛋白组成,此时的合成原料和过程又类似于肝脏。

第四节　脂肪酸代谢

一、脂肪酸的氧化分解

脂肪酸在有充足氧供给的情况下,可氧化分解为 CO_2 和 H_2O,释放大量能量,因此脂肪酸是机体主要的能量来源之一。肝和肌肉是进行脂肪酸氧化最活跃的组织,其最主要的氧化形式是 β-氧化。

(一)脂肪酸的 β-氧化过程

此过程可分为活化、转移、β-氧化三个阶段。

1. 脂肪酸的活化　和葡萄糖一样,脂肪酸参加代谢前也先要活化。其活化形式是硫酯脂肪酰 CoA,催化脂肪酸活化的酶是脂酰 CoA 合成酶(acyl CoA synthetase)。

$$R—COOH + ATP + HS—CoA \xrightarrow[Mg^{2+}]{脂酰 CoA 合成酶} R—CO—SCoA + AMP + PPi$$

脂肪酸　　　　　　　　　　　　　　　　　　　脂酰 CoA

活化后生成的脂酰 CoA 极性增强,易溶于水;分子中有高能键,性质活泼;是酶的特异性底物,与酶的亲和力大,因此更容易参加反应。

脂酰 CoA 合成酶又称硫激酶,分布在胞浆中、线粒体膜和内质网膜上。胞浆中的硫激酶催化中短链脂肪酸活化;内质网膜上的酶活化长链脂肪酸,生成脂酰 CoA,然后进入内质网用于甘油三酯合成;而线粒体膜上的酶活化的长链脂酰 CoA,进入线粒体进入 β-氧化。

2. 脂酰 CoA 进入线粒体　催化脂肪酸 β-氧化的酶系在线粒体基质中,但长链脂酰 CoA 不能自由通过线粒体内膜,要进入线粒体基质就需要载体转运,这一载体就是肉毒碱(carnitine),即 3-羟-4-三甲氨基丁酸。

$$\overset{+}{(CH_3)_3N}—CH_2—\overset{3}{CH}—CH_2—\overset{2}{COO^-}$$
$$|$$
$$OH$$

3-羟-4-三甲氨基丁酸

长链脂肪酰 CoA 和肉毒碱反应,生成辅酶 A 和脂酰肉毒碱,脂肪酰基与肉毒碱的 3-羟基通过酯键相连接。

脂酰 CoA—肉毒碱 $\underset{\text{肉毒碱脂酰转移酶}}{\xleftarrow{\hspace{2cm}}\rightarrow}$ 脂酰肉毒碱|HSCoA

$$\overset{+}{(CH_3)_3N}—CH_2—CH—CH_2—COO^-$$
$$|$$
$$O—CO—R$$

催化此反应的酶为肉毒碱脂酰转移酶(carnitine acyl transferase)。线粒体内膜的内外两侧均有此酶,系同工酶,分别称为肉毒碱脂酰转移酶Ⅰ和肉毒碱脂酰转移酶Ⅱ。酶Ⅰ使胞浆的脂酰CoA转化为辅酶A和脂肪酰肉毒碱,后者进入线粒体内膜。位于线粒体内膜内侧的酶Ⅱ又使脂肪酰肉毒碱转化成肉毒碱和脂酰CoA,肉毒碱重新发挥其载体功能,脂酰CoA则进入线粒体基质,成为脂肪酸β-氧化酶系的底物(见图7-5)。

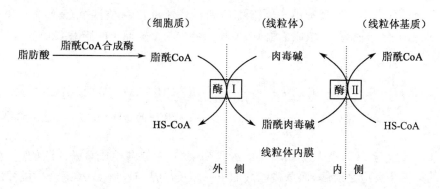

图 7 - 5　肉毒碱参与脂酰 CoA 转入线粒体示意图
酶Ⅰ:位于线粒体内膜外侧的肉毒碱脂酰转移酶;酶Ⅱ:位于线粒体内膜内侧的肉毒碱脂酰转移酶

长链脂酰CoA进入线粒体的速度受到肉毒碱脂酰转移酶Ⅰ和酶Ⅱ的调节,酶Ⅰ受丙二酰CoA抑制,酶Ⅱ受胰岛素抑制。丙二酰CoA是合成脂肪酸的原料,胰岛素通过诱导乙酰CoA羧化酶的合成使丙二酰CoA浓度增加,进而抑制酶Ⅰ。可以看出,胰岛素对肉毒碱脂酰转移酶Ⅰ和酶Ⅱ有间接或直接的抑制作用。饥饿或禁食时胰岛素分泌减少,肉毒碱脂酰转移酶Ⅰ和酶Ⅱ活性增高,转移的长链脂肪酸进入线粒体氧化供能。

3. β-氧化的反应过程　脂酰CoA在线粒体基质中进入β-氧化要经过四步反应,即脱氢、加水、再脱氢和硫解,生成1分子乙酰CoA和1个少两个碳的新的脂酰CoA。

第一步:脱氢(dehydrogenation)反应由脂酰CoA脱氢酶活化(辅基为FAD),脂酰CoA在α和β碳原子上各脱去一个氢原子,生成具有反式双键的α、β-烯脂酰CoA。

$$R-CH_2-\underset{\beta}{CH_2}-\underset{\alpha}{CH_2}-\overset{O}{\underset{}{C}}-SCoA \xrightarrow[FAD\quad FADH_2]{脂酰\ CoA\ 脱氢酶} R-CH_2-\underset{\underset{H}{|}}{\overset{H}{\underset{\beta}{C}}}=\underset{\alpha}{C}-\overset{O}{\underset{}{C}}-SCoA$$

脂酰 CoA　　　　　　　　　　　　　　　　　　　　　　烯脂酰 CoA

第二步:加水(hydration)反应由烯脂酰CoA水合酶催化,生成具有L-构型的β-羟脂酰CoA。

$$R-CH_2-\overset{H}{\underset{\underset{H}{|}}{\underset{\beta}{C}}}=\underset{\alpha}{C}-\overset{O}{\underset{}{C}}-SCoA \xrightarrow[H_2O]{烯脂酰\ CoA\ 水合酶} R-CH_2-\underset{\underset{H}{|}}{\overset{OH}{\underset{\beta}{C}}}-\underset{\underset{H}{|}}{\overset{H}{\underset{\alpha}{C}}}-\overset{O}{\underset{}{C}}-SCoA$$

烯脂酰 CoA　　　　　　　　　　　　　　　　　　　　　β-羟脂酰 CoA

第三步:再脱氢反应是在β-羟脂酰CoA脱氢酶(辅酶为NAD$^+$)催化下,β-羟脂酰CoA脱氢生成β-酮脂酰CoA。

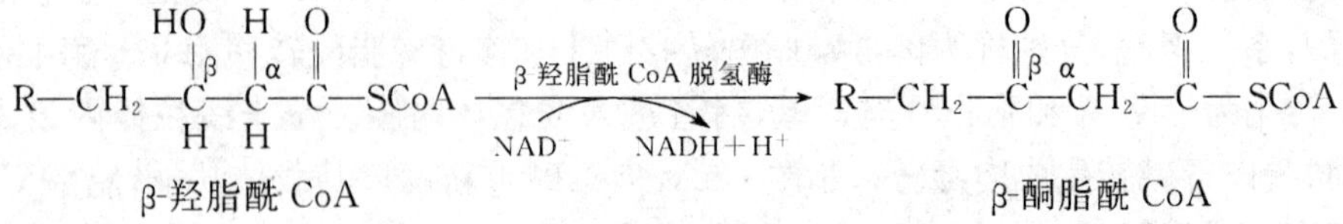

$$\underset{\beta\text{-羟脂酰 CoA}}{R-CH_2-\overset{\overset{\displaystyle HO}{|}\underset{\displaystyle H}{|}}{\underset{\beta}{C}}-\overset{\overset{\displaystyle H}{|}\underset{\displaystyle H}{|}}{\underset{\alpha}{C}}-\overset{\displaystyle O}{\overset{\|}{C}}-SCoA} \xrightarrow[\underset{NAD^-\quad NADH+H^+}{}]{\beta\text{ 羟脂酰 CoA 脱氢酶}} \underset{\beta\text{-酮脂酰 CoA}}{R-CH_2-\overset{\displaystyle O}{\underset{\beta}{\overset{\|}{C}}}-CH_2-\overset{\displaystyle O}{\underset{\alpha}{\overset{\|}{C}}}-SCoA}$$

第四步:硫解(thiolysis)反应由 β-酮脂酰 CoA 硫解酶催化,β-酮酯酰 CoA 在 α 和 β 碳原子之间断链,加上 1 分子辅酶 A,生成乙酰 CoA 和 1 个少两个碳原子的脂酰 CoA。

$$\underset{\beta\text{-酮脂酰 CoA}}{R-CH_2-\overset{\displaystyle O}{\underset{\beta}{\overset{\|}{C}}}-CH_2-\overset{\displaystyle O}{\underset{\alpha}{\overset{\|}{C}}}-SCoA} \xrightarrow[HS-CoA]{\beta\text{-酮脂酰 CoA硫解酶}} \underset{\text{少两个碳原子的脂酰 CoA}}{R-CH_2-\overset{\displaystyle O}{\overset{\|}{C}}-SCoA} + \underset{\text{乙酰 CoA}}{CH_3-\overset{\displaystyle O}{\overset{\|}{C}}-SCoA}$$

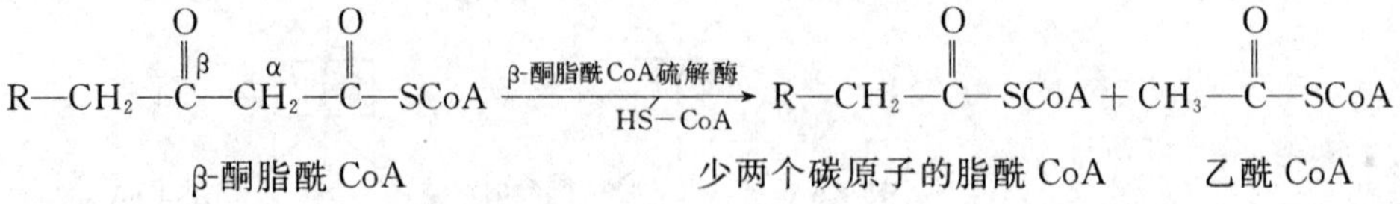

上述四步反应与 TCA 循环中由琥珀酸经延胡索酸、苹果酸生成草酰乙酸的过程相似,只是 β-氧化的第四步反应是硫解,而草酰乙酸的下一步反应是与乙酰 CoA 缩合生成柠檬酸。

长链脂酰 CoA 经上面一次循环,碳链减少两个碳原子,生成一分子乙酰 CoA。多次重复上面的循环,就会逐步生成乙酰 CoA。

从上述可以看出,脂肪酸的 β-氧化过程具有以下特点。首先要将脂肪酸活化生成脂酰 CoA,这是一个耗能过程。中、短链脂肪酸不需载体可直拉进入线粒体,而长链脂酰 CoA 需要肉毒碱转运。β-氧化反应在线粒体内进行,因此没有线粒体的红细胞不能氧化脂肪酸供能。β-氧化过程中有 $FADH_2$ 和 $NADH+H^+$ 生成,这些氢要经呼吸链传递给氧生成水,需要氧参加,乙酰 CoA 的氧化也需要氧,因此,β-氧化是绝对需氧的过程。

脂肪酸 β-氧化的整个过程可用图 7-6 表示:

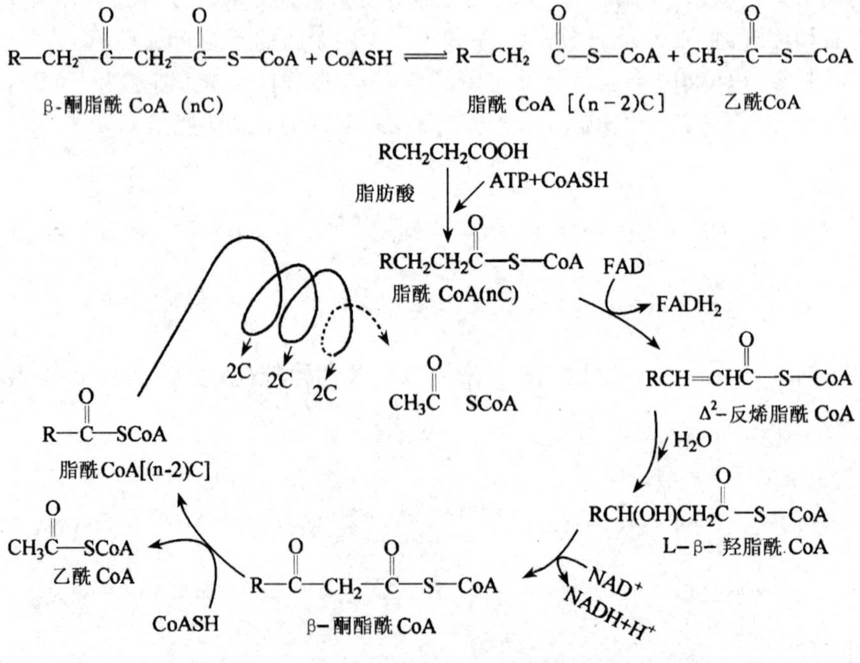

$$\underset{\beta\text{-酮脂酰 CoA (nC)}}{R-CH_2-\overset{\displaystyle O}{\overset{\|}{C}}-CH_2-\overset{\displaystyle O}{\overset{\|}{C}}-S-CoA} + CoASH \rightleftharpoons \underset{\text{脂酰 CoA [(n-2)C]}}{R-CH_2 \quad \overset{\displaystyle O}{\overset{\|}{C}}-S-CoA} + \underset{\text{乙酰CoA}}{CH_3-\overset{\displaystyle O}{\overset{\|}{C}}-S-CoA}$$

图 7-6　脂肪酸的 β-氧化

150

（二）脂肪酸 β-氧化的生理意义

脂肪酸 β-氧化是体内脂肪酸分解的主要途径,脂肪酸氧化可以供应机体所需要的大量能量。以十八个碳原子的饱和脂肪酸硬脂酸为例,其 β-氧化的总反应为:

$$CH_3(CH_2)_{15}COSCoA + 8NAD^+ + CoASH + 8H_2O \longrightarrow 9CH_3COSCoA + 8FADH_2 + 8NADH + 8H^+$$

8 分子 $FADH_2$ 提供 16(8×2)分子 ATP,8 分子 $NADH + H^+$ 提供 24(8×3)分子 ATP,9 分子乙酰 CoA 完全氧化提供 108(9×12)分子 ATP,因此一分子硬脂酸完全氧化生成 CO_2 和 H_2O,共提供 148 分子 ATP。硬脂酸的活化过程消耗 2 分子 ATP,所以一分子硬脂酸完全氧化可净生成 146 分子 ATP。一分子葡萄糖完全氧化可生成 38 分子 ATP。三分子葡萄糖所含碳原子数与一分子硬脂酸相同,前者可提供 114 分子 ATP,后者可提供 146 分子 ATP。可见在碳原子数相同的情况下,脂肪酸能提供更多的能量。脂肪酸氧化时释放出来的能量约有 40% 为机体利用,合成高能化合物,其余 60% 以热的形式释出,热效率为 40%,说明人体能很有效地利用脂肪酸氧化所提供的能量。

脂肪酸 β-氧化也是脂肪酸的改造过程,人体所需要的脂肪酸链的长短不同,通过 β-氧化可将长链脂肪酸改造成长度适宜的脂肪酸,供机体代谢所需。

脂肪酸 β-氧化过程中生成的乙酰 CoA 是一种十分重要的中间化合物,乙酰 CoA 除能进入三羧酸循环氧化供能外,还是许多重要化合物合成的原料,如酮体、胆固醇和类固醇化合物。

（三）脂肪酸的特殊氧化形式

1. 丙酸的氧化 人体内和膳食中含极少量的奇数碳原子脂肪酸,经过 β-氧化,除生成乙酰 CoA 外还生成一分子丙酰 CoA,某些氨基酸如异亮氨酸、蛋氨酸和苏氨酸的分解代谢过程中有丙酰 CoA 生成,胆汁酸生成过程中亦产生丙酰 CoA。丙酰 CoA 经过羧化反应和分子内重排,可转变生成琥珀酰 CoA,可进一步氧化分解,也可经草酰乙酸异生成糖,反应过程如下:

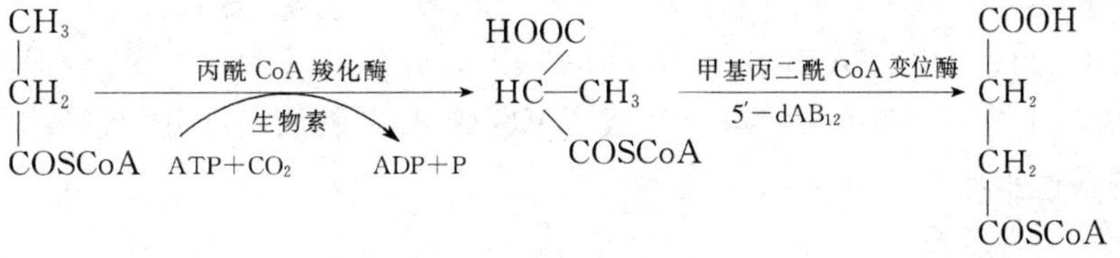

甲基丙二酰 CoA 变位酶的辅酶是 5′-脱氧腺苷 B_{12}（5′-dAB_{12}）,维生素 B_{12} 缺乏或 5′-dAB_{12} 生成障碍均影响变位酶活性,使甲基丙二酰 CoA 堆积。结果,一方面甲基丙二酰 CoA 脱去辅酶 A,生成甲基丙二酸,引起血中甲基丙二酸含量增高（甲基丙二酸血症）,并从尿中排出体外（24 小时排出量大于 4mg 时称为甲基丙二酸尿症）;另一方面又引起丙酰 CoA 浓度增高,可参与神经髓鞘脂类合成,生成异常脂肪酸（十五碳、十七碳和十九碳脂肪酸）,引起神经髓鞘脱落、神经变性（临床上称为亚急性合并变性症）。

2. ω-氧化 脂肪酸的 ω-氧化是在肝微粒体中进行,由加单氧酶催化的。首先是脂肪酸的 ω-碳原子羟化生成 ω-羧脂肪酸,再经 ω醛脂肪酸生成 α、ω-二羧酸,然后在 α-端或 ω-端活化,进入线粒体进行 β-氧化,最后生成琥珀酰 CoA。

3. α-氧化 脂肪酸在微粒体中由加单氧酶和脱羧酶催化生成 α-羟脂肪酸或少一个碳原子的脂肪酸的过程称为脂肪酸的 α-氧化。长链脂肪酸由加单氧酶催化、由抗坏血酸或四氢叶

酸作供氢体在 O_2 和 Fe^{2+} 参与下生成 α-羟脂肪酸,这是脑苷脂和硫脂的重要成分,α-羟脂肪酸继续氧化脱羧就生成奇数碳原子脂肪酸。α-氧化障碍者不能氧化植烷酸(phytanic acid,3、7、11、15-四甲基十六烷酸)。牛奶和动物脂肪中均有此成分,在人体内大量堆积便引起 Refsum 病。α-氧化主要在脑组织内发生,因而 α-氧化障碍多引起神经症状。

4. 不饱和脂肪酸(unsaturated fatty acid)的氧化　人体内约有 1/2 以上的脂肪酸是不饱和脂肪酸,食物中也含有不饱和脂肪酸。这些不饱和脂肪酸的双键都是顺式的,它们活化后进入 β-氧化时,生成 3-顺烯脂酰 CoA,此时需要异构酶催化,使其生成 2-反烯脂酰 CoA 以便进一步反应。2-反烯脂酰 CoA 加水后生成 D-β-羟脂酰 CoA,需要 β-羟脂酰 CoA 差向异构酶催化,使其由 D-构型转变成 L-构型,以便再进行脱氧反应(只有 L-β-羟脂酰 CoA 才能作为 β-羟脂酰 CoA 脱氢酶的底物)。

不饱和脂肪酸完全氧化生成 CO_2 和 H_2O 时,提供的 ATP 少于相同碳原子数的饱和脂肪酸。

(四)酮体的生成与利用

酮体(acetone bodies)是脂肪酸在肝脏进行正常分解代谢所生成的特殊中间产物,包括乙酰乙酸(acetoacetic acid 约占 30%),β-羟丁酸(β-hydroxybutyric acid 约占 70%)和极少量的丙酮(acetone)。正常人血液中酮体含量极少,这是人体利用脂肪氧化供能的正常现象。但在某些生理情况(如饥饿、禁食)或病理情况下(如糖尿病),糖的来源或氧化供能障碍,脂肪动员增强,脂肪酸就成了人体的主要供能物质。若肝中合成酮体的量超过肝外组织利用酮体的能力,两者之间失去平衡,血中浓度就会过高,导致酮血症(acetonemia)和酮尿症(acetonuria)。乙酰乙酸和 β-羟丁酸都是酸性物质,因此酮体在体内大量堆积,还会引起酸中毒。

1. 酮体的生成过程　酮体是在肝细胞线粒体中生成的,其生成原料是脂肪酸 β-氧化生成的乙酰 CoA。首先是 2 分子乙酰 CoA 在硫解酶作用下脱去 1 分子辅酶 A,生成乙酰乙酰 CoA。

$$CH_3-CO-SCoA+CH_3-CO-SCoA \xrightarrow[-HS\text{-}CoA]{硫解酶} CH_3-CO-CH_2-CO\text{-}SCoA$$

乙酰 CoA　　　　　　　　　　　　　　　　　　乙酰乙酰 CoA

在 3-羟-3-甲基戊二酰 CoA(hydroxy methyl glutaryl CoA,HMG CoA)合成酶催化下,乙酰乙酰 CoA 再与 1 分子乙酰 CoA 反应,生成 HMG CoA,并释放出 1 分子辅酶。这一步反应是酮体生成的限速步骤。

乙酰乙酰 CoA　　　　　　　　　　　　　　　　3-羟-3-甲基戊二酰 CoA
(HMG-CoA)

HMG-CoA 裂解酶催化 HMG-CoA 生成乙酰乙酸和乙酰 CoA,后者可再用于酮体的合成。

$$\begin{array}{c} O \\ \parallel \\ C-SCoA \\ \mid \\ CH_2 \\ \mid \\ HO-C-CH_3 \\ \mid \\ CH_2 \\ \mid \\ COOH \end{array} \xrightarrow{\text{HMG-CoA 裂解酶}} CH_3-CO-CH_2-COOH + CH_3-CO-SCoA$$

HMG-GoA　　　　　　　　　　　　　乙酰乙酸　　　　　乙酰 CoA

线粒体中的 β-羟丁酸脱氢酶催化乙酰乙酸加氢还原（NADH＋H$^+$ 作供氢体），生成 β-羟丁酸，此还原速度决定于线粒体中［NADH＋H$^+$］/［NAD$^+$］的值，少量乙酰乙酸可自行脱羧生成丙酮。

$$\begin{array}{c} H \\ \mid \\ HO-C-CH_3 \\ \mid \\ CH_2 \\ \mid \\ COOH \end{array} \underset{\underset{NAD^+ \quad NADH+H^+}{\text{β-羟丁酸脱氢酶}}}{\rightleftharpoons} \begin{array}{c} O=C-CH_3 \\ \mid \\ CH_2 \\ \mid \\ COOH \end{array} \xrightarrow{-CO_3} \begin{array}{c} CH_3 \\ \mid \\ C=O \\ \mid \\ CH_3 \end{array}$$

β-羟丁酸　　　　　　　　乙酰乙酸　　　　丙酮

上述酮体生成过程实际上是一个循环过程，又称为雷宁循环（Lynen cycle），2 分子乙酰CoA 通过此循环生成 1 分子乙酰乙酸（图 7－7）。

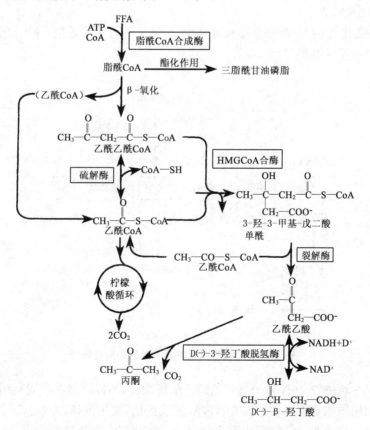

图 7－7　酮体的生成

酮体生成后迅速透过肝线粒体膜和细胞膜进入血液,转运至肝外组织利用。

2. 酮体的利用过程　骨骼肌、心肌和肾脏中有琥珀酰 CoA 转硫酶(succinyl CoA thiophorase),在琥珀酰 CoA 存在时,此酶催化乙酰乙酸活化生成乙酰乙酰 CoA。

$$CH_3-CO-CH_2-COOH + \begin{matrix}CH_2-COOH \\ \| \\ CH_2-CO-SCoA\end{matrix} \underset{}{\overset{琥珀酰\ CoA\ 转硫酶}{\rightleftarrows}} CH_3-CO-CH_2-CO-SCoA + \begin{matrix}CH_2-COOH \\ | \\ CH_2-COOH\end{matrix}$$

心肌、肾脏和脑中还有硫激酶,在有 ATP 存在时,此酶催化乙酰乙酸活化成乙酰乙酰 CoA。

$$\begin{matrix}CH_3 \\ | \\ CO \\ | \\ CH_2 \\ | \\ COOH\end{matrix} \quad +CoASH \quad \underset{ATP \quad AMP+PPi}{\overset{硫激酶}{\longrightarrow}} \quad \begin{matrix}CH_3 \\ | \\ CO \\ | \\ CH_2 \\ | \\ COSCoA\end{matrix}$$

经上述两种酶催化生成的乙酰乙酰 CoA 在硫解酶作用下,分解成 2 分子乙酰 CoA,乙酰 CoA 主要进入三羧酸循环氧化分解。

$$CH_3-CO-CH_2-CO-SCoA \underset{CoASH}{\overset{硫解酶}{\longrightarrow}} 2CH_3-CO-SCoA \overset{三羧酸循环}{\longrightarrow} CO_2+H_2O$$

乙酰乙酰 CoA

丙酮除随尿排出外,有一部分直接从肺呼出,代谢上不占重要地位。肝外组织利用乙酰乙酸和 β-羟丁酸的过程可用图 7-8 表示。

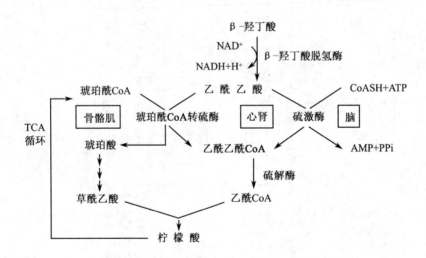

图 7-8　乙酰乙酸和 β-羟丁酸的利用过程

肝细胞中没有琥珀酰 CoA 转硫酶和乙酰乙酸硫激酶,所以肝细胞不能利用酮体。

肝外组织利用酮体的量与动脉血中酮体浓度成正比,血中酮体浓度达 70 mg/dl 时,肝外组织的利用能力达到饱和。肾酮阈亦为 70 mg/dl,血中酮体浓度超过此值,酮体经肾小球的滤过量超过肾小管的重吸收能力,出现酮尿症。脑组织利用酮体的能力与血糖水平有关,只有血糖水平降低时才利用酮体。

酮体的生成和利用过程可用图 7-9 表示。

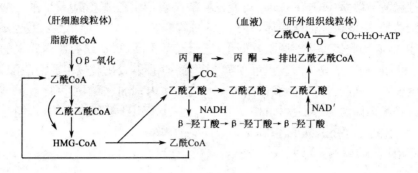

图 7-9　酮体的生成和利用

3. 酮体生成的意义

（1）易运输：长链脂肪酸穿过线粒体内膜需要载体肉毒碱转运，脂肪酸在血中转运需要与白蛋白结合生成脂酸白蛋白，而酮体通过线粒体内膜以及在血中转运并不需要载体。

（2）易利用：脂肪酸活化后进入 β-氧化，每经 4 步反应才能生成一分子乙酰 CoA，而乙酰乙酸活化后只需一步反应就可以生成两分子乙酰 CoA，β-羟丁酸的利用只比乙酰乙酸多一步氧化反应。因此，可以把酮体看作是脂肪酸在肝脏加工生成的半成品。

（3）节省葡萄糖，供脑和红细胞利用：肝外组织利用酮体会生成大量的乙酰 CoA，大量乙酰 CoA 抑制丙酮酸脱氢酶系活性，限制糖的利用。同时乙酰 CoA 还能激活丙酮酸羧化酶，促进糖异生。肝外组织利用酮体氧化供能，就减少了对葡萄糖的需求，以保证脑组织、红细胞对葡萄糖的需要。脑组织不能利用长链脂肪酸，但在饥饿时可利用酮体供能，饥饿 5 周时酮体供能可多达 70%。

（4）肌肉组织利用酮体，可以抑制肌肉蛋白质的分解，防止蛋白质过多消耗，但其作用机理尚不清楚。

（5）临床意义：酮体生成增多常见于饥饿、妊娠中毒症、糖尿病等情况。低糖高脂饮食也可使酮体生成增多。

二、脂肪酸的合成

人体内的脂肪酸大部分来源于食物，为外源性脂肪酸，在体内可通过改造加工被人体利用。同时机体还可以利用糖和蛋白转变为脂肪酸，称为内源性脂肪酸，用于甘油三酯的生成，贮存能量。合成脂肪酸的主要器官是肝脏和哺乳期乳腺，另外脂肪组织、肾脏、小肠均可以合成脂肪酸。合成脂肪酸的直接原料是乙酰 CoA，消耗 ATP 和 NADPH，首先生成十六碳的软脂酸，经过加工生成人体各种脂肪酸，合成在细胞浆中进行。

（一）软脂酸的生成

脂肪酸的合成首先由乙酰 CoA 开始，产物是十六碳的饱和脂肪酸即软脂酸(palmitoleic acid)。

1. 乙酰 CoA 的转移　乙酰 CoA 可由糖氧化分解或由脂肪酸、酮体和蛋白分解生成，生成乙酰 CoA 的反应均发生在线粒体中，而脂肪酸的合成部位是胞浆，因此乙酰 CoA 必须由线粒体转运至胞浆。但是乙酰 CoA 不能自由通过线粒体膜，需要通过柠檬酸-丙酮酸循环(citrate-

pyruvate cycle)来完成乙酰 CoA 由线粒体到胞浆的转移。首先在线粒体内,乙酰 CoA 与草酰乙酸经柠檬酸合成酶催化,缩合生成柠檬酸,再由线粒体内膜上相应载体协助进入胞浆,在胞浆内存在的柠檬酸裂解酶(citrate lyase)可使柠檬酸裂解产生乙酰 CoA 及草酰乙酸。前者即可用于生成脂肪酸,后者可返回线粒体,补充合成柠檬酸时的消耗。但草酰乙酸也不能自由通透线粒体内膜,故必须先经苹果酸脱氢酶催化,还原成苹果酸,再经线粒体内膜上的载体转运入线粒体,经氧化后补充草酰乙酸。也可在苹果酸酶作用下,氧化脱羧生成丙酮酸,同时伴有 NADPH 的生成。丙酮酸可经内膜载体被转运入线粒体内,此时丙酮酸可再羧化转变为草酰乙酸。每经柠檬酸丙酮酸循环一次,可使一分子乙酸 CoA 由线粒体进入胞液,同时消耗两分子 ATP,还为机体提供了 NADPH 以补充合成反应的需要。

柠檬酸-丙酮酸循环过程如图 7 - 10 所示。

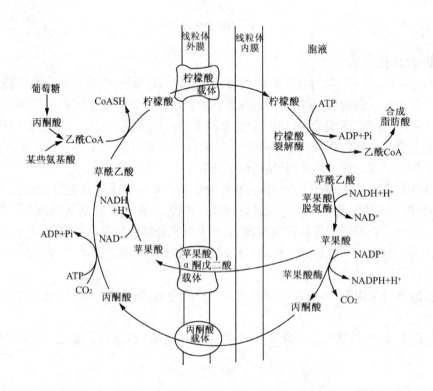

图 7 - 10 柠檬酸-丙酮酸循环

2. 丙二酰 CoA 的生成 乙酰 CoA 由乙酰 CoA 羧化酶(acetyl CoA carboxylase)催化转变成丙二酰 CoA(或称丙二酸单酰 CoA),反应如下:

$$CH_3-\overset{O}{\underset{SCoA}{C}} + HCO_3^- + ATP \xrightarrow{\text{乙酰 CoA 羧化酶}} \overset{HOOC}{\underset{}{C}}H_2-\overset{O}{C}-SCoA + ADP + Pi$$

乙酰 CoA 羧化酶存在于胞液中,其辅基为生物素,在反应过程中起到携带和转移羧基的作用。该反应机理类似于其他依赖生物素的羧化反应,如催化丙酮酸羧化成为草酰乙酸的反应等。

由乙酰 CoA 羧化酶催化的反应为脂肪酸合成过程中的限速步骤。此酶为变构酶,在变构

156

效应剂的作用下,其无活性的单体与有活性的多聚体之间可以互变。柠檬酸与异柠檬酸可促进单体聚合成多聚体,增强酶活性,而长链脂肪酸可加速解聚,从而抑制该酶活性。乙酰 CoA 羧化酶还可通过依赖于 cAMP 的磷酸化及去磷酸化修饰来调节酶活性。此酶经磷酸化后活性丧失,如胰高血糖素及肾上腺素等能促进这种磷酸化作用,从而抑制脂肪酸合成;而胰岛素则能促进酶的去磷酸化作用,故可增强乙酰 CoA 羧化酶活性,加速脂肪酸合成。

同时乙酰 CoA 羧化酶也是诱导酶,长期高糖低脂饮食能诱导此酶生成,促进脂肪酸合成;反之,高脂低糖饮食能抑制此酶合成,降低脂肪酸的生成。

3. 软脂酸的生成

软脂酸的合成实际上是一个重复循环的过程,由 1 分子乙酰 CoA 与 7 分子丙二酰 CoA 经转移、缩合、加氢、脱水和再加氢重复过程,每一次使碳链延长两个碳,共 7 次重复,最终生成含十六碳的软脂酸。

$$\text{乙酰 CoA} + 7 \text{ 丙二酰 CoA} + 14\text{NADPH} + 14\text{H}^+ + 7\text{ATP} \xrightarrow{\text{脂肪酸合成酶复合体}} \text{软脂酸} + 8\text{CoASH} + 14\text{NADP}^+ + 7\text{ADP} + 7\text{Pi} + 7\text{H}_2\text{O} + 7\text{CO}_2$$

在原核生物(如大肠杆菌中),催化此反应的酶是一个由 7 种不同功能的酶与一种酰基载体蛋白(acyl carrier protein, ACP)聚合成的复合体。在真核生物催化此反应是一种含有双亚基的酶,每个亚基有 7 个不同催化功能的结构区和一个相当于 ACP 的结构区,因此这是一种具有多种功能的酶。

原核生物脂肪酸合成酶复合物生成软脂酸如图 7 - 11 所示。

脂肪酸合成需消耗 ATP 和 NADPH + H$^+$,NADPH 主要来源于葡萄糖分解的磷酸戊糖途径。此外,苹果酸氧化脱羧也可产生少量 NADPH。

脂肪酸合成过程不是 β-氧化的逆过程,脂肪酸合成和分解中反应的组织、细胞定位、转移载体、酰基载体、限速酶、激活剂、抑制剂、供氢体和受氢体以及反应底物与产物均不相同(表 7 -4)。

表 7 - 4 脂肪酸合成和分解的比较

项　目	合　成	分　解
反应最活跃时期	高糖膳食后	饥饿
刺激激素	胰岛素/胰高血糖素高比值	胰岛素/胰高血糖素低比值
主要组织定位	肝脏为主	肌肉、肝脏
亚细胞定位	胞浆	线粒体为主
酰基载体	柠檬酸(线粒体到胞浆)	肉毒碱(胞浆到线粒体)
酰基载体	酰基载体蛋白区,CoA	CoA
氧化还原辅因子	NADPH	NAD$^+$,FAD
二碳供体/产物	丙二酰 CoA,酰基供体	乙酰 CoA,产物
抑制剂	柠檬酸脂 CoA(抑制乙酰 CoA 羧化酶)	丙二酰 CoA(抑制肉毒碱酰基转移酶)
反应产物	软脂酸	乙酰 CoA

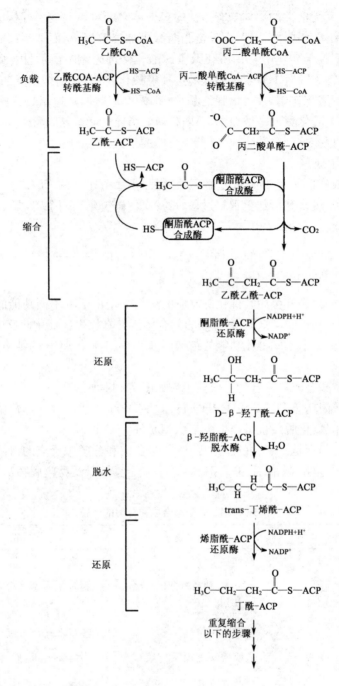

图 7-11 原核生物中(E. coli)软脂酸合成步骤

（二）其他脂肪酸的生成

人体内不仅有软脂酸，还有碳链长短不等的其他脂肪酸，也有各种不饱和脂肪酸。除营养必需脂肪酸依赖食物供应外，其他脂肪酸均可由软脂酸在细胞内加工改造而成。

1. 碳链的延长和缩短　脂肪酸碳链的缩短在线粒体中经 β-氧化完成，经过一次 β-氧化循环就可以减少两个碳原子。脂肪酸碳链的延长可在光滑内质网和线粒体中经脂肪酸延长酶体系催化完成。

在内质网，软脂酸延长是以丙二酰 CoA 为二碳单位的供体，由 $NADPH+H^+$ 供氢，经缩合、脱羧、还原等过程延长碳链,与胞液中脂肪酸合成过程基本相同。但催化反应的酶体系不同,其脂肪酰基不是以 ACP 为载体,而是与辅酶 A 相连参加反应。除脑组织外,一般以合成硬脂酸(18C)为主。脑组织因含其他酶,故可延长至 24 碳的脂肪酸,供脑中脂类代谢需要。

在线粒体,软脂酸经线粒体脂肪酸延长酶体系作用,与乙酰 CoA 缩合逐步延长碳链,其过程与脂肪酸 β-氧化逆行反应相似,仅烯脂酰 CoA 还原酶的辅酶为 $NADPH+H^+$ 与 β-氧化过程不同。通过此种方式一般可延长脂肪酸碳链至 24 碳或 26 碳,但以硬脂酸最多。

2. 脂肪酸脱饱和　人和动物组织含有的不饱和脂肪酸主要为软油酸($16:1\triangle^9$)、油酸($18:1\triangle^9$)、亚油酸($18:2\triangle^{9,12}$)、亚麻酸($18:3\triangle^{9,12,15}$)、花生四烯酸($20:4\triangle^{5,8,11,14}$)等。其中最普通的单不饱和脂肪酸——软油酸和油酸可由相应的脂肪酸活化后经去饱和酶(acylCoAdesaturase)催化脱氢生成。这类酶存在于光滑内质网,属混合功能氧化酶。因该酶只催化在$\triangle^9$形成双键,而不能在 C_{10} 与末端甲基之间形成双键,故亚油酸(linoleate)、亚麻酸(linolenate)及花生四烯酸(arachidonate)在体内不能合成或合成不足;但它们又是机体不可缺少的,所以必须由食物供给,因此,称之为必需脂肪酸(essential fatty acid)。植物组织含有可以在 C_{10} 与末端甲基间形成双键(即 ω3 和 ω6)的去饱和酶,能合成以上 3 种多不饱和脂肪酸。当食入亚油酸后,在动物体内经碳链加长及去饱和后,可生成花生四烯酸。

(三) 脂肪酸合成的调节

乙酰 CoA 羧化酶催化的反应是脂肪酸合成的限速步骤,很多因素都可影响此酶活性,从而使脂肪酸合成速度改变。脂肪酸合成过程中的其他酶,如脂肪酸合成酶、柠檬酸裂解酶等,亦可被调节。

1. 代谢物的调节　在高脂膳食后,或因饥饿导致脂肪动员加强时,细胞内软脂酰 CoA 增多,可反馈抑制乙酰 CoA 羧化酶,从而抑制体内脂肪酸合成。而进食糖类,糖代谢加强时,由糖氧化及磷酸戊糖循环提供的乙酰 CoA 及 NADPH 增多,这些合成脂肪酸的原料增多有利于脂肪酸的合成。此外,糖氧化加强的结果,使细胞内 ATP 增多,进而抑制异柠檬酸脱氢酶,造成异柠檬酸及柠檬酸堆积,在线粒体内膜的相应载体协助下,由线粒体转入胞液,可以变构激活乙酰CoA 羧化酶;同时本身也可裂解释放乙酰 CoA,增加脂肪酸合成的原料,使脂肪酸合成增加。

2. 激素的调节　胰岛素、胰高血糖素、肾上腺素及生长素等均参与对脂肪酸合成的调节。

胰岛素能诱导乙酰 CoA 羧化酶、脂肪酸合成酶及柠檬酸裂解酶的合成,从而促进脂肪酸的合成。此外,还可通过促进乙酰 CoA 羧化酶的去磷酸化而使酶活性增强,也使脂肪酸合成加速。

胰高血糖素等可通过增加 cAMP,致使乙酰 CoA 羧化酶磷酸化而降低活性,因此抑制脂肪酸的合成。此外,胰高血糖素也抑制甘油三酯合成,从而增加长链脂酰 CoA 对乙酰 CoA 羧化酶的反馈抑制,亦使脂肪酸合成被抑制。

(四) 前列腺素、血栓素及白三烯

前列腺素(prostaglandin,PG)、血栓素(thromboxane,TX)和白三烯(leukotrienes,LT)均由花生四烯酸衍生而来。它们在细胞内生成后,可作为调节物对几乎所有的细胞代谢发挥调节作用,而且与炎症、过敏反应和心血管疾病等病理过程有关。

生物膜上的膜磷脂含有花生四烯酸,它可被磷脂酶 A_2 水解,释放花生四烯酸。花生四烯酸可在前列腺素内过氧化物合成酶的催化下,消耗 O_2 和还原性谷胱甘肽,发生氧化和环化反应,生成前列腺素 H_2。前列腺素 H_2 可进一步衍生成其他前列腺素及血栓素。可的松(cortisol)抑制磷酸酶 A_2 活性,减少花生四烯酸的生成,从而抑制前列腺素的合成;阿司匹林(aspirin)和保泰松(phenylbutazone)抑制前列腺素内过氧化物合成酶活性,使前列腺素和血栓素生成减少。

三、PG、TX 及 LT 的生理功能

PG、TX 及 LT 等在细胞内含量很低，但具有很强的生理活性。

1. PG PGE_2 能诱发炎症，促进局部血管扩张，使毛细血管通透性增加，引起红、肿、痛、热等症状。PGE_2、PGA_2 使动脉平滑肌舒张，有降低血压的作用；PGE_2 及 PGI_2 抑制胃酸分泌，促进胃肠平滑肌蠕动。卵泡产生的 PGE_2 及 $PGE_{2\alpha}$ 在排卵过程中起重要作用，$PGE_{2\alpha}$ 可使卵巢平滑肌收缩，引起排卵。$PGE_{2\alpha}$ 能使黄体溶解，分娩时子宫内膜释出的 $PGE_{2\alpha}$ 能引起子宫收缩加强，促进分娩。

2. TX 血小板产生的 TXA_2 及 PGE_2 促进血小板聚集、血管收缩，促进凝血及血栓形成，而血管内皮细胞释放的 PGI_2 则有很强的舒血管及抗血小板聚集，抑制凝血及血栓形成，与 TXA_2 的作用对抗。北极地区爱斯基摩人摄食富含花生四烯酸的血类食物，能在体内合成 PGE_3、PGI_3 及 TXA_3 等三类化合物。PGI_3 能抑制花生四烯酸从膜磷脂释放，因而抑制 PGI_2 及 TXA_2 的合成。由于 PGI_3 的活性与 PGI_2 相同，而 TXA_3 则较 TXA_2 弱得多，因此爱斯基摩人抗血小板聚集及抗凝血作用较强，被认为是他们不易患心肌梗死的重要原因之一。

3. LT 已证实过敏反应的慢反应物质（SRSA）是 LTC_4、TD_4 及 LTE_4 的混合物，其使支气管平滑肌收缩的作用较组胺及 PGF_2 强 100 000 倍，作用缓慢而持久。此外，LTG_4 还能调节白细胞的功能，促进其游走及趋化作用，刺激腺苷酸环化酶，诱发多核白细胞脱颗粒，使溶酶释放水解酶类，促进炎症及过敏反应的发展。

第五节　磷脂代谢

磷脂是一类含有磷酸的脂类，机体中主要含有两大类磷脂：由甘油构成的磷脂称为甘油磷脂（phosphoglyceride）；由神经鞘氨醇构成的磷脂，称为鞘磷脂（sphingolipid）。其结构特点是：具有由磷酸相连的取代基团（含氮碱或醇类）构成的亲水头（hydrophilic head）和由脂肪酸链构成的疏水尾（hydrophobic tail）；在生物膜中磷脂的亲水头位于膜表面，而疏水尾位于膜内侧（图 7 - 12）。

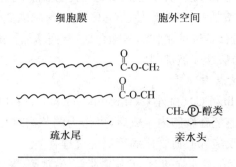

图 7 - 12　显示胞膜定位的磷脂结构

一、甘油磷脂的代谢

（一）分类及生理功能

甘油磷脂是机体含量最多的一类磷脂,它除了构成生物膜外,还是胆汁和膜表面活性物质等成分之一,并参与细胞膜对蛋白质的识别和信号传导。

甘油磷脂的基本结构是磷脂酸和与磷酸相连的取代基团(X)。

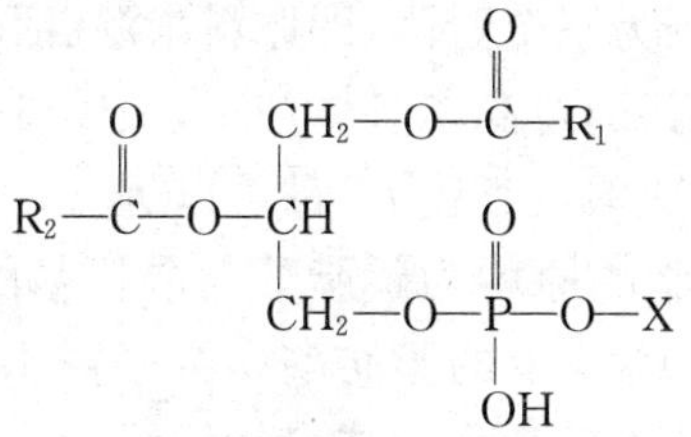

甘油磷脂的基本结构

甘油磷脂由于取代基团不同又可以分为许多类,其中重要的有：

胆碱(choline)＋磷脂酸→磷脂酰胆碱(phosphatidylcholine),又称卵磷脂(lecithin)；

乙醇胺(ethanolamine)＋磷脂酸→磷脂酰乙醇胺(phosphatidylethanolamine),又称脑磷脂(cephain)；

丝氨酸(serine)＋磷脂酸→磷脂酰丝氨酸(phosphatidylserine)；

甘油(glycerol)＋磷脂酸→磷脂酰甘油(phosphatidylglycerol)；

肌醇(inositol)＋磷脂酸→磷脂酰肌醇(phosphatidylinositol)。

此外,还有心磷脂(cardiolipin),是由甘油的 C_1 和 C_3 与两分子磷脂酸结合而成。心磷脂是线粒体内膜和细菌膜的重要成分,而且是唯一具有抗原性的磷脂分子。

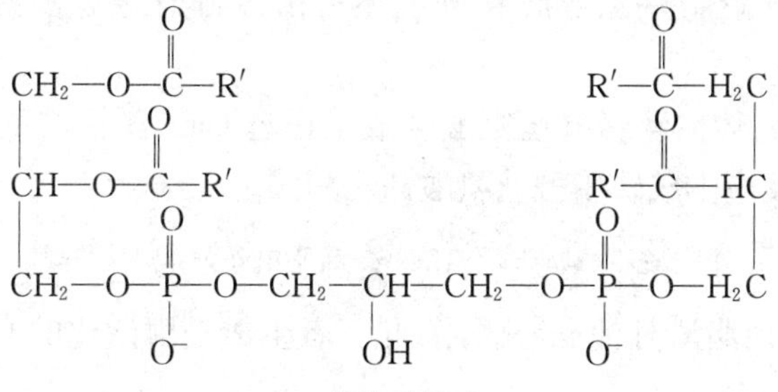

二磷脂酰甘油

除以上 6 种以外,在甘油磷脂分子中,甘油第 1 位的脂酰基被长链醇取代形成醚,如缩醛磷脂(plasmalogen)及血小板活化因子(plateletactivating factor, PAF),它们都属于甘油磷脂。结构式如下：

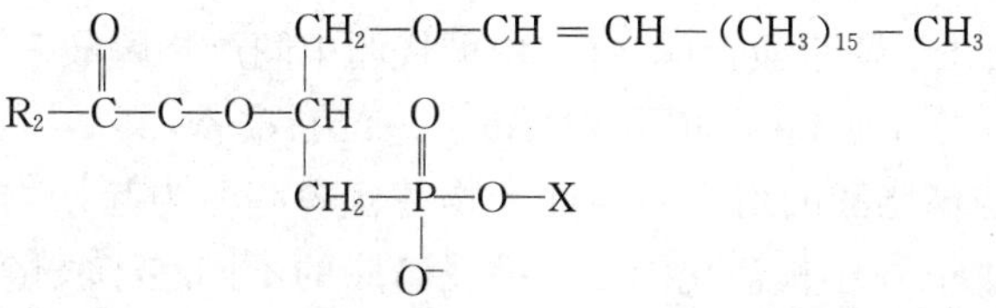

X＝乙醇胺,乙醇胺缩醛磷脂   X＝胆碱,胆碱缩醛磷脂

$$CH_3-\overset{\displaystyle O}{\overset{\|}{C}}-O-\overset{\displaystyle \overset{CH_2-O-CH_2-(CH_2)_{16}-CH_3}{|}}{\underset{\underset{OH}{|}}{\underset{|}{CH}}}\quad\overset{O}{\underset{|}{\overset{|}{CH_2-P-O-CH_2CH_2N^+(CH_3)_3}}}$$

血小板活化因子

(二)甘油磷脂的合成

甘油磷脂的合成全过程可分为三个阶段,即原料来源、活化和甘油磷脂生成。甘油磷脂的合成在细胞质光滑内质网上进行,通过高尔基体加工,最后可被组织生物膜利用或成为脂蛋白分泌出细胞。机体各种组织(除成熟红细胞外)都可以进行磷脂合成。

1. 原料来源 合成甘油磷脂的原料为磷脂酸与取代基团。磷脂酸可由糖和脂转变而来的甘油和脂肪酸生成,但其甘油 C_2 位上的脂肪酸多为必需脂肪酸,需由食物供给。取代基团中胆碱和乙醇胺可由丝氨酸在体内转变生成或食物供给。

丝氨酸——→乙醇胺——→胆碱

2. 活化 磷脂酸和取代基团在合成之前,两者之一必须首先被 CTP 活化而被 CDP 携带,胆碱与乙醇胺可生成 CDP-胆碱和 CDP-乙醇胺,磷脂酸可生成 CDP-甘油二酯。

胆碱 $\overset{ATP\ ADP}{\longrightarrow}$ 磷酸胆碱 $\overset{CTP\ PPi}{\longrightarrow}$ CDP-胆碱

乙醇胺 $\overset{ATP\ ADP}{\longrightarrow}$ 磷酸乙醇胺 $\overset{CTP\ PPi}{\longrightarrow}$ CDP-乙醇胺

3. 甘油磷脂生成

(1)磷脂酰胆碱和磷脂酰乙醇胺:这两种磷脂生成是由活化的 CDP-胆碱与 CDP-乙醇胺和甘油二酯生成。此外磷脂酰乙醇胺在肝脏还可由 S-腺苷蛋氨酸提供甲基转变为磷脂酰胆碱。

(2)磷脂酰丝氨酸:体内磷脂酰丝氨酸合成是通过 Ca^{2+} 激活的酰基交换反应生成,由磷脂酰乙醇胺与丝氨酸反应生成磷脂酰丝氨酸和乙醇胺。

磷脂酰乙醇胺+丝氨酸——→磷脂酰丝氨酸+乙醇胺

(3)磷脂酰肌醇、磷脂酰甘油和心磷脂:此三者生成是由活化的 CDP-甘油二酯与相应取代基团反应生成。

CDP-甘油二酯 $\overset{磷酸甘油}{\longrightarrow}$ 磷脂酰甘油 $\overset{CDP甘油二酯}{\longrightarrow}$ 心磷脂

CDP-甘油二酯 $\overset{肌醇}{\longrightarrow}$ 磷脂酰肌醇

(4)缩醛磷脂与血小板活化因子:缩醛磷脂与血小板活化因子的合成过程与上述磷脂合成过程类似,不同之处在于磷脂酸合成之前,由糖代谢中间产物磷酸二羟丙酮转变生成脂酰磷酸二羟丙酮以后,由一分子长链脂肪醇取代其第一位脂酰基,其后再经还原(由 NADPH 供H)、转酰基等步骤合成磷脂酸的衍生物。此产物替代磷脂酸为起始物,沿甘油三酯途径合成胆碱或乙醇胺缩醛磷脂。血小板活化因子与缩醛磷脂的不同在于长链脂肪醇是饱和长链醇,第2位的脂酰基为最简单的乙酰基。

（三）甘油磷脂的分解

在生物体内存在一些可以水解甘油磷脂的磷脂酶类，其中主要的有磷脂酶 A_1、A_2、B、C和 D，它们特异地作用于磷脂分子内部的各个酯键，形成不同的产物。这一过程也是甘油磷酯的改造加工过程。

$$
\begin{array}{c}
\underset{O}{\overset{A_1\,O}{}} \\
\overset{A_2}{\underset{O}{}}\ \ CH_2-O-\overset{O}{\overset{\|}{C}}-R_1 \\
R_2-C-O-CH \\
\underset{O}{}\ \ CH_2-O-\overset{O}{\overset{\|}{P}}-X \\
C\ O\ D
\end{array}
$$

磷脂酶 A_1：在自然界分布广泛，主要存在于细胞的溶酶体内，此外蛇毒及某些微生物中亦有。可催化甘油磷脂的第 1 位酯键断裂，产物为脂肪酸和溶血磷脂 2。

磷脂酶 A_2：普遍存在于动物各组织细胞膜及线粒体膜，能使甘油磷脂分子中第 2 位酯键水解，产物为溶血磷脂 1 及其产物脂肪酸和甘油磷酸胆碱或甘油磷酸乙醇胺等。

溶血磷脂是一类具有较强表面活性的性质，能使红细胞及其他细胞膜破裂，引起溶血或细胞坏死。当经磷脂酶 B 作用脱去脂肪酸后，转变成甘油磷酸胆碱或甘油磷酸乙醇胺，即失去溶解细胞膜的作用。

磷脂酶 C：存在于细胞膜及某些细胞中，特异水解甘油磷脂分子中第 3 位磷酸酯键，其结果是释放磷酸胆碱或磷酸乙醇胺，并余下作用物分子中的其他组分。

磷脂酶 D：主要存在于植物，动物脑组织中亦有。催化磷脂分子中磷酸与取代基团（如胆碱等）间的酯键，释放出取代基团。

二、鞘磷脂的代谢

鞘脂类（sphingolipid）的组成特点是：不含甘油而含鞘氨醇（sphingosine），其基本结构是：

$$
\begin{array}{l}
CH_3-(CH_2)_m-CH=CH-OH \\
\qquad\qquad\qquad\ \ |\ \\
\qquad\qquad\ \ CH_2NHCO(CH_2)_nCH_3 \\
\qquad\qquad\ \ CH_2-O-X
\end{array}
$$

按照取代基团 X 的不同可分为两种：

（1）若 X 为磷酸胆碱则称为鞘磷脂（sphingmyelin）。

（2）若 X 为糖基则称为鞘糖脂（glycosphingolipid）。

（一）鞘磷脂的合成

体内的组织均可合成鞘磷脂，以脑组织最为活跃，是构成神经组织膜的主要成分，合成在细胞内质网上进行。

以脂酰 CoA 和丝氨酸为原料，消耗 NADPH，生成二氢鞘氨醇，进而经脂肪酰转移酶作用生成神经酰胺。

$$
\text{脂酰 CoA} \xrightarrow{\ \ \overset{\text{丝氨酸}}{}\quad\overset{CO_2}{}\ \ } \text{三酮二氢鞘氨醇} \xrightarrow{\ \ \overset{NADPH}{}\quad\overset{NADP^-}{}\ \ }
$$

$$
\text{二氢鞘氨醇} \xrightarrow{\ \text{脂酰 CoA HSCoA PAD FADH}_3\ } \text{神经酰胺}
$$

神经酰胺可接受由磷酯酰胆酰提供的磷酸胆碱生成鞘磷脂。

神经酰胺也可由 UDP 葡萄糖或 UDP 半乳糖提供糖基生成鞘糖脂。

$$UDP\text{-}G \qquad UDP$$
神经酰胺 ───────────────→ 鞘糖脂

（二）鞘磷脂的分解

鞘磷脂经磷脂酶（sphingomyelinase）作用，水解产生磷酸胆碱和神经酰胺。如缺乏此酶，可引起肝、脾肿大及神经障碍（如痴呆）等鞘磷脂沉积症。

第六节　胆固醇代谢

一、胆固醇的来源及释放途径

（一）胆固醇的来源

胆固醇是体内最丰富的固醇类化合物，它既作为细胞生物膜的构成成分，又是类固醇类激素、胆汁酸及维生素 D 的前体物质。因此对于大多数组织来说，保证胆固醇的供给、维持其代谢平衡是十分重要的。胆固醇广泛存在于全身各组织中，其中约 1/4 分布在脑及神经组织中，占脑组织总重量的 2% 左右。肝、肾及肠等内脏以及皮肤、脂肪组织亦含较多的胆固醇，每100 g 组织中约含 200~500 mg，以肝为最多，而肌肉较少，肾上腺、卵巢等组织胆固醇含量可高达 1%~5%，但总量很少。

人体胆固醇的来源靠体内合成及从食物摄取，正常人每天膳食中约含胆固醇300~500 mg，主要来自动物内脏、蛋黄、奶油及肉类。植物性食品不含胆固醇，而含植物固醇如 β-谷固醇、麦角固醇等，它们不易为人体吸收，摄入过多还可抑制胆固醇的吸收。

（二）合成原料

乙酰 CoA 是胆固醇合成的直接原料，它来自葡萄糖、脂肪酸及某些氨基酸的代谢产物。另外，还需要 ATP 供能和 NADPH 供氢。合成 1 分子胆固醇需消耗 18 分子乙酰 CoA、36 分子 ATP 和 16 分子 NADPH。

（三）合成基本过程

胆固醇合成过程比较复杂，有近 30 步反应，整个过程可分为 3 个阶段。

1. 3-羟-3-甲基戊二酸甲酰 CoA（HMGCoA）的生成　在胞液中，3 分子乙酰 CoA 经硫解酶及 HMGCoA 合成酶催化生成 HMGCoA。此过程与酮体生成机制相同，但细胞内定位不同。此过程在胞液中进行，而酮体生成在肝细胞线粒体内进行，因此肝脏细胞中有两套同工酶，分别进行上述反应。

2. 甲羟戊酸（mevalonic acid，MVA）的生成　HMGCoA 在 HMGCoA 还原酶（HMGCoA reductase）催化下，消耗两分子 $NADPH+H^+$，生成甲羟戊酸（MVA）。

$$HMGCoA+2NADPH+H^+ \xrightarrow{\text{HMGCoA 还原酶}} MVA+2NADP^++HSCoA$$

此过程是不可逆的,HMGCoA 还原酶是胆固醇合成的限速酶。

3. 胆固醇的生成 MVA 先经磷酸化、脱羧、脱羟基,再缩合生成含 30 C 的鲨烯,经内质网环化酶和加氧酶催化生成羊毛脂固醇。后者再经氧化还原等多步反应,最后失去 3 个 C,合成 27C 的胆固醇。甲羟戊酸合成胆固醇的过程如图 7-13 所示。

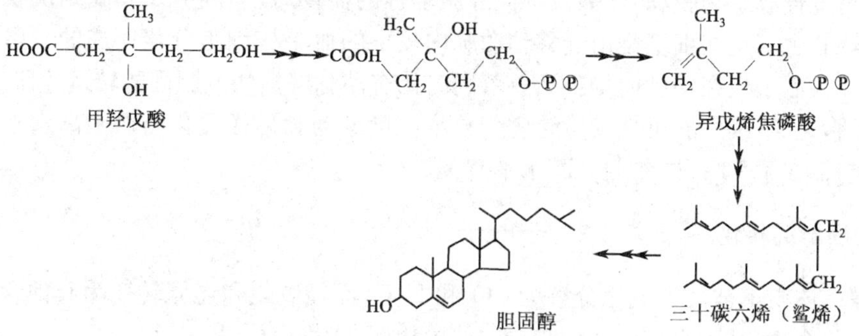

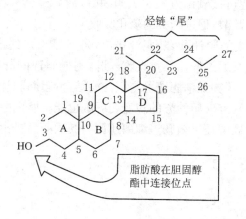

图 7-13 甲羟戊酸合成胆固醇

图 7-14 胆固醇的结构

（四）胆固醇合成的调节

胆固醇合成的过程中 HMGCoA 还原酶为限速酶,因此各种因素通过对该酶的影响可以达到调节胆固醇合成的作用。

1. 激素的调节 HMGCoA 还原酶在胞液中经蛋白激酶催化发生磷酸化丧失活性,而在磷蛋白磷酸酶作用下又可以脱去磷酸恢复酶活性,胰高血糖素等通过第二信使 cAMP 影响蛋白激酶,加速 HMGCoA 还原酶磷酸化失活,从而抑制此酶,减少胆固醇合成。胰岛素能促进酶的脱磷酸作用,使酶的活性增加,则有利于胆固醇合成。此外,胰岛素还能诱导 HMGCoA 还原酶的合成,从而增加胆固醇合成。甲状腺素亦可促进该酶的合成,使胆固醇合成增多,但其同时又促进胆固醇转变为胆汁酸,增加胆固醇的转化,而且此作用强于前者,故当甲状腺机能亢进时,患者血清胆固醇含量反而下降。

2. 胆固醇浓度的调节 胆固醇可反馈抑制 HMGCoA 还原酶的活性,并减少该酶的合成,从而达到降低胆固醇合成的作用。细胞内胆固醇来自体内生物合成或胞外摄取,血中胆固醇主要由低密度脂蛋白(LDL)携带运输,借助细胞膜上的 LDL 受体介导内吞作用进入细胞。当胞内胆固醇过高,可抑制 LDL 受体的补充,从而减少由血中摄取胆固醇。

现知遗传性家族高胆固醇血症患者体内严重缺乏 LDL 受体,因此 LDL 携带的胆固醇不能被摄取,来自膳食的胆固醇不能从血液中被迅速清除,故血中胆固醇浓度过高。当体内总胆固醇过高,超过合成生物膜、胆汁酸及类固醇激素等的需要时,胆固醇及其酯则沉积在动脉内皮下的巨噬细胞中(这些细胞是由迁移到动脉内皮下的血单核细胞分化而成的),引起内皮下变形,进而导致血小板在动脉内壁集聚。若同时伴有动脉壁损伤或胆固醇转运障碍,则易在动脉内膜形成脂斑,继续发展可使动脉管腔变狭窄。可见动脉粥样硬化与血中高水平的胆固醇有关,特别与存在于 LDL 中的胆固醇水平有关。

二、胆固醇的转化

胆固醇在体内不被彻底氧化分解为 CO_2 和 H_2O,而经氧化和还原转变为其他含环戊烷多氢菲母核的化合物,其中大部分进一步参与体内代谢,或排出体外。

胆固醇在体内可作为细胞膜的重要成分。此外,它还可以转变为多种具有重要生理作用的物质:在肾上腺皮质可以转变成肾上腺皮质激素;在性腺可以转变为性激素,如雄激素、雌激素和孕激素;在皮肤,胆固醇可被氧化为 7-脱氢胆固醇,后者经紫外线照射转变为维生素 D_3;在肝脏,胆固醇可氧化成胆汁酸,促进脂类的消化吸收。

胆固醇在肝脏氧化生成的胆汁酸,随胆汁排出,每日排出量约占胆固醇合成量的 40%。在小肠下段,大部分胆汁酸又通过肝循环重吸收入肝,构成胆汁的肝肠循环;小部分胆汁酸经肠道细菌作用后排出体外。药物如消胆胺可与胆汁酸结合,阻断胆汁酸的肠肝循环,增加胆汁酸的排泄,间接促进肝内胆固醇向胆汁酸的转变。肝脏也能将胆固醇直接排入肠内,或者通过肠黏膜脱落而排入肠腔;胆固醇还可被肠道细菌还原为粪固醇后排出体外。

第八章　氨基酸代谢

第一节　氨基酸的一般代谢

　　氨基酸是构成蛋白质分子的基本单位。蛋白质是生命活动的基础。体内的大多数蛋白质不断地进行分解与合成代谢，细胞中不停地利用氨基酸合成蛋白质和分解蛋白质成为氨基酸。体内的这种转换过程一方面可清除异常蛋白质，因为这些异常蛋白质的积聚会损伤细胞；另一方面使酶或调节蛋白的活性由合成和分解得到调节，进而调节细胞代谢。

　　蛋白质分解代谢首先在酶的催化下水解为氨基酸，而后各氨基酸进行分解代谢，或转变为其他物质，或参与新的蛋白质的合成。因此氨基酸代谢是蛋白质分解代谢的中心内容。

　　食物蛋白经过消化吸收后，以氨基酸的形式通过血液循环运送到全身的各个组织，这种来源的氨基酸称为外源性氨基酸。机体各组织的蛋白质在组织酶的作用下，也不断地分解成为氨基酸；机体还能合成部分氨基酸（非必需氨基酸），这两种来源的氨基酸称为内源性氨基酸。外源性氨基酸和内源性氨基酸彼此之间没有区别，共同构成了机体的氨基酸代谢库（metabolic pool）。氨基酸代谢库通常以游离氨基酸总量计算，机体没有专一的组织器官储存氨基酸，氨基酸代谢库实际上包括了细胞内液、细胞间液和血液中的氨基酸。

　　氨基酸的主要功能是合成蛋白质，也合成多肽及其他含氮的生理活性物质。除了维生素之外（维生素 PP 是个例外），体内的各种含氮物质几乎都可由氨基酸转变而成，包括蛋白质、肽类激素、氨基酸衍生物、黑色素、嘌呤碱、嘧啶碱、肌酸、胺类、辅酶或辅基等。

　　从氨基酸的结构上看，除了侧链 R 基团不同外，均有 α-氨基和 α-羧基。氨基酸在体内的分解代谢实际上就是氨基、羧基和 R 基团的代谢。氨基酸分解代谢的主要途径是脱氨基生成氨（ammonia）和相应的 α-酮酸；氨基酸的另一条分解途径是脱羧基生成 CO_2 和胺。胺在体内可经胺氧化酶作用，进一步分解生成氨和相应的醛和酸。氨对人体来说是有毒的物质，氨在体内主要通过合成尿素排出体外，还可以合成其他含氮物质（包括非必需氨基酸、谷氨酰胺等），少量的氨可直接经尿排出。R 基团部分生成的酮酸可进一步氧化分解生成 CO_2 和水，并提供能量，也可经一定的代谢反应转变生成糖或脂在体内贮存。由于不同的氨基酸结构不同，因此它们的代谢也有各自的特点。

　　各组织器官在氨基酸代谢上的作用有所不同，其中以肝脏最为重要。肝脏蛋白质的更新速度比较快，氨基酸代谢活跃，大部分氨基酸在肝脏进行分解代谢，同时氨的解毒过程主要也在肝脏进行。分枝氨基酸的分解代谢则主要在肌肉组织中进行。

　　食物中蛋白质的含量也影响氨基酸的代谢速率。高蛋白饮食可诱导合成与氨基酸代谢有关的酶系，从而使代谢加快。

　　氨基酸代谢的基本概况见图 8-1。

图 8-1 氨基酸代谢的基本概况

一、氨基酸的脱氨基作用

脱氨基作用是指氨基酸在酶的催化下脱去氨基、生成 α-酮酸的过程。这是氨基酸在体内分解的主要方式。参与人体蛋白质合成的氨基酸共有 20 种,它们的结构不同,脱氨基的方式也不同,主要有氧化脱氨、转氨、联合脱氨和非氧化脱氨等,其中以联合脱氨基最为重要。

(一)氧化脱氨基作用

氧化脱氨基作用(oxidative deamination)是指在酶的催化下,氨基酸在氧化脱氢的同时脱去氨基的过程。

谷氨酸在线粒体中由谷氨酸脱氢酶(glutamate dehydrogonase)催化氧化脱氨。谷氨酸脱氢酶属于不需氧脱氢酶,以 NAD^+ 或 $NADP^+$ 作为辅酶。氧化反应通过谷氨酸 C_α 脱氢转给 $NAD(P)^+$ 形成 α-亚氨基戊二酸,再水解生成 α-酮戊二酸和氨(图 8-2)。

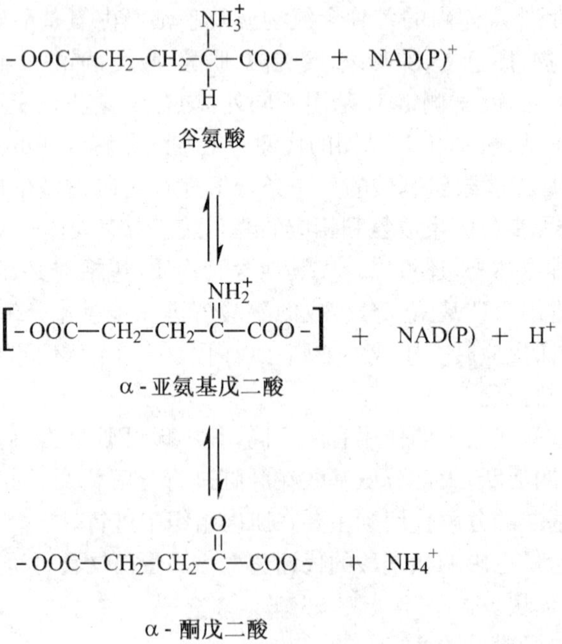

$$^-OOC-CH_2-CH_2-\overset{\overset{\displaystyle NH_3^+}{|}}{\underset{\underset{\displaystyle H}{|}}{C}}-COO^- \quad + \quad NAD(P)^+$$

谷氨酸

$$[^-OOC-CH_2-CH_2-\overset{\overset{\displaystyle NH_2^+}{\|}}{C}-COO^-] \quad + \quad NAD(P) \quad + \quad H^+$$

α-亚氨基戊二酸

$$^-OOC-CH_2-CH_2-\overset{\overset{\displaystyle O}{\|}}{C}-COO^- \quad + \quad NH_4^+$$

α-酮戊二酸

图 8-2 谷氨酸脱氢酶催化的氧化脱氢反应

谷氨酸脱氢酶为变构酶。GDP 和 ADP 为变构激活剂，ATP 和 GTP 为变构抑制剂。

在体内，谷氨酸脱氢酶催化可逆反应。一般情况下偏向于谷氨酸的合成，因为高浓度氨对机体有害，此反应平衡点有助于保持较低的氨浓度。但当谷氨酸浓度高而氨浓度低时，则有利于脱氨和 α-酮戊二酸的生成。

（二）转氨基作用

转氨基作用（transamination）指在转氨酶催化下将 α-氨基酸的氨基转给另一个 α-酮酸，生成相应的 α-酮酸和一种新的 α-氨基酸的过程。

1. 转氨基作用的机理　体内绝大多数氨基酸通过转氨基作用脱氨。参与蛋白质合成的 20 种 α-氨基酸中，除甘氨酸、赖氨酸、苏氨酸和脯氨酸不参加转氨基作用外，其余均可由特异的转氨酶催化参加转氨基作用。转氨基作用最重要的氨基受体是 α-酮戊二酸，产生谷氨酸作为新生成氨基酸：

$$氨基酸 + α\text{-酮戊二酸} \rightleftharpoons 谷氨酸 + α\text{-酮酸}$$

进一步将谷氨酸中的氨基转给草酰乙酸，生成 α-酮戊二酸和天冬氨酸：

$$谷氨酸 + 草酰乙酸 \xrightleftharpoons{GTP} α\text{-酮戊二酸} + 天冬氨酸$$

或转给丙酮酸，生成 α-酮戊二酸和丙氨酸：

$$谷氨酸 + 丙酮酸 \xrightleftharpoons{GPT} α\text{-酮戊二酸} + 丙氨酸$$

因而体内有活性较强的谷草转氨酸酶（glutamic pyruvic transaminase，GPT）和谷丙转氨酸酶（glutamic oxaloacetic transaminase，GOT）。

转氨基作用是可逆的，反应的方向取决于四种反应物的相对浓度。因而，转氨基作用也是体内某些氨基酸（非必需氨基酸）合成的重要途径。

2. 转氨基作用的过程　转氨基作用过程可分为两个阶段：

（1）一个氨基酸的氨基转到酶分子上，产生相应的酮酸和氨基化酶：

$$
\begin{array}{c}
\text{H} \\
| \\
\text{HOOC-C-NH}_2 \\
| \\
\text{R}_1
\end{array}
+ \text{E} \rightleftharpoons
\begin{array}{c}
\text{HOOC-C=O} \\
| \\
\text{R}_1
\end{array}
+ \text{E-NH}_2
$$

（2）氨基转给另一种酮酸，（如 α-酮戊二酸）生成氨基酸，并释放出酶分子：

$$
\begin{array}{c}
\text{O} \\
\| \\
\text{CH-O} \\
| \\
\text{(CH}_2)_2
\end{array}
+ \text{E-NH}_2 \rightleftharpoons
\begin{array}{c}
\text{NH}_2 \\
| \\
\text{CH-COOH} \\
| \\
\text{(CH}_2)_2\text{-COOH}
\end{array}
+ \text{E}
$$

α-酮戊二酸　　　　　　　　　　谷氨酸

为传送氨基，转氨酶需其含醛基的辅酶——磷酸吡哆醛（pyridoxal 5'-phosphate，PLP）的参与。在转氨基过程中，辅酶 PLP 转变为磷酸吡哆胺（pyridoxamine 5'-phosphate，PMP）。PLP 通过其醛基与酶分子中赖氨酸 ω-氨基缩合形成 Schiff 碱而共价结合到酶分子上。

转氨基反应中，辅酶在 PLP 和 PMP 间转换，在反应中起着氨基载体的作用，氨基在 α-酮酸和 α-氨基酸之间转移，可见在转氨基反应中并无净 NH_3 的生成。

3. 转氨基作用的生理意义　转氨基作用起着十分重要的作用。通过转氨作用可以调节体内非必需氨基酸的种类和数量,以满足体内蛋白质合成时对非必需氨基酸的需求。

转氨基作用还是联合脱氨基作用的重要组成部分,从而加速体内氨的转变和运输,沟通机体的糖代谢、脂代谢和氨基酸代谢的相互联系。

(三)联合脱氨基作用

联合脱氨基作用是体内主要的脱氨方式,主要有两种反应途径:

1. 由 L-谷氨酸脱氢酶和转氨酶联合催化的联合脱氨基作用　先在转氨酶催化下,将某种氨基酸的 α-氨基转移到 α-酮戊二酸上生成谷氨酸,然后,在 L-谷氨酸脱氢酶作用下将谷氨酸氧化脱氨生成 α-酮戊二酸,而 α-酮戊二酸再继续参加转氨基作用。

L-谷氨酸脱氢酶主要分布于肝、肾、脑等组织中,而 α-酮戊二酸参加的转氨基作用普遍存在于各组织中,所以此种联合脱氨主要在肝、肾、脑等组织中进行。联合脱氨反应是可逆的,因此也可称为联合加氨。

2. 嘌呤核苷酸循环(purine nucleotide cycle)　骨骼肌和心肌组织中 L-谷氨酸脱氢酶的活性很低,因而不能通过上述形式的联合脱氨反应脱氨。但骨骼肌和心肌中含丰富的腺苷酸脱氨酶(adenylate deaminase),能催化腺苷酸加水、脱氨,生成次黄嘌呤核苷酸(IMP)。

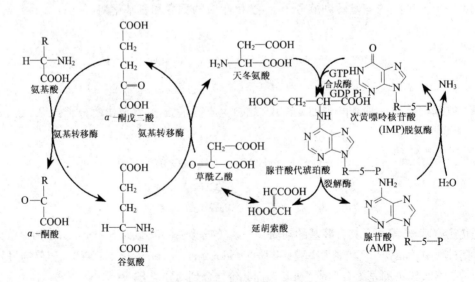

一种氨基酸经过两次转氨作用可将 α-氨基转移至草酰乙酸生成天冬氨酸。天冬氨酸又可将此氨基转移到次黄嘌呤核苷酸上,生成腺嘌呤核苷酸(通过中间化合物腺苷酸代琥珀酸)。其脱氨过程可用图 8-3 表示。

图 8-3　腺嘌呤核苷酸循环

目前认为嘌呤核苷酸循环是骨骼肌和心肌中氨基酸脱氨的主要方式,肌肉活动增加时需要三羧酸循环增强以供能。而此过程需三羧酸循环中间产物增加,肌肉组织中缺乏能催化这种补偿反应的酶,肌肉组织则依赖此嘌呤核苷酸循环补充中间产物——草酰乙酸。研究表明,肌肉组织中催化嘌呤核苷酸循环反应的三种酶的活性均比其他组织高几倍。AMP脱氨酶遗传缺陷患者(肌腺嘌呤脱氨酶缺乏症)易疲劳,而且运动后常出现痛性痉挛。

这种形式的联合脱氨是不可逆的,因而不能通过其逆过程合成非必需氨基酸。这一代谢途径不仅把氨基酸代谢与糖代谢、脂代谢联系起来,而且也把氨基酸代谢与核苷酸代谢联系起来。

（四）非氧化脱氨基作用

某些氨基酸还可以通过非氧化脱氨基作用(nonoxidative deamination)将氨基脱掉。

1. 脱水脱氨基　如丝氨酸可在丝氨酸脱水酶的催化下生成氨和丙酮酸。

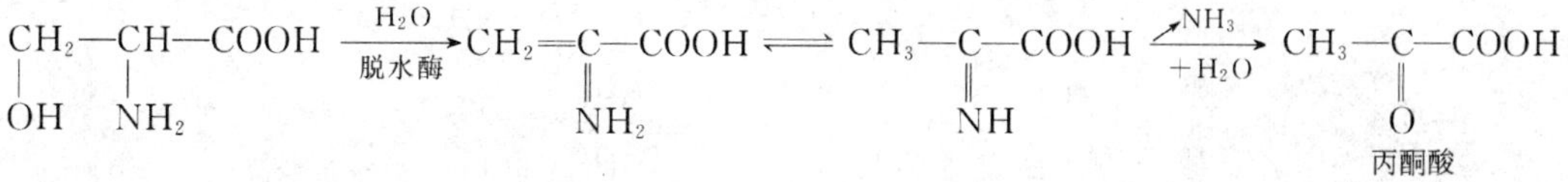

$$CH_2-CH-COOH \xrightarrow[\text{脱水酶}]{H_2O} CH_2=C-COOH \rightleftharpoons CH_3-C-COOH \xrightarrow[+H_2O]{NH_3} CH_3-C-COOH$$

（丙酮酸）

苏氨酸在苏氨酸脱水酶的作用下,生成 α-酮丁酸,再经丙酰 CoA,琥珀酰 CoA 参加代谢,如下所示。这是苏氨酸在体内分解的途径之一。

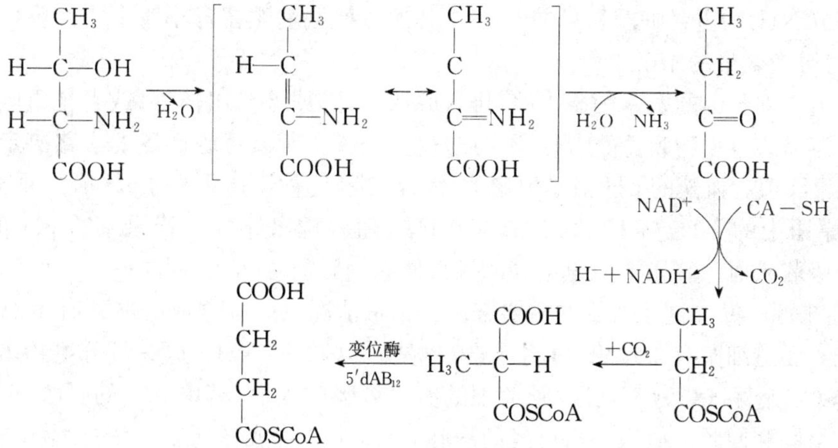

2. 脱硫化氢脱氨基　半胱氨酸可在脱硫化氢酶的催化下生成丙酮酸和氨。

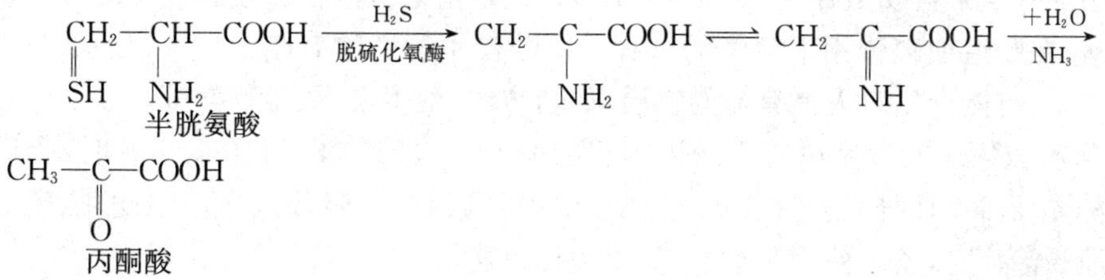

$$CH_2-CH-COOH \xrightarrow[\text{脱硫化氧酶}]{H_2S} CH_2-C-COOH \rightleftharpoons CH_2-C-COOH \xrightarrow[NH_3]{+H_2O}$$

半胱氨酸

$$CH_3-C-COOH$$

丙酮酸

3. 直接脱氨基　天冬氨酸可在天冬氨酸酶作用下直接脱氨生成延胡索酸和氨。

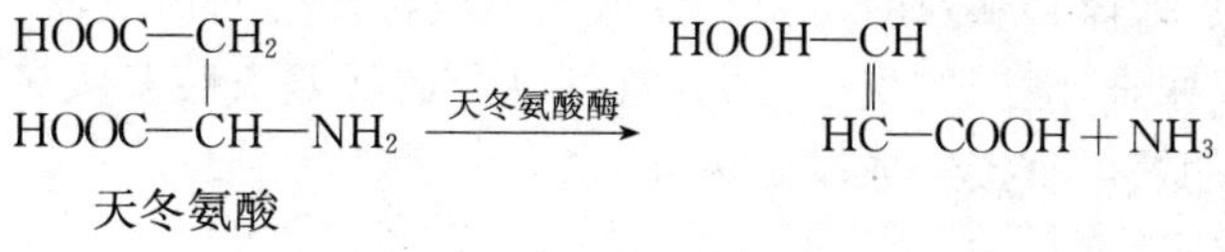

$$HOOC-CH_2 \atop HOOC-CH-NH_2 \xrightarrow{\text{天冬氨酸酶}} HOOH-CH \atop HC-COOH + NH_3$$

天冬氨酸

171

二、氨的代谢

（一）氨的来源

1. 组织中氨基酸分解生成的氨　组织中的氨基酸经过联合脱氨作用脱氨或经其他方式脱氨,这是组织中氨的主要来源。组织中氨基酸经脱羧基反应生成胺,再经单胺氧化酶或二胺氧化酶作用生成游离氨和相应的醛,这是组织中氨的次要来源。膳食中蛋白质过多时,这一部分氨的生成量也增多。

2. 肾脏来源的氨　血液中的谷氨酰胺流经肾脏时,可被肾小管上皮细胞中的谷氨酰胺酶(glutaminase)分解生成谷氨酸和 NH_3。

谷氨酰胺　　　　　　　　谷氨酸

这一部分 NH_3 约占肾脏产氨量的 60%。其他各种氨基酸在肾小管上皮细胞中分解也产生氨,约占肾脏产氨量的 40%。

肾小管上皮细胞中的氨有两条去路:排入原尿中,随尿液排出体外;或者被重吸收入血成为血氨。氨容易透过生物膜,而 NH_4^+ 不易透过生物膜。所以肾脏产氨的去路决定于血液与原尿的相对 pH 值。血液的 pH 值是恒定的,因此实际上决定于原尿的 pH 值。原尿 pH 值偏酸时,排入原尿中的 NH_3 与 H^+ 结合成为 NH_4^+,随尿排出体外。若原尿的 pH 值较高,则 NH_3 易被重吸收入血。临床上血氨增高的病人使用利尿剂时,应注意这一点。

3. 肠道来源的氨　这是血氨的主要来源。正常情况下肝脏合成的尿素有 15% 经肠黏膜分泌入肠腔。肠道细菌有尿素酶,可将尿素水解成为 CO_2 和 NH_3,这一部分氨约占肠道产氨总量的 90%(成人每日约为 4 克)。肠道中的氨可被吸收入血,其中 3/4 的吸收部位在结肠,其余部分在空肠和回肠。氨入血后可经门静脉入肝,重新合成尿素。这个过程称为尿素的肠肝循环(entero hepatin circulation of urea)。

肠道中的一小部分氨来自腐败作用(putrescence)。这是指未被消化吸收的食物蛋白质或其水解产物氨基酸,在肠道细菌作用下分解的过程。腐败作用的产物有胺、氨、酚、吲哚、H_2S 等对人体有害的物质;也能产生对人体有益的物质,如脂肪酸、维生素 K、生物素等。

肠道中 NH_3 重吸收入血的程度决定于肠道内容物的 pH。肠道内 pH 值低于 6 时,肠道内氨生成 NH_4^+,随粪便排出体外;肠道内 pH 值高于 6 时,肠道内氨吸收入血。因此,临床上给高血氨病人做灌肠治疗时,禁忌使用肥皂水等,以免加重病情。

（二）氨的去路

氨是有毒的物质,人体必须及时将氨转变成无毒或毒性小的物质,然后排出体外。氨的主要去路是在肝脏合成尿素,随尿排出;一部分氨可以合成谷氨酰胺和天冬酰胺,也可合成其他非必需氨基酸;少量的氨可直接经尿排出体外。

氨的来源和去路可用图 8-4 表示。

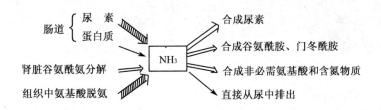

图 8-4　氨的来源和去路

（三）氨的转运

1. 葡萄糖－丙氨酸循环　肌肉组织中以丙酮酸作为转移的氨基受体，生成丙氨酸，经血液运输到肝脏。在肝脏中，经转氨基作用生成丙酮酸，可通过糖异生作用生成葡萄糖，葡萄糖由血液运输到肌肉组织中，分解代谢产生丙酮酸，后者再接受氨基生成丙氨酸。这一循环途径称为"葡萄糖－丙氨酸循环"（alanine glucose cycle）（见图 8-5）。通过此途径，肌肉氨基酸的氨基，运输到肝脏以氨的形式合成尿素。

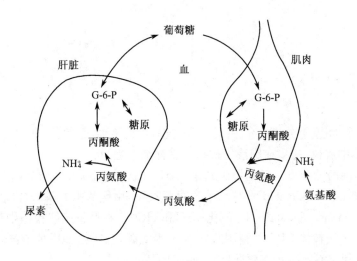

图 8-5　葡萄糖—丙氨酸循环

饥饿时通过此循环将肌肉组织中氨基酸分解生成的氨及葡萄糖的不完全分解产物丙酮酸，以无毒性的丙氨酸形式转运到肝脏作为糖异生的原料。肝脏异生的葡萄糖可被肌肉或其他外周组织利用。

2. 氨与谷氨酸在谷氨酰胺合成酶（glutamine synthetase）的催化下生成谷氨酰胺（glutamine），并由血液运输至肝或肾，再经谷氨酰胺酶（glutaminaes）水解成谷氨酸和氨。谷氨酰胺主要从脑、肌肉等组织向肝或肾运氨。

$$\underset{\text{谷氨酸}}{\begin{matrix}COOH\\|\\CH_2\\|\\CH_2\\|\\CH-NH_2\\|\\COOH\end{matrix}} +NH_5+ATP \xrightarrow[\text{Mg}^{++}(\text{Mo}^{++})]{\text{谷氨酰胺合成酶}} \underset{\text{谷氨酰胺}}{\begin{matrix}O\\\|\\C-NH_2\\|\\CH_2\\|\\CH_2\\|\\CH-NH_2\\|\\COOH\end{matrix}} +ADP+H_3PO_4$$

（四）尿素合成

人们很早就确定了肝脏是尿素合成的主要器官,肾脏是尿素排泄的主要器官。1932 年 Krebs 等人利用大鼠肝切片做体外实验,发现在供能的条件下,可由 CO_2 和氨合成尿素。若在反应体系中加入少量的精氨酸、鸟氨酸或瓜氨酸,可加速尿素的合成,而这种氨基酸的含量并不减少。为此,Krebs 等人提出了鸟氨酸循环(ornithine cycle)学说。其后由 Ratner 和 Cohen 详细论述了其各步反应。鸟氨酸循环可概括为:

$$NH_3 + HCO_3^- + \underset{\text{天冬氨酸}}{^-OOC-CH_2-\overset{\overset{\displaystyle NH_3}{|}}{CH}-COO^-}$$

$$\downarrow \overset{3ATP}{\underset{2ADP+2Pi+AMP+PPi}{\curvearrowright}}$$

$$\underset{\text{尿素}}{H_2N-\overset{\overset{\displaystyle O}{\|}}{C}-NH_3} + \underset{\text{延胡索酸}}{^-OOC-CH=CH-COO^-}$$

尿素中的两个 N 原子分别由氨和天冬氨酸提供,而 C 原子来自 HCO_3^-。五步酶促反应中,两步在线粒体中进行,三步在胞液中进行。其详细过程为:

1. 氨基甲酰磷酸的合成　氨基甲酰磷酸(carbamyl phosphate)是在 Mg^{2+}、ATP 及 N-乙酰谷氨酸(N-acetyl glutamic acid,AGA)存在的情况下,由氨基甲酰磷酸合成胺酶Ⅰ(carbamyl phosphate synthetase Ⅰ,CPS-Ⅰ)催化 NH_3 和 HCO_3^- 在肝细胞线粒体中合成。真核细胞中有两种 CPS:(1) 线粒体 CPS-Ⅰ利用游离 NH_3 为氮源,合成氨基甲酰磷酸,参与尿素合成;(2) 胞液 CPS-Ⅱ利用谷氨酰胺作氨源,参与嘧啶的从头合成。

$$NH_3+HCO_3^-+2ATP+H_2O \xrightarrow[\text{合成酶Ⅰ,Mg}^{2+}]{\text{氨基甲酰磷酸}} NH_2-\overset{\overset{\displaystyle OH}{|}}{\underset{\underset{\displaystyle O}{\|}}{C}}-O-\overset{\overset{\displaystyle OH}{|}}{\underset{\underset{\displaystyle O}{\|}}{P}}-OH +H_3PO_4+2ADP$$

此反应是不可逆的,消耗 2 分子 ATP。CPS-Ⅰ是一种变构酶,AGA 是此酶的变构激活剂,由乙酰 CoA 和谷氨酸缩合而成。

$$CH_2-CO\sim SCoA + \text{谷氨酸} \longrightarrow \underset{\text{AGA}}{CH_2-CO-NH-\overset{\overset{\displaystyle COOH}{|}}{\underset{\underset{\displaystyle CH_2}{|}}{\underset{\underset{\displaystyle HOOC-CH_2}{}}{CH}}}} +CoA-SH$$

肝细胞线粒体中谷氨酸脱氢酶和氨基甲酰磷酸合成酶Ⅰ催化的反应是紧密偶联的。谷氨酸脱氢酶催化谷氨酸氧化脱氨，生成的产物有 NH_3 和 $NADH+H^+$。NADH 经 NADH 氧化呼吸链传递，氧化生成 H_2O，释放出来的能量用于 ADP 磷酸化生成 ATP。因此谷氨酸脱氢酶催化反应不仅为氨基甲酰磷酸的合成提供了底物 NH_3，同时也提供了该反应所需要的能量 ATP。氨基甲酰磷酸合成酶Ⅰ将有毒的氨转变成氨基甲酰磷酸，反应中生成的 ADP 又是谷氨酸脱氢酶的变构激活剂，促进谷氨酸进一步氧化脱氨。这种紧密偶联有利于迅速将氨固定在肝细胞线粒体内，防止氨逸出线粒体进入细胞浆，进而透过细胞膜进入血液，引起血氨升高。

2. 瓜氨酸(citrulline)的生成　鸟氨酸氨基甲酰转移酶(ornithine transcarbamoylase)存在于线粒体中，通常与 CPS-Ⅰ形成酶的复合物，催化氨基甲酰磷酸转甲酰基给鸟氨酸生成瓜氨酸。此反应在线粒体内进行，而鸟氨酸在胞液中生成，所以必须通过一特异的穿梭系统进入线粒体内。

（图：鸟氨酸 + 氨基甲酰磷酸 → 瓜氨酸，由鸟氨酸氨基甲酰转移酶、生物素催化，+ H_3PO_4）

3. 精氨酸代琥珀酸(argininosuccinate)的合成　瓜氨酸穿过线粒体膜进入胞浆中，在胞浆中由精氨酸代琥珀酸合成酶(argininosuccinate synthetase)催化瓜氨酸的脲基与天冬氨酸的氨基缩合生成精氨酸代琥珀酸，获得尿素分子中的第二个氮原子。此反应由 ATP 供能。

（图：瓜氨酸 + 天冬氨酸 → 精氨酸代琥珀酸，由精氨酸代琥珀酸合成酶催化，ATP → AMP+PPi）

4. 精氨酸(arginine)的生成　精氨酸代琥珀酸裂解酶(argininosuccinase)催化精氨酸代琥珀酸裂解成精氨酸和延胡索酸。

175

上述反应中生成的延胡索酸可经三羧酸循环的中间步骤生成草酰乙酸,再经谷草转氨酶催化转氨作用重新生成天冬氨酸。由此,通过延胡索酸和天冬氨酸,使三羧酸循环与尿素循环联系起来。

5. 尿素的生成　尿素循环的最后一步反应是由精氨酸酶(arginase)催化精氨酸水解生成尿素,并再生成鸟氨酸,鸟氨酸再进入线粒体参与另一轮循环。

尿素合成是一个耗能的过程,合成 1 分子尿素需要消耗 4 个高能磷酸键(3 个 ATP 水解生成 2 个 ADP,2 个 Pi,1 个 AMP 和 PPi)。从尿素循环底物水平上,能量的消耗大于恢复。由 L-谷氨酸脱氢酶催化脱氨和延胡索酸经草酰乙酸再生成天冬氨酸的反应中均有 NADH 的生成。经线粒体再氧化可生成 6 个 ATP。尿素循环中的具体能量代谢见图 8-6。

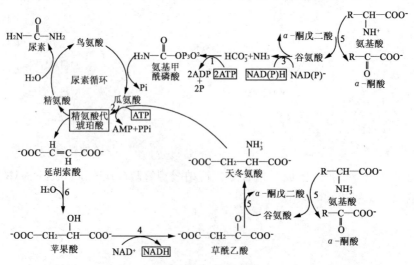

图 8-6　尿素循环的能量代谢

6. 尿素循环的调节　CPS-Ⅰ是线粒体内变构酶,其变构激活剂 AGA 由 N-乙酰谷氨酸合成酶催化生成,并由特异水解酶水解。肝脏生成尿素的速度与 AGA 浓度相关。当氨基酸分解旺盛时,由转氨基作用引起谷氨酸浓度升高,增加 AGA 的合成,从而激活 CPS-Ⅰ,加速氨基甲酰磷酸合成,推动尿素循环。精氨酸是 AGA 合成酶的激活剂,因此,临床利用精氨酸治疗高氨血症。

（五）高氨血症和氨中毒

正常生理情况下,血氨处于较低水平。尿素循环是维持血氨低浓度的关键。当肝功能严重损伤时,尿素循环发生障碍,血氨浓度升高,称为高氨血症。氨中毒机制尚不清楚。一般认为,氨进入脑组织,可与 α-酮戊二酸结合成谷氨酸,谷氨酸又与氨进一步结合生成谷氨酰胺,从而使 α-酮戊二酸和谷氨酸减少,导致三羧酸循环减弱,从而使脑组织中 ATP 生成减少。谷氨酸本身为神经递质,且是另一种神经递质 γ-氨基丁酸（γ-aminobutyrate,GABA）的前体,其减少亦会影响大脑的正常生理功能,严重时可出现昏迷。

三、α-酮酸的代谢

氨基酸经联合脱氨或其他方式脱氨所生成的 α-酮酸有以下去路:

1. 生成非必需氨基酸　α-酮酸经联合加氨反应可生成相应的氨基酸。八种必需氨基酸中,除赖氨酸和苏氨酸外,其余六种亦可由相应的 α-酮酸加氨生成。但和必需氨基酸相对应的 α-酮酸不能在体内合成,所以必需氨基酸依赖于食物供应。

2. 氧化生成 CO_2 和水　这是 α-酮酸的重要去路之一。由氨基酸与糖、脂肪的关系（图 8-7）可以看出,α-酮酸通过一定的反应途径先转变成丙酮酸、乙酰 CoA 或三羧酸循环的中间产物,再经过三羧酸循环彻底氧化分解。三羧酸循环将氨基酸代谢与糖代谢、脂肪代谢紧密联系起来。

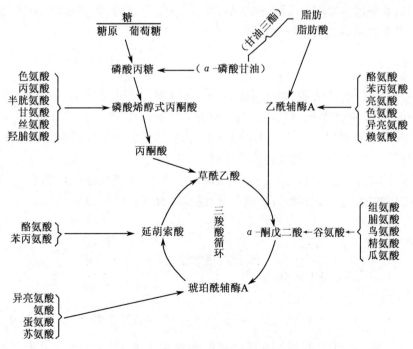

图 8-7　氨基酸与糖、脂肪的关系

3. 转变生成糖和酮体　　使用四氧嘧啶(alloxan)破坏犬的胰岛 β-细胞,建立人工糖尿病犬的模型。待其体内糖原和脂肪耗尽后,用某种氨基酸饲养,并检查犬尿中糖与酮体的含量。若饲某种氨基酸后尿中排出葡萄糖增多,称此氨基酸为称生糖氨基酸(glucogenic amino acid);若尿中酮体含量增多,则称为生酮氨基酸(ketogenic amino acid);尿中两者都增多者称为生糖兼生酮氨基酸(glucogenic and ketogenic amino acid)。从下表(表 8-1)中可以看出,凡能生成丙酮酸或三羧酸循环的中间产物的氨基酸均为生糖氨基酸;凡能生成乙酰 CoA 或乙酰乙酸的氨基酸均为生酮氨基酸;凡能生成丙酮酸或三羧酸循环中间产物同时能生成乙酰 CoA 或乙酰乙酸者为生糖兼生酮氨基酸。

表 8-1　氨基酸和糖、脂肪的共有中间代谢产物

氨基酸简称	共同中间代谢产物	生糖或生酮氨基酸
天	草酰乙酸	生糖
丝、甘、丙、羟、脯、半胱、胱	丙酮酸	生糖
苏	丙酮酸、琥珀酰辅酶 A	生糖
色	丙酮酸、乙酰乙酸	生糖兼生酮
谷、组、鸟、精、瓜、脯	α-酮戊二酸	生糖
蛋、缬	琥珀酰辅酶 A	生糖
异亮	琥珀酰辅酶 A、乙酰辅酶 A	生糖兼生酮
酪、苯丙	乙酰乙酸、延胡索酸	生糖兼生酮
亮	乙酰乙酸	生酮
赖	乙酰辅酶 A、α-酮戊二酸	生糖兼生酮

由此可知,亮氨酸为生酮氨基酸,赖氨酸、异亮氨酸、色氨酸、苯丙氨酸和酪氨酸为生糖兼生酮氨基酸,其余氨基酸均为生糖氨基酸。

四、脱羧基作用

部分氨基酸可在氨基酸脱羧酶(decarboxylase)催化下进行脱羧基作用(decarboxylation),生成相应的胺,脱羧酶的辅酶为磷酸吡哆醛。

从量上讲,脱羧基作用不是体内氨基酸分解的主要方式,但可生成有重要生理功能的胺。下面列举几种氨基酸脱羧产生的重要胺类物质。

1. γ-氨基丁酸(γ-aminobutyric acid,GABA)　　GABA 由谷氨酸脱羧基生成,催化此反应的酶是谷氨酸脱羧酶。此酶在脑、肾组织中活性很高,所以脑中 GABA 含量较高。

L-谷氨酸　　　　　　　　　　　　　　　γ-氨基丁酸

GABA 是一种仅见于中枢神经系统的抑制性神经递质,对中枢神经元有普遍性抑制作用。在脊髓,作用于突触前神经末梢,减少兴奋性递质的释放,从而引起突触前抑制,在脑则引

178

起突触后抑制。

GABA 可在 GABA 转氨酶(GABA-T)作用下与 α-酮戊二酸反应生成琥珀酸 γ-半醛(succinic acid semialdehyde),进而氧化生成琥珀酸。

$$\begin{array}{ccc}
\text{CH}_2\text{—COOH} & \text{COOH} & \text{COOH} \\
| & | & | \\
(\text{CH}_2)_2 & (\text{CH}_2)_2 & (\text{CH}_2)_2 \\
| & | & | \\
\text{NH}_2 & \text{CHO} & \text{COOH} \\
\text{γ-氨基丁酸} & \text{琥珀酸 γ-半醛} & \text{琥珀酸}
\end{array}$$

$+\alpha\text{-酮戊二酸} \quad -\text{谷氨酸} \longrightarrow \quad [\text{O}] \longrightarrow$

2. 组胺(histamine) 由组氨酸脱羧生成。组胺主要由肥大细胞产生并贮存,在乳腺、肺、肝、肌肉及胃黏膜中含量较高。

$$\begin{array}{ccc}
\text{HC}=\text{C—CH}_2\text{—CH—COOH} & & \text{HC}=\text{C—CH}_2\text{—CH}_2\text{—NH}_2 \\
| \quad | \qquad\qquad | & & | \quad | \\
\text{HN} \quad \text{N} \qquad\quad \text{NH}_2 & & \text{HN} \quad \text{N} \\
\quad \text{C} & & \quad \text{C} \\
\quad \text{H} & & \quad \text{H} \\
\text{L-组氨酸} & & \text{9 组胺}
\end{array}$$

组氨酸脱羧酶 $-\text{CO}_2$ $\qquad +\text{CO}_2$

组胺是一种强烈的血管舒张剂,并能增加毛细血管的通透性。可引起血压下降和局部水肿。组胺的释放与过敏反应症状密切相关。组胺可刺激胃蛋白酶和胃酸的分泌,所以常用它作胃分泌功能的研究。

3. 5-羟色胺(5-hydroxytryptamine,5-HT) 色氨酸在脑中首先由色氨酸羟化酶(tryptophan hydroxylase)催化生成 5-羟色氨酸(5-hydroxytryptophan),再经脱羧酶作用生成 5-羟色胺。

$$\text{色氨酸} \xrightarrow[\text{羟化酶}]{+\text{O}_2 \text{ 色所酸}} \text{5-羟色氨酸} \xrightarrow[\text{酸脱羧酶}]{-\text{CO}_2 \text{ 5-羟色}} \text{5-羟色胺}$$

5-羟色胺在神经组织中有重要的功能,目前已肯定中枢神经系统有 5-羟色胺能神经元。5-羟色胺可使大部分交感神经节前神经元兴奋,而使副交感节前神经元抑制。

其他组织如小肠、血小板、乳腺细胞中也有 5-羟色胺,具有强烈的血管收缩作用。

4. 牛磺酸(taurine) 体内牛磺酸主要由半胱氨酸脱羧生成。半胱氨酸先氧化生成磺酸丙氨酸,再由磺酸丙氨酸脱羧酶催化脱去羧基,生成牛磺酸。牛磺酸是结合胆汁酸的重要组成成分。

$$\begin{array}{ccc}
\text{CH}_2\text{SH} & \text{CH}_2\text{SO}_3\text{H} & \text{CH}_2\text{SO}_3\text{H} \\
| & | & | \\
\text{CHNH}_2 & \text{CHNH}_2 & \text{CH}_2\text{NH}_2 \\
| & | & \\
\text{COOH} & \text{COOH} & \\
\text{L-半胱氨酸} & \text{磺酸丙氨酸} & \text{牛磺酸}
\end{array}$$

$3[\text{O}] \qquad \xrightarrow[-\text{CO}_2]{\text{磺酸丙氨酸脱羧酶}}$

5. 多胺(polyamine) 鸟氨酸在鸟氨酸脱羧酶催化下可生成腐胺(putrescine),S-腺苷蛋氨酸(S-adenosyl methionine, SAM)在 SAM 脱羧酶催化脱羧生成 S-腺苷-3-甲硫基丙胺。在精脒合成酶(spormidine synthetase)催化下将 S-腺苷-3-甲硫基丙胺的丙基移到腐胺分子上,合成精脒(cpermidine),再在精胺合成酶(spermine symthetase)催化下,再将另一分子 S-腺苷-

3-甲硫基丙胺的丙胺基转移到精脒分子上,最终合成了精胺(sperrmine)。腐胺、精脒和精胺总称为多胺或聚胺 polyamine。多胺的生成过程见图 8-8。

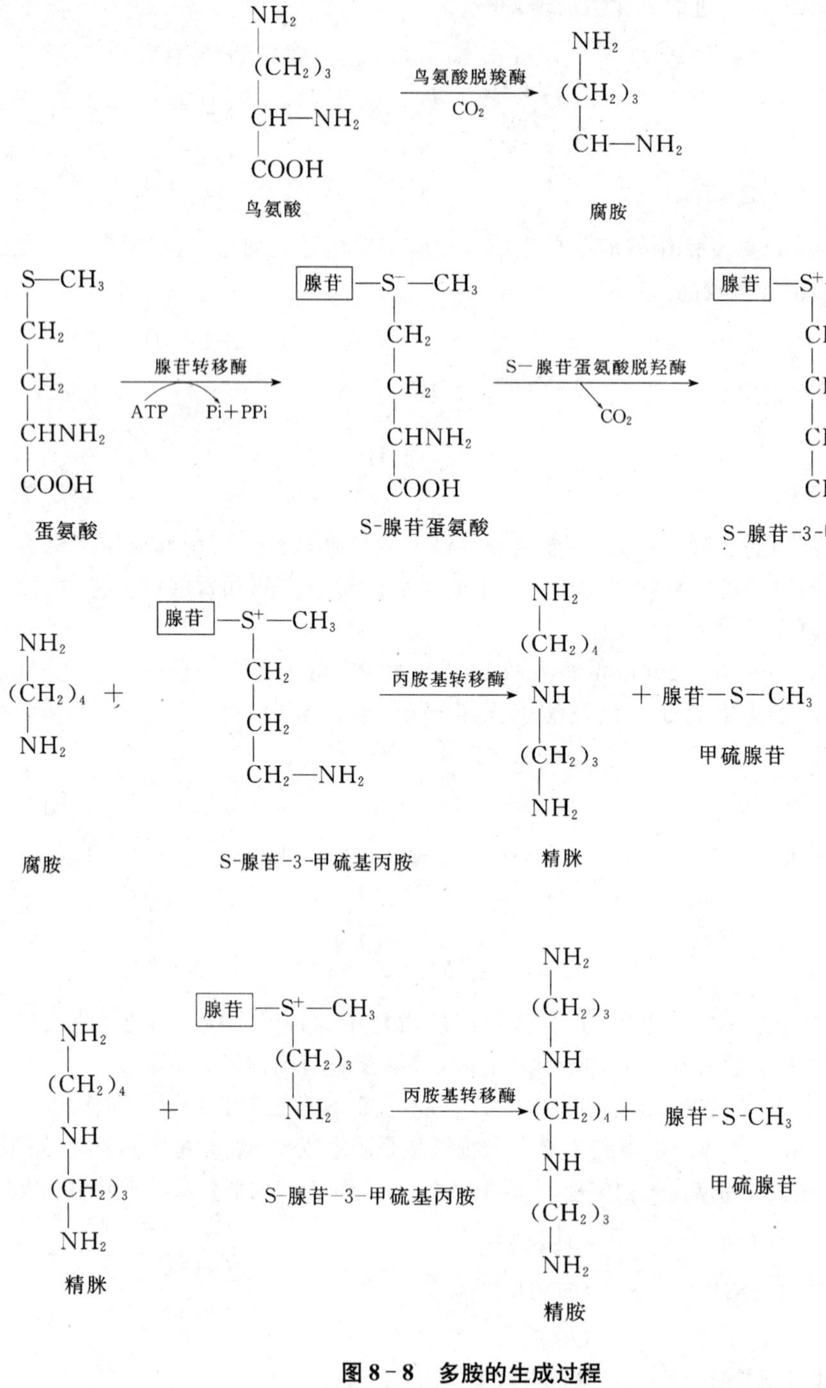

NH₂ | (CH₂)₃ | CH—NH₂ | COOH
鸟氨酸 —鸟氨酸脱羧酶, CO₂→ 腐胺

蛋氨酸 —腺苷转移酶, ATP Pi+PPi→ S-腺苷蛋氨酸 —S-腺苷蛋氨酸脱羟酶, CO₂→ S-腺苷-3-甲硫基丙胺

腐胺 + S-腺苷-3-甲硫基丙胺 —丙胺基转移酶→ 精脒 + 腺苷-S-CH₃ 甲硫腺苷

精脒 + S-腺苷-3-甲硫基丙胺 —丙胺基转移酶→ 精胺 + 腺苷-S-CH₃ 甲硫腺苷

图 8-8 多胺的生成过程

多胺存在于精液及细胞核蛋白体中,是调节细胞生长的重要物质。多胺分子带有较多正电荷,能与带负电荷的 DNA 及 RNA 结合,稳定其结构,促进核酸及蛋白质合成的某些环节。在生长旺盛的组织,如胚胎、再生肝及癌组织中,多胺含量升高,所以可利用血或尿中多胺含量作为肿瘤诊断的辅助指标。

180

第二节 个别氨基酸代谢

一、一碳单位代谢

(一)“一碳基团”的概念

某些氨基酸在代谢过程中能生成含一个碳原子的基团,经过转移参与生物合成过程。这些含一个碳原子的基团称为一碳单位(one carbon unit)。有关一碳单位生成和转移的代谢称为一碳单位代谢。

体内重要的“一碳基团”有:

甲　基:$—CH_3$	亚甲基:$—CH_2—$
次甲基:$—CH=$	甲酰基:$—CHO$
羟甲基:$—CH_2OH$	亚氨甲基:$—CH=NH$

“一碳基团”从氨基酸释出后不能自由存在,需与载体结合,再参与“一碳基团”的代谢。“一碳基团”的载体主要有两种,即四氢叶酸和S-腺苷蛋氨酸。

四氢叶酸(tetrahydrofolic acid,FH_4)是“一碳基团”的主要载体,亦是一种辅酶。它由叶酸还原而来,其反应如下:

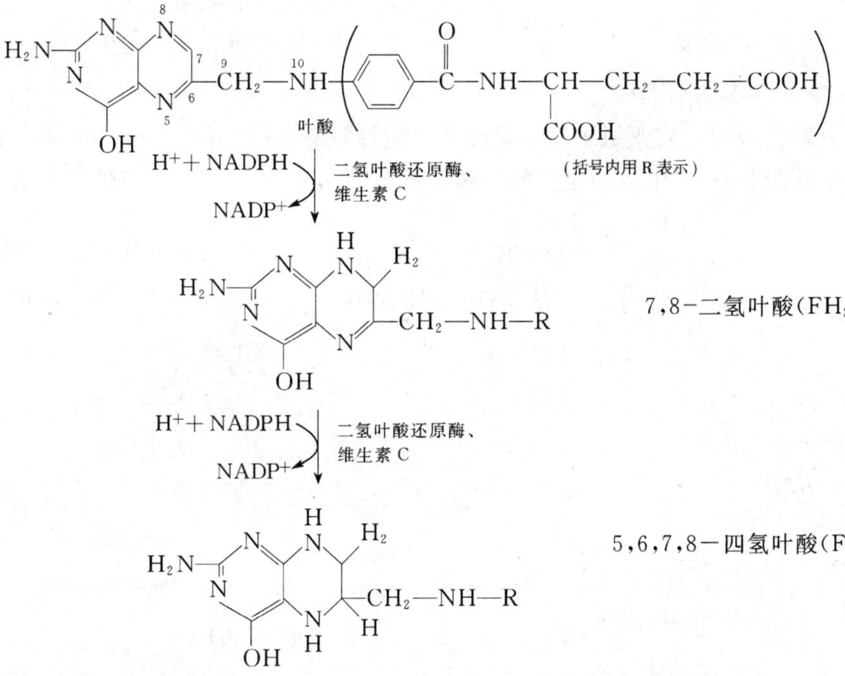

7,8-二氢叶酸(FH_2)

5,6,7,8-四氢叶酸(FH_4)

FH_4分子上N^5和N^{10}是结合“一碳基团”的位置。如N^5,N^{10}-亚甲基四氢叶酸,可简写为$FH_4-N^5,N^{10}-CH_2$,其化学结构和简式如下:

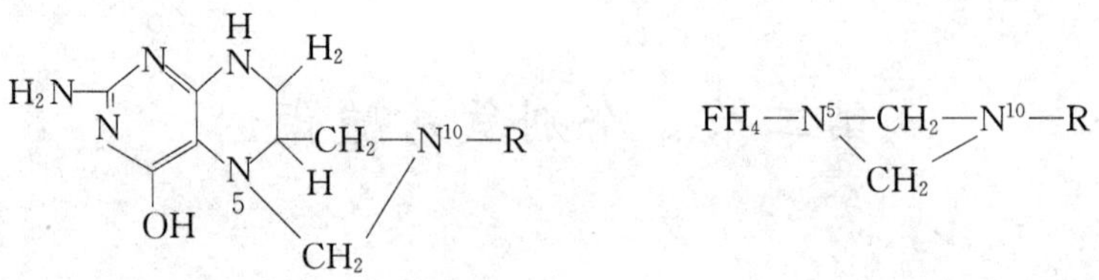

（二）"一碳基团"的来源与互变

"一碳基团"主要来源于丝氨酸、甘氨酸、组氨酸及蛋氨酸的代谢。

1. 甘氨酸与"一碳基团"的生成

甘氨酸经氧化脱氨生成乙醛酸，再氧化成甲酸。甲酸和乙醛酸可分别与 FH_4 反应生成 N^{10} 甲酰四氢叶酸和 N^5, N^{10} 次甲四氢叶酸。实际上，凡是在代谢过程中产生的甲酸都可通过此种反应产生可利用的一碳单位，如色氨酸。

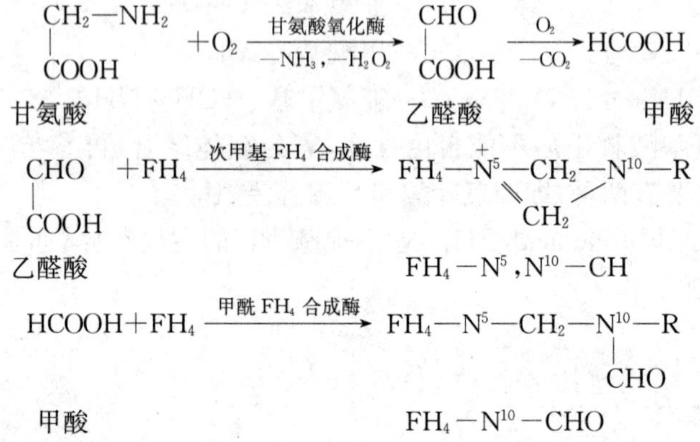

2. 组氨酸与"一碳基团"的生成

组氨酸分解的中间产物亚氨甲酰谷氨酸及甲酰谷氨酸，它们可分别与 FH_4 反应生成 N^5- 亚氨甲基四氢叶酸和 N^5- 甲酰四氢叶酸。两者皆可转变为 N^5, $N^{10}-$ 甲基四氢叶酸。

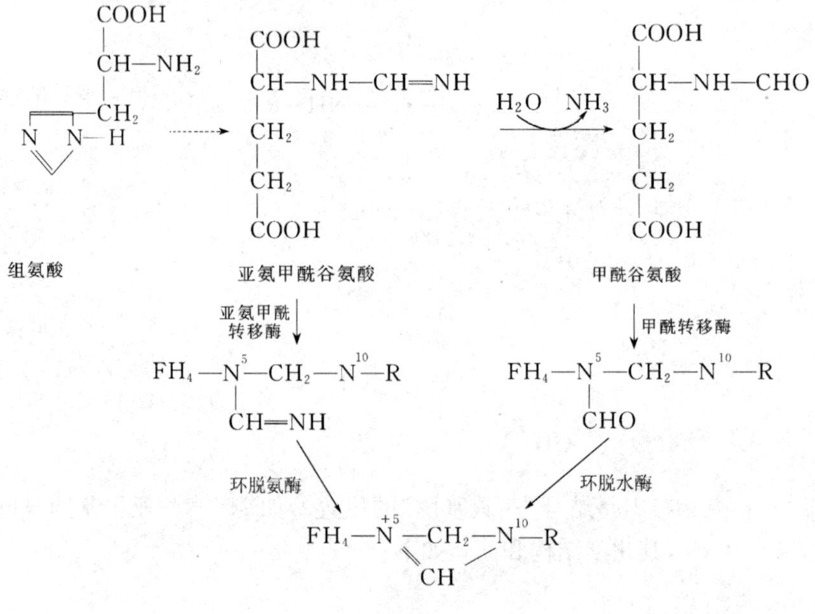

3. 丝氨酸与"一碳基团"的生成

丝氨酸与 FH_4 反应,其羟甲基与 FH_4 结合生成 N^5,N^{10}-亚甲基四氢叶酸,同时转变为甘氨酸。$FH_4-N^5,N^{10}-CH_2$ 也可转变为 $FH_4-N^5,N^{10}-CH$ 和 $FH_4-N^5-CH_3$。

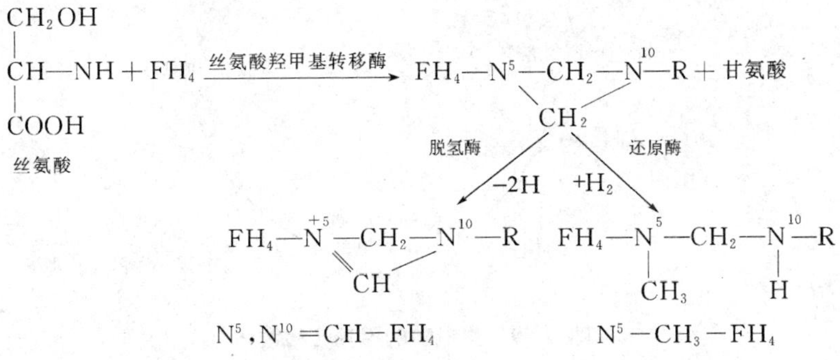

$$
\begin{array}{c}
CH_2OH \\
| \\
CH-NH + FH_4 \xrightarrow{\text{丝氨酸羟甲基转移酶}} FH_4-N^5-CH_2-N^{10}-R + \text{甘氨酸} \\
| \\
COOH \\
\text{丝氨酸}
\end{array}
$$

$$FH_4-\overset{+5}{N}=CH_2-N^{10}-R \xleftarrow[-2H]{\text{脱氢酶}} \overset{CH_2}{\underset{}{FH_4-N^5-CH_2-N^{10}-R}} \xrightarrow[+H_2]{\text{还原酶}} FH_4-N^5-CH_2-N^{10}-R$$

$$N^5,N^{10}=CH-FH_4 \qquad\qquad N^5-CH_3-FH_4$$

4. 蛋氨酸与"一碳基团"的生成

蛋氨酸是体内甲基的重要来源,其活性形式是 S-腺苷蛋氨酸(S-adenosylmethionine,SAM),也是"一碳基团"的载体。它参与合成胆碱、肌酸和肾上腺素等化合物的甲基化反应。SAM 在甲基移换酶的催化下,将甲基转移给甲基受体,然后水解生成同型半胱氨酸。

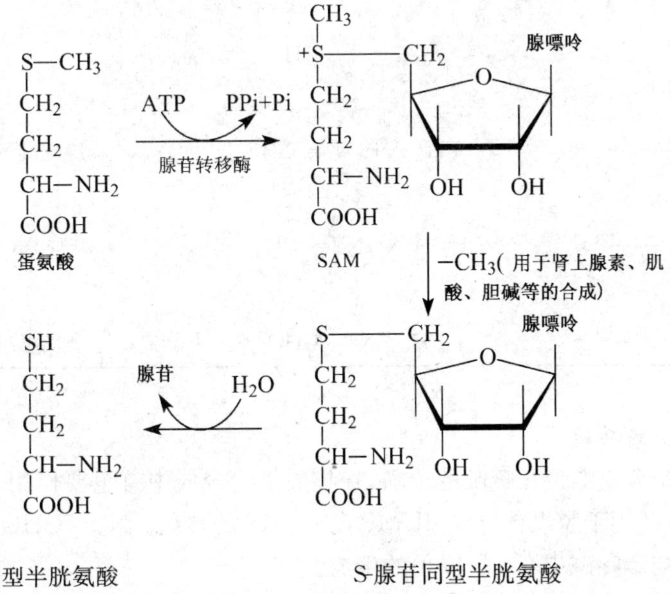

同型半胱氨酸   S-腺苷同型半胱氨酸

同型半胱氨酸在酶的作用下,从甲基四氢叶酸获得甲基而合成蛋氨酸,并重复参与上述过程,称为蛋氨酸甲基转移循环。蛋氨酸的甲基转移循环如图 8-9 所示。

5. "一碳基团"的互变

四氢叶酸"一碳基团"的几种形式,在一定的条件下可以互变,但生成 N^5-甲基四氢叶酸的反应为不可逆反应。因此,$FH_4-N_5-CH_3$ 在细胞内含量较高,是体内的主要存在形式。

"一碳基团"的来源、互变与生化功能总结如表 8-2 所示:

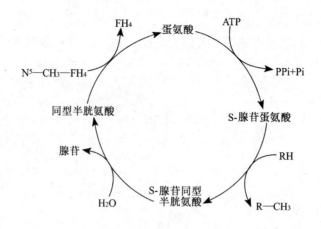

图 8-9 蛋氨酸的甲基转移循环

表 8-2 一碳基团的来源、互变与生化功能

一碳基团的来源	活性形式互变	生化功能
蛋氨酸————>	SAM	甲基化反应：如胆碱、肌酸、肾上腺素等合成
	↓	
	$FH_4 - N^5 - CH_3$	
	↑	
丝氨酸————>	$FH_4 - N^5, N^{10} - CH_2$	胸腺嘧啶的甲基
	↓	
组氨酸————>	$FH_4 N^5, N^{10} = CH$	嘌呤碱 C_8
	↓	
甘氨酸————>	$FH_4 - N^{10} - CHO$	嘌呤碱 C_2

（三）一碳单位的功能

1. 一碳单位是合成嘌呤和嘧啶的原料,在核酸生物合成中有重要作用。如 $N^5, N^{10} - CH$ $=FH_4$ 直接提供甲基用于脱氧核苷酸 dUMP 向 dTMP 的转化。$N^{10} - CHO - FH_4$ 和 $N_5 N_{10} -$ $CH = FH_4$ 分别参与嘌呤碱中 C_2、C_3 原子的生成。

2. SAM 提供甲基可参与体内多种物质合成,例如肾上腺素、胆碱、胆酸等。

一碳单位代谢将氨基酸代谢与核苷酸及一些重要物质的生物合成联系起来。一碳单位代谢的障碍可造成某些病理情况,如巨幼红细胞贫血等。磺胺药及某抗癌药(甲氨蝶呤等)正是分别通过干扰细菌及瘤细胞的叶酸、四氢叶酸合成,进而影响核酸合成而发挥药理作用的。

二、含硫氨基酸代谢的特点

体内含硫氨基酸有三种,即蛋氨酸($-S-CH_3$)、半胱氨酸($-SH$)和胱氨酸($-S-S-$)。这三种氨基酸的代谢是相互联系的,蛋氨酸可以转变为半胱氨酸和胱氨酸,半胱氨酸和胱氨酸也可以互变,但后两者不能变为蛋氨酸,所以蛋氨酸是必需氨基酸。含硫氨基酸的代谢特点如下:

1. 蛋氨酸是必需氨基酸,主要生化作用是:体内蛋白质生物合成时作为起始的氨基酸;生成的 SAM 是体内甲基化反应的活性甲基的供体;可转变为半胱氨酸。

2. 半胱氨酸和胱氨酸均为非必需氨基酸,两者可经氧化还原互变。二硫键是维持许多重要蛋白质的活性结构所必需的,如胰岛素、免疫球蛋白等;巯基酶类如辅酶 A、乳酸脱氢酶等,其活性与半胱氨酸的—SH 基有关。一些毒物如碘乙酸、芥子气和重金属等可与蛋白质分子中—SH 结合而表现其毒性,药物二巯基丙醇可使被结合—SH 恢复原来状态而解毒。

3. 半胱氨酸的代谢产物牛磺酸,是构成胆汁酸的重要组成成分;H_2S 在体内可氧化为 SO_4^{2-},并可转化为其活性形式 3′-磷酸腺苷-5′-磷酰硫酸(3′-phosphoadenosine-5′-phosphosulfate,PAPS),参与合成硫酸软骨素、肝素等,以及对体内酚类、固醇类、胆红素和一些外来药物等化合物的生物转化作用。

4. 谷胱苷肽(glutathione,G—SH)是广泛分布于体内三肽化合物,由半胱氨酸、谷氨酸和甘氨酸残基组成,有还原型 G—SH 和氧化型 G—S—S—G,两者可氧化还原互变,多以 G—SH 型存在。它与维生素 C、E 等构成体内抗氧化系统,保护许多含巯基蛋白质、酶和生物膜等免于因氧化而丧失正常的生化功能。

三、芳香族氨基酸代谢的特点

芳香族氨基酸包括苯丙氨酸、酪氨酸和色氨酸三种。

(一)苯丙氨酸和酪氨酸代谢的特点

1. 苯丙氨酸是必需氨基酸,在苯丙氨酸羟化酶作用下可转变为酪氨酸。

2. 酪氨酸是合成甲状腺素、肾上腺素和去甲肾上腺素等激素的原料。

3. 氨基酸代谢缺陷症　氨基酸代谢中某种酶的缺乏,可导致该酶作用底物在血、尿中大量增加,使机体发育不良、智力障碍,严重时可引起幼年死亡,称为代谢缺陷分子病。其病因与 DNA 分子突变有关,往往是先天性的,又称为遗传性代谢病。如:苯丙氨酸羟化酶缺乏使苯丙氨酸不能转变为酪氨酸,导致正常时的次要代谢产物苯丙酮酸生成显著增加,出现苯丙酮酸尿症。酪氨酸酶缺乏不仅影响有关激素合成,也使酪氨酸氧化生成黑色素障碍,使患者皮肤及毛发呈白色,称白化病。尿黑酸氧化酶缺乏使酪氨酸代谢生成的尿黑酸不能进一步氧化而直接自尿中排出,此尿中尿黑酸被空气中的氧氧化呈黑色,称尿黑酸症。

4. 酪氨酸脱羧生成的酪胺具有升血压作用。正常时,酪胺、肾上腺素等一些胺类物质在肝被单胺氧化酶氧化分解而失活。当用单胺氧化酶抑制剂(如异烟肼类药物)治疗某些疾病时,应禁食含酪胺量多的食物,如干酪、酸牛奶、酒类等,否则可引起严重高血压。可见,在使用某些药物时,适当禁食一些物质是必要的。

(二)色氨酸代谢的特点

1. 色氨酸是一种必需氨基酸,经羟化酶、脱羧酶等作用生成 5-羟色胺(5-hydroxytryptamine,5-HT,serotonin)。此两种酶在脑和肾中活性较高,色氨酸羟化酶是合成 5-HT 的限速酶,它受脑内 5-HT 浓度的反馈抑制。5-HT 是一种神经递质,与神经系统的兴奋与抑制状态有密切关系。5-HT 降低,可引起睡眠功能障碍、痛阈降低、外周组织血管扩张等。

2. 色氨酸代谢产生尼克酸(维生素 PP)有重要的生理意义,这是人体内合成维生素的有限例子。尼克酸在体内可转化为尼克酰胺而参与合成辅酶 NAD 和 NADP 等生物氧化还原系统。

3. 黄尿酸是色氨酸代谢的正常产物,患某些疾病时,如妊娠中毒,用色氨酸负荷实验检查,其尿中黄尿酸显著增加,这与正常怀孕或未怀孕妇女不同。

4. 褪黑激素(melatonin,眠纳多宁)由松果体产生,系 5-HT 的衍生物,具有促进、诱导自然睡眠、提高睡眠质量的作用,无依赖性,不成瘾,是传统安眠药的理想替代品。此外,尚有维持和恢复性功能的作用。

四、肌酸代谢的特点

1. 肌酸是由甘氨酸、精氨酸和"一碳基团"等在酶作用下合成的产物,是体内能量贮存与利用的重要前体化合物。

2. 磷酸肌酸是含高能磷酸基团的化合物,是脑、神经和肌肉等组织贮能的主要形式。当需要能量时,其高能磷酸基团在酶作用下可转移给 ADP 生成 ATP。此反应为可逆反应,当体内 ATP 生成增加时,又可将部分能量贮存于磷酸肌酸中。磷酸肌酸也可经不可逆反应脱去磷酸生成肌酐,从小便中排出。若肾功能障碍,如肾病晚期,血中肌酐明显增加。

第三节　氨基酸的生物合成

组成人体蛋白质的氨基酸中,有些氨基酸只能在植物及微生物体内合成,人体必须从食物中摄取,这些氨基酸即必需氨基酸(essential amino acids),其余的氨基酸可利用代谢中间产物合成,称为非必需氨基酸(nonessential amino acids)。除酪氨酸外,体内非必需氨基酸由四种共同代谢中间产物(丙酮酸、草酰乙酸、α-酮戊二酸及 3-磷酸甘油)之一作其前体,简单合成。如前所述,酪氨酸由苯丙氨酸羟化生成,所以严格讲酪氨酸不是非必需氨基酸,对每日膳食中苯丙氨酸的需要量同时亦反映了对酪氨酸的需要量。

1. 丙氨酸、天冬酰胺、天冬氨酸、谷氨酸及谷氨酰胺由丙酮酸、草酰乙酸和 α-酮戊二酸合成,三种 α-酮酸:丙酮酸、草酰乙酸和 α-酮戊二酸分别为丙氨酸、天冬氨酸和谷氨酸的前体,经一步转氨反应可生成相应氨基酸(如图 8-10 中反应 1~3)。天冬酰胺和谷氨酰胺分别由天冬氨酸和谷氨酸加氨反应生成(如图 8-10 中反应 4、5)。谷氨酰胺合成酶(glutamine cynthetase)催化谷氨酰胺合成,NH_3 为氨基供体,反应中消耗 ATP 生成 ADP 和 Pi。而天冬酰胺由天冬酰胺合成酶(asparagine synthetase)催化合成,利用谷氨酰胺提供氨基,消耗 ATP 生成 AMP+PPi。

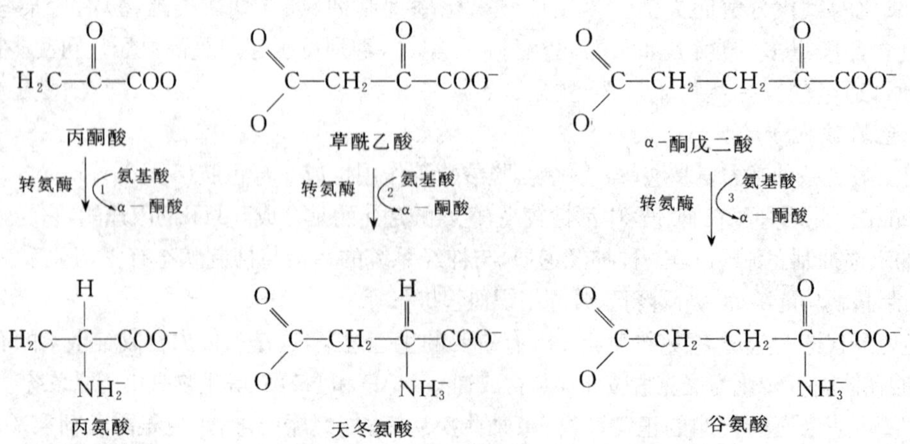

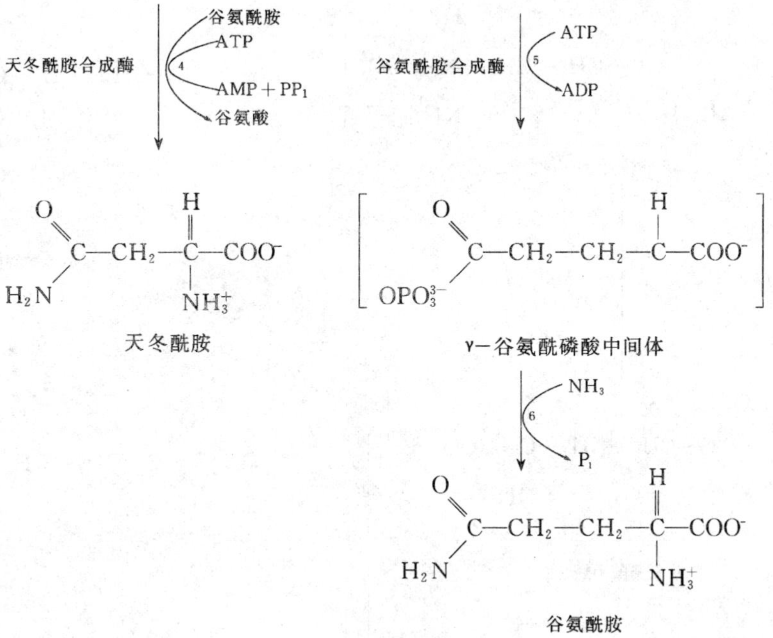

图 8 - 10　丙氨酸、天冬氨酸、谷氨酸、天冬酰胺和谷氨酰胺的合成

　　谷氨酰胺是许多生物合成反应的氨基供体,同时也是体内－NH_2的贮存形式。谷氨酰胺合成酶位于体内氨代谢的中枢位置。事实上,此酶由 α-酮戊二酸激活,此种调控作用有利于防止谷氨酸氧化脱氨造成体内氨的堆积。

　　2. 谷氨酸是脯氨酸、鸟氨酸和精氨酸的前体。谷氨酸 γ-羧基还原生成醛,继而形成中间 Schiff 碱,进一步还原可生成脯氨酸(图 8 - 11)。此过程中的中间产物 5-谷氨酸半醛(gluta-mate-5-semialdehyde)在鸟氨酸-δ-氨基转移酶(ornithine-δ-amino-transferase)催化下直接转氨生成鸟氨酸。

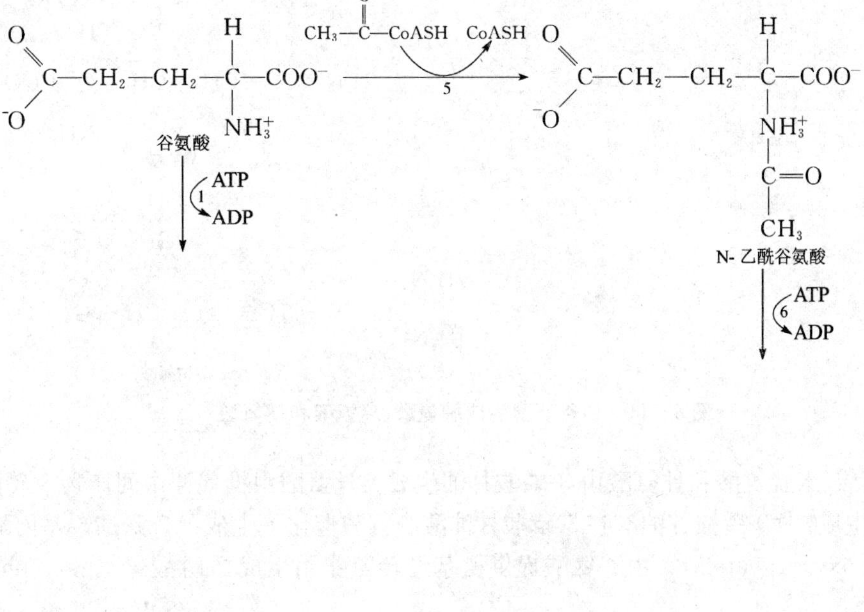

187

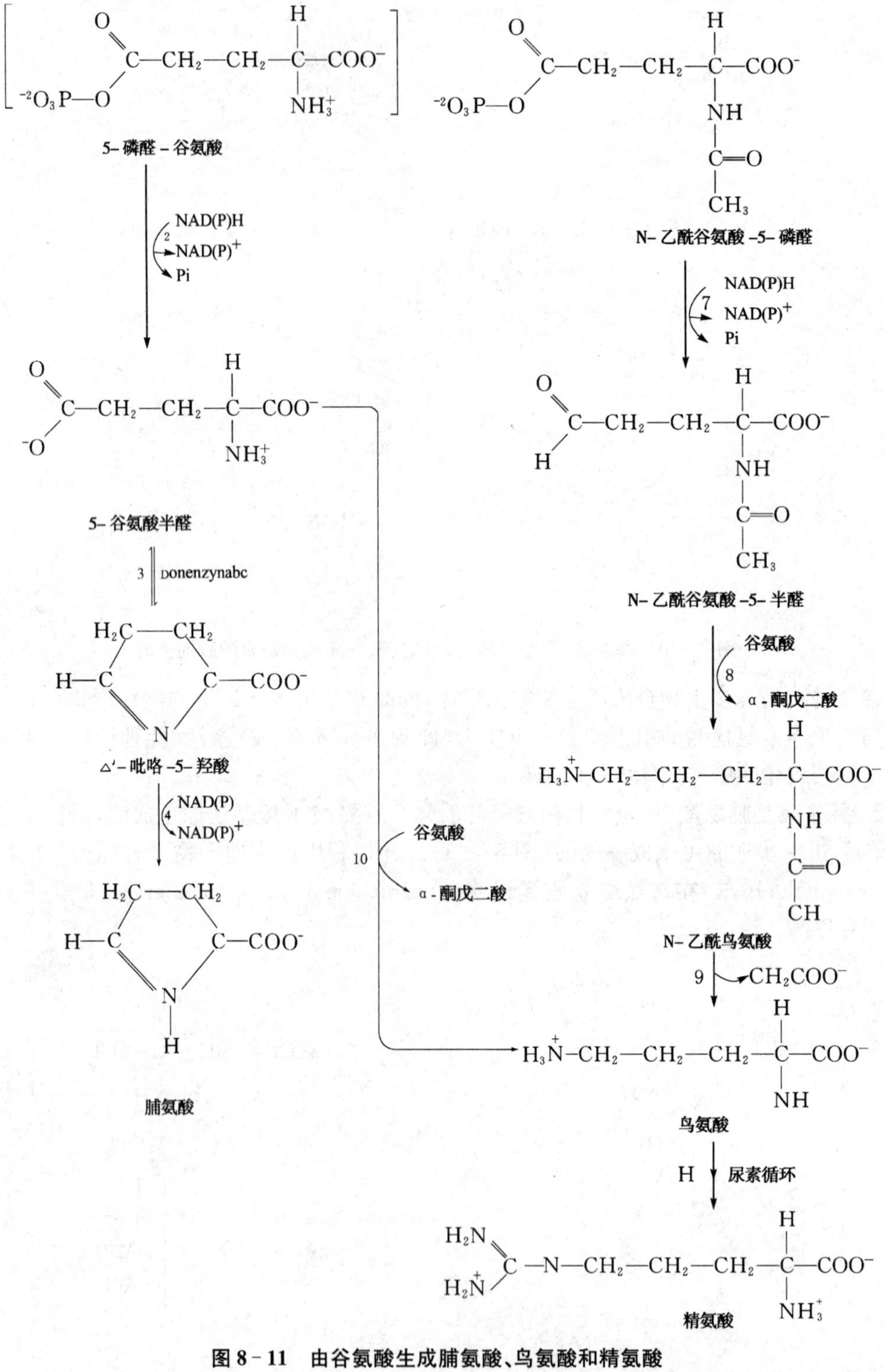

图 8－11　由谷氨酸生成脯氨酸、鸟氨酸和精氨酸

　　3. 丝氨酸、半胱氨酸和甘氨酸由 3-磷酸甘油生成。丝氨酸由糖代谢中间产物 3-磷酸甘油经三步反应生成：① 3-磷酸甘油酸在 3-磷酸甘油酸脱氢酶催化下生成了 3-磷酸羟基丙酮酸（3-phosphohydroxypyruvate）；② 由谷氨酸提供氨基经转氨作用生成 3-磷酸丝氨酸（3-phospho-

serine);③ 3-磷酸丝氨酸水解生成丝氨酸。

丝氨酸以两种途径参与甘氨酸的合成:① 由丝氨酸羟甲酰转移酶(serine hydroxy methyltransforese)催化直接生成甘氨酸,同时生成 N^5,N^{10}-甲酰-FH_4;② 由 N^5,N^{10}-CHO-FH_4、CO_2 和 NH_4^+ 在甘氨酸合成酶(glycine synthase)催化下缩合生成。

在蛋氨酸代谢中已讨论过,人体中半胱氨酸可由蛋氨酸分解代谢中间产物同型半胱氨酸和丝氨酸合成,半胱氨酸的巯基来源于必需氨基酸——蛋氨酸,故有人将其称为半必需氨基酸(semiessential amino acid)。而在植物及微生物中,丝氨酸在丝氨酸乙酰转移酶催化下被乙酰基取代生成 O-乙酰丝氨酸(O-acetyl serine),乙酰基被巯基取代生成半胱氨酸。反应中的羟基由 PAPS 经 PAPS 还原酶及亚硫酸还原酶(sulfite reductase)催化生成。

第九章　核酸代谢

第一节　核酸的消化与吸收

食物中的核酸多以核蛋白的形式存在。核蛋白在胃中受胃酸的作用,分解成核酸与蛋白质。核酸的消化主要在小肠中进行。首先由胰液中的核酸酶将核酸水解成为单核苷酸,肠液中尚有核苷酸酶可催化单核苷酸水解成为核苷和磷酸,核苷再经核苷磷酸化酶催化磷酸酸解而生成含氮碱(嘌呤碱或嘧啶碱)和磷酸戊糖。磷酸戊糖可进一步受磷酸酶催化,分解成戊糖与磷酸。核糖的消化过程可表示如下:

$$核酸 \xrightarrow{\text{核酸酶}} 单核苷酸 \xrightarrow{\text{核苷酸酶}} \begin{cases} 磷酸 \\ 核苷 \xrightarrow[H_3PO_4]{\text{核苷磷酸化酶}} \begin{cases} 磷酸戊糖 \xrightarrow{\text{磷酸酶}} \begin{cases} 戊糖 \\ 磷酸 \end{cases} \\ 含氮碱(嘌呤碱或嘧啶碱) \end{cases} \end{cases}$$

核酸在消化道中消化生成的单核苷酸和核苷都可以在小肠上部吸收,它们在吸收时,可以受肠黏膜中核苷酸酶和核苷磷酸化酶的催化,而分解成为各个组成成分。核酸的消化产物被吸收后,由门静脉进入肝脏,未分解的核苷酸与核苷也有一部分可直接吸收,然后进行分解或直接用于核酸的合成。

第二节　核酸的分解代谢

所有生物细胞内都含有与核酸分解代谢有关的酶类,能够分解细胞内各种核酸,促使核酸分解、更新。

一、核酸的分解

核酸分解的第一步是水解连接核苷酸之间的磷酸二酯键,生成寡核苷酸与单核苷酸。生物体内普遍存在着使核酸水解的磷酸二酯酶,总称核酸酶。水解 RNA 的酶称 RNA 酶(RNase),水解 DNA 的酶称 DNA 酶(DNase),它们都能水解核酸分子内部的磷酸二酯键,故又称为核酸内切酶(endonuclease)。体内还有另一类能够切割末端单核苷酸的酶类称为核酸外切酶(exonuclease)。

二、单核苷酸的分解

生物体内广泛存在核苷酸酶,可使核苷酸水解成为核苷与磷酸。其中多数是非特异性核苷酸酶,它们对一切核苷酸(不论磷酸在 $2'$、$3'$ 或 $5'$ 上)都能水解。某些特异性核苷酸酶,如 $3'$-核苷酸酶只能水解 $3'$-核苷酸;$5'$-核苷酸酶只能水解 $5'$-核苷酸。

使核苷分解的酶有两类：一类是核苷磷酸化酶,使核苷磷酸解成含氮碱和磷酸戊糖。另一类是核苷水解酶,使核苷分解成含氮碱和戊糖。这两类酶的作用情况如下：

$$核苷 + H_3PO_4 \xrightleftharpoons{核苷磷酸化酶} 嘌呤碱或嘧啶碱 + 戊糖-1'\text{-}P$$

$$核苷 + H_2O \xrightarrow{核苷水解酶} 嘌呤碱或嘧啶碱 + 戊糖$$

核苷磷酸化酶分布比较广,它所催化的反应是可逆的。核苷水解酶主要存在于植物和微生物,它所催化的反应是不可逆的,且只对核糖核苷有作用,对脱氧核糖核苷无作用。

嘌呤碱和嘧啶碱可进一步分解,戊糖则可参与磷酸戊糖代谢通路。

三、嘌呤的分解

关于嘌呤的分解已研究得比较清楚。腺嘌呤与鸟嘌呤在人类及灵长类动物体内分解的最终产物为尿酸(uric acid)。尿酸仍具有嘌呤环,仅取代基发生氧化。

人与小鼠体内只有腺嘌呤核苷脱氨酶,故腺嘌呤核苷首先受腺嘌呤核苷脱氨酶催化,脱去氨基成为次黄嘌呤核苷,再受核苷磷酸化酶的催化分解出 1-磷酸核糖及次黄嘌呤。次黄嘌呤受黄嘌呤氧化酶的作用,依次氧化成黄嘌呤及尿酸。其他动物(如猿、鸟类及某些爬虫类)体内有腺嘌呤脱氨酶,故其腺嘌呤不必以核苷形式先脱去氨基。

人体内有鸟嘌呤脱氨酶,故鸟嘌呤核苷先经核苷磷酸化酶的作用分解生成鸟嘌呤,后者受鸟嘌呤脱氨酶的催化而脱去氨基,生成黄嘌呤。同样,黄嘌呤最后亦氧化成尿酸。

黄嘌呤氧化酶属于黄酶类,其辅基为 FAD,尚含有铁及钼。此酶的专一性不高,对次黄嘌呤与黄嘌呤都有催化作用,腺嘌呤核苷与鸟嘌呤核苷分解过程如下：

191

尿酸为人类及灵长类动物嘌呤代谢的最终产物,随尿排出体外。

痛风是一种核酸代谢障碍的疾病,由于嘌呤分解代谢过盛,尿酸的生成太多或排泄受阻,以致血液中尿酸浓度增高。正常人血浆中尿酸含量约为 $0.12 \sim 0.36 mmol/L(2 \sim 6mg\%)$。痛风症患者血中尿酸的含量升高,当超过 $8mg\%$ 时,尿酸盐结晶即可沉积于关节、软组织、软骨甚至肾等处,而导致关节炎、尿路结石和肾疾病。痛风症多见于成年男性,其原因尚不完全清楚,可能与嘌呤核苷酸代谢酶的缺陷有关。此外,当进食高嘌呤饮食、体内核酸大量分解(如白血病、恶性肿瘤等)或肾脏疾病而尿酸排泄障碍时,均可导致血中尿酸升高。7-碳-8-氮次黄嘌呤(allopurinol,别嘌呤醇)的化学结构与次黄嘌呤相似,是黄嘌呤氧化酶的竞争性抑制剂,可以抑制黄嘌呤的氧化,减少尿酸的生成。同时,别嘌呤醇可在体内经代谢转变与1-焦磷酸-5-磷酸核糖(PRPP)反应生成别嘌呤醇核苷酸,从而消耗了 PRPP,又从另一方面减少了嘌呤核苷酸的合成。因而别嘌呤醇是一种治疗痛风的药物。

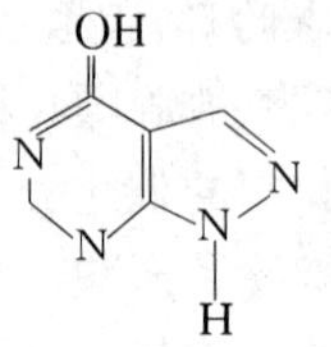

7-碳-8-氮次黄嘌呤(别嘌呤醇)

四、嘧啶的分解

动物组织内嘧啶的分解过程与嘌呤的分解不同,嘧啶环可被打开,并最后分解成 NH_3、CO_2 及 H_2O。胞嘧啶在体内可先脱去氨基生成尿嘧啶,尿嘧啶还原成二氢尿嘧啶。后者进一步氧化开环成为 β-脲基丙酸,再脱去氨及 CO_2,生成 β-丙氨酸。经转氨酶催化,β-丙氨酸转变成丙二酸半醛,丙二酸半醛活化成丙二酰 CoA,再失去 CO_2 生成乙酰 CoA,乙酰 CoA 可进入三羧酸循环而彻底氧化。胸腺嘧啶也可进行类似的变化,唯其产物为琥珀酰 CoA,此产物也可参与三羧酸循环而彻底氧化。嘧啶分解的氨与 CO_2 可合成尿素,随尿排出。嘧啶的分解过程如下:

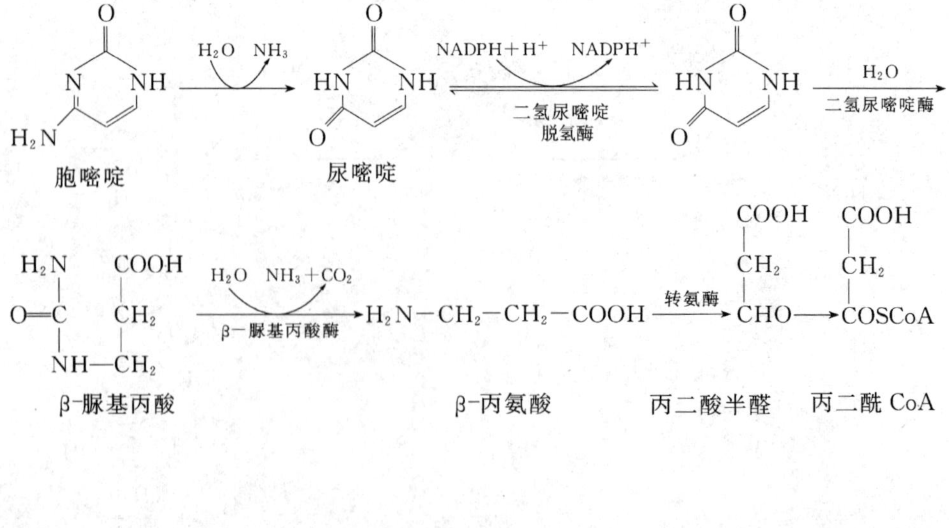

192

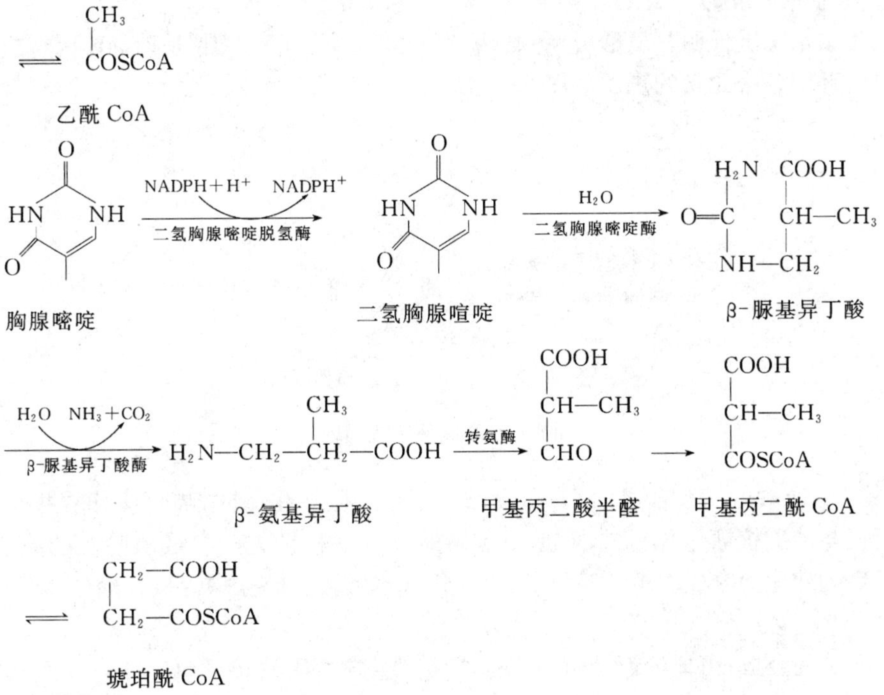

CH₃
COSCoA

乙酰 CoA

NADPH+H⁺ → NADPH⁺
二氢胸腺嘧啶脱氢酶

H₂O
二氢胸腺嘧啶酶

胸腺嘧啶　　　　　　　　　二氢胸腺嘧啶　　　　　　　　β-脲基异丁酸

H₂O　NH₃+CO₂
β-脲基异丁酸酶

$H_2N-CH_2-CH-CH_2-COOH$

转氨酶

COOH
CH—CH₃
CHO

COOH
CH—CH₃
COSCoA

β-氨基异丁酸　　　　　　甲基丙二酸半醛　　　　甲基丙二酰 CoA

CH₂—COOH
CH₂—COSCoA

琥珀酰 CoA

胸腺嘧啶的分解产物 β-氨基异丁酸,有一部分可随尿排出。尿中 β-氨基异丁酸排泄的多少可反映细胞及其 DNA 破坏的程度,白血病患者往往尿中 β-氨基异丁酸排泄增加。

第三节　核酸的合成代谢

虽然食物中核酸经过消化后能吸收进入体内,但是,只有少量核酸被用于再合成。人或动物无须依赖外界的核酸供应,仍然能在各组织细胞内进行核酸的合成。人或动物尿中经常排出嘌呤碱的分解产物及微量核苷或其衍生物,即为上述事实的证明。只要食物中不缺少蛋白质,核酸在体内就能以正常速度合成。由此可见核酸的嘌呤碱与嘧啶碱能从蛋白质或氨基酸合成,戊糖则来源于磷酸戊糖通路。

一、核苷酸的生物合成

(一) 核糖的来源与 1-焦磷酸-5-磷酸核糖的生成

核酸分子中的核糖来源于磷酸戊糖通路中的 6-磷酸葡萄糖(G-6-P)经降解生成的 5-磷酸核糖(R-5-P)。5-磷酸核糖在专一的磷酸核糖焦磷酸激酶的催化下,与 ATP 作用生成 1-焦磷酸-5-磷酸核糖(PRPP),然后用于单核苷酸的合成。

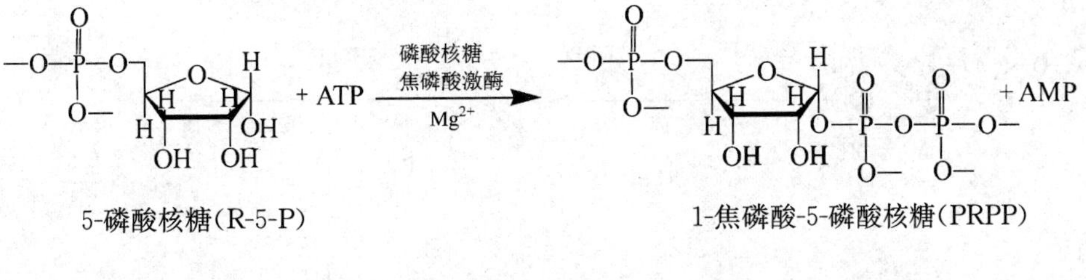

+ ATP
磷酸核糖
焦磷酸激酶
Mg²⁺
→
+ AMP

5-磷酸核糖(R-5-P)　　　　　　　　　　　1-焦磷酸-5-磷酸核糖(PRPP)

(二) 嘌呤核苷酸的合成

用同位素示踪法证明甘氨酸、天冬氨酸、谷氨酰胺及"一碳基团"是动物体内合成嘌呤环的原料。嘌呤环中各个元素的来源如图9-1所示。

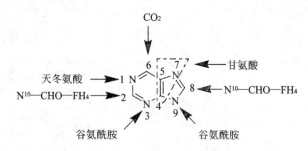

图 9-1 嘌呤环合成的原料

1. 嘌呤核苷酸的从头合成(de novo synthesis)途径 在体内,嘌呤核苷酸并非在嘌呤环形成之后再与磷酸核糖化合而成,而是 1-焦磷酸-5-磷酸核糖先与合成嘌呤碱的原料相结合,再通过一系列变化而合成次黄嘌呤核苷酸(IMP),然后转变成腺嘌呤核苷酸(AMP)和鸟嘌呤核苷酸(GMP)。

(1) IMP 的合成:由葡萄糖经磷酸戊糖通路产生的 5-磷酸核糖(R-5-P),先经磷酸核糖焦磷酸激酶(亦称 PRPP 合成酶)催化生成 1-焦磷酸-5-磷酸核糖(PRPP)。它可参与各种核苷酸的合成,此反应需要 ATP 供能,是合成核苷酸的关键性反应,ATP 尚能激活 PRPP 合成酶。由谷氨酰胺提供酰胺基取代 PRPP 中 C_1 的焦磷酸基,形成 1-氨基-5-磷酸核糖,此反应由谷氨酰胺-PRPP-酰胺转移酶所催化,该酶为关键酶。接着的反应是加甘氨酸、N^{10}-甲酰四氢叶酸提供甲酰基,谷氨酰胺氮原子的转移,然后脱水与环化而生成氨基咪唑核苷酸。下一步是氨基咪唑核苷酸的羧基化,天冬氨酸的加合及延胡索酸的去除,留下天冬氨酸的氨基。再由 N^{10}-甲酰四氢叶酸提供甲酰基,最后脱水和环化形成次黄嘌呤核苷酸(IMP)。上述各步反应均由相应的酶催化,并且有四个步骤需要消耗 ATP。

(2) AMP 和 GMP 的合成:IMP 可进一步由天冬氨酸提供氨基,合成腺嘌呤核苷酸,或氧化成黄嘌呤核苷酸(XMP),再由谷氨酰胺提供氨基,合成鸟嘌呤核苷酸。

小肠黏膜、胸腺、肝等组织均按此途径合成嘌呤核苷酸。

嘌呤核苷酸从头合成的全过程如下:

5- 磷酸核糖 (R-5-P)　　　　1- 焦磷酸 -5- 磷酸核糖 (PRPP)

1- 氨基 -5- 磷酸糖　　甘氨酰胺核苷酸　　甲酰甘氨酰胺核苷酸

甲酰甘氨酰胺核苷酸酰胺转移酶 ‖ 甲酰甘氨咪核苷酸环化酶 ‖ 氨基咪唑核苷酸羟化酶

Gln,ATP → Glu,ADP,PPi → 甲酰甘氨咪核苷酸 → ATP → ADP,H₂O,Pi → 氨基咪唑核苷酸 → ATP,CO₂ → ADP,Pi

5-氨基咪唑-4-羟酸核苷酸 → Asp,ATP / N-琥珀酰-5-氨基咪唑-4-酰胺核苷酸合成酶 → ADP,Pi → N-琥珀酰-5-氨基咪唑-4-酰胺核苷酸 → 延胡索酸 / N-琥珀酰-5-氨基咪唑-4-酰胺核苷酸裂解酶 → 5-氨基咪唑-4-氨甲酰核苷酸

N¹⁰-CHO-FH₄ → FH₄ / 5-氨基咪唑-4-氨甲酰核苷酸转甲酰基酶 → 5-甲酰胺咪唑-4-氨甲酰核苷酸 → H₂O / 次黄嘌呤核苷酸合成酶 → 次黄嘌呤核苷酸（IMP）

次黄嘌呤核苷酸 → Asp → H₂O / GTP,Mg²⁺ 腺苷酸代琥珀酸合成酶 → 腺苷酸代琥珀酸 → 延胡索酸 → 腺苷单磷酸（AMP）

次黄嘌呤核苷酸 → NAD⁺ → NADH+H⁺ / 次黄嘌呤核苷酸脱氢酶 → 黄嘌呤核苷酸（XMP） → Gln → Glu / ATP 鸟苷酸谷氨酰胺酰胺转移酶 → 鸟苷单磷酸（GMP）

2. **嘌呤核苷酸的补救合成途径**（salvage pathway）　骨髓、脑等组织由于缺乏有关合成酶,不能按上述"从头合成"的途径合成嘌呤核苷酸,必须依靠从肝脏运来的嘌呤和核苷合成核苷酸,该过程称为补救合成。

（1）嘌呤碱与 PRPP 直接合成嘌呤核苷酸:在人体内催化嘌呤碱与 PRPP 直接合成嘌呤核苷酸的酶有两种,即腺嘌呤磷酸核糖转移酶（adenine phosphoribosyl transferase,APRT）和次黄嘌呤-鸟嘌呤磷酸核糖转移酶（hypoxanthine guanine phosphoribosyl transferase,HG-PRT）,前者催化腺嘌呤核苷酸的生成,后者催化次黄嘌呤核苷酸和鸟嘌呤核苷酸的生成。

腺嘌呤＋PRPP $\xrightarrow{\text{腺嘌呤磷酸核糖转移酶}}$ AMP＋PPi

鸟嘌呤＋PRPP $\xrightarrow{\text{次黄嘌呤-鸟嘌呤磷酸核糖转移酶}}$ GMP＋PPi

次黄嘌呤＋PRPP $\xrightarrow{\text{次黄嘌呤-鸟嘌呤磷酸核糖转移酶}}$ IMP＋PPi

有一种遗传性疾病称 Lesch Nyhan 综合征,就是由于基因缺陷导致 HGPRT 完全缺失造

成的,患儿在两到三岁时即表现为自毁容貌的症状,很少能存活。

(2)腺嘌呤与1-磷酸核糖作用:腺嘌呤与1-磷酸核糖也可以首先生成腺苷,然后在腺苷激酶催化下再与ATP作用生成腺嘌呤核苷酸。

3. ATP和GTP的生成 有一些激酶存在于细胞中,例如,腺苷酸激酶、鸟苷酸激酶、核苷二磷酸激酶等,它们催化高能磷酸基团转移,在ATP和GTP生成中起重要作用。

(三)嘧啶核苷酸的合成

根据同位素示踪实验的结果,证明氨基甲酰磷酸与天冬氨酸是合成嘧啶环的原料,如图9-2所示。

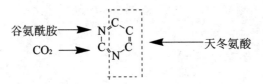

图 9-2 嘧啶环合成的原料

1. 尿嘧啶核苷酸的从头合成 用于合成嘧啶碱的氨基甲酰磷酸是在细胞浆中由氨基甲酰磷酸合成酶Ⅱ催化生成。在ATP供应能量的条件下,由谷氨酰胺与二氧化碳合成(注意:合成尿素的氨基甲酰酸是由肝线粒体中的氨基甲酰磷酸合成酶Ⅰ所催化,其氮的来源为氨)。氨基甲酰磷酸再与天冬氨酸结合,经一系列变化生成尿嘧啶甲酸(乳清酸,orotic acid),然后再与1-焦磷酸-5-磷酸核糖作用生成乳清酸核苷酸,最后脱羧生成尿嘧啶核苷酸。

尿嘧啶核苷酸生成的全过程如下:

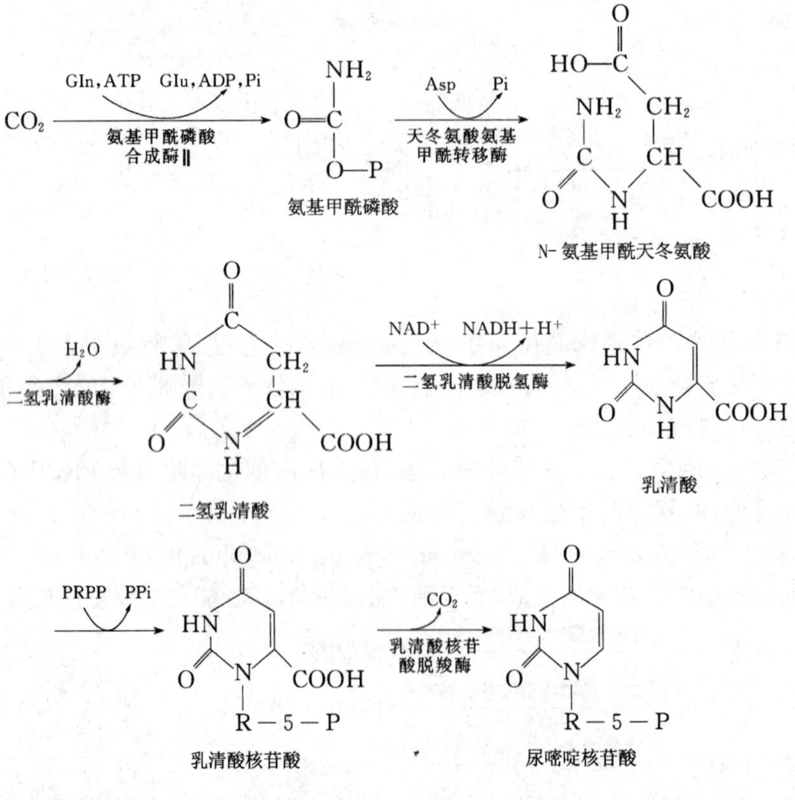

2. **胞嘧啶核苷酸的合成**　机体能将 ATP 的高能磷酸基团转移给 UMP 而生成 UDP 与 UTP,在 CTP 合成酶的催化下由谷氨酰胺提供氨基,可使 UTP 转变成 CTP。

$$UMP \xrightarrow[\text{尿苷酸激酶}]{ATP \quad ADP} UDP \xrightarrow[\text{二磷酸核苷激酶}]{ATP \quad ADP} UTP \xrightarrow[\text{CTP 合成酶}]{Gln,ATP \quad Glu,ADP} CTP$$

3. **嘧啶核苷酸的补救合成途径**　各种嘧啶核苷主要通过嘧啶核苷激酶的催化而生成相应的嘧啶核苷酸,也可通过磷酸核糖转移酶的作用而生成核苷酸。例如尿嘧啶核苷酸可通过下列两种反应而生成。

$$\text{尿嘧啶} + PRPP \xrightarrow{\text{UMP 磷酸核糖转移酶}} UMP + PPi$$

$$\text{尿嘧啶} + 1\text{-磷酸核糖} \underset{}{\overset{\text{尿苷磷酸化酶}}{\rightleftharpoons}} \text{尿嘧啶核苷} + Pi$$

$$\xrightarrow[Mg^{2+}]{ATP \Big\downarrow \text{尿苷激酶}}$$

$$UMP$$

(四)脱氧核糖核苷酸的合成

用同位素示踪实验证明,在生物体内,脱氧核苷酸可由相应的核糖核苷二磷酸还原生成。脱氧核苷酸,包括嘌呤脱氧核苷酸和嘧啶脱氧核苷酸,其所含的脱氧核糖并非先形成后再结合成为脱氧核苷酸,而是在核糖核苷二磷酸水平上直接还原生成的,由核糖核苷酸还原酶催化。脱氧胸腺嘧啶核苷酸则由 UMP 先还原成 dUMP,然后再甲基化而生成。

1. **核糖核苷酸的还原**　硫氧化还原蛋白有还原型和氧化型两种,还原型含 2 个巯基,氧化型则含二硫键,因此还原型硫氧化还原蛋白可作为核糖核苷酸的天然还原剂。硫氧化还原蛋白还原酶属黄酶类,它的辅基是 FAD。反应过程如下:

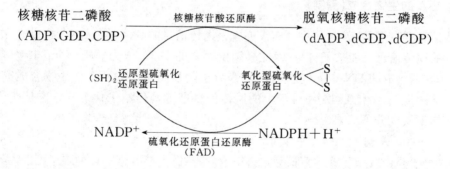

2. **脱氧胸腺嘧啶核苷酸(dTMP)的合成**　dTMP 可由 dUMP 甲基化而形成。反应由胸腺嘧啶核苷酸合成酶催化,甲基由 $N^5,N^{10}-CH_2-FH_4$ 提供。$N^5,N^{10}-CH_2-FH_4$ 提供甲基后生成的 FH_2 可以再经二氢叶酸还原酶的作用,重新生成 FH_4,FH_4 又可再携带"一碳基团"。反应过程如下:

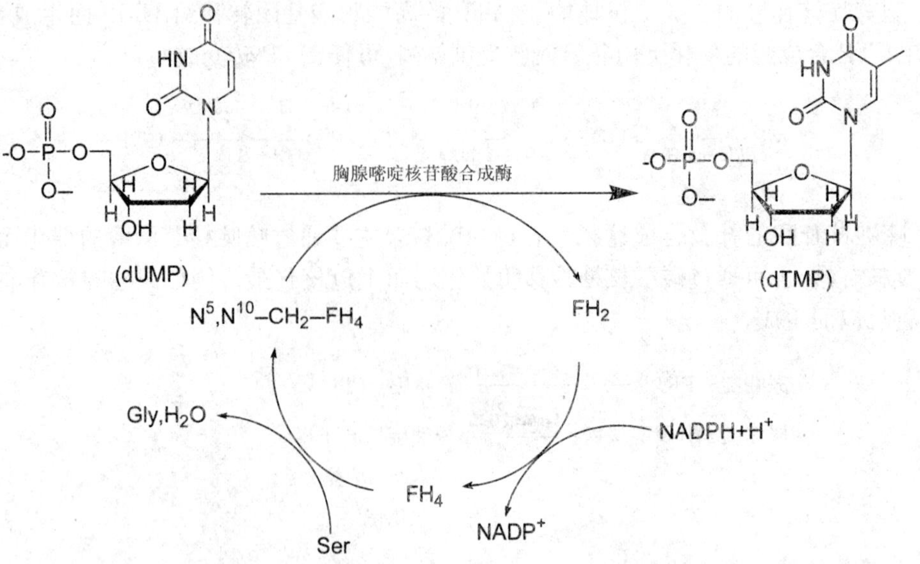

(dUMP) → 胸腺嘧啶核苷酸合成酶 → (dTMP)

$N^5, N^{10}-CH_2-FH_4$ FH_2

Gly, H_2O NADPH+H^+

FH_4 $NADP^+$

Ser

三种嘧啶核苷酸及脱氧核苷酸互变的关系如下：

$$UMP \longrightarrow UTP \xrightarrow[ATP]{GIn \quad GLu} CTP \Longrightarrow CDP \longrightarrow dCDP \longrightarrow dCMP$$

$$\longrightarrow dUMP \xrightarrow[N^5, N^{10}-CH_2-FH_4]{\quad FH_2 \quad} dTMP$$

二、DNA 的生物合成（复制）

遗传信息存在于 DNA 分子中，DNA 亦就是遗传信息的载体。在 DNA 合成时，决定其结构特异性的遗传信息只能来于自身，因此必须由原来的 DNA 作为模板（template），合成新的 DNA 分子。新合成的 DNA 分子是模板 DNA 分子的复制品，故 DNA 的生物合成亦称 DNA 的复制。通过复制，亲代 DNA 将分子上的遗传信息准确地传给子代 DNA，这是遗传信息一代一代传递下去的分子基础。

（一）DNA 的复制方式——半保留复制

DNA 分子是由两条互补的多核苷酸链组成，一条链上核苷酸的排列顺序可以由另一条链上的核苷酸顺序决定。Watson 与 Crick 在提出 DNA 分子双螺旋结构学说时推测，当 DNA 复制时，首先是 DNA 双螺旋中的氢键拆开，双链彼此分开，然后每条链均可作为模板，各自与环境中对应的脱氧核苷三磷酸以碱基互补的原则配对，即 A—T,G—C 配对，新配上去的单核苷酸组成一条新的多核苷酸链。这样一个 DNA 分子就可以复制成两个同样的 DNA 分子。新合成的两个子代 DNA 分子与亲代 DNA 分子的碱基顺序完全一样（图 9-3）。每个子代 DNA 中的一条链来自亲代 DNA，另一条链是新合成的，这种合成方式称为半保留复制（semi-conservative replication）（图 9-4）。此模式于 1958 年被 M. Meselson 和 F. W. Stahl 用同位素示踪法证实。

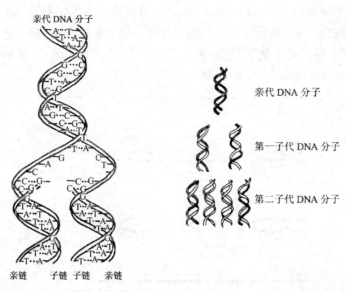

图 9-3　DNA 复制模式图	图 9-4　DNA 的半保留复制

（二）DNA 复制的过程

DNA 的复制可以分成起始、延长和终止三个阶段。起始过程有许多蛋白质因子和酶参加，它们有的能辨认起始位点，有的能够打开 DNA 双螺旋，有的能使解开的 DNA 单链稳定。延长过程主要由 DNA 聚合酶催化，同时，复制部位上游也需要一些因子如拓扑异构酶等，来解开复制过程中形成的 DNA 超螺旋。DNA 复制有一定终止位点，复制终止过程中形成的 DNA 小片段，需要连接酶来将其连接成完整的大分子。总之，DNA 的复制是一个很复杂的过程，它需要解链酶、SSB（single strand binding protein）蛋白、拓扑异构酶、引物酶、DNA 聚合酶和 DNA 连接酶等许多因素。现将 DNA 复制的详细过程，分别介绍如下：

1. DNA 复制的起始

（1）原核细胞（大肠杆菌）DNA 复制的起始：大肠杆菌细胞分裂前首先必须完成 DNA 的复制。DNA 复制的起始需要细胞生长到一定的大小，并合成某些必需蛋白质。大肠杆菌的 DNA 是环状 DNA，其复制只有一个起始点，并具有富含 A—T 的专一序列。复制开始时，这个序列首先被一个蛋白质 DnaA 所识别。该蛋白可使 DNA 的双链分开，并使另一个蛋白质 DnaB（又称解链酶，helicase）连接到分开的双链上，使双链向两个方向解旋，称为单起点双向复制。原核细胞 DNA 的复制如图 9-5 所示。

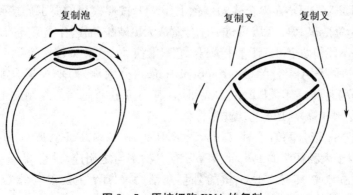

图 9-5　原核细胞 DNA 的复制

(2) 真核细胞 DNA 复制的起始:真核细胞 DNA 合成通常在 S 期进行,不同细胞,S 期长短不同,一般占细胞周期的 1/3。细胞要进入 S 期首先必须接受细胞分裂信号,这个信号一般由细胞外的生长因子所提供。真核细胞 DNA 多为线性分子,长度相对较长,复制时常有多个起始位点。真核细胞 DNA 的复制如图 9-6 所示。

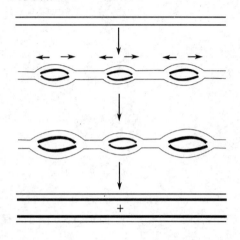

图 9-6 真核细胞 DNA 的复制

2. DNA 复制时双螺旋的解旋与超螺旋形成 在 DNA 复制时,解旋作用使复制叉的下游出现正超螺旋,这样会影响双链的进一步解旋。为了使 DNA 复制能够继续进行,正超螺旋必须放松。能够使正超螺旋放松的因素主要是拓扑异构酶(topoisomerases)。拓扑异构酶 I 能切断 DNA 的一条链,使超螺旋放松,它只能放松负超螺旋。DNA 复制时复制叉前面出现的正超螺旋通常由拓扑异构酶 II(又称旋转酶,gyrase)来放松。此类酶可切断 DNA 的两条链,待正超螺旋恢复正确旋转程度后再使两条链重新接上。它也可在 DNA 分子中造成负超螺旋来中和正超螺旋,这是一个需要 ATP 的过程。细胞内的 DNA 通常处于负超螺旋,这样 DNA 复制和转录时更容易分开,也更容易与参加复制的酶类和蛋白质因子结合。细胞内 DNA 的正确缠结状态取决于拓扑异构酶 I 和 II 的平衡。

3. 单链结合蛋白(single-strand binding protein, SSB) SSB 对单链 DNA 有很高的亲和力,无碱基顺序专一性。DNA 复制时,一旦双链分开,SSB 就会结合到单链上,使它们稳定。当 DNA 合成后,它们就被替代,离开双链 DNA 分子。

4. DNA 合成的基本反应和 DNA 聚合酶 参与 DNA 复制的底物是 dNTP,即 dATP、dGTP、dCTP 和 dTTP。在 DNA 聚合酶的催化下,dNTP 按照模板的要求连接到前一段多聚核苷酸的 $3'$—OH 端,释放出 PPi。PPi 可进一步分解成无机磷酸,加速合成反应的进行。在聚合过程中,DNA 聚合酶不能使两个 dNTP 直接聚合,它只能使一个引物或较短的 DNA 链延长。

大肠杆菌有三种 DNA 聚合酶(DNA polymerase),分别称为 DNA 聚合酶 I、DNA 聚合酶 II 和 DNA 聚合酶 III(Pol I、Pol II、Pol III)。其中,Pol III 是参与复制的主要的酶,而 Pol I 参与 DNA 的复制和修复,Pol II 功能不详。

真核细胞的 DNA 聚合酶有五种:Polα,Polδ,Polγ,Polβ 和 Polε。Polα 和 Polδ 合成细胞核 DNA,它们相当于大肠杆菌的 Pol III。Polα 有引物酶与之相连,没有 $3'→5'$ 的核酸外切酶(exonuclease)活性;Polδ 具有 $3'→5'$ 核酸外切酶活力。Polγ 主要参与线粒体 DNA 复制。Polβ 和 Polε 主要参与 DNA 的修复。

5. DNA复制的过程 大肠杆菌DNA复制时,在起始点处形成复制叉。复制叉存在一个多种酶的复合物,解链酶以ATP提供的能量使双链分开,SSB结合到分开的单链上,使两条分开的单链稳定。DNA复制需要模板,即互补DNA单链,它决定了DNA复制时哪一个dNTP可以掺入合成中的新链。在DNA链合成时,新链总是按5′→3′的方向延长。此时,在被复制的链(模板链)上的移动方向是3′→5′。由于DNA双链是反向平行的双螺旋结构,复制叉打开的方向,对于模板DNA中的一条链是顺向的话,另一条必定是反向的。沿着复制叉打开的方向,模板DNA中那条3′→5′走向的单链(即顺向单链)可以按5′→3′方向复制新链,这条新链称为主导链或领头链(leading strand)。模板DNA中的那条5′→3′走向的单链(反向单链)的复制较为复杂,因为DNA聚合酶不能催化3′→5′链的延长,它必须随着复制叉的打开,一小段一小段地合成新链,这条新链被称为随从链(lagging strand)。随从链的复制有许多起始点,每一个起始点按5′→3′方向复制一小段DNA,这些小片段称为岗崎片段(Okazaki fragment)。

DNA聚合酶不能直接起始DNA链的合成,所以在合成DNA之前必须由引物酶(primase)开始合成一段RNA作为引物,这段引物长度约为2~10个碱基。开始复制时,主导链仅结合一个引物酶,而合成一段RNA后,DNA聚合酶就能将dNTP按模板要求一个接一个地接到引物3′端,使复制顺利进行。随从链的每一条岗崎片段也都是先由引物酶合成RNA引物,再合成小片段DNA的。合成随从链的Pol Ⅲ以β亚基形成一个环形夹结合到模板DNA单链上,并环绕该DNA单链滑行,使DNA新链延长。复制随从链的DNA聚合酶在到达下一个引物时停止滑行,并从模板DNA上脱落。此时Pol Ⅰ发挥5′-核酸外切酶活性,水解引物RNA,然后再催化DNA合成来代替脱落的RNA。Pol Ⅰ在DNA合成时还能发挥校对作用(proofreading),它具有3′→5′的核酸外切酶活性,如果在DNA合成时,加入的碱基与模板链不能配对,Pol Ⅰ就能将它切除。Pol Ⅰ在DNA链上停留的时间较Pol Ⅲ短,很容易从DNA链上脱落下来,这就保证了新合成的DNA链不会受其切除。Pol Ⅰ脱离DNA之后,在两段新合成的DNA片段中间留下间隙,这个间隙通常由连接酶(ligase)来封闭。Pol Ⅲ也有3′→5′的核酸外切酶活性,故也有校对作用。一般来说,Pol Ⅲ催化的聚合反应是非常准确的,但有时也不可避免地发生错误,其几率约为10^{-5}~10^{-6}。这种不配对的碱基也可被Pol Ⅲ所校对。DNA复制过程如图9-7所示。

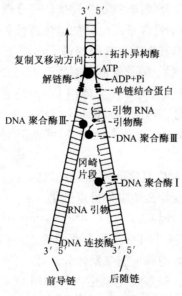

图9-7 DNA复制示意图

真核细胞 DNA 复制的基本原则接近于大肠杆菌,但是它们在细节上尚有一些不同。其中最主要的不同是原核细胞是由同一个 DNA 聚合酶来同时合成主导链和随从链,但在真核细胞,主导链与随从链由不同的 DNA 聚合酶来合成。前已述及真核细胞有五种 DNA 聚合酶,其 DNA 复制时,Polα 和 Polδ 形成复制聚合体,Polδ 合成主导链,Polα 合成随从链。在酵母细胞,Polδ 也与一个环形滑行夹聚合在一起,这个环形夹称为增殖细胞核抗原(PCNA)。与大肠杆菌一样,这个夹子可使 Polδ 不容易从 DNA 单链上脱落。Polγ 负责线粒体 DNA 的合成,而 Polε 和 Polβ 的主要功能则是参与 DNA 修复。

一些低等生物的非染色质 DNA,如质粒(plasmid)DNA,复制时采取滚环复制的方式。环状 DNA 双链的一股先打开一个缺口,按 5′端向外伸展,在伸展出的单链上进行不连续的复制,没有开环的另一股则可以一边滚动一边进行连续复制。开环与不开环的两股链均可直接作为模板,不必另合成引物。最后同样可合成两个环状的子双链。图 9-8 为滚环复制示意图。

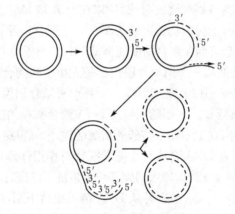

图 9-8 滚环复制示意图
——— 母链 ⋯⋯ 子链

三、DNA 的修复

DNA 的复制严格遵守碱基互补规律,这是生物遗传保守性的分子基础。复制机制保证了 DNA 复制的高度精确性,这种精确性保证了生命的遗传特征的延续性。但是 DNA 分子在化学稳定性方面并不是经久不变的,其化学上的改变每天都在每个细胞中发生。如果没有修复系统,每天都会发生很多突变。例如,糖苷键的断裂所造成的去嘌呤和去嘧啶;此外,胞嘧啶和腺嘌呤也会因脱氨而变成尿嘧啶和次黄嘌呤。体内 DNA 还会受到各种化学物质的侵害,如电离辐射、氧自由基、化学致癌物、紫外线等,都可使 DNA 发生改变并导致突变。很幸运的是,DNA 的损伤一般只作用于 DNA 双链中的一条,两条链同时损伤的机会很少,所以修复时,不受损伤的链可以作为模板。

生物细胞总是在 DNA 损伤和修复之间不断运动,达到遗传保守性和变异性的统一。遗传保守性使生命特征得以延续,变异性使生物得以进化。

(一)原核细胞 DNA 的修复和损伤

1. 直接修复方式 紫外线是损伤 DNA 的重要因素之一,它可使同一条链的邻近胸腺嘧啶形成二聚体,此时有一种光活化的酶可使二聚体分开,恢复原来的形式。这种修复方式广泛存在,并且在植物中可能很重要。碱基烷化也是一种损伤 DNA 的形式。机体对这种损伤的修复是将烷基转移到酶蛋白之上,然后将这种酶蛋白分解,此种酶称为自杀酶。

2. 切除修复方式　如果损伤(如胸腺嘧啶二聚体)破坏了双螺旋的结构,破坏部分可被切除,然后用另一条链作为模板加以修复。大肠杆菌有一种特别的核酸内切酶,称为切割核酸酶(excinuclease)或 UVRABC 复合物,能切除损伤部位的两端,然后由 Pol Ⅰ 将脱氧核苷酸加到切口 3′ 端以补平切口,最后由连接酶将切口接合。

3. 丢失碱基和去碱基部位的修复　当脱氨作用使胞嘧啶变成尿嘧啶、腺嘌呤变成次黄嘌呤时,DNA 糖苷酶(DNA glycosylase)可切除不正常的碱基,留下一个无碱基部位。有时无碱基部位会自动生成,因为嘌呤-脱氧核糖键在化学上不稳定。去碱基部位会与邻近的多核苷酸链一起被去除,然后用 Pol Ⅰ 和连接酶将这部分修复。

4. 甲基化指导的不配对修复　在 DNA 合成时,如果有任何不配对的碱基掺入新链,它将会破坏 DNA 的双螺旋结构,这时细胞可利用甲基化指导的系统来进行修复。大肠杆菌中有一种甲基化酶,它能使模板链的腺苷酸甲基化,而不能使正在合成的新链中的腺苷酸甲基化,这样新链和老链就有所区别。当错配发生时,蛋白质 MutS 可发现错配部位,并与蛋白质 MutL 和 MutH 共同作用,切除无甲基化链上错配部位邻近的一段核苷酸链,然后由 Pol Ⅲ 和连接酶补齐缺口,从而使错配得以修复。类似的系统也存在于哺乳动物中,已发现人类细胞也有相当于大肠杆菌的 MutS 和 MutL 的蛋白质。此系统可使复制的正确率提高 1 000 倍。

(二)真核细胞 DNA 损伤的修复

上述大肠杆菌去烷基的"自杀酶"也在人体细胞发现,所以人体也存在这种 DNA 修复机制。同时,人体细胞也有切除修复机制,缺乏这些修复机制的人会发生遗传性疾病。例如着色性干皮病患者缺乏核酸内切酶,正常的胸腺嘧啶二聚体的切除修复机制不能进行,当皮肤受到紫外线照射后,DNA 损伤不能修复,这类病人易患皮肤癌。在人类也发现了相当于 MutS 和 MutL 的基因,这些基因的改变也容易发生癌症。真核细胞修复系统在保证基因组的完整性方面起到很重要的作用。人类的老化是否与修复系统的活力下降从而容易引起突变有关,这已成为当前研究的热点。

四、RNA 的生物合成(转录)

遗传信息以碱基排列顺序的方式储存于 DNA 分子中,其表达产物蛋白质才是遗传特性的表现者。DNA 不是蛋白质合成的直接模板。按照遗传学中心法则,储存于 DNA 分子中的遗传信息即碱基顺序,需转录成 RNA 的碱基顺序,才能作为蛋白质合成的模板,决定氨基酸的顺序。通常把遗传信息从 DNA 通过 RNA 传递到蛋白质的过程称为基因表达。基因表达的第一步,即遗传信息从 DNA 到 RNA 的转移称为转录,也就是 RNA 的生物合成。

RNA 的生物合成包括两个方面:一方面可由 DNA 为模板指导 RNA 合成,称转录;另一方面,在某些 RNA 病毒和高等动物的特定组织中,也可由 RNA 为模板进行 RNA 的复制。

(一)转录

转录过程(transcription)是在 DNA 指导下由 RNA 聚合酶催化进行的,即以 DNA 为模板,以四种 NTP 为原料,合成 RNA。

$$
\begin{matrix}
n_1\ ATP \\
n_2\ GTP \\
n_3\ UTP \\
n_4\ CTP
\end{matrix}
\xrightarrow[\substack{Mg^{2+}\ 或\ Mn^{2+} \\ DNA\ 模板}]{RNA\ 聚合酶}
\begin{bmatrix}
n_1\ ATP \\
n_2\ GTP \\
n_3\ UTP \\
n_4\ CTP
\end{bmatrix}
+ (n_1 + n_2 + n_3 + n_4)PPi
$$

(产物 RNA)

1. 转录的模板　合成 RNA 需要 DNA 作模板,所合成的 RNA 中核苷酸(或碱基)的顺序和模板 DNA 的碱基顺序有互补关系(如:A—U、G—C、T—A)。

DNA 分子双链结构中只有一条链可作为有效的转录模板,称为模板链,在其指导下合成出互补的 RNA 链。另一条 DNA 链虽无转录功能,但其序列与新合成的 RNA 链相对应,故称为编码链。在一个包含许多基因的双链 DNA 分子中,各个基因的模板链并不一定是同一条链。对于某些基因,以某一条链为模板进行转录,而对于另一些基因则可由另一条链为模板链。这种转录方式称为"不对称转录"。

DNA 在进行转录时,部分结构是不稳定的,很可能发生局部解开,当 RNA 合成后离开DNA,解开的 DNA 链又重新形成双链结构。

DNA 模板上有转录单位,转录起始之前,有特殊核苷酸顺序组成的启动基因,是 RNA 聚合酶识别并与之结合的部位。末段也有特异结构作为终止部位,使转录在起始与终止部位间的范围内进行。

2. 参与转录的酶类　参与转录的转录酶(transcriptase)即 RNA 聚合酶,这类酶在原核细胞和真核细胞中均广泛存在。

(1) 原核细胞的 RNA 聚合酶:目前研究得最清楚的是大肠杆菌的 RNA 聚合酶,该酶分子量约 50 多万,由核心酶和 σ 因子组成全酶。核心酶含有 4 个亚基,其中两个是相同的 α 亚基,另两个不同亚基为 β 与 β′亚基。σ 因子为一种特异蛋白质因子,它能辨认 DNA 模板上的起始位点前启动基因上的特异碱基顺序,并与之结合,带动全酶。当它与启动基因的特异碱基结合后,DNA 双链解开一部分,使转录开始,故 σ 因子又称起始因子。核心酶可催化各个核苷酸之间形成 3′,5′-磷酸二酯键,使 RNA 链延长。

(2) 真核细胞的 RNA 聚合酶:真核细胞有多种 RNA 聚合酶,不同的 RNA 聚合酶可以转录不同的基因。真核细胞 RNA 聚合酶也含有多个亚基,但它们的组成和功能尚不清楚。利用 α-鹅膏蕈碱对 RNA 聚合酶的特异抑制作用,可将该酶分为Ⅰ、Ⅱ、Ⅲ三种。现知 RNA 聚合酶Ⅰ存在于核仁中,主要催化 rRNA 前体的合成;RNA 聚合酶Ⅱ存在于核质中,催化 mRNA前体的合成;RNA 聚合酶Ⅲ存在于核质中,催化小分子量 RNA(如 tRNA 和 5S RNA)的合成。

线粒体 RNA 聚合酶与原核细胞中的类似。

转录是遗传信息表达中的重要环节,转录产生的 mRNA 可作为蛋白质生物合成的模板,起着衔接 DNA 和蛋白质的功能。mRNA 很不稳定,寿命最短,需经常合成,因而参与合成mRNA 的 RNA 聚合酶Ⅱ是真核细胞中最重要的 RNA 聚合酶。

原核细胞靠 RNA 聚合酶的各个亚单位就能完成转录过程,而真核细胞还需要一些蛋白质因子参与,对转录产物进行加工修饰。

3. 转录过程　RNA 的转录过程可分为三个阶段:起始、延长及终止。在真核细胞中还要进行转录后的加工。

(1) 起始:转录开始时,RNA 聚合酶(全酶)与 DNA 模板的启动基因结合,启动基因亦称启动子(promoter)。经分析发现各种启动子有下列共同点:在 -10bp(以转录 RNA 第一个核苷酸的位置为 $+1$,负数表示上游的碱基数)处有一段相同的富含 A—T 配对的碱基顺序,即—TATAAT—。这是由 Pribnow 所发现的,所以称这段顺序为 Pribnow 盒。再往上游-35bp 的中心处,有一组保守的顺序,即 5′—TTGACA—3′。已证明 -35bp 顺序与起始点的辨认有关,称为辨认点。图 9-9 为启动子的结构示意图。

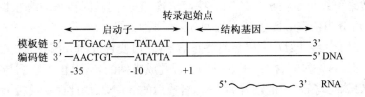

图9-9 原核生物启动子的结构

RNA 聚合酶在 σ 因子的作用下，在 DNA 双链上滑动，迅速寻找启动子，并与之形成较稳定的结构。因 Pribnow 盒富含碱基 A、T，DNA 双螺旋较容易解开。当解开 17bp 时，DNA 双链中的模板链就开始指导 RNA 链的合成。新合成 RNA 的 5′ 端第一个核苷酸往往是嘌呤核苷酸（ATP 或 GTP），尤以 GTP 为常见。然后第二个核苷酸进入模板，并与第一个核苷酸之间形成磷酸二酯键，释放出焦磷酸，于是 RNA 开始延伸。RNA 链合成开始后 σ 因子即脱落，剩下核心酶与合成的 RNA 仍结合在 DNA 上，并沿 DNA 向前移动。脱落的 σ 因子可反复使用，循环地参与起始位点的识别作用。

RNA 的合成不需要引物，这是与 DNA 复制的不同点。另一不同点是只有一条链作为模板。RNA 合成的方向与 DNA 相同，也是 5′→3′。同一 DNA 双链分子中可有许多不同的基因，而不同的基因转录的方向则取决于启动子与 RNA 聚合酶结合的方向。因此，不同的基因可有不同的转录方向。

真核细胞转录的起始步骤比较复杂，过程尚不清楚。RNA 聚合酶Ⅱ转录的 mRNA 基因的启动子在 -25bp 中心处也有类似原核细胞的 5′—TATA—3′ 盒，称为 Hogness 盒。有时单靠 TATA 盒还不足以启动转录的活性，因此在 -10bp～-110bp 处尚有其他成分，如 GC 盒和 CAAT 盒等。真核生物启动子一般结构如下：

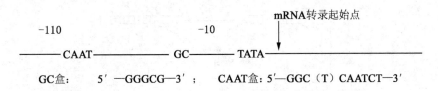

GC盒：　　5′—GGGCG—3′；　　CAAT盒：5′—GGC（T）CAATCT—3′

近年来在真核细胞中发现了一些能增强启动子活性的核苷酸序列，称为增强子（enhancer）。增强子序列可以位于远离启动子数千 bp 处，或位于基因的上游或下游，或位于模板链或位于编码链上均能发挥效应，与方向性无关，但有组织特异性。

在真核细胞中还发现一些能与启动子作用的蛋白质，称转录因子。RNA 聚合酶Ⅱ本身无识别启动子及开始转录的能力，这些转录因子能识别启动子，使 RNA 聚合酶Ⅱ结合并发挥转录功能。

（2）延长：σ 因子存在时，RNA 聚合酶的构象有利于与 DNA 启动子较紧密地结合。当 σ 因子脱落后，核心酶的构象变得松弛，有利于酶在 DNA 模板上沿 3′→5′ 方向迅速滑动，转录产物沿 5′→3′ 方向延长，其速度约为 50 核苷酸/秒/分子酶。每移动一个核苷酸距离，即有一个核苷酸按照与 DNA 模板链碱基互补原则进入模板，并与上一个核苷酸的 3′—OH 末端生成 3′,5′—磷酸二酯键。核心酶如此不断地滑动，RNA 链不断地由 5′→3′ 方向延长，新合成的 RNA 链与模板 DNA 链杂交，但 RNA—DNA 杂交双链之间的氢链不太牢固，容易分开。随着 RNA 的不断延长，RNA—DNA 杂交链也不断分开，DNA 又恢复双螺旋结构。原核细胞与真核细胞的延长情况基本相似。

（3）终止:转录可终止于模板上的某一特定位置,但不同基因转录的终止位点没有严格的规律。转录终止可分为依赖 ρ 因子和不依赖 ρ 因子两大类。

① 不依赖 ρ 因子的终止:DNA 模板有终止信号,它可使合成的 mRNA 的 3′末端富含 G—C 和带有一段寡聚 U。这一段富含 G—C 的 RNA 折叠成带柄的环,阻止了它们与模板的结合,寡聚 U 则进一步使 RNA 与 DNA 的结合力下降,合成后的 mRNA 因此而从模板上脱落下来。

② 依赖 ρ 因子的终止:这种方式需要一个蛋白质,即 ρ 因子。在终止部位,RNA 聚合酶停止前进,连接在酶后面的 ρ 因子赶上 RNA 聚合酶。ρ 因子有解链酶活性,这时可使新合成的 mRNA 脱落下来。

真核细胞终止机制未完全阐明,只知道在基因的末端会指导合成一段 AAUAAA 顺序,RNA 聚合酶合成这段顺序后再前进一定距离即停止前进。这时有一种酶在 AAUAAA 顺序处将合成的 mRNA 产物切断,然后用第三种酶给新生的 mRNA 加上一段约 200 个腺苷酸(polyA)的尾巴。

RNA 的转录过程如图 9 - 10 所示。

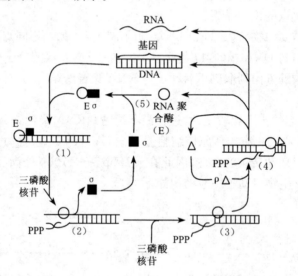

图 9 - 10　RNA 的转录过程示意图

4. 原核细胞的转录后加工　基因转录的直接产物即初级转录产物(primary transcripts)通常是没有功能的。他们在细胞内必须经历各种特异性的改变即所谓的转录后加工(post transcriptional processing),才会转变成有活性的成熟 RNA 分子。对于原核细胞来说,多数 mRNA 在 3′端还没有被转录之前,核糖体就已经结合到 5′端开始翻译,所以,原核细胞的 mR-NA 很少经历加工过程。原核细胞的 rRNA 必须经历剪切和修饰的加工过程。剪切由特定的 RNA 酶催化,将初级转录产物剪成 16S、23S 和 5S 三个片段。修饰的主要形式是核糖 2′-羟基的甲基化。原核细胞 tRNA 的加工方式也是剪切和修饰。参与 tRNA 剪切的主要酶是 RNA 酶,其主要作用是切除多余的核苷酸序列。tRNA 的修饰作用主要是碱基修饰,有近百种方式。

5. 真核细胞的转录后加工　真核细胞 RNA 的加工远比原核细胞复杂,特别是 mRNA 的加工。原核细胞结构基因总是连续的,与其编码的蛋白质中氨基酸的序列完全相对应。相比之下,真核细胞的基因往往是一种断裂基因,即由几个编码区与非编码区间隔组成。1978 年,

Gilbert 用外显子(exon)和内含子(intron)分别表示编码区和非编码区的 DNA 顺序。因而真核细胞的 mRNA 必须首先切除内含子才能指导蛋白质的合成。真核细胞的 tRNA 和 rRNA 也要经加工才能转变成成熟的 tRNA 和 rRNA。常见加工方式如下:

(1) 加帽:在开始合成 mRNA 时,第一个核苷酸(通常为鸟苷酸)仍保留三磷酸基团。对第一个核苷酸加帽时首先是去掉一个磷酸基团,然后加入一个 GMP5′—5′。加入的鸟苷酸进一步在 N-7 甲基化,而原来第一个核苷酸的 2′-OH 也可被甲基化。这样就生成了 mRNA 的帽子,其结构为 mGpppG,称为甲基化三磷酸双鸟苷。反应过程如下:

$$pppG\text{-}c\text{-}RNA \xrightarrow{\text{RNA 磷酸酶}} ppG\text{-}C\text{-}RNA + Pi$$

$$pppG + ppG\text{-}C\text{-}RNA \xrightarrow{\text{鸟苷酸转移酶}} GpppG\text{-}c\text{-}RNA + PPi$$

$$GpppG\text{-}C\text{-}RNA + S\text{-}腺苷蛋氨酸 \xrightarrow{\text{甲基转移酶}} mGpppG\text{-}C\text{-}RNA + S\text{-}腺苷同型半胱氨酸$$

帽子结构常出现于核内的初级转录产物核不均一 RNA(hnRNA),说明 5′ 端的修饰是在核内完成的,且先于剪接过程。帽子结构的功能主要是保护 mRNA 的 5′ 末端不被磷酸酶和核酸酶降解。

(2)加尾:大多数真核细胞 mRNA 的 3′ 端有一个多聚腺苷酸(PolyA),其生成不依赖模板 DNA,是转录完成后合成的。原始转录 mRNA 的 3′ 端往往比成熟 mRNA 长出约 20 个核苷酸,这段过剩的多核苷酸是经特异的核酸酶作用而去除的。此时,在多聚核苷酸聚合酶作用下,以 ATP 为底物,可在 3′ 端加上长度为 100～200 个腺苷酸的尾巴。加尾过程也在核内发生,它有助于 mRNA 的稳定。但是这个过程也有例外,如组蛋白的 mRNA 就没有 PolyA。

(3)剪接:hnRNA 的分子量比成熟的 mRNA 大几倍,原因是其含有从内含子转录来的部分和外显子转录来的部分。内含子不能指导翻译蛋白质,外显子可指导翻译蛋白质。所以,hnRNA 必须经过编辑来除去由内含子转录来的部分,这个过程称为剪接(splicing)。图 9 – 11 表示卵清蛋白基因转录及加工过程。

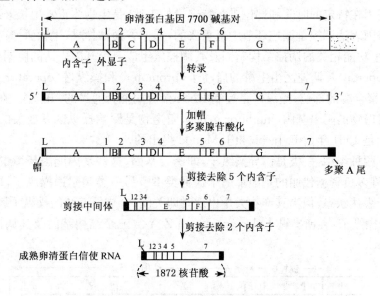

图 9 - 11 卵清蛋白基因转录及加工过程
注:外显子以 1、2、3、4……表示;内含子以 A、B、C、D……表示

剪接的关键反应是转酯化反应(transesterification)。hnRNA 通过两次磷酸酯转移反应,使前后两个外显子以 5′,3′-磷酸二酯键相连,而被切除的内含子呈套索状。这些反应在剪接

体内进行,而剪接体则是由核小 RNA(SnRNA)和多种蛋白质因子在内含子和外显子交界处组装的结构。在四膜虫还发现另一种剪接方式,即 RNA 自我剪接。发现这个反应是划时代的成果,因为它首次提出生物化学反应不需要蛋白质催化,并最终提出了核酶(ribozyme)的概念。某些 rRNA 的成熟也需要这种方式。

同样的初级转录产物通过不同的剪接方式可以产生不同的 mRNA,并因而翻译出不同的蛋白质。当然它们之间的不同只是有些蛋白质含有全部结构域(domain),有些蛋白质缺少一部分结构域而已。

(4) 修饰:rRNA 和 tRNA 在成熟过程中都发生碱基或核糖的甲基化。真核细胞 rRNA 甲基化主要在核糖的 $2'$-羟基上进行,而细胞 tRNA 甲基化主要在碱基上进行。tRNA 的稀有碱基——甲基鸟苷酸也是甲基化的产物。其他稀有碱基也是通过转录后的加工形成的,如尿嘧啶还原为二氢尿嘧啶,尿嘧啶核苷的嘧啶环位移变成假尿嘧啶,腺嘌呤核苷转变成次黄嘌呤核苷等。

(二) RNA 的复制

有些生物以 RNA 携带遗传信息,并能通过 RNA 复制而合成与其自身相同的 RNA 分子。例如某些病毒或噬菌体,当它侵入宿主细胞后,即可通过 RNA 复制酶,以病毒 RNA 为模板,以四种 NTP 为底物,进行病毒 RNA 的复制。由于 RNA 复制酶以 RNA 为模板,故该酶又称 RNA 指导的 RNA 聚合酶(RDRP)。例如,Ⅳ类动物病毒、脊髓灰质炎病毒的基因组是单链的 RNA,该单链 RNA 既是基因组 RNA,又可作为 mRNA 指导翻译蛋白质,称为正链RNA。感染宿主细胞后,利用宿主细胞的翻译系统指导合成依赖 RNA 的 RNA 聚合酶(复制酶)。该酶以正链为模板,合成与之互补的 RNA,称为负链。然后又以负链为模板合成更多的基因组 RNA。基因组 RNA 用于指导翻译合成病毒蛋白质,包装出病毒颗粒。

(三) 基因转录的调节

1. 原核细胞转录水平的调节——操纵子学说 基因表达的调控是生命科学中的重要问题。特定的基因在特定的时间和部位进行特定量的表达,是生物体正常生长繁殖的重要条件。转录水平的基因表达调控是调控环节中最重要的,在这方面,对原核生物研究得较多。原核基因组中,由几个功能相关的调控结构基因及其调控区组成一个基因表达的协同单位,这种单位称作操纵子(operon)。调控区由上游的启动子(promoter)和操纵区(operator)组成。启动子是结合 RNA 聚合酶的部位,操纵区是控制 RNA 聚合酶能否通过的"开关"。在调控区的上游常存在产生阻遏物的阻遏基因(inhibitor gene),阻遏物是影响操纵区开或关的调控因素。操纵子调控模式是 1961 年由 F. Jacob 和 J. Monod 提出的。

操纵子有两种类型:一类是诱导操纵子,即诱导基因,这些基因能因环境中某些物质的出现而被活化;许多负责糖代谢的基因都属于这种类型。另一类是阻遏操纵子,即阻遏基因,一般情况下处于表达状态,但当其产物大量出现时即关闭;合成氨基酸的操纵子属于这一类型。

(1) 乳糖操纵子:乳糖操纵子(lac operon)由 Z、Y、a 三个结构基因及其调控区组成(如图9-12)。

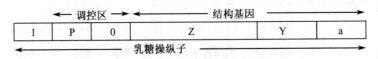

图 9-12 乳糖操纵子示意图

乳糖操纵子的阻遏基因(I)位于调控区的上游,是约为 1 kb 的 DNA,表达产生的阻遏物为一种同型四聚体蛋白质,分子量为 155 000,它可牢固地结合在操纵区(O)。调控区由启动子和操纵区组成,是一段长度为 122 bp 的 DNA。启动子可覆盖的区域约为 70 bp,是结合 RNA 聚合酶的 DNA 序列。操纵区位于启动子和结构基因之间,它的覆盖区域大约为 35bp,它可结合阻遏物,是 RNA 聚合酶能否通过的开关。此外,启动子上游还有一段短序列,是分解代谢基因活化蛋白(catabolite gene activator protein,CAP)的结合区。CAP 的结合有利于推动 RNA 聚合酶前移的作用,是一种正调控方式。

结构基因区的三个基因分别编码三种酶:Z 基因编码 β-半乳糖苷酶;Y 基因编码通透酶,其能够帮助乳糖进入细胞;a 基因编码半乳糖苷乙酰化酶。三个酶的作用使细胞开始利用乳糖作为能量来源。

无乳糖时,I 基因表达产生的阻遏物可与操纵区结合,从而挡住 RNA 聚合酶前移的通路,结构基因无法转录,因而细胞不表达上述三种酶。这是符合细菌生理功能的,在没有乳糖时不盲目生成消耗乳糖的酶类。

当有乳糖存在时,乳糖本身可作为诱导物与阻遏物结合,并使阻遏物发生变构,使其不能与操纵区结合,从而结构基因开放,三种参与消耗乳糖的酶即开始表达。

当乳糖与葡萄糖同时存在时,细菌有先利用葡萄糖、后利用乳糖的现象。在利用葡萄糖时,乳糖操纵子表达较差;当葡萄糖消耗完时,乳糖操纵子的表达增强。这种作用是通过 CAP 来实现的。

CAP 是一种碱性二聚体蛋白质,也称 cAMP 受体蛋白,属别构蛋白。当 cAMP 与 CAP 结合后,后者构象发生变化,对 DNA 的亲和力增强。乳糖操纵子中 CAP 的结合位点紧接于启动基因上游区,cAMP—CAP 复合物结合到 DNA 上的 CAP 位点后,则会促进 RNA 聚合酶结合到该启动基因上进行转录。葡萄糖能显著降低细菌细胞内 cAMP 的含量,这样 cAMP—CAP 复合物减少,影响乳糖操纵子转录的启动。当葡萄糖消耗完,cAMP 上升时,乳糖操纵子的转录启动。所以 CAP 是一种正调节蛋白,其作用需要 cAMP 参与。

这种由阻遏物关闭操纵子、由诱导物开放操纵子的调控方式,称可诱导的负调控。利用外源营养物质的基因多属于这种类型。因为有营养物质时,才需要利用这种营养物质的酶类,相应的基因就开放;没有这种营养物质时,就没有产生这种酶的必要,基因关闭。这符合生物进化的规律,也是一种有效的生活方式。图 9-13 为乳糖操纵子的调节模式示意图。

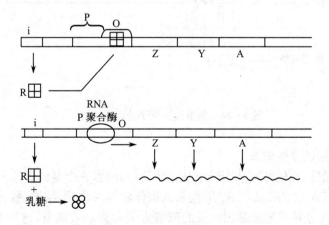

图 9-13 乳糖操纵子的调节模式示意图

（2）色氨酸操纵子：色氨酸操纵子含有五个结构基因：E、D、C、B、A 基因，它们所编码的酶类催化从分支酸合成色氨酸的一系列反应。其中 E、D 基因共同产生邻氨基苯甲酸合成酶，C 基因产物是吲哚甘油磷酸合成酶，B、A 基因共同产生色氨酸合成酶。

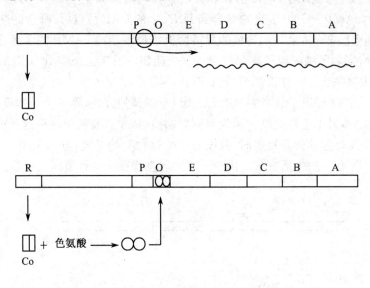

色氨酸调控基因 R 的产物称辅助阻遏蛋白（Co），它没有结合操纵区的能力。因为色氨酸是细菌生长所必需的，所以通常此操纵子是开放的。色氨酸过量时可作为辅阻遏物，与辅阻遏蛋白结合并改变其构型。变构后的蛋白称阻遏蛋白，由它封闭操纵区，使转录不再进行（如图 9-14）。这实际上是基因水平上终产物的反馈抑制作用。细菌能自身合成营养物，其合成酶的基因多属于这种类型的操纵子。通过这种调节，在转录水平上停止 mRNA 的合成。

图 9-14　色氨酸操纵子的调节模式

2. 真核细胞基因转录的调节

（1）顺式作用元件：真核细胞基因转录从起始阶段开始，一个基因表达的强度取决于启动子和增强子，如 TATA 盒、GC 盒、CAAT 盒和八聚体盒等的位置、结构、数目及组合。通过启动子、增强子等 DNA 元件来控制基因转录的调节方式称为顺式调节，这一类存在于 DNA 上的特定序列称为顺式作用元件（cis-acting element）。

（2）反式作用因子：与顺式作用元件进行特异性结合的蛋白质因子被称为反式作用因子

(trans-acting factor)。因为反式作用因子与顺式作用元件的结合是基因转录水平的调控方式，因而反式作用因子也称为转录因子（transcriptional factor）。真核细胞 RNA 聚合酶需要在许多转录因子的帮助下，才能结合到 DNA 上起始转录。如 TATA 盒结合蛋白（TBP）和许多种 TBP 相关因子（TBP associated factors，TAFs）结合形成的复合物——RNA 聚合酶Ⅱ转录因子 D(TFⅡD)，后者能结合聚合酶Ⅱ和其他因子形成起始复合物，并与启动子的 TATA 盒元件结合，启动转录过程。有些基因没有 TATA 盒，其起始复合物的形成就必须利用其他转录因子。真核细胞中，有些基因经常表达，有些基因表达具有组织特异性，有些基因是诱导基因，有些基因受到负调节，有些则是几种调控方式联合起作用，那么，不同类型的调控是怎样完成的呢？其关键就在于它们具有不同的转录因子。这种通过转录因子来调控基因转录的调节称为反式调节，转录因子则称为反式作用因子。

一般存在于染色体中的 DNA 都结合成核小体。它们在无转录因子存在时是关闭的，因为核小体中的蛋白质阻断了每个基因启动子的起始位点。只有当转录因子取代了核小体上的蛋白质时，基因转录才会开始。转录因子一般有两个结合位点：一个位点结合 DNA，另一个位点结合起始复合物中的其他蛋白质。这种作用可使 DNA 形成环状，将远处的顺式作用元件（启动子和增强子等）拉到起始部位（如图 9-15）。通过转录因子的作用，基因的选择性表达和基因的诱导才能实现。例如，β-珠蛋白基因只能在红细胞中表达，其顺式作用元件是一个 TATA 盒，而与之结合的 TBP 只存在于红细胞，所以 β-珠蛋白只能在红细胞表达。又如，在类固醇激素诱导的基因表达中，靶细胞只有无活性的转录因子，它不能结合 DNA。当激素到达时，该转录因子被活化，并结合到顺式作用元件上使转录过程起始。

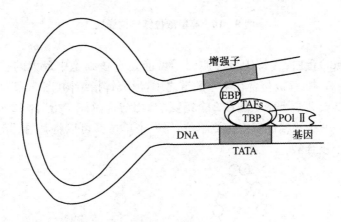

图 9-15 RNA 聚合酶与转录起始复合物的关系示意图

转录因子的研究已受到广泛重视。许多转录因子被发现具有共同的结构特征，根据它们的结构特征可以把转录因子分为几个家族：螺旋-转角-螺旋蛋白、亮氨酸拉链蛋白和锌指蛋白等。

螺旋-转角-螺旋（helix-turn-helix，HTH）蛋白：这类蛋白质中两个 α 螺旋由短肽转折形成 120°转角，其中一个 α 螺旋称为"识别螺旋"，其可以与靶序列 DNA 的大沟结合。如果将其中的氨基酸突变，可以影响其与靶序列 DNA 结合的亲和性。

亮氨酸拉链（leucine zipper）蛋白：研究某些 DNA 结合蛋白的一级结构时，发现有 4～7 个重复出现的亮氨酸均匀分布在其 C 末端区段，每 2 个亮氨酸之间夹着 6 个氨基酸，即序列中每

7个氨基酸就出现1个亮氨酸。由于蛋白质的α螺旋每绕一周为3.6个氨基酸残基,故这种氨基酸序列在形成α螺旋时,亮氨酸必定分布于螺旋的同一侧,而且是每绕2周出现一次。亮氨酸是疏水性氨基酸,它含有一个疏水性侧链。如果有两组这样的α螺旋平行形成二聚体,其亮氨酸疏水侧链则刚好互相交错排列,形成一个拉链状结构(图9-16),该结构由此得名。这种结构较多地存在于癌基因的表达产物之中,这类蛋白质的活性形式均为二聚体,如GCN4和Jun等。它们的作用往往是一个DNA特异结合蛋白,被结合的DNA又都是双对称序列。当其与DNA结合时,蛋白质二聚体中的一个亚基沿DNA大沟向上结合,另一个亚基则向下结合,正好与双对称序列对应。

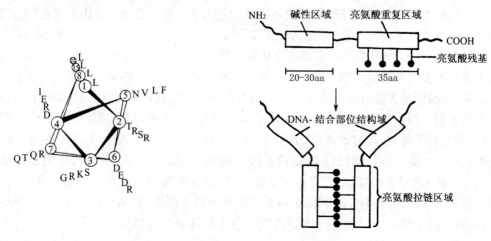

图9-16　亮氨酸拉链结构模式

锌指(zinc finger)蛋白:含锌的蛋白质因子可能是真核细胞中最大的一类DNA结合蛋白。例如在TFⅢA中,锌被螯合在氨基酸链之中,形成锌指结构(图9-17)。锌以4个配价键和4个半胱氨酸(或2个半胱氨酸和2个组氨酸)相结合,每个"指"含12～13个氨基酸,整个蛋白质可以有2～9个这样的锌指重复单位,每一个单位又可以将其"指"部伸入DNA双螺旋的大沟,接触5个核苷酸。

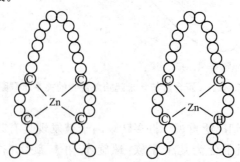

图9-17　蛋白质的锌指结构模式

(四)逆转录

1970年Temin和Baltimore分别发现了肿瘤病毒含有一种酶,称为逆转录酶或称反向转录酶(reverse transcriptase)。它以RNA为模板,在四种dNTP存在及合适的条件下,按碱基互补原则,合成互补的DNA(complementary DNA,cDNA)。这种聚合酶是RNA指导的

DNA 聚合酶,与通常转录过程中遗传信息流从 DNA 到 RNA 的方向相反,故称逆转录酶。含逆转录酶的病毒称为逆转录病毒(retrovirus)。这一发现使中心法则的内容更加充实和完善。

1. 逆转录过程　以四种 dNTP 作底物、RNA 为模板,在逆转录酶的催化下,合成 DNA 链。新合成的 DNA 单链的碱基与模板 RNA 的碱基以氢键相连,形成 RNA—DNA 杂交体。然后在病毒体中的 DNA 指导的 DNA 聚合酶催化下,以杂交体的 DNA 为模板,合成另一条 DNA 互补链,杂交体的 RNA 链可被核糖核酸酶 H 分解掉,从而形成双链 DNA 分子。逆转录的全过程包括:① RNA 指导的 DNA 合成;② RNA 的水解;③ DNA 指导的 DNA 合成,如下所示:

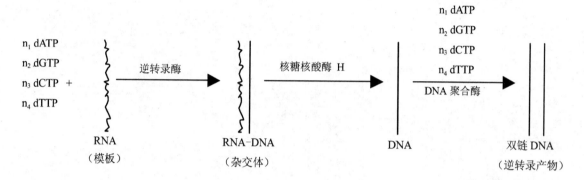

逆转录和复制一样,其延长方向也是从 $5'→3'$,但是由于模板不同,碱基配对时 RNA 上的 U 与新合成的 DNA 上的 A 配对。

逆转录酶的发现大大促进了遗传工程的发展。逆转录酶已经成为一个重要的工具,它被用来将 mRNA 或细胞中全部 mRNA 通过逆转录制备 cDNA 或 cDNA 文库(cDNA library)。

2. 逆转录与癌变　致癌病毒多数是 RNA 病毒,少数才是 DNA 病毒。致癌病毒感染宿主细胞后,致癌基因随病毒基因整合到宿主细胞的染色体中。癌基因可被表达成蛋白质,这些特殊蛋白质能使正常细胞转变为癌细胞。

致癌病毒中存在的一些特殊碱基序列,称癌基因(oncogene, onc)或病毒癌基因(v-onc)。在不同种类的病毒中证实了 40 余种癌基因,目前已知有 20 种以上的逆转录病毒癌基因有相应的正常细胞基因,后者称为细胞癌基因(c-onc)或原癌基因,它们只在某些特定条件下才引起癌变。这些癌基因按其蛋白质产物的功能可分为以下五类:

(1) src 家族:包括 src、abl、fes、fgr、ros 等 10 多种基因。它们的表达产物主要是酪氨酸蛋白激酶类。

(2) ras 家族:有 Ha-ras、Ki-ras、N-ras 等多种,其基因表达产物多属于信息传递蛋白质,如 G 蛋白。

(3) myc 家族:包括 C-、N-、L-myc、fos、myb 等数种基因,这些基因为核内蛋白质基因编码,其基因产物为 DNA 结合蛋白,其中有一些在转录调控中起反式作用因子的作用。

(4) sis 癌基因:为生长因子编码的基因。

(5) erb 家族:包括 erbA、erbB、mas、trk,其基因产物是细胞骨架蛋白质,与细胞形态和细胞运动有关。

从上述这些原癌基因所表达的蛋白质的功能看来,它们都与生长、发育、调节等有关。真核生物中,从单细胞生物酵母至脊椎动物乃至人类的正常细胞,都有和致癌有关的原癌基因

（protooncogene）。可见原癌基因是一类很保守的、普遍存在于生物界的基因，对正常生长发育起调节作用。对原癌基因如何转变成癌基因的，尚未研究清楚，可能与突变、扩增或转移等有关。这样可造成某些调节生长的关键性蛋白质过度增多或生成失去控制的异常蛋白质，由此而引起癌变。癌基因的发现，使肿瘤发病机制的研究深入到分子水平。有关癌基因在什么情况下会表达的研究，将是一个十分重要的课题。

第十章　蛋白质的生物合成

第一节　概　述

　　蛋白质分子是由许多氨基酸组成的。在不同的蛋白质分子中,氨基酸有着特定的排列顺序,这种特定的排列顺序不是随机的,而是严格按照蛋白质的编码基因中的碱基排列顺序决定的。基因的遗传信息在转录过程中从 DNA 转移到 mRNA,再由 mRNA 将这种遗传信息表达为蛋白质中氨基酸顺序的过程叫做翻译。翻译的过程也就是蛋白质分子生物合成的过程,在此过程中需要 200 多种生物大分子参加,其中包括核蛋白体、mRNA、tRNA 及多种蛋白质因子。翻译的基本过程如图 10-1 所示。

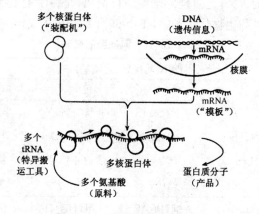

图 10-1　翻译的基本过程

第二节　参与蛋白质生物合成的物质

(一) 合成原料

　　自然界由 mRNA 编码的氨基酸共有 20 种,只有这些氨基酸能够作为蛋白质生物合成的直接原料。某些蛋白质分子还含有羟脯氨酸、羟赖氨酸、γ-羧基谷氨酸等,这些特殊氨基酸是在肽链合成后的加工修饰过程中形成的。

(二) mRNA 是合成蛋白质的直接模板

　　原核细胞中每种 mRNA 分子常带有多个功能相关蛋白质的编码信息,以一种多顺反子的形式排列,在翻译过程中可同时合成几种蛋白质。而真核细胞中,每种 mRNA 一般只带有一种蛋白质编码信息,是单顺反子的形式。mRNA 以其分子中的核苷酸排列顺序携带从 DNA 传递来的遗传信息,作为蛋白质生物合成的直接模板,决定蛋白质分子中氨基酸的排列顺序。不同的蛋白质有各自不同的 mRNA,mRNA 除含有编码区外,两端还有非编码区。非编码区对于 mRNA

的模板活性是必需的,特别是 5′-端非编码区在蛋白体合成中被认为是与核蛋白体结合的部位。

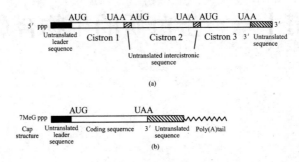

图 10-2

(a) 原核生物 mRNA 为多顺反子;(b) 真核生物 mRNA 为单顺反子

mRNA 分子上以 5′→3′方向、从 AUG 开始,每三个连续的核苷酸组成一个密码子,mRNA 中的四种碱基可以组成 64 种密码子。这些密码不仅代表了 20 种氨基酸,还决定了翻译过程的起始与终止位置。每种氨基酸至少有一种密码子,最多的有 6 种密码子。从对遗传密码性质的推论到决定各个密码子的含义,进而全部阐明遗传密码,是科学上最杰出的成就之一,科学家们设计了十分出色的遗传学和生物化学实验,于 1966 年编排出了遗传密码字典(表 10-1)。

表 10-1 氨基酸的密码

5′-末端(第一位碱基)	中间碱基(第二位碱基)				3′-末端(第三位碱基)
	U	C	A	G	
U	苯丙(Phe)F	丝(Ser)S	酪(Tyr)Y	半胱(Cys)C	U
	苯内(Phe)	丝(Ser)	酪(Tyr)	半胱(Cys)	C
	亮(Leu)L	丝(Ser)	终止信号	终止信号	A
	亮(Leu)	丝(Ser)	终止信号	色(Trp)	G
C	亮(Leu)	脯(Pro)P	组(His)H	精(Arg)R	U
	亮(Leu)	脯(Pro)	组(His)	精(Arg)	C
	亮(Leu)	脯(Pro)	谷胺(Gin)Q	精(Arg)	A
	亮(Leu)	脯(Pro)	谷胺(Gin)	精(Arg)	G
A	异亮(ILe)I	苏(Thr)T	天胺(Asn)N	丝(Ser)S	U
	异亮(ILe)	苏(Thr)	天胺(Asn)	丝(Ser)	C
	异亮(ILe)	苏(Thr)	赖(Lys)	精(Arg)R	A
	*蛋(Met)M(起动信号)	苏(Thr)	赖(Lys)	精(Arg)	G
C	缬(Val)V	丙(Ala)A	天(Asp)D	甘(Gly)G	U
	缬(Val)	丙(Ala)	天(Asp)	甘(Gly)	C
	缬(Val)	丙(Ala)	谷(Glu)E	甘(Gly)	A
	缬(Val)	丙(Ala)	谷(Glu)	甘(Gly)	G

* 位于 mRNA 起动部位 AUG 为氨基酸合成肽链的起动信号。以哺乳动物为代表的真核生物,此密码子代表蛋氨酸;以微生物为代表的原核生物则代表甲酰蛋氨酸。

遗传密码具有以下几种特点:

(1) 有起始码与终止码(initiation codon and termination codon):密码子 AUG 是起始密码,代表合成肽链的第一个氨基酸的位置,位于 mRNA 5′-末端,同时它也是蛋氨酸的密码子。因此原核生物和真核生物多肽链合成的第一个氨基酸都是蛋氨酸,当然少数细菌中也用 GUG 作为起始码。在真核生物 CUG 偶尔也用作起始蛋氨酸的密码。密码子 UAA、UAG、UGA 是肽链形成的终止密码,不代表任何氨基酸,它们单独或共同存在于 mRNA 3′-末端。因此翻译是沿着 mRNA 分子 5′→3′方向进行的。

(2) 密码无标点符号:两个密码子之间没有任何核苷酸隔开,因此从起始码 AUG 开始,三个碱基代表一个氨基酸,这就构成了一个连续不断的读框,直至终止码。如果在读框中间插入或缺失一个碱基就会造成移码突变,引起突变位点下游氨基酸排列的错误。

(3) 密码的简并性(degemeracy):一种氨基酸有几组密码子,或者几组密码子代表一种氨基酸的现象称为密码子的简并性。这种简并性主要是由于密码子的第三个碱基发生摆动现象形成的,也就是说密码子的专一性主要由前两个碱基决定,即使第三个碱基发生突变也能翻译出正确的氨基酸,这对于保证物种的稳定性有一定意义。如:GCU,GCC,GCA,GCG 都代表丙氨酸。

(4) 密码的通用性:大量的事实证明生命世界从低等到高等,都使用一套密码,也就是说遗传密码在很长的进化时期中保持不变,因此这张密码表是生物界通用的。然而,出乎人们预料的是,真核生物线粒体的密码子有许多不同于通用密码。例如人线粒体中,UGA 不是终止码,而是色氨酸的密码子;AGA、AGG 不是精氨酸的密码子,而是终止密码子;加上通用密码中的 UAA 和 UAG,线粒体中共有四组终止码。内部蛋氨酸的密码子有两个,即 AUG 和 AUA;而起始蛋氨酸的密码子有一组,即 AUG。

密码子结构与氨基酸侧链极性之间也有一定关系。① 氨基酸侧链极性性质在多数情况下由密码子的第二个碱基决定。第二个碱基为嘧啶(Y)时;氨基酸侧链为非极性;第二个碱基为嘌呤时,氨基酸侧链则有极性。② 当第一个碱基为 U 或 A,第二个碱基为 C,第三个碱基无特异性时,所决定的氨基酸侧链为极性不带电。③当第一个碱基不是 U,第二个碱基是 P 时,氨基酸侧链带电。在此前提下,若第一个碱基是 C 或 A 时,表示带正电的氨基酸;第一、二个碱基分别是 G、A 时,此种氨基酸带负电。但上述关系也有个别例外。

一种氨基酸由多种密码子所编码的事实使人想到:同一种氨基酸的一组密码子的使用频率是否相同?许多实验证实,在原核生物和高等真核生物中,同一组密码子的使用频率是不相同的。高频密码子多出现在那些表达量高的蛋白质基因中,例如,核蛋白体蛋白质基因、RecA 蛋白质基因等。这种使用频率与细胞内一组 tRNA 中的不同 tRNA 含量有关。

(三) tRNA 是氨基酸的运载工具

tRNA 在蛋白质生物合成过程中起关键作用。mRNA 携带的遗传信息被翻译成蛋白质一级结构,但是 mRNA 分子与氨基酸分子之间并无直接的对应关系,这就需要经过第三者"介绍",而 tRNA 分子就充当这个角色。tRNA 是一类小分子 RNA,长度为 73～94 个核苷酸,tRNA 分子中富含稀有碱基和修饰碱基,tRNA 分子 3′-端均为 CCA 序列,氨基酸分子通过共价键与 A 结合,此处的结构也叫氨基酸臂。每种氨基酸都有 2～6 种各自特异的 tRNA,它们之间的特异性是靠氨基酰 tRNA 合成酶来识别的。携带相同氨基酸而反密码子不同的一组

tRNA称为同功 tRNA,它们在细胞内合成量上有多和少的差别,分别称为主要 tRNA 和次要 tRNA。主要 tRNA 中反密码子识别 tRNA 中的高频密码子,而次要 tRNA 中反密码子识别 mRNA 中的低频密码子。每种氨基酸都只有一种氨基酰 tRNA 合成酶,因此细胞内有 20 种氨基酰 tRNA 合成酶。

tRNA 分子中还有一个反密码环,此环上的三个反密码子的作用是与 mRNA 分子中的密码子靠碱基配对原则而形成氢键,从而达到相互识别的目的。但在密码子与反密码子结合时具有一定摆动性,即密码子的第 3 位碱基与反密码子的第 1 位碱基配对时并不严格(图 10 - 3)。配对摆动性完全是由 tRNA 反密码子的空间结构所决定的。反密码的第 1 位碱基常出现次黄嘌呤 I,与 A、C、U 之间皆可形成氢键而结合,这是最常见的摆动现象(表 10 - 2)。这种摆动现象使得一个 tRNA 所携带的氨基酸可排列在 2~3 个不同的密码子上,因此当密码子的第 3 位碱基发生一定程度的突变时,并不影响 tRNA 带入正确的氨基酸。

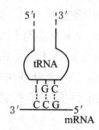

图 10 - 3　密码子和反密码子的相互作用

表 10 - 2　反密码与密码碱基配对时的摇摆现象

碱基位置	碱基配对				
反密码第 1 位碱基	A	C	G	U	I
密码第 3 位碱基	U	G	C,U	A,G	A,C,U

在蛋白质生物合成过程中,特异识别 mRNA 上起始密码子的 tRNA 被称为起始 tRNA,它们参与多肽链合成的起始,其他在多肽链延伸中运载氨基酸的 tRNA,统称为延伸 tRNA。

（四）核蛋白体

核蛋白体是由 rRNA 和几十种蛋白质组成的亚细胞颗粒,位于胞浆内,可分为两类:一类附着于粗面内质网,主要参与白蛋白、胰岛素等分泌性蛋白质的合成;另一类游离于胞浆,主要参与细胞固有蛋白质的合成;核蛋白体是细胞中的主要成分之一,在一个生长旺盛的细菌中大约有 20 000 个核蛋白体,其中蛋白质占细胞总蛋白质的 10%,RNA 占细胞总 RNA 的 80%。

任何生物的核蛋白体都是由大、小两个亚基组成,现将大肠杆菌核蛋白体和大鼠肝细胞核蛋白体的蛋白质组分和 RNA 组成列表于 10 - 3。核蛋白体是高度复杂的体系,它的任何个别组分或局部组分都不能起整体的作用,因此必须研究核蛋白体中蛋白质和 RNA 的空间结构和位置,才能更完全地了解蛋白质合成的具体过程。过去一直认为 rRNA 主要起着结构上的作用,蛋白质发挥催化功能,但现在认为 rRNA 与蛋白质共同构成的核蛋白体功能区是核蛋白体表现功能的重要部位,如 GTP 酶功能区、转肽酶功能区以及 mRNA 功能区等等。

表 10-3　核蛋白体的组成及特性

来源	直径（毫微米）	重量（道尔顿）	含 rRNA（%）	含蛋白质（%）	沉降系数	亚基	含 rRNA 种类	分子量	含蛋白质种数	每个细胞内含有的个数
真核细胞胞液	20~22	3.6×10⁶	55	45	77~80S	40S（小）	18S	~70 万	~34	10⁶~10⁷
							5S	3 万		
						60S（大）	5.8S	4 万	~40	
							28~29S	140 万~180 万		
原核细胞胞液	18	2.6×10⁶	60~65	30~35	70S	30S（小）	16S	55 万		1.5×10⁴
						50S（大）	5S	4 万	~34	
							23S	110 万		

注：真核细胞线粒体的核蛋白体组成及特性与原核细胞胞液的相同。

核蛋白体作为蛋白质的合成场所具有以下几种作用：

（1）mRNA 结合位点：位于 30S 小亚基头部，此处有几种蛋白质构成一个结构域，负责与 mRNA 的结合，特别是 16SrRNA3′-端与 mRNA 的 AUG 之前的一段序列互补是这种结合必不可少的。

（2）P 位点（peptidyl tRNA site）：又叫做肽酰基 tRNA 位或给位。它大部分位于小亚基，小部分位于大亚基，它是结合起始 tRNA 并向 A 位给出氨基酸的位置（图 10-4）。

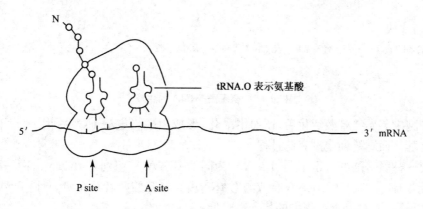

tRNA.O 表示氨基酸

5′　　P site　　A site　　3′ mRNA

图 10-4　翻译过程中的核蛋白体图解

（3）A 位点（aminoacyl-tRNA site）：叫做氨基酰 tRNA 位或受位。它大部分位于大亚基而小部分位于小亚基，它是结合一个新进入的氨基酰 tRNA 的位置。

（4）转肽酶活性部位：位于 P 位和 A 位的连接处。

（5）结合参与蛋白质合成的起始因子（initiation factor，IF）、延长因子（elengation factor，EF）和终止因子或释放因子（release factor，RF）。

第三节　蛋白质生物合成过程

蛋白质生物合成亦称为翻译（translation），即把 mRNA 分子中碱基排列顺序转变为蛋白质或多肽链中的氨基酸排列顺序的过程。这也是基因表达的第二步，产生基因产物蛋白质的最后阶段。不同的组织细胞具有不同的生理功能，是因为它们表达不同的基因，产生具有特殊功能的蛋白质。参与蛋白质生物合成的成分至少有 200 种，其主要成分由 mRNA、tRNA、核蛋白体以及有关的酶和蛋白质因子共同组成。

原核生物与真核生物的蛋白质合成过程中有很多的区别，对真核生物，此过程更复杂。下面着重介绍原核生物蛋白质合成的过程，并指出真核生物与其不同之处。

蛋白质生物合成可分为五个阶段：氨基酸的活化、多肽链合成的起始、肽链的延长、肽链的终止和释放、蛋白质合成后的加工修饰。

（一）氨基酸的活化

氨基酸在进行合成多肽链之前，必须先经过活化，然后再与其特异的 tRNA 结合，带到 mRNA 相应的位置上，这个过程靠氨基酰-tRNA 合成酶催化，此酶催化特定的氨基酸与特异的 tRNA 相结合，生成各种氨基酰-tRNA。每种氨基酸都靠其特有的合成酶催化，使之和相对应的 tRNA 结合。在氨基酰-tRNA 合成酶催化下，利用 ATP 供能，在氨基酸羧基上进行活化，形成氨基酰-AMP，再与氨基酰-tRNA 合成酶结合形成三联复合物。此复合物再与特异的 tRNA 作用，将氨基酰转移到 tRNA 的氨基酸臂（即 $3'$-末端 CCA-OH）上（图10-5）。

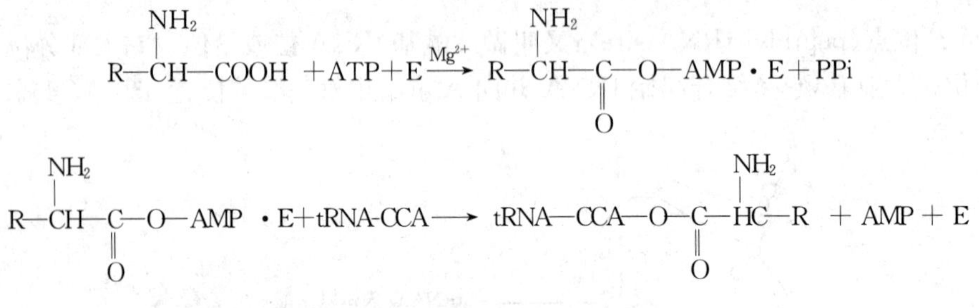

$$R-\underset{\overset{|}{NH_2}}{CH}-COOH + ATP + E \xrightarrow{Mg^{2+}} R-\underset{\overset{|}{NH_2}}{CH}-\underset{\overset{\|}{O}}{C}-O-AMP \cdot E + PPi$$

$$R-\underset{\overset{|}{NH_2}}{CH}-\underset{\overset{\|}{O}}{C}-O-AMP \cdot E + tRNA\text{-}CCA \longrightarrow tRNA-CCA-O-\underset{\overset{\|}{O}}{C}-\underset{\overset{|}{NH_2}}{HC}-R + AMP + E$$

图 10-5　氨基酰-tRNA 的生成

原核细胞中起始氨基酸活化后，还要甲酰化，形成甲酰蛋氨酸-tRNA，由 N^{10} 甲酰-四氢叶酸提供甲酰基。而真核细胞没有此过程。

运载同一种氨基酸的一组不同 tRNA 称为同功 tRNA，一组同功 tRNA 由同一种氨酰基-tRNA 合成酶催化。氨基酰-tRNA 合成酶对 tRNA 和氨基酸两者具有专一性，它对氨基酸的识别特异性很高，而对 tRNA 识别的特异性较低。

氨基酰-tRNA 合成酶是如何选择正确的氨基酸和 tRNA 呢？按照一般原理，酶和底物的正确结合是由两者相嵌的几何形状所决定的，只有适合的氨基酸和适合的 tRNA 进入合成酶的相应位点，才能合成正确的氨基酰-tRNA。现在已经知道合成酶与 L 形 tRNA 的内侧面结合，结合点包括氨基酸臂、DHU 臂和反密码子臂（图 10-6）。

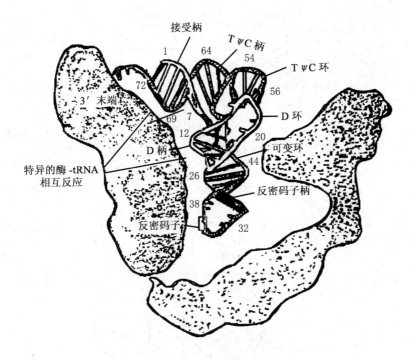

图 10‑6　氨基酰-tRNA 合成酶与 tRNA 的相互作用

（二）多肽链合成的起始

核蛋白体大、小亚基，mRNA、起始 tRNA 和起始因子共同参与肽链合成的起始。

1. 大肠杆菌细胞翻译起始复合物形成的过程

（1）核蛋白体 30S 小亚基附着于 mRNA 起始信号部位：原核生物中每一个 mRNA 都具有其核蛋白体结合位点，它是位于 AUG 上游 8～13 个核苷酸处的一个短片段，称为 SD 序列。这段序列正好与 30S 小亚基中的 16S rRNA3′-端一部分序列互补，因此 SD 序列也叫做核蛋白体结合序列，这种互补就意味着核蛋白体能选择 mRNA 上 AUG 的正确位置来起始肽链的合成，该结合反应由起始因子 3（IF₃）介导，另外 IF₁ 促进 IF₃ 与小亚基的结合，故先形成 IF₃‑30S 亚基-mRNA 三元复合物。

（2）30S 前起始复合物的形成：在起始因子 2 作用下，甲酰蛋氨酰起始 tRNA 与 mRNA 分子中的 AUG 相结合，即密码子与反密码子配对，同时 IF₃ 从三元复合物中脱落，形成 30S 前起始复合物，即 IF₂‑3S 亚基-mRNA-fMet-tRNA^{fmet}复合物，此步需要 GTP 和 Mg^{2+}参与。

（3）70S 起始复合物的形成：50S 亚基与上述的 30S 前起始复合物结合，同时 IF₂ 脱落，形成 70S 起始复合物，即 30S 亚基-mRNA-50S 亚基-mRNA-fMet-tRNA^{fmet}复合物。此时 fMet-tRNA^{fmet}占据着 50S 亚基的肽酰位，而 A 位则空着有待于对应 mRNA 中第二个密码的相应氨基酰 tRNA 进入，从而进入延长阶段，以上过程见图 10‑7。

2. 真核细胞蛋白质合成的起始　真核细胞蛋白质合成起始复合物的形成中需要更多的起始因子参与，因此起始过程也更复杂。

（1）需要特异的起始 tRNA，并且不需要 N 端甲酰化。已发现的真核起始因子（eukaryote initiation factor，eIF）有近十种。

（2）起始复合物形成在 mRNA 5′端 AUG 上游的帽子结构。

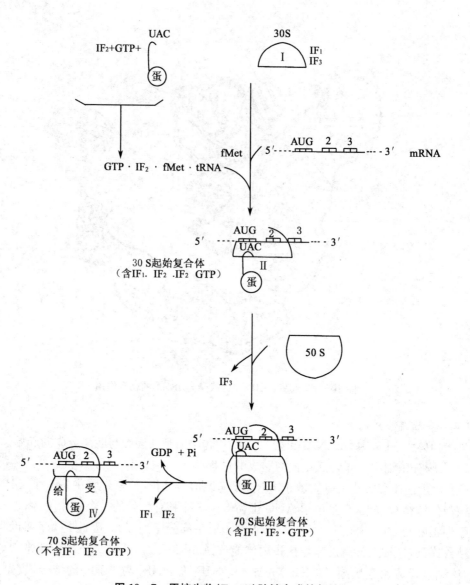

图 10-7 原核生物(E. coli)肽链合成的起始

（3）ATP 水解为 ADP，供给 mRNA 结合所需要的能量。真核细胞起始复合物的形成过程是：翻译起始也是由 eIF$_3$ 结合在 40S 小亚基上而促进 80S 核蛋白体解离出 60S 大亚基开始，同时 eIF$_2$ 与 Met-tRNA^{fmet} 及 GTP 结合，再通过 eIF$_3$ 及 eIF$_4$C 的作用，先结合到 40S 小亚基，然后再与 mRNA 结合。

mRNA 结合到 40S 小亚基时，除了 eIF$_3$ 参加外，还需要 eIF$_1$、eIF$_4$A 及 eIF$_4$B 并由 ATP 水解为 ADP 及 Pi 来供能，通过帽结合因子与 mRNA 的帽结合而转移到小亚基白上。但是在 mRNA 5'-端并未发现能与小亚基 18SrRNA 配对的 SD 序列。目前认为通过帽结合后，mRNA 在小亚基自上向下游移动而进行扫描，可使 mRNA 上的起始密码 AUG 在 Met-tRNA^{fmet} 的反密码位置固定下来，进行翻译起始。

通过 eIF$_5$ 的作用，可使结合 Met-tRNA^{fmet}-GTP 及 mRNA 的 40S 小亚基与 60S 大亚基结合，形成 80S 复合物。eIF$_5$ 具有 GTP 酶活性，催化 GTP 水解为 GDP 及 Pi，并有利于其他起始因子从 40S 小亚基表面脱落，从而有利于 40S 与 60S 两个亚基结合起来，最后经 eIF$_4$D 激活

222

而成为具有活性的 80S-Met-tRNA^{fmet}-mRNA 起始复合物。

（三）多肽链的延长

在多肽链上，每增加一个氨基酸都需要经过进位、转肽和移位三个步骤。

（1）进位：为密码子所特定的氨基酸 tRNA 结合到核蛋白体的 A 位，称为进位。氨基酰-tRNA 在进位前需要有三种延长因子的作用，即热不稳定的 EF（unstable temperature EF，EF-Tu），热稳定的 EF（stable temperature EF，EF-Ts）以及依赖 GTP 的转位因子。EF-Tu 首先与 GTP 结合，然后再与氨基酰-tRNA 结合成三元复合物，这样的三元复合物才能进入 A 位。此时 GTP 水解成 GDP，EF-Tu 和 GDP 与结合在 A 位上的氨基酰-tRNA 分离（见图 10-8）。

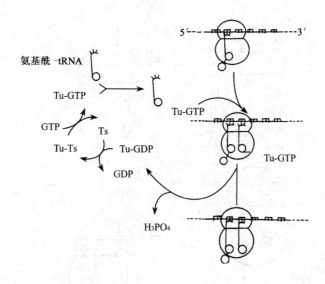

图 10-8　原核生物肽链延长因子 EF-Tu 与 EF-Ts 的作用原理

（2）转肽——肽键的形成（peptide bond formation）：在 70S 起始复合物形成过程中，核蛋白体的 P 位上已结合了起始甲酰蛋氨酰-tRNA，当进位后，P 位和 A 位上各结合了一个氨基酰-tRNA，两个氨基酸之间在核蛋白体转肽酶作用下，P 位上的氨基酸提供 α—COOH 基，与 A 位上的氨基酸的 α—NH$_2$ 形成肽键，从而使 P 位上的氨基酸连接到 A 位氨基酸的氨基上，这就是转肽。转肽后，在 A 位上形成了一个二肽酰-tRNA（图 10-9）。

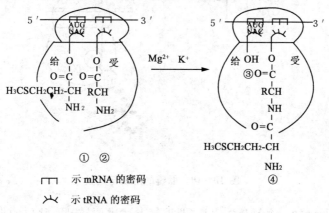

图 10-9　肽键的形成

223

① 核蛋白体"给位"上携甲酰蛋氨酰基(或肽酰)的 tRNA;

② 核蛋白体"受体"上新进入的氨基酰 tRNA;

③ 失去甲酰蛋氨酰基(或肽酰)后,即将从核蛋白体脱落的 tRNA;

④ 接受甲酰蛋氨酰基(或肽酰)后已增长一个氨基酸残基的肽键。

(3) 移位(translocation):转肽作用发生后,氨基酸都位于 A 位,P 位上无负荷氨基酸的 tRNA 就此脱落,核蛋白体沿着 mRNA 向 $3'$-端方向移动一组密码子,使得原来结合二肽酰 tRNA 的 A 位转变成了 P 位,而 A 位空出,可以接受下一个新的氨基酰-tRNA 进入,移位过程需要 EF-2、GTP 和 Mg^{2+} 的参加。

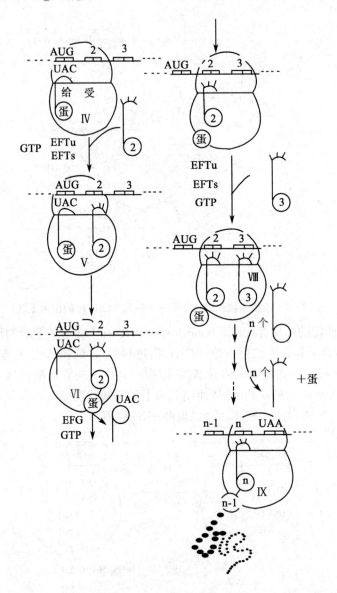

图 10-10　肽链的形成与延长

以后,肽链上每增加一个氨基酸残基,即重复上述进位、转肽、移位的步骤,直至所需的长度。实验证明,mRNA 上的信息阅读是从 $5'$-端向 $3'$-端进行,而肽链的延伸是从氨基端到羧

224

基端,所以多肽链合成的方向是 N 端到 C 端。

（四）翻译的终止及多肽链的释放

无论原核生物还是真核生物都有三种终止密码子 UAG、UAA 和 UGA。没有一个 tRNA 能够与终止密码子作用,而是靠特殊的蛋白质因子促成终止作用,这类蛋白质因子称为释放因子。原核生物有三种释放因子:RF₁、RF₂、RF₃。RF₁识别 UAA 和 UAG;RF₂识别 UAA 和 UGA;RF₃的作用还不明确。真核生物中只有一种释放因子 eRF,它可以识别三种终止密码子。

不管原核生物还是真核生物,释放因子都作用于 A 位点,使转肽酶活性变为水解酶活性,将肽链从结合在核蛋白体上的 tRNA 的 CCA 末端上水解下来,然后 mRNA 与核蛋白体分离,最后一个 tRNA 脱落,核蛋白体在 RF₃ 作用下,解离出大、小亚基。解离后的大、小亚基又重新参加新的肽链的合成,循环往复。所以多肽链在核糖体上的合成过程又称核蛋白体循环(ribosome cycle)。

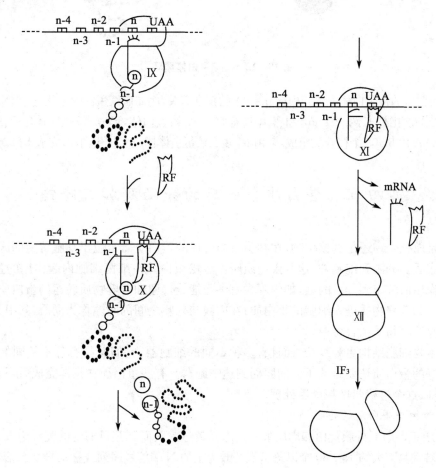

图 10-11　肽链合成的终止

（五）多核蛋白体循环

上述只是单个核蛋白体的翻译过程,事实上,在细胞内一条 mRNA 链上结合着多个核蛋白体,甚至可多到几百个。蛋白质开始合成时,第一个核蛋白体在 mRNA 的起始部位结合,引入第一个蛋氨酸,然后核蛋白体向 mRNA 的 3′-端移动一定距离后,第二个核蛋白体又在 mR-

NA 的起始部位结合,向前移动一定的距离后,在起始部位又结合第三个核蛋白体,依次下去,直至终止。两个核蛋白体之间有一定的长度间隔,每个核蛋白体都独立完成一条多肽链的合成,所以这种多核蛋白体可以在一条 mRNA 链上同时合成多条相同的多肽链,这就大大提高了翻译的效率(图 10 - 12)。

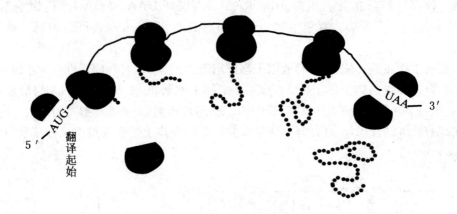

图 10 - 12 多核蛋白体循环

多核蛋白体的核蛋白体个数与模板 mRNA 的长度有关,例如血红蛋白的多肽链 mRNA 编码区由 450 个核苷酸组成,长约 150 nm。上面串连有 5～6 个核蛋白体,形成多核蛋白体。而肌凝蛋白的重链 mRNA 由 5 400 个核苷酸组成,它由 60 多个核蛋白体构成多核蛋白体,完成多肽链的合成。

第四节 蛋白质合成后的分泌及加工修饰

不论是原核生物还是真核生物,在细胞浆内合成的蛋白质需定位于细胞特定的区域,有些蛋白质合成后要分泌到细胞外,这些蛋白质叫做分泌蛋白。在细菌细胞内起作用的蛋白质一般靠扩散作用而分布到其目的地,如内膜含有参与能量代谢和营养物质转运的蛋白质;外膜含有促进离子和营养物质进入细胞的蛋白质;在内膜与外膜之间的间隙称为周质,其中含有各种水解酶以及营养物质结合蛋白。

真核生物细胞结构更为复杂,而且有多种不同的细胞器,它们又具有各不相同的膜结构,因此合成好的蛋白质还要跨越不同的膜而到达细胞器。有些蛋白质在翻译完成后还要经过多种共价修饰,这个过程叫做翻译后处理。

(一) 细菌中蛋白质的越膜

细胞的内膜蛋白、外膜蛋白和周质蛋白是怎样越过内膜而到其目的地的呢? 绝大多数越膜蛋白的 N 端都具有大约 15～30 个以疏水氨基酸为主的 N 端信号序列或称信号肽。信号肽的疏水段能形成一段 α-螺旋结构。在信号序列之后的一段氨基酸残基也能形成一段 α-螺旋,两段 α-螺旋以反平行方式组成一个发夹结构,很容易进入内膜的脂双层结构,一旦分泌蛋白质的 N-端锚在膜内,后续合成的其他肽段部分将顺利通过膜。疏水性信号肽对于新生肽链跨膜及把它固定的膜起一个拐揳作用,之后位于内膜外表面的信号肽酶将信号肽序列切除。当蛋白质全部翻译出来后,C-端穿过内膜,在周质中折叠成蛋白质的最终构象(见图 10 - 13)。

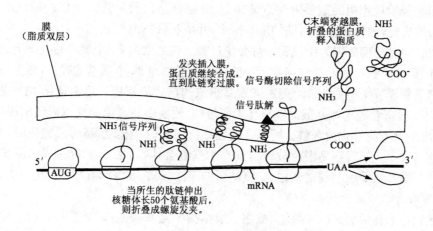

图 10-13　蛋白质合成后的分泌过程

(二)真核生物蛋白质的分泌

真核生物不但有细胞核、细胞质和细胞膜,而且还有许多膜性结构的细胞器,在细胞核内合成的蛋白质怎样到达细胞的不同部位呢? 了解比较清楚是分泌性蛋白质的转运。

与原核细胞相同,真核细胞合成的蛋白质 N-端也有信号肽,也能形成两个 α-螺旋的发夹结构,这个结构可插入内质网的膜中,将正在合成中的多肽链带入内质网内腔。20 世纪 80 年代中期,在胞浆中发现一种由小分子 RNA 和蛋白质共同组成的复合物,它能特异地被信号肽识别,因而命名为信号肽识别颗粒。它的作用是识别信号肽,与核蛋白体结合,并暂时阻断多肽链的合成。内质网外膜上有 SRP 受体,当 ARP 与受体结合后,信号肽就可插入内质网进入内腔,被内质网内腔壁上的信号肽酶水解除去,SRP 与受体解离并进入新的循环,而信号肽后续肽段也进入内质网内腔,并开始继续合成多肽链。在蛋白质越过内质网的转运过程中,SRP 和 SRP 受体(船坞蛋白)的作用的过程见图 10-14。

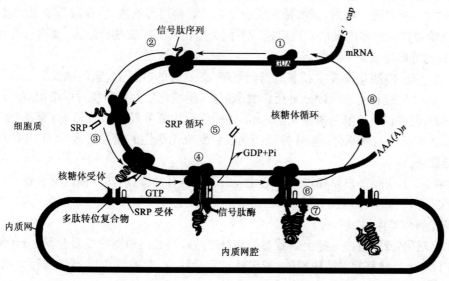

图 10-14　SRP 和船坞蛋白(或 SRP 受体)的作用

227

SRP 对翻译阶段作用的重要生理意义在于:分泌性蛋白及早进入细胞的膜性细胞器,能够经过正确的折叠,进行必要的后期加工与修饰,并顺利分泌出细胞。

现以哺乳动物的胰岛素为例说明这种分泌过程。胰岛素由 51 个氨基酸残基组成,但胰岛素 mRNA 的翻译产物在兔网织红细胞无细胞翻译体系中为 86 个氨基酸残基,称为胰岛素原。在麦胚无细胞翻译系统中为 110 个氨基酸残基组成的前胰岛素原。后来证明,在前胰岛素原的 N 末端有一段富含疏水氨基酸的肽段作为信号肽,使前胰岛素原能穿越内质网膜进入内质网内腔,在内腔壁上信号肽被水解。所以在哺乳动物细胞内,当多肽链合成完成时,前胰岛素原已成为胰岛素原。然后胰岛素原被转运到高尔基复合体,切去 C 肽成为成熟的胰岛素,最终排出胞外。像真核细胞的前清蛋白、免疫球蛋白轻链、催乳素等都有相似的分泌方式。

(三)蛋白质翻译后的加工修饰

从核蛋白体上释放出来的多肽链,按照一级结构中氨基酸侧链的性质,自行卷曲,形成一定的空间结构。过去一直认为,蛋白质空间结构的形成是靠其一级结构决定的,不需要另外的信息。近年来发现,许多细胞内蛋白质正确装配都需要一类称作"分子伴侣"的蛋白质帮助才能完成,这一概念的提出并未否定"氨基酸顺序决定蛋白空间结构"这一原则,而是对这一理论的补充。分子伴侣这一类蛋白质能介导其他蛋白质正确装配成有功能活性的空间结构,而它本身并不参与最终装配产物的组成。目前认为"分子伴侣"蛋白有两类:第一类是一些酶,例如蛋白质二硫键异构酶可以识别和水解非正确配对的二硫键,使它们在正确的半胱氨酸残基位置上重新形成二硫键;第二类是一些蛋白质分子,它们可以和部分折叠或没有折叠的蛋白质分子结合,稳定它们的构象,免遭其他酶的水解或促进蛋白质折叠成正确的空间结构。总之,"分子伴侣"在蛋白质合成后折叠成正确空间结构中起重要作用,对于大多数蛋白质来说,多肽链翻译后还要进行下列不同方式的加工修饰才具有生理功能。

1. 氨基端和羧基端的修饰 在原核生物中几乎所有蛋白质都是从 N-甲酰蛋氨酸开始,而对真核生物而言是从蛋氨酸开始。甲酰基经酶水解而除去,蛋氨酸或者氨基端的一些氨基酸残基常由氨肽酶催化水解除去,包括除去信号肽序列。因此,成熟的蛋白质分子 N-端没有甲酰基,或没有蛋氨酸。同时,某些蛋白质分子氨基端要进行乙酰化,在羧基端也要进行修饰。

2. 共价修饰 许多的蛋白质可以进行不同类型化学基团的共价修饰,修饰后可以表现为激活状态,也可以表现为失活状态。

(1)磷酸化:磷酸化多发生在多肽链丝氨酸、苏氨酸的羟基上,偶尔也发生在酪氨酸残基上,这种磷酸化的过程受细胞内一种蛋白激酶催化,磷酸化后的蛋白质可以增加或降低它们的活性。例如:促进糖原分解的磷酸化酶,无活性的磷酸化酶 b 经磷酸化以后,变成有活性的磷酸化酶 a;而有活性的糖原合成酶 I 经磷酸化以后变成无活性的糖原合成酶 D,共同调节糖原的合成与分解。

(2)糖基化:质膜蛋白质和许多分泌性蛋白质都具有糖链,这些寡糖链结合在丝氨酸或苏氨酸的羟基上,例如红细胞膜上的 ABO 血型决定簇,也可以与天冬酰胺连接。这些寡糖链是在内质网或高尔基体中加入的。

(3)羟基化:胶原蛋白 α 链上的脯氨酸和赖氨酸残基在内质网中受羟化酶、分子氧和维生素 C 作用,产生羟脯氨酸和羟赖氨酸,如果此过程受障碍,胶原纤维就不能进行交联,极大地降低了它的张力强度。

(4)二硫键的形成:mRNA 上没有胱氨酸的密码子,多肽链中的二硫键,是在肽链合成后,通过两个半胱氨酸的巯基氧化而形成的。二硫键的形成对于许多酶和蛋白质的活性是必需的。

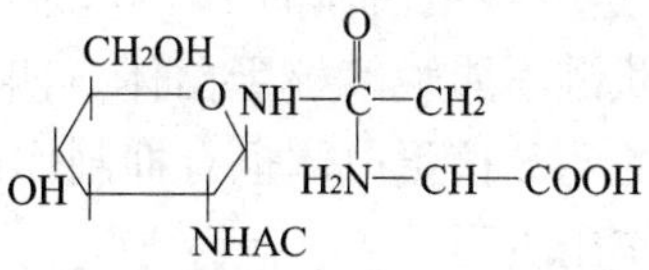

N - 糖苷键

β-N-乙酰氨基葡萄糖基-天冬酰胺

（GlcNAc-Asn）

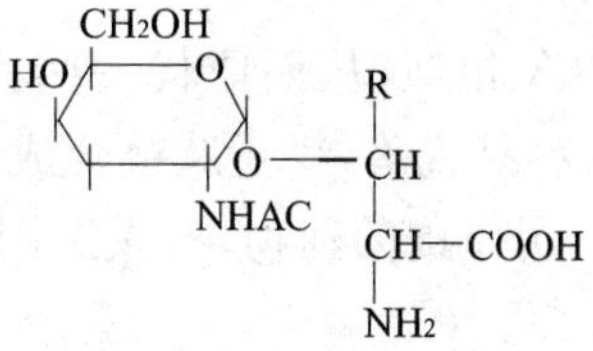

O - 糖苷键

α-N-乙酰氨基半乳糖基

丝氨酸／苏氨酸

（GalNAc-Ser/Thr）

3. 亚基的聚合　有许多蛋白质是由两个以上亚基构成的,这就需这些多肽链通过非共价键聚合成多聚体才能表现生物活性。例如成人血红蛋白由两条 α 链、两条 β 链及四分子血红素所组成,大致过程如下:α 链在多核蛋白体合成后自行释下,并与尚未从多核蛋白体上释下的 β 链相连,然后一并从多核蛋白体上脱下来,变成 α、β 二聚体。此二聚体再与线粒体内生成的两个血红素结合,最后形成一个由四条肽链和四个血红素构成的有功能的血红蛋白分子。

4. 水解断链　一般真核细胞中一个基因对应一个 mRNA,一个 mRNA 对应一条多肽链。但也有少数的情况,即一种翻译后的多肽链经水解后产生几种不同的蛋白质或多肽。例如哺乳动物的阿片样促黑皮激素原初翻译产物为 265 个氨基酸,它在脑下垂体前叶细胞中,初切割成为 N-端片断和 C-端片段的 β-促脂解激素,然后 N 端片段又被切割成较小的 N-端片断和 9 肽的促肾上腺皮质激素。而在脑下垂体中叶细胞中,β-促脂解激素再次被切割产生 β-内啡肽;ACTH 也被切割产生 13 肽的促黑激素(α-melanotropin)。

第五节　蛋白质合成的抑制剂

影响蛋白质生物合成的物质非常多,它们可以作用于 DNA 复制和 RNA 转录,对蛋白质的生物合成起间接作用。本节主要讨论抑制蛋白质生物合成翻译过程的阻断剂。

（一）抗生素类阻断剂

许多抗生素都是以直接抑制细菌细胞内蛋白质合成而对人体副作用最小为目的而设计的,它们可作用于蛋白质合成的各个环节,包括抑制起始因子、延长因子及核蛋白体的作用等等。

1. 链霉素、卡那霉素、新霉素等　这类抗生素主要抑制革兰阴性细菌蛋白质合成的三个阶段:① 起始复合物的形成,使氨基酰-tRNA 从复合物中脱落;② 在肽链延伸阶段,使氨酰-tRNA 与 mRNA 错配;③ 在终止阶段,阻碍终止因子与核蛋白体结合,使已合成的多肽链无法释放,而且还抑制 70S 核蛋白体的解离。

2. 四环素和土霉素　这类抗生素的作用特点是:① 作用于细菌内 30S 小亚基,抑制起始复合物的形成;② 抑制氨酰-tRNA 进入核蛋白体的 A 位,阻滞肽链的延伸;③ 影响终止因子与核蛋白体的结合,使已合成的多肽链不能脱离核蛋白体。四环素类抗生素除对菌体 70S 核蛋白体有抑制作用外,对人体细胞的 80S 核蛋白体也有抑制作用,但对 70S 核蛋白体的敏感性更高,故对细菌蛋白质合成的抑制作用更强。

3. **氯霉素** 属于广谱抗生素。其作用特点是:① 与核蛋白体上的 A 位紧密结合,因此阻碍氨酰-tRNA 进入 A 位;② 抑制转肽酶活性,使肽链延伸受到影响,菌体蛋白质不能合成,因此有较强的抑菌作用。

4. **嘌呤霉素** 结构与酪氨酰-tRNA 相似,从而取代一些氨酰-tRNA 进入核蛋白体的 A 位,当延长中的肽转入此异常 A 位时,容易脱落,终止肽链合成。由于嘌呤霉素对原核和真核生物的翻译过程均有干扰作用,故难于用作抗菌药物,有人试用于肿瘤治疗。

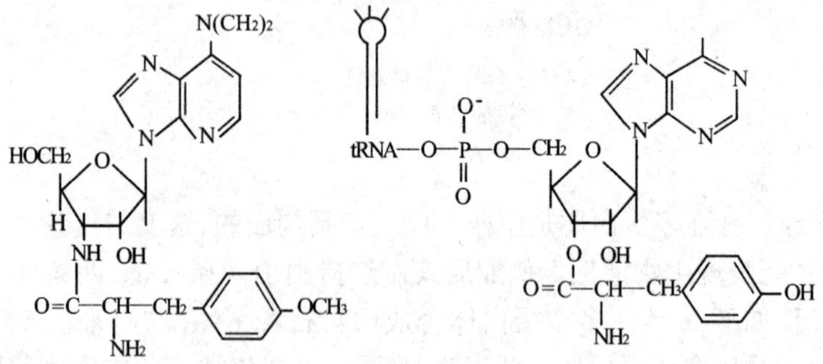

嘌呤霉素　　　　　　　　　　　酪氨酰-tRNA

5. **白喉霉素** 由白喉杆菌所产生的白喉霉素是真核细胞蛋白质合成抑制剂。白喉霉素是由寄生于白喉杆菌体内的溶源性噬菌体 β 基因编码的,由白喉杆菌转运分泌出来,进入组织细胞内。它对真核生物的延长因子-2(EF_2)起共价修饰作用,生成 EF_2 腺苷二磷酸核糖衍生物,从而使 EF_2 失活。它的催化效率很高,只需微量就能有效地抑制细胞整个蛋白质合成,而导致细胞死亡(图 10-15)。

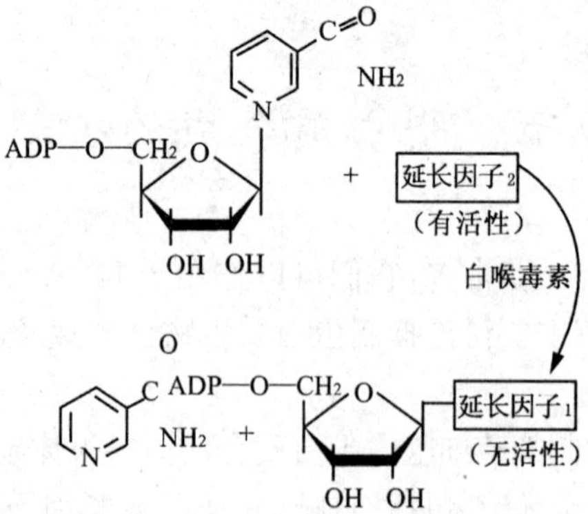

图 10-15　白喉霉素的作用机理

(二) 干扰素对病毒蛋白合成的抑制

干扰素(interferon)是病毒感染后,感染病毒的细胞合成和分泌的一种小分子蛋白质。从白细胞中得到 α-干扰素,从成纤维细胞中得到 β-干扰素,在免疫细胞中得到 γ-干扰素。干扰素结合到未感染病毒的细胞膜上,诱导这些细胞产生寡核苷酸合成酶、核酸内切酶和蛋白激酶。在细胞未被感染时,不合成这三种酶,一旦细胞被病毒感染,有干扰素或双链 RNA 存在时,这些酶被激活,并以不同的方式阻断病毒蛋白质的合成。干扰素和 dsRNA 激活蛋白激酶,蛋白激酶使蛋白质合成的起始因子磷酸化,使它失活;另一种方式是 mRNA 的降解,干扰素 dsRNA 激活 $2',5'$-腺嘌呤寡核苷酸合成酶的合成,$2',5'$-腺嘌呤寡核苷酸激活核酸内切酶,核酸内切酶水解 mRNA。

由于干扰素具有很强的抗病毒作用,因此在医学上有重大的实用价值,但组织中含量很少,难于从生物组织中大量分离干扰素。现在已应用基因工程合成干扰素以满足研究与临床应用的需要。

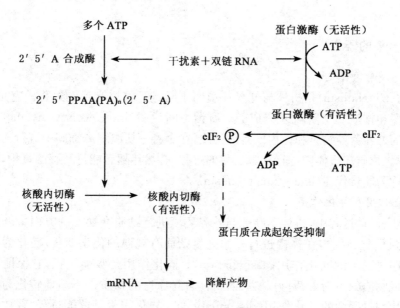

图 10 - 16 干扰素的作用原理

第十一章　代谢和代谢调控总论

第一节　新陈代谢的概念和研究方法

一、物质代谢的概念

（一）物质代谢的含义

新陈代谢（metabolism）是机体与外界环境间不断进行物质交换的过程。它是通过消化、吸收、中间代谢和排泄四个阶段来完成的。所谓中间代谢（intermediary metabolism）就是经过消化、吸收的外界营养物质和体内原有的物质，在全身一切组织和细胞中进行的多种多样化学变化的过程。物质在机体内进行化学变化的过程，必然伴随有能量转移的过程，前者称为物质代谢，后者称为能量代谢（energy metabolism）。

（二）同化作用和异化作用

在整个生命活动过程中，机体不断地与外界环境进行物质交换。一方面由外界环境摄取营养物质，通过消化、吸收，在体内进行一系列复杂而有规律的化学变化，转化为机体自身物质，这就是代谢过程中的同化作用（assimilation）。同化作用是吸能过程，它保证了机体的生长、发育和组成物质的不断更新；另一方面，机体自身原有的物质也不断地转化为废物而排出体外，这就是代谢过程中的异化作用（dissimilation）。异化作用是放能过程，释放的能量可供生理需要，其中部分用于同化作用。总之，机体不断地把机体内原有物质分解、排出，生物就是这样，"在一瞬间既是它自身，同时又是别的东西"。

同化和异化是矛盾的两个方面，是对立统一的过程，由此推动了整个代谢过程的不断运动和发展。它们既互相对立、互相制约，又互相联系、互相依赖，彼此都以其对立面为存在条件。同化作用可为异化作用提供物质基础，异化作用可为同化作用提供能量。

（三）合成代谢与分解代谢

从化学变化角度来看，同化作用与异化作用都是由一系列化学反应（包括合成代谢与分解代谢）来完成的。合成代谢（anabolism）是由简单的小分子物质合成复杂的大分子物质的过程，如由氨基酸合成蛋白质、由单糖合成多糖。相反，分解代谢（catabolism）是复杂的大分子物质分解为二氧化碳、水和氨。同化过程总的结果是合成生物体自身物质，所以是以合成代谢为主，但在过程中也包含有分解代谢；同样，异化过程总的结果是将生物体内的物质分解掉，所以是以分解代谢为主，但在过程中也包含有合成代谢。例如氨基酸分解的产物氨，可以再合成尿素，由肾排出。

其次，同化和异化或合成与分解在机体内也不是截然分开和孤立的。当物质进入体内，即和体内原有的物质混在一起，不分彼此地被生物体所利用或分解掉。由外环境来的物质称为外源性物质，体内原有的物质称为内源性物质。例如由外界摄入蛋白质，经消化水解为氨基酸，吸收后与体内蛋白质水解所产生的氨基酸共同构成所谓氨基酸代谢库。这些氨基酸可以合成体内蛋白质,也可以进一步分解为代谢废物排泄掉,具体视机体状况而定。

（四）中间代谢

在生物体内进行的同化作用和异化作用、合成代谢和分解代谢,都是多种酶所催化的一连串的中间代谢过程。它们多数是串连的,即上一个反应的产物就是下一步反应的反应物;也有许多是分支的,即有些关键性代谢产物是许多不同反应的共同产物或反应物;还有的反应组成一个循环如三羧酸循环,反应物乙酰CoA通过这个循环生成终产物 H_2O 和 CO_2。

中间代谢的分解途径与合成途径,其起始代谢物和最终产物往往是相同的,而方向正好相反;但它们之间并非都是逆反应的关系,其中间步骤和所催化的酶不尽相同。例如糖酵解中糖分解为丙酮酸和乳酸与糖异生中由乳酸和丙酮酸生成糖,蛋白质分解为氨基酸与氨基酸合成蛋白质,以及脂肪酸β-氧化分解为乙酰CoA与乙酰CoA合成脂肪酸等。况且还有许多分解途径与合成途径是在细胞的不同部位进行的,例如脂肪酸分解为乙酰CoA是在线粒体内进行的、以氧化为主的过程,而由乙酰CoA合成脂肪酸则是在细胞浆中进行的、以还原为主的过程。

二、能量代谢的概念

（一）代谢过程中能量的变化

前已述及,机体与外界环境进行物质交换的过程称为物质代谢。在物质代谢过程中同时伴有能量的交换,称为能量代谢。当机体从外界环境摄取营养物,也就是等于从外界输入能量（营养物质所含的化学能）。当这些物质在机体内进行分解代谢时又将化学能释放出来,以供生命活动的需要,亦即机体一切生命活动所需的能量,都是从物质所含的化学能转变而来的。物质分解所释放的化学能可用于合成另一物质,也可用于其他生命活动所需要的各种形式的能,如肌肉收缩的机械能、神经冲动传导的电能等。但化学能不能全部转变为可做功的各种能,总有一部分化学能不可避免地转变为不可做功的能而以热的形式释放,这部分能称为散发热（q）,而可用于做功的一部分能称为自由能（ΔF）,转变的总能量称为反应热（ΔH）。根据能量守恒定律,反应热必等于转变的自由能与散发热之和,即：

$$\Delta H = \Delta F + q \text{ 或 } \Delta F = \Delta H - q$$

根据热力学基本观点,凡释放自由能的化学反应可以自动进行,凡吸收自由能的化学反应则不能自动进行,必须由外界供给能量才能进行。在机体的代谢过程中,合成代谢所吸收的自由能,可由分解代谢所释放的自由能供给,所以机体内能量代谢与物质代谢是密切联系的。机体内各种物质分解代谢所释放的自由能一般不能直接被利用,而是以高能磷酸化合物的形式储存于 ATP 等物质中,当利用时 ATP 等物质中的高能磷酸键再分解,并释放自由能以供生理活动的需要（见"生物氧化"相关章节）。

（二）食物的卡价与呼吸商

食物所含的糖、脂肪和蛋白质经过消化吸收,在体内只有一部分被氧化释放能量,其余则被同化替换体内各组成成分,被替换的部分也可被氧化释放能量。食物所释放的能量是蕴藏在其分子中的化学能。食物在体内被氧化分解至最终产物（如二氧化碳、水和尿素）,所释放的总能量过去以千卡计算,称为食物的卡价（或称热价）。每克糖、脂肪和蛋白质的卡价分别为4、9、4 千卡。目前物质氧化所释放的总能量统一以焦[耳]（J）计算,所以每克糖、脂肪和蛋白质的热价分别为 17、38 和 17 千焦[耳]（kJ）。机体与外界环境在呼吸过程中所交换的二氧化碳与氧的摩尔数的比值称为呼吸商（RQ）。所以 $RQ = CO_2/O_2$。糖、脂肪和蛋白质的呼吸商分别为 1.0、0.7 和 0.8。正常人混合膳食的呼吸商在 0.7~1.0 之间,约为 0.85。高糖饮食时呼吸商升高,高脂饮食或高蛋白质饮食时呼吸商则降低。

（三）基础代谢

所谓基础代谢(basal metabolism)是指人体在清醒而安静的状态中,同时又没有食物的消化与吸收作用的情况下,并处于适宜温度时所消耗的能量。在这种状态下所需要的能量主要是用于维持体温及支持各种器官的基本运行,如呼吸、循环、分泌及排泄等。正常人的基础代谢每 24 小时约为 5 900～7 500 kJ(1 400～1 800 kcal)。人体释放的能量除用于维持基础代谢外,还要满足肌肉与脑力活动所消耗的能量,尤其是肌肉活动。例如重体力劳动者每小时消耗能量常超过 200 kJ(500 kcal)。

三、物质代谢的研究方法

机体内物质的中间代谢过程错综复杂,用单一方法研究常难以得出正确结论。近几十年来,由于实验方法和仪器的发明和改进,例如超离心、同位素示踪、放射免疫测定、气质联用(GC/MS)、液质联用(LC/MS)和核磁共振分析等技术的应用,有力地促进了代谢的研究。代谢研究中的关键是分析技术,目前发展的方向是微量或超微量,甚至单分子分析。现将几种常用的物质代谢的研究方法简要介绍如下:

1. 利用正常机体的方法　用喂饲或注射使机体内进入大量某种代谢物,然后分析血液、组织或排泄物中的中间产物或终产物。此外,也有利用与代谢物相似的异常物质作为标记进入体内,研究其代谢过程。例如利用性质稳定并易鉴定的异常物质如苯脂酸代替脂肪酸喂饲动物,然后分析尿中带有苯环的物质,从而发现了乙酸是脂肪酸代谢的中间产物(见"脂类代谢"章节)。此方法由于使用异常代谢物,因此有改变正常代谢途径的可能,使研究结论不正确,故目前很少使用。

2. 使用病变动物法　用人工方法使动物发生某一过程的代谢障碍,然后导入一定量的受试物质,观察其中间代谢过程。例如注射根皮苷于犬体内,形成实验性糖尿病,然后用氨基酸喂饲此动物,发现其尿中葡萄糖含量明显增多,表明氨基酸有成糖作用。又如研究维生素缺乏症,可给予缺乏某种维生素的饲料,若干天后观察病变情况,再加入该种维生素,观察症状有否改善,以确定这种维生素的功能。

3. 切除器官法　切除动物某种器官后,给予某种物质,观察代谢改变,可推知该器官的代谢功能。例如用切除肝来研究含氮化合物的代谢,用切除胰脏来研究糖尿病等。

4. 脏器灌注法　剥离动物的器官,使其具有独立的循环体系,或摘出整个器官做离体实验,将器官浸在血液或符合生理条件的其他溶液中。将被试物质与血液混合,通过血管灌入器官中,然后分析从器官流出的血液,以确定其所含的代谢产物。此法只能了解代谢物在脏器中的终产物,而不能阐明其中间代谢过程。

5. 组织切片或匀浆法　将新鲜组织制成切片或匀浆(homogenate),然后与代谢物混合、保温,数小时后分析代谢产物,以探知代谢物在此组织内的代谢变化。如肝切片与铵盐混合保温数小时后,可发现铵盐减少而尿素增多,证明了铵盐可在肝中合成尿素。

6. 纯酶法及酶抑制剂法　研究某一特殊的代谢反应,可用提取的纯酶制剂。例如用结晶磷酸化酶在体外试验糖原的磷酸解作用。若反应体系中有两种以上的酶存在,为区别反应究竟由何种酶所催化,可加入特异制剂使一种酶的活性受到抑制,则其前一反应的产物必致堆积,更有利于鉴别。例如,酵解过程中,碘乙酸专一地抑制磷酸丙糖脱氢酶的活性,使磷酸丙糖在肌肉中堆积。

7. 同位素示踪法　同位素是指原子序数相同而原子量不同的同种元素。当化合物分子中的原子被相同元素的同位素所取代,而取代后的分子性质没有改变时,称为"同位素标记"。用同位素标记的化合物(称为标记物)引进代谢体系而观察其代谢过程与结果的方法,就是同位素示踪法。

含同一元素的各种同位素的化合物具有相同的化学性质和生物学性质,因此含有同位素的代谢物在体内的代谢程序与正常代谢物完全相同。但因分子中有同位素的存在而具有不同的核物理性质,故可用物理方法追踪其在体内的去向,并探讨其所转化的代谢产物。例如,以含 ^{14}C 标记的乙酸给予动物,测定呼出的 CO_2 含有 ^{14}C,可见乙酸在体内可分解为 CO_2。又如利用羧基 ^{14}C 的乙酸给予动物,则从机体分离的棕榈酸,从其羧基碳原子开始间隔碳原子 1、3、5、7、9、11、13、15 均含有 ^{14}C;如果改用甲基含 ^{14}C 的乙酸给予动物,则分离到的棕榈酸从 α 碳原子开始间隔碳原子 2、4、6、8、10、12、14、16 均含有 ^{14}C,说明棕榈酸的碳原子来自乙酸分子。又如用含有 ^{14}C 的甘氨酸饲养大鼠,数日后杀死,探知其肝糖原具有放射性,可见甘氨酸可以在鼠肝变成糖原。同位素法具有灵敏度高($10^{-14} \sim 10^{-18}$ g)、测定方法简便、合乎生理条件和能定位等特点,并可准确定量测定代谢物的转运和转化,已广泛用于代谢的示踪研究。

同位素可分为稳定性同位素与放射性同位素,两者均可作为示踪原子。使用放射性同位素标记的化合物,称为放射性同位素标记化合物;使用非放射性同位素标记的化合物,称为稳定性同位素标记化合物。稳定性同位素与普通元素间的差异仅质量不同,可借助质量分析仪(如质谱仪和核磁共振仪等)定量测定。放射性同位素与普通元素除原子量不同外,还具有原子核自然蜕变和发射出射线的特性,这种射线可被探测并定量地测定。放射性同位素所产生的核射线也能使照相乳胶感光,因而可用感光乳胶片上感光银粒的部位的黑度来判断放射性示踪物的位置和数量。这种利用感光乳胶记录、检查放射性的方法,称为放射自显影术。利用放射自显影术可确定放射性标记物在组织器官中的定量分布,放射自显影术结合组织切片技术或电子显微镜技术可分别进行细胞水平和亚细胞水平的定位。这种技术近年来已成为测定放射性同位素最常用的方法之一,广泛地应用于医学核生物学中多种领域的示踪研究。常用同位素的放射性及其半衰期见表 11 - 1。

表 11 - 1　常用同位素的放射性及其半衰期

同位素	放射性	半衰期	同位素	放射性	半衰期
^3H	β-	12.3 年	^{35}S	β-	87 天
^{14}C	β-	5 760 年	^{131}I	β-,γ	8 天
^{45}Ca	β-	153 天	^{125}I	γ	60 天
^{32}P	β-	14 天	^{59}Fe	β-,γ	46.3 天

8. 使用亚细胞成分的方法　应用超速离心技术,采用不同离心力场、离心速度、离心时间及分散溶媒的密度梯度,可将细胞内的细胞核、线粒体、核蛋白体、微粒体及无结构的上清液部分等亚细胞成分分开,再配合其他方法来研究亚细胞成分的代谢特点及各种代谢过程在细胞内进行的部位。例如用 ^{14}C 标记的氨基酸注射进大鼠体内,在注射后不同时间杀死动物,取肝,分离各亚细胞成分,并测定各成分中蛋白质的放射性,结果核蛋白体的放射性远高于其他成分,由此推测氨基酸可在肝中掺入蛋白质,而且核蛋白体是肝中合成蛋白质的主要部位。

9. 致突变法　例如微生物通过诱变剂如 X 射线或化学诱变剂处理,可得到某种酶缺陷型变种,而使某种代谢产物积累。遗传性代谢病是由于某些合成酶缺乏,导致此酶的底物在体内堆积而排出。例如由于酪氨酸酶的缺陷,不能生成黑色素而引起白化病;由于对羟苯丙酮酸氧化酶缺乏,而引起尿液中过量排泄对羟苯丙酮酸,造成苯丙酮酸尿症;由于尿黑酸氧化酶缺乏,而引起尿黑酸症等(图 11-1)。

图 11-1　与酪氨酸相关的遗传性代谢病

10. 转基因法和基因敲除(gene knockout)法　随着分子生物学技术的不断进步,研究基因及其对应的酶或蛋白质在代谢中作用的方法取得了突飞猛进的发展,其中转基因动物和基因敲除动物模型的应用更为突出。凡是用实验方法将外源性基因导入并整合在细胞染色体上,正确表达和按照孟得尔定律传与后代的动物称为转基因动物(transgenic animal)。其制备可用显微注射法将外源基因导入胚胎,经妊娠、分娩、筛选而得到有外源基因整合的幼仔。基因敲除技术是利用 DNA 同源重组(homologous recombination)的原理,在体外培养的小鼠胚胎干细胞中,用含突变的靶基因同源序列载体取代相应的正常基因,并阻止基因的表达;再通过显微注射法将这些杂合子胚胎干细胞注入正常的囊胚细胞,以建立定点突变型转基因动物,即基因敲除动物模型。基因敲除技术为研究特定基因在代谢途径中的作用提供了重要而有效的方法。

以上物质代谢研究方法可以归纳为两大类,即体内法(in vivo)和体外法(in vitro),或称整体法和离体法。例如利用正常机体或病变动物即是体内法;而脏器灌注法、组织切片或匀浆法、亚细胞组分法、纯酶法和酶抑制剂法即是体外法。同位素法也有体内法和体外法之分。至于研究对象,可以是动物、植物、微生物或病毒,微生物或病毒由于研究对象微小,便于进行研究,近年发展较快。

第二节　物质代谢的相互关系

生物体内的新陈代谢是一个完整而又统一的过程,这些代谢过程是密切联系、相互促进和制约的。糖、脂类及蛋白质代谢的密切联系主要表现于三者的各个代谢的中间产物可以互相转变。蛋白质和脂类代谢进行的程度取决于糖代谢进行的程度;当糖和脂类不足时,蛋白质的分解就增强,当糖多时又可减少脂类的消耗。由于糖、脂类及蛋白质三大代谢之间有密切的相互联系,对机体的正常生理活动起着重要的保证作用。由于体内存在有一系列的代谢调节,因而使各个代谢反应成为完整而统一的过程。

在合成代谢方面,它们在一定条件下可以相互转变。这种转变是通过它们在代谢过程中所产生的中间产物,如丙酮酸、乙酰 CoA、草酰乙酸及 α-酮戊二酸等来实现的。糖和脂类可以转变成蛋白质分子中某些非必需氨基酸,但不能转变为必需氨基酸。蛋白质的分解产物 α-酮酸能转变成糖或脂类。糖和脂类之间也可以互变,来自食物的糖除合成糖原储存外,经常有一部分转变为体脂储存起来。反过来,脂肪的分解产物甘油也可以转变为糖。

在分解代谢方面,它们虽然都能氧化分解成 CO_2 与 H_2O,并释放能量供机体各种生理活动的需要,但是由于它们各自的生理功用不同,在氧化供能上是以糖和脂肪为主,其中特别是糖氧化分解的能量为体内能量的主要来源。这样不仅节约了蛋白质的消耗,并且有利于蛋白质的合成和氨的解毒。下面分别讨论糖、脂类、蛋白质代谢之间的互相联系。

一、蛋白质与糖代谢的相互联系

已知许多氨基酸是成糖氨基酸,即这些氨基酸脱氨后生成的 α-酮酸在体内可转变为糖。因此,蛋白质在体内是能转变成糖的。

组成蛋白质的 20 种氨基酸,大多数是非必需氨基酸,这些氨基酸中有的可以互相转变,其碳链部分还可以依靠糖来合成。例如糖代谢过程中产生许多 α-酮酸,如丙酮酸、α-酮戊二酸、草酰乙酸等,它们通过氨基化或转氨作用就可以生成其相对应的氨基酸。但是必需氨基酸在体内无法合成,这是因为机体不能合成与它们相对应的 α-酮酸。因此,依靠糖来合成整个蛋白质分子中各种氨基酸的碳链,在机体内是不可能的,所以不能用糖完全来代替食物中蛋白质的供应。相反,蛋白质在一定程度上可以代替糖。

二、糖与脂类代谢的相互联系

已知填鸭或肥猪的储存脂肪很丰富,它们的饲料中很少有脂肪,而是以糖为主,这充分说明动物体内能将糖转变成脂肪。

乙酰 CoA 是糖分解代谢的重要中间产物,这个中间产物正是合成脂肪酸与胆固醇的主要原料。另一方面,糖分解的另一中间产物磷酸二羟丙酮又是生成甘油的材料。所以糖在人及动物体内合成脂肪及胆固醇是可以理解的。但是必需脂肪酸是不能在体内合成的,亦即不能由糖转变而成。所以食物中不可绝对缺少脂类的供给,尤其是含必需脂肪酸的脂类。

在正常生理状况下,脂肪分子中的甘油可通过糖的异生作用转变为糖。由于机体内丙酮酸的氧化脱羧作用是不可逆的,所以脂肪酸分解的中间产物乙酰 CoA 不能变成丙酮酸再转变为糖,但是乙酰 CoA 可能在通过三羧酸循环变成草酰乙酸后,有少量转变成糖。当用 $CH_3^{14}COOH$ 喂饲动物时,发现有少量 ^{14}C 可掺入肝糖原分子中。

总之,在一般生理情况下依靠脂肪大量合成糖是困难的,但是糖转变成脂肪则可大量进行。

三、蛋白质与脂类代谢的相互联系

无论是成糖氨基酸或成酮氨基酸,其对应的 α-酮酸,在进一步代谢过程中都会产生乙酰 CoA,然后转变为脂肪或胆固醇。此外,甘氨酸或丝氨酸等还可以合成胆胺与胆碱,因此氨基酸也是合成磷脂的原料。总之,蛋白质是可以转变成各种脂类的。

脂肪酸 β-氧化所产生的乙酰 CoA 虽然可进入三羧酸循环而生成 α-酮戊二酸,后者可通过转氨基作用而成为谷氨酸,实际上单纯依靠脂肪酸来合成氨基酸是极其有限的。至于甘油部分,因其可以转变成糖,故和糖类一样可生成一些与非必需氨基酸相对应的 α-酮酸。但是由于脂肪分子中甘油所占的比例较少,所以从甘油转变成氨基酸的量也是很有限的。总之,机体几乎不利用脂肪来合成蛋白质。

四、核酸与糖、脂类和蛋白质代谢的相互联系

体内许多游离核苷酸在代谢中起着重要的作用。例如 ATP 是能量和磷酸基团转移的重要物质,GTP 参与蛋白质的生物合成,UTP 参与多糖的生物合成,CTP 参与磷脂的生物合成。体

内许多辅酶或辅基含有核苷酸组分,如辅酶 A、辅酶Ⅰ、辅酶Ⅱ、FAD、FMN 等。反之,核苷酸的嘌呤和嘧啶环是由几种氨基酸作为原料合成的,核苷酸的核糖又是从糖代谢的磷酸戊糖通路而来的。核酸参与了蛋白质生物合成的几乎全过程,而核酸的生物合成又需要许多蛋白质因子参与。

　　总之,糖、脂类、蛋白质和核酸等代谢彼此相互影响、相互联系和相互转化,而这些代谢又以三羧酸循环为枢纽,其成员又是各种代谢的共同中间产物。现将糖、脂类、蛋白质和核酸代谢相互的联系总结如图 11-2。

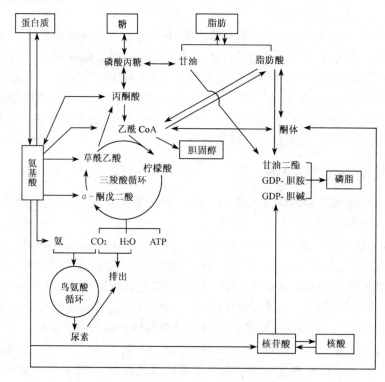

图 11-2　糖、脂类、蛋白质和核酸代谢的相互关系

第三节　代谢调控总论

　　生物体内新陈代谢虽然错综复杂,但互相配合、有条不紊,在一定条件下,保持着相对稳定,这说明机体内有自我调节机制。这种调节机制发生异常,就会引起代谢紊乱而发生疾病。

　　代谢调节在生物界普遍存在,它是生物在长期进化过程中,为适应环境的变化而形成的。进化越高的生物,其代谢调节机制就越复杂。最原始的调节方式为细胞内代谢调节,它是代谢物通过影响细胞内酶活力和酶合成量的变化,以改变合成或分解代谢过程的速度,称为细胞或酶水平的调节。这类调节为一切其他高级调节的基础。内分泌腺随着生物的进化而出现,它所分泌的激素通过体液输送到一定组织,作用于靶细胞,改变酶活性而调节代谢反应的方向和速度,称为激素水平的调节。高等生物则不仅有完整的内分泌系统,还有功能复杂的神经系统。在中枢神经的控制下,通过神经递质对效应器发生直接影响,或者改变某些激素的分泌,再通过各种激素的互相协调,对整体的代谢进行综合调节。

一、细胞或酶水平的调节

酶在细胞内有一定布局和定位,相互有关的酶往往组成一个多酶系统而分布于细胞内特定部位。这些酶互相接近,容易接触,使反应迅速进行;而其他酶系则分布在不同部位,不致互相干扰,而且能互相协调和制约。例如糖酵解、磷酸戊糖支路和脂肪酸合成的酶系存在于细胞浆中;三羧酸循环、脂肪酸 β-氧化和氧化磷酸化的酶系存在于线粒体中;核酸生物合成的酶系大多在细胞核中。这样的隔离分布为细胞或酶水平代谢调节创造了有利条件,使某些调节因素可以专一地影响某一细胞部位的酶活性,而不致影响其他部位的酶活性,保证代谢顺利进行。

细胞或酶水平的调节可有两种方式:一种是酶活力的调节,属快调节,它是通过改变酶分子的结构来实现对酶促反应速度的调节;另一种是酶合成量的调节,属慢调节,它是通过改变分子合成或降解的速度来改变细胞内酶的含量,从而实现其对酶促反应速度的调节。

(一)酶活力的调节

1. 反馈调节与别构酶 细胞内的物质代谢是由一系列酶所组成的多酶体系依次进行催化而完成的。要调节代谢速度往往不需要改变全部参与反应的酶的活性,而仅仅只要改变某些甚至是个别关键酶的活性即可。这种关键酶常是代谢途径中的限速酶。例如细胞内胆固醇的生物合成需要数十种酶的参与,其中只有 HMG CoA 还原酶是限速酶,因而该酶抑制剂具有很好的降胆固醇的作用。限速酶通常处于多酶体系中的起始反应阶段,通过这些酶的调节可以更经济、更有准备地改变整个反应的代谢过程,并能防止过多的中间代谢物的堆积。限速酶的活性常常受到其代谢体系终产物的抑制,这种抑制称为反馈抑制。通过反馈抑制可在最终产物积累时使反应速度减慢或停止。当最终产物被消耗或转移而降低浓度时,这种抑制作用逐渐取消,反应再度开始并且速度渐渐加快。如此不断地调节反应速度,维持终产物的动态平衡。反馈抑制的效果属于负性的,故也称为负反馈。有时最终产物可激活整个代谢反应,这种情况称为反馈激活,也称正反馈。

研究发现,上述调节酶活性的反馈抑制剂在结构上常与底物不相似,作用时也不直接作用于酶的活性中心。显然此类酶结构中存在着能与反馈调节剂结合的部位,此部位与反馈调节剂结合后,酶分子的构象发生改变,导致该酶活性中心构象改变,从而调节酶活性。与反馈抑制剂结合的部位被称为别构部位(allosteric site),此类酶称为别构酶,调节其活性的抑制剂和激活剂分别称为别构抑制剂和别构激活剂,统称别构效应剂(allosteric effector)。终产物对代谢过程的抑制通常是通过对别构酶的作用来完成的。

【例一】:肝胆固醇生物合成的反馈调控:

$$2乙酰CoA \rightleftharpoons 乙酰乙酰CoA \longrightarrow HMGCoA \underset{\substack{HMG\ CoA\\ 还原酶}}{\longrightarrow} MVA \dashrightarrow 鲨烯 \dashrightarrow 胆固醇$$

在此系列反应中,当肝中胆固醇含量升高时,即反馈抑制 HMG CoA 还原酶,使肝胆固醇的合成降低。

【例二】:大肠杆菌 CTP 生物合成的反馈调控:

$$天冬氨酸 + 氨甲酰磷酸 \underset{ATC酶}{\longrightarrow} 氨甲酰天冬氨酸 \dashrightarrow UMP \longrightarrow UTP \longrightarrow CTP$$

上述系列反应中,终产物 CTP 利用率低时,CTP 积累,即出现反馈抑制天冬氨酸转氨甲酰酶(ATC 酶),从而使 CTP 的生成速度减慢或终止;反之,当 CTP 被利用时,浓度下降,反馈抑制解除，ATC 酶活力恢复。在此系列反应中，ATP 能够和 CTP 竞争与 ATC 酶结合，故 ATP 能够解除 CTP 对 ATC 酶的反馈抑制作用。

【例三】：氨基酸生物合成的反馈调控：

在有分支的连锁反应中，除了起始步骤外，尚有其他分支步骤相协调的反馈抑制。现以大肠杆菌中一些氨基酸对天冬氨酸代谢的调节为例说明如下：

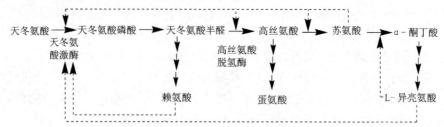

（1）协同反馈抑制：所谓协同反馈抑制是指两个或两个以上的反馈抑制作用，其作用点是一个酶时，反馈作用的强度大于两者单独作用之和。上述天冬氨酸代谢途径中的天冬氨酸激酶可被两种不同调节剂 L-异亮氨酸、赖氨酸和苏氨酸所反馈抑制。当 L-异亮氨酸、赖氨酸和苏氨酸同时堆积时，其反馈抑制作用大大超过其单独作用时的强度。

（2）顺序反馈抑制：所谓顺序反馈抑制是指串联反应中每一步的中间代谢物都能反馈抑制合成其本身的酶，从而造成终产物的反馈抑制作用逆向于串联反应的传递。如从天冬氨酸到 L-异亮氨酸的系列反应中，催化起始步骤的酶是通过顺序反馈抑制的，即 L-异亮氨酸抑制苏氨酸转变为 α-酮丁酸，引起苏氨酸的堆积；而苏氨酸的堆积又抑制生成它自己的酶的活性，即由高丝氨酸、天冬氨酸半醛和天冬氨酸合成途径的酶的活性。

2. ATP、ADP 和 AMP 的调节　代谢途径中酶所催化的反应速度，除由最终产物的反馈调节外，尚可由其他代谢物来进行调节，例如 ATP、ADP 和 AMP 等。这些化合物实际上也是一种变构剂，通过它们对变构酶的抑制或激活而对各个代谢途径起着协调作用。现以糖代谢的三个代谢途径为例说明其调节作用。

一般来说，分解代谢或合成代谢终产物可作为变构抑制剂，抑制分解代谢或合成代谢起始步骤的变构酶。细胞内各个代谢途径的酶有些依赖于 ATP/ADP 或 ATP/AMP 浓度之值，其比例的变化往往反映了某种代谢途径的趋向。在机体内葡萄糖转化为 6-磷酸葡萄糖，通过酵解和有氧氧化分解生成 CO_2 和 ATP（途径 1）或通过 1-磷酸葡萄糖合成糖原储存起来（途径 2），当需要时糖原可通过磷酸化酶再进行分解（途径 3）。

$$糖原 \xrightleftharpoons[\text{途径 2}]{\text{途径 3}} 葡萄糖 \xrightarrow{\text{途径 1}} CO_2 + H_2O + ATP$$

当运动需要供给较多能量时，由于 ATP 消耗转变成 ADP 和 AMP，使 AMP 和 ADP 浓度升高，可激活途径 1 的磷酸果糖激酶和途径 3 的糖原磷酸化酶，而途径 2 的糖原合成酶呈抑制状态，整个代谢途径趋向于分解，即糖原分解、糖酵解和有氧氧化，生成 CO_2 和 ATP。当休息时，能量消耗减少，ATP 浓度升高，途径 1 和途径 3 的酶呈抑制状态，而途径 2 的糖原合成酶被激活，整个代谢途径趋向合成，维持体内糖代谢相对平衡。

3. 酶的共价修饰调节　酶分子多肽链上的某些基团，在另一些酶的催化下可与变构剂进行可逆共价结合，结合后引起分子变构，使酶的活力发生变化（激活或抑制），从而达到调节作用，这种作用称为酶的共价修饰调节。例如肝和肌肉中的磷酸化酶 a 和 b，其中 b 型为无活性，通过激酶和 ATP，使酶分子多肽链亚基丝氨酸残基的羟基磷酸化，成为有活性的磷酸化酶

a,而使糖原分解（见"糖代谢"章节）。肌磷酸化酶的情况和肝磷酸化酶类似,区别仅仅在于肌磷酸化酶激活时伴随有聚合现象。

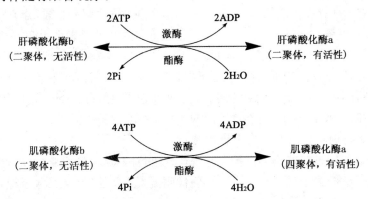

酶的共价修饰作用迅速,并且有较大效应。因为酶的共价修饰是连锁进行的,即一个酶发生共价修饰后,被修饰的酶又可催化另一种酶反应修饰,每修饰一次,发生一次放大效应,连锁放大后,即可使极小量的调节因子产生显著的效应。这种连锁反应中一个酶被激活,连续地发生其他酶被激活,导致原始信息的放大,称为级联（cascade）系统。肾上腺素或胰高血糖素对磷酸化酶的作用就是通过酶蛋白的修饰和变构使反应逐渐放大的效应（见"糖代谢"章节）。

（二）酶量的调节

对酶量的调节主要表现在对酶蛋白的合成和降解的调节。许多调节信号能影响有关酶蛋白质的生物合成,这是以基因水平为基础的调节。当机体需要某些酶时,可以开放指导这些酶合成的基因来增加这些酶的合成,提高细胞中的酶含量。例如,糖皮质激素可以通过诱导肝中有关糖异生的几个关键酶而起到增加糖异生、升高血糖的作用;又如苯巴比妥类药物可通过诱导作用使药物代谢酶蛋白生物合成增加,因而有促进药物代谢的作用。原核生物和真核生物有不同的调节机制。下面主要介绍酶蛋白的合成和降解的特点:

1. 酶蛋白合成的诱导与阻遏　酶的底物、产物,激素或药物均可影响酶的合成。一般将加速酶合成的化合物称为酶的诱导剂（inducer）,减少酶合成的化合物称为酶的阻遏剂（repressor）。诱导剂或阻遏剂是在酶蛋白生物合成的转录或翻译过程中发挥作用的,其中影响转录较常见。

（1）底物对酶合成的诱导:普遍存在于生物界。高等动物体内因有激素的调节,底物诱导作用不如微生物重要。例如尿素循环的酶可受食入蛋白质增多而诱导其合成增加。鼠饲料中蛋白质含量从 8％增加至 70％,鼠肝精氨酶活性可增加 2～3 倍。

（2）产物对酶合成的阻遏:代谢反应的产物不仅可变构抑制或反馈抑制关键酶或催化起始反应酶的活性,而且还可阻遏这些酶的合成。例如 HMG CoA 还原酶是胆固醇合成的关键酶,肝中该酶的合成可被胆固醇阻遏。但肠黏膜中胆固醇的合成不受胆固醇的影响,因此摄取高胆固醇的食物后,血胆固醇仍有升高的危险。

（3）激素对酶合成的诱导:例如糖皮质激素能诱导一些氨基酸分解酶和糖异生关键酶的合成,而胰岛素则能诱导糖酵解和脂酸合成途径中关键酶的合成。

（4）药物对酶合成的诱导:很多药物和毒物可促进肝细胞微粒体中单加氧酶（或混合功能氧化酶）或其他一些药物代谢酶的诱导合成,从而使药物失活,具有解毒作用。然而,这也是引起耐药现象的原因。

2. 酶蛋白降解　改变酶蛋白分子的降解速度也能调节细胞内酶的含量。细胞蛋白水解酶主要存在于溶酶体中,故凡能改变蛋白水解酶活性或影响蛋白酶从溶酶体释出速度的因素,都可间接影响酶蛋白的降解速度。通过酶蛋白的降解,调节酶的含量远不如酶的诱导和阻遏重要。除溶酶体外,细胞内还存在蛋白酶体(protosome),由多种蛋白水解酶组成,分子量为 1 000 kD,当待降解的蛋白质与泛素(ubiquitin)结合后,即可将该蛋白降解。泛素系由 76 个氨基酸组成的蛋白质,分子量为 8.5 kD。当泛素与待降解的蛋白质结合时,即泛素化后即可使蛋白迅速降解。参与泛素化作用的尚需不同的识别蛋白,识别蛋白有多种,各自识别不同种类的降解蛋白质。目前已知与细胞增殖有关的一类蛋白激酶的调节亚基即细胞周期蛋白(cyclin)的降解,即与此方式有关。泛素诱导细胞周期蛋白的降解在细胞周期的调控中起重要作用。

(三)细胞代谢调控在生产实践中的作用

从上述可见,代谢是在严格的调控下有规律地进行的,从而使细胞能保持相对稳定的代谢平衡。在生产实践中,为了某种目的可设法使代谢偏离正常途径,从而大量积累正常代谢方式所不能积累的代谢物,以达到提高产量和产生新品种的目的。

1. 降低代谢终产物的浓度　降低代谢终产物的浓度可减少反馈抑制,有利于中间代谢产物或支路代谢产物的积累。

(1)赖氨酸的发酵生产:在天冬氨酸的代谢调节时,已述及由于异亮氨酸、赖氨酸和苏氨酸的同时积累,可以协同抑制天冬氨酸激酶的活性。如果能够减少异亮氨酸和苏氨酸的合成,势必大大提高赖氨酸的产量。经诱变方法处理棒状杆菌,可得到高丝氨酸脱氢酶缺陷型变种,使其丧失合成高丝氨酸的能力,造成苏氨酸和异亮氨酸的合成通路受阻,从而解除了天冬氨酸激酶的协同反馈抑制,有利于另一终产物赖氨酸的积累,使其产量大为提高。

(2)肌苷和肌苷酸的发酵生产:在发酵时由于最终产物 AMP 和 GMP 可协同反馈抑制代谢起始和分支步骤的酶,结果使肌苷和肌苷酸积累少,因此产量低。但经诱变的肌苷酸代谢缺陷型变种,丧失了合成 AMP 和 GMP 的能力,从而解除 AMP 和 GMP 的反馈抑制,造成大量肌苷酸、肌苷和次黄嘌呤的积累,从而提高了产量。肌苷和肌苷酸的合成途径及 AMP 和 GMP 的反馈抑制及其阻断见图 11－3。

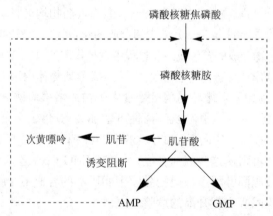

图 11－3　肌苷和肌苷酸的合成途径及 AMP 和 GMP 的反馈抑制及其阻断

2. 添加诱导物类似物　有的诱导物并不是该酶的底物,而是类似物,却有较强的诱导作用。例如,乳糖类似物异丙基硫代-β-D-半乳糖苷(IPTG),对大肠杆菌 β-半乳糖苷酶的诱导作用要比乳糖的诱导作用强 1 000 倍。

总之,通过对代谢调节规律的研究,不仅从分子水平上揭示了生物体内自动调节的生命之谜,而且在农业、工业、医疗实践上起着重大的作用。随着微生物代谢调节和微生物分子遗传学的深入研究,将进一步为发酵工业选育出更高产的新菌种,促进发酵工业的更大发展。

二、激素和神经系统的调节

1. 激素和神经系统的调节的概念　随着生物的进化,高等生物出现了内分泌腺,它所分泌的激素通过体液转运到靶细胞而对代谢进行调节,成为激素水平的调节。关于激素对代谢的调节及其作用原理见激素章节和有关代谢各章节。

高等生物不仅有内分泌腺,还有复杂的神经系统。在中枢神经系统的直接控制下或间接通过激素对机体进行综合调节,称为神经—体液性调节。

2. 激素和神经系统对代谢调节的上下级关系　当大脑皮层接到特异的神经信息后,首先大脑皮层发出信号,使下丘脑正中隆起附近的神经末梢分泌促释放因子或抑制因子(第一级),它们进入下丘脑正中隆起的毛细血管,再经垂体门静脉系统进入垂体,促进或抑制垂体前叶促激素(第二级)的生成和分泌,这些促激素又作用于内分泌腺分泌各种外周激素(第三级),再作用于靶细胞而起到调节代谢或生理功能的效应。以上这些激素的分泌是受到严格的上下级关系所控制的,即上级内分泌腺对下级内分泌腺的控制调节。例如寒冷的刺激可以通过大脑皮层发出信号,使下丘脑分泌促肾上腺皮质激素释放激素(CRH),CRH又进一步使垂体前叶分泌促肾上腺皮质激素(ACTH),进而作用靶细胞,产生必要的代谢或生理功能。

3. 负反馈作用　内分泌器官和神经系统可由上而下对代谢进行控制;反之,下一级也可以负反馈对上一级进行调控。内分泌腺分泌的激素对靶细胞的代谢或功能有调节作用,而靶细胞代谢活动结果又反过来对内分泌腺分泌激素起着调节作用。例如胰岛素可引起血糖浓度降低,而低血糖又反过来抑制胰岛 β 细胞分泌胰岛素。又如肾上腺皮质分泌的皮质激素如皮质醇过多时,就可以反过来抑制下丘脑的 CRH 以及垂体前叶 ACTH 的分泌;若血液中 ACTH 含量增加,可以抑制下丘脑 CRH 的分泌(图 11 - 4)。

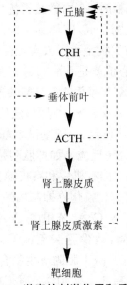

图 11 - 4　激素的刺激作用和反馈作用

——→刺激作用·······▶反馈作用

第四节 代谢抑制剂和抗代谢物

一、代谢抑制剂

（一）代谢抑制剂的概念和意义

代谢抑制剂（metabolic inhibitor）是指能抑制机体代谢某一反应或某一过程的物质。由于代谢反应是酶所催化的,因此代谢抑制剂常常就是酶抑制剂。

代谢抑制剂在基础理论上已广泛应用为研究工具,有助于研究酶的结构、酶的活性中心、酶催化反应的机制及药物作用的机制。在实际应用方面可作为疾病的诊断和治疗药物。

机体内一切化学反应都是酶所催化和调节的,体内的酶受到抑制,就会影响代谢的正常进行。例如通过抑制致病微生物或肿瘤细胞的生长和繁殖的某些关键酶,而达到抗菌和抗癌的目的。因此,许多抗生素和抗肿瘤药物,就是细菌和肿瘤的代谢（或酶）抑制剂。其次,体内由于某些原因而致某种酶活性异常,也可以应用酶抑制剂加以纠正,例如胰蛋白酶抑制剂可以治疗急性胰腺炎。

治疗用的酶抑制剂不但在阐明药物作用机制方面而且在寻找新药方面也具有重要意义,可以避免盲目筛选,提高命中率。例如近年来在单胺氧化酶、前列腺素合成酶、花生四烯酸代谢酶、胰蛋白酶、腺苷酸环化酶、乙酰胆碱酯酶、肽酶、碱性磷酸酶、各种酯酶等领域的酶抑制剂的开发正受到人们的重视。

（二）代谢（或酶）抑制剂的种类

已发现的代谢（或酶）抑制剂,有许多是化学合成药物,也有从生物体（动物、植物和微生物）中寻找的。现举例如下:

1. 作用于细胞壁或细胞膜的抑制剂 β-内酰胺类抗生素,如青霉素和头孢霉素的抗菌作用,主要是干扰细菌细胞壁粘肽的生物合成,破坏细菌细胞壁的结构。真核细胞没有细胞壁,而原核细胞有细胞壁,因此 β-内酰胺类抗生素对人类毒性低,而抗菌作用强。

作用于细胞质膜的抑制剂如强心甙就是 Na^+ ,K^+-ATP 酶特异性抑制剂,它抑制膜外侧 K^+ 所激活的脱磷酸过程,从而抑制 K^+、葡萄糖和氨基酸进入细胞内。

2. 核酸代谢和蛋白质生物合成的抑制剂 见"核酸代谢"和"蛋白质生物合成"相关章节。

3. 蛋白质水解和氨基酸代谢的抑制剂 羰基试剂如羟胺和酰肼类化合物可与氨基酸脱羧酶的辅酶的羰基发生反应而干扰脱羧反应。如抑肽酶是胰蛋白酶抑制剂等。

4. 糖代谢的抑制剂 巯基抑制剂如有机汞和有机砷化合物及碘乙酸可抑制含巯基的酶,如磷酸甘油醛脱氢酶、琥珀酸脱氢酶等。氟化物抑制烯醇化酶。

5. 脂类代谢的抑制剂 如巴豆酰 CoA、苯甲酰 CoA 和丙酰 CoA 都能抑制脂肪酸的氧化,羟基柠檬酸能抑制柠檬酸裂合酶,减少胞浆乙酰 CoA 浓度,影响脂肪酸合成。美降脂（mevinolin）能抑制 HMG CoA 还原酶,减少胆固醇生物合成,使血浆胆固醇下降 $20\%\sim40\%$。

6. 电子传递体和氧化磷酸化抑制剂 见"生物氧化"章节。

二、抗代谢物

（一）抗代谢物的概念

抗代谢物（anti-metabolite）是指在化学结构上与天然代谢物类似，这些物质进入体内可与正常代谢物相拮抗，从而影响正常代谢的进行。因此抗代谢物又称拮抗物（antagonist）。抗代谢物属于竞争性抑制剂，由于它的化学结构与正常代谢物相似，两者竞争与酶蛋白结合，使酶失去催化活性，致正常代谢不能进行，而影响生物体的生长和繁殖。许多抗菌和抗癌药物都属于抗代谢物类。还有一些抗代谢物，可作为假底物，整合到生物大分子中，从而破坏生物大分子的功能而影响病原体的生长与繁殖。如 5-氟尿嘧啶除可通过抑制胸腺嘧啶合成酶而发挥抗癌作用外，还可直接掺入核酸，形成异常核酸（含 5-氟尿嘧啶的核酸），从而抑制肿瘤细胞的生长。

（二）抗代谢物的种类

1. 维生素类似物　如用于治疗白血病的甲氨蝶呤为叶酸的拮抗物，磺胺类抗菌药物为对氨基苯甲酸的拮抗物，抗凝血药双香豆素为维生素 K 的拮抗物等。

2. 氨基酸类似物　如 β-羟天冬氨酸是天冬氨酸类似物，可与天冬氨酸竞争天冬氨酸-α-酮戊二酸转氨酶，干扰了天冬氨酸的转氨反应。环己基丙氨酸是丙氨酸类似物，可与丙氨酸竞争转氨酶，干扰丙氨酸的转氨反应。

3. 嘌呤和嘧啶类似物　这类抗代谢物最为重要，如 5-氟尿嘧啶、6-巯基嘌呤、阿胞苷、5-碘脱氧尿苷等是抗核酸代谢物，临床用于抗肿瘤和抗病毒。

4. 糖代谢物类似物　如氟柠檬酸竞争性抑制顺乌头酸酶，是三羧酸循环抑制剂，D-6-磷酸葡糖胺竞争性抑制 6-磷酸葡萄糖脱氢酶而影响磷酸戊糖通路。

（三）抗代谢物的重要意义

1. 抗代谢物与药物作用机制的研究　例如磺胺类药物的作用机制就是由于磺胺类药物的化学结构与对氨基苯甲酸相似，竞争与叶酸合成酶结合，抑制了酶活性，使二氢叶酸合成受阻，不能进一步生成四氢叶酸，从而影响核酸的生物合成，进而抑制微生物的生长。许多微生物是利用对氨基苯甲酸合成其生长必需的叶酸的，而高等动物不是利用对氨基苯甲酸来合成叶酸，主要是从食物摄取叶酸。因此，磺胺对微生物极为敏感，而对人类毒性较低，有选择性作用，疗效较好。此外，许多抗癌和抗病毒药物就是抗核酸代谢物。

2. 抗代谢物与新药的设计　过去许多有效的合成药物的发现是靠大量随机筛选而得的，因而命中率很低，往往在成千上万的化合物中才能找到个别有效药物，这样造成大量人力与物力的浪费。近年来以抗代谢物的基础理论为依据，有目的地设计新药的合成，在抗肿瘤和抗病毒领域已取得重要成果。

第十二章 药物研究的生物化学基础

第一节 生物药物制造的生物化学基础

药学科学研究的对象是应用于人体的诊断、预防和治疗疾病的药物。新的疾病不断发生，现有疾病也远未彻底根治，人们为了健康地生活，迫切期待着更为安全有效的新药的出现。20世纪中叶以来，许多新理论、新技术迅速进入药学研究领域，电子学、波谱技术、立体化学、量子理论与遗传中心法则等新概念的发展，使对化学物质的结构、生物大分子的结构与功能和分子遗传学的理论有了深入了解，加之生物化学、分子生物学的进展与引入，使实验医学有了重大突破，为药学研究和新药的发现提供了新的理论、概念、技术和方法，药学科学步入了另一个新的发展阶段。其特点是以化学模式为主体的药学科学迅速转向以生命科学和化学相结合的新模式，期间生物化学与分子生物学起到了先导作用。

一、生物药物制备方法的特点

生物药物主要包括生化药物、微生物药物、生物技术药物和生物制品，这些药物是以生物学和化学相结合的手段，以生物材料为原料制取的。其制造技术具有下列特点：

1. 目的物存在于组成非常复杂的生物材料中。一种生物材料含有成千上万种成分，各种化合物的形状、大小、分子形式和理化性质各不相同，其中不少还是未知物，而且有效物质在制备过程尚处于代谢动态中，故常常无固定工艺可循。

2. 有些目的物在生物材料中含量极微，只达万分之一、十万分之一，甚至百万分之一，因此分离纯化步骤多，难以获得高收率。

3. 生物活性成分离开生物体后，易变性破坏，分离过程必须十分小心，以保护有效物质的生物活性。这是生物药物制备工艺的难点。

4. 生物药物制造工艺几乎都在溶液中进行，各种理化因素和生物学因素如温度、pH、离子强度，对溶液中各种组分的综合影响常常难以固定，以致许多工艺设计理论性不强。实验结果常带有很大经验成分。因此，要使实验能够获得重复，从材料、方法、条件及试剂药品等都必须严格规定。

5. 为了保护目的物的活性及结构完整性，生物制药工艺多采用温和的"多阶式"方法，即"逐级分离"法。为了纯化一种有效物质常常要联用几个甚至十几个步骤并变换不同类型的分离方法，交互进行才能达到目的，因此工艺流程长，操作繁琐。

6. 生物药物的均一性检测与化学上的纯度概念不完全相同。由于生物药品对环境变化十分敏感，结构与功能关系多变复杂，因此对其均一性的评估常常是有条件的，或者只能通过不同角度测定，最后才能给出相对"均一性"的结论。只凭一种方法得到的纯度结论往往是片面的，甚至是错误的。

生物药物分离制备方法的主要依据原理有两方面：

1. 根据不同组分分配率的差别进行分离,如溶剂萃取、分配层析、吸附层析、盐析、结晶等,许多小分子生物药物如氨基酸、脂类药物和某些维生素及固醇类药物等多采用这类制备方法。

2. 根据生物大分子的特性采用多种分离手段交互进行,如蛋白质、多肽、酶类药物、核酸类药物和多糖类药物常常需要应用多种分离方法交互组合才可达到纯化目的。生物大分子类药物分离纯化的主要原理是:① 根据分子形状和分子大小不同的分离方法,如差速离心、超离心、膜分离透析、电透析、超滤和凝胶过滤等;② 根据分子电离性质(带电性)不同的分离方法,如离子交换法、电泳法和电聚焦法;③ 根据分子极性大小与溶解度不同的分离方法,如溶剂提取法、逆流分配法、分配层析法、盐析法、等电点沉淀法和有机溶剂分级沉淀法;④ 根据配基特异性不同的分离方法——亲和层析法。

精制一个具体生物药物,常常需要根据它的多种理化性质和生物学特性,采用多种分离方法进行有机结合,方能达到预期目的。

二、生物合成技术原理

生物合成是利用生物细胞的代谢反应(更多的是利用微生物转化反应)来合成化学方法难于合成的药物或药物中间体。微生物转化反应是利用微生物的代谢作用来进行某些化学反应,确切地说就是利用微生物代谢过程中某种酶对底物进行催化反应,以生成所需的活性物质。由于微生物转化产物具有立体构型单一、转化条件温和、后处理简便、公害少等特点,并且能进行某些化学反应难于进行或不能合成的反应,因此在制药工业中得到愈来愈广泛的应用。现已形成一个以遗传工程为指导,以发酵工程为基础,包括细胞工程和酶工程有机结合的生物合成技术体系,主要发展领域是在基因工程和细胞工程的研究基础上应用发酵法和酶法合成技术生产抗生素、维生素、甾体激素、氨基酸、小肽、辅酶和寡核苷酸等生化活性物质。已知可以利用微生物转化反应来进行的有机反应已达 50 多种,如水解、脱氢、氧化、羟基化、环氧化、还原、氢化、酯化、水解、异构化、氮杂基团氧化、氮杂基团还原、硫杂基团氧化、硫醚开裂、胺化、酰基化、脱羟和脱水反应等。

生物合成技术的另一领域是半合成技术。半合成药物是指一个药物其部分结构由天然资源得到,然后用化学合成法制得最终产品或应用微生物转化法将化学合成的中间产物通过某些生物合成步骤来解决药物合成中难于进行的化学反应,从而获得最终有效化合物。如应用真菌孢子进行孕酮的 $11-\alpha-$羟基反应,底物浓度可达 $20\sim50$ g/L,用球状分枝杆菌或单纯节细菌(arthrobacter simple)转化可的松为氧化泼尼松,其底物浓度可高达 400 g/L,产率达80%~90%。又如用青霉素酰化酶水解青霉素生成 6-氨基青霉酸(6-APA)和用头孢菌素 C 酰化酶水解头孢菌素 C 生成 7-氨基头孢羧酸(7-ADCA),用以生产多种更有效的半合成青霉素类似物和头孢菌素 C 类似物。图 12-1 示意氨苄青霉素的合成。

三、生物技术原理

生物技术(biotechnology)又称生物工程(bioengineering),是利用生物有机体(动物、植物和微生物)或其组成部分(包括器官、组织、细胞或细胞器等)发展新产品或新工艺的一种技术体系。生物技术一般包括基因工程、细胞工程、酶工程和发酵工程。基因工程主要包括基因的分离、制备、体外剪切、重组、扩增、表达与产物的纯化等技术;细胞工程则包括一切生物类型的基本单位——细胞(有时也包括器官或组织)的离体培养、繁殖、再生、融合以及细胞核、细胞质乃至染色体与细胞器(如线粒体、叶绿体等)的移植与改建等操作技术;酶工程是指酶的工业化

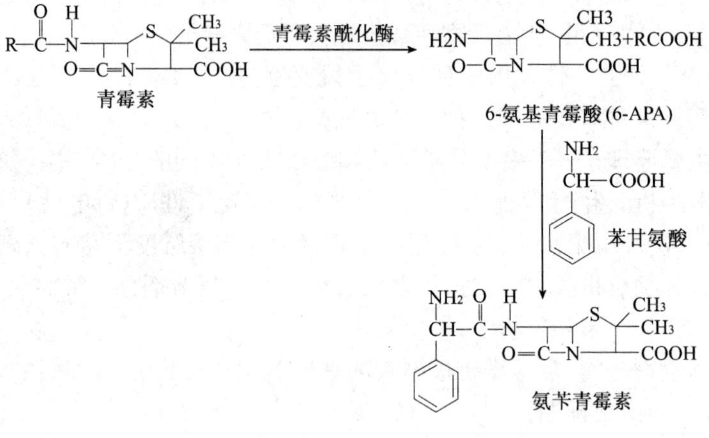

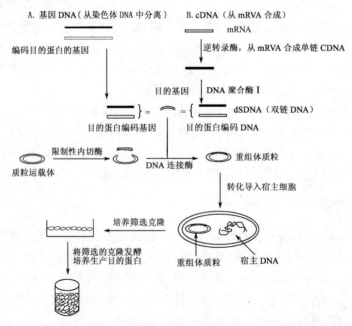

图 12-1 氨苄青霉素的合成

生产及其固定化技术以及由酶制剂构成的生物反应器和生物传感器等新技术、新装置的研究应用;发酵工程也叫微生物工程,是在最适条件下,对单一菌种进行培养,是生物特定产品的一种生物工艺。

现代生物技术的核心内容主要包括重组 DNA 技术和单克隆抗体技术。生物工程药物是指运用重组 DNA 技术和单克隆抗体技术生产的多肽、蛋白、激素和酶类药物以及疫苗、单抗和细胞生长因子类药物等。

重组 DNA 技术又称基因工程,其操作过程主要包括:① 目的基因的获取;② 基因载体的选择与构建;③ 目的基因与载体的拼接;④ 重组 DNA 导入受体细胞;⑤ 筛选并无性繁殖含重组分子的受体细胞(转化子);⑥ 工程菌(或细胞)的大量培养与目的蛋白的生产。图 12-2 是一个普遍使用的基因工程操作方案。

图 12-2 由(A)染色体 DNA、(B)cDNA 构建重组 DNA 生产目的蛋白的示意图

（一）基因载体

常用的基因载体（vector）有质粒、λ-噬菌体、M_{13} 噬菌体等。逆转录病毒 DNA、昆虫病毒 DNA 是将外源基因导入动物细胞的载体。这些载体在宿主细胞内可独立复制完整的 DNA 分子，但必须利用宿主的酶系统，才有进一步的基因表达能力，即转录和翻译。

质粒（plasmid）是存在于细菌染色体外的环状双链 DNA，小的 2～3kb，大的可达数百 kb，每个细胞所容纳的质粒数目称为拷贝数（copy numbers）。拷贝数越多，对基因工程产品的生产越有利。质粒能在宿主细胞内独立自地进行复制，并在细胞分裂时保持恒定地传给子代细胞。质粒易于从一个细菌转移入另一个细菌，质粒上往往带有 1～3 个耐药性基因，使宿主菌具有耐药性表型，这是筛选转化子细菌的依据。理想的质粒对同一种限制性内切酶只有一个切口，图 12-3 示常用的质粒 pBR322 的基因结构简图。

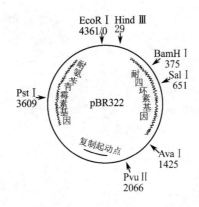

图 12-3　pBR322 质粒
限制性内切酶下方的数字为核苷酸编码号

（二）目的基因的来源

1. 直接从染色体 DNA 中分离　这在原核生物中可以做到，但真核生物，例如人类，染色体 DNA 比细菌大千倍以上，且分散在 23 对染色体上，其中只有 5%～8% 已定位，较难用直接法取得。

2. 人工合成　一些简单的多肽类，可以在已知其一级结构的基础上，依据这些氨基酸编码的核苷酸序列来合成其基因。

3. 从 mRNA 合成 cDNA　用目的蛋白抗体、从富集目的 mRNA 的多聚核糖体中沉淀分离 mRNA，纯化的 mRNA 在反转录酶催化下生成 cDNA。mRNA-cDNA 杂合分子用碱水解，除去 mRNA，剩下的 cDNA 经 DNA 聚合酶Ⅰ催化，使其合成互补双链 DNA，然后使用核酸酶 S 将双链连接处切开，即得到 cDNA。

4. 基因文库（gene library）　将生物体全部 DNA 提纯，用限制性内切酶随机切割成数以万计的片段，所有片段均重组入同一类载体上，得到许多重组体，又全部转化入宿主菌中保存起来，这就是基因文库。用基因组（genome）的总 DNA 构建的为 G-文库；用细胞全部 mRNA 经反转录制备的 cDNA 后建库，则称 cDNA 文库，应用时用探针杂交技术把需用的目的基因"钓"取出来。

（三）限制性内切酶的应用

核酸限制性内切酶（restriction endonuclease）能特异识别核酸分子某些碱基序列并加以

切开,其切口类型有两种:一种为平端(blunt end)切口;另一种为粘端切口(sticky end),即两链的切口错开 2～4 个核苷酸。酶识别的碱基顺序为 4～6 个碱基对,这种碱基序列都有回文结构(palindrome)的规律。如果切口为 4 个核苷酸,则切口的几率应是$(1/4)^4=1/256$,即 DNA 长链上每 256 个核苷酸的长度可能会有一个切口;若酶识别的切口是 6 个核苷酸,切口几率为$(1/4)^6=1/4096$,即每 4096 个核苷酸长度才有一个切口。在基因载体上,最好一种酶只有一个切口,不然就会把载体切成多个片段,难于处理。现已有 400 多种提纯的商品酶供选用,常用的见表 12-1。

表 12-1　常用的限制性内切酶

酶	辨认的序列和切口	说明
Alu I	↓ ……AGCT…… ……TCGA…… ↑	四核苷酸,平端切口
Bam HI	↓ ……GGATCC…… ……CCTAGG…… ↑	六核苷酸,粘端切口
Bgl I	↓ ……AGATCT…… ……TCTAGA…… ↑	六核苷酸,粘端切口
EcoR I	↓ ……GAATTC…… ……CTTAAG…… ↑	六核苷酸,粘端切口
Hind III	↓ ……AAGCTT…… ……TTCGAA…… ↑	六核苷酸,粘端切口
Sal I	↓ ……GTCGAC…… ……CAGCTG…… ↑	六核苷酸,粘端切口
Sma I	↓ ……CCCGGG…… ……GGGCCC…… ↑	六核苷酸,粘端切口

（四）重组体的构建

用同种限制性内切酶切割载体及目的基因后,无论产生的是平端切口或是粘端切口,都可以用 DNA 连接酶把载体和目的基因连接起来,形成 DNA 重组体。如用 HpaⅡ分别切割目的基因和质粒 DNA,然后混合在一起,用连接酶作共价连接形成 DNA 重组体,这种方法称为粘端连接方式(图 12-4)。

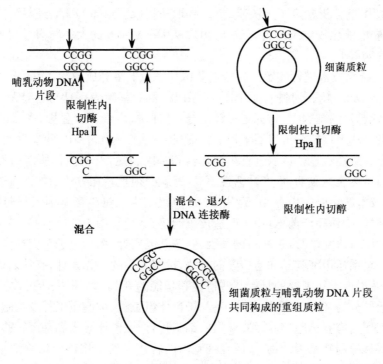

图 12-4　粘端连接方式

还有"尾接法"连接方式。在载体和目的基因上找不到共同的酶切位点时,可先把它们各自的粘端切口用单链核酸酶切平,在末端核苷酸转移酶作用下,催化脱氧单核苷酸加于 DNA 的 3′-末端,使形成粘端结构。如一股 DNA 加上 PolyG,另一股 DNA 的 3′-末端加 polyC,因 C—G 互补配对,两种 DNA 经连接酶处理,也可以形成共价结构的重组体。

（五）重组体的转化

重组体如系大肠杆菌质粒,可在 0～4℃用 CaCl₂ 处理大肠杆菌,以增大其细胞膜的通透性,再将 CaCl₂ 处理过的受体细菌与重组质粒温育,使质粒透入菌体,将重组 DNA 导入宿主细胞以改变其某些特性,此过程称为转化作用(transformation)。

重组体如系噬菌体 DNA,可进行体外包装,将其包入 λ-噬菌体的头部外壳蛋白,并使其含有尾部蛋白,成为有侵染力的噬菌体,以导入宿主细胞;亦可用 CaCl₂ 处理宿主细胞,将重组 DNA 直接引入细胞。以供体 DNA 通过噬菌体导入细胞引起的转化作用称为转导(transduction)。

（六）重组体的筛选与鉴定

在重组体导入宿主细胞后,经初步扩增后还应加以筛选,以获得含目的基因的工程菌(或细胞),并鉴定之。筛选和鉴定重组体的主要方法和基本原理如下:

1. 根据重组体的表型进行筛选　可以利用载体质粒对抗生素的抗药性进行筛选。如质粒 pBR 322 对四环素及氨苄青霉素有耐药性,将携带目的基因的 pBR 322 重组体导入无耐药性的细菌后,获得重组体质粒的细菌变成有耐药性。这样宿主菌是可在培养基中加入上述抗生素予以筛选,未转化的细菌被杀死,而转化的则生成菌落。

也可以利用对营养素的依赖表现来筛选。例如,目的基因是亮氨酸自养型,可把重组体转化于亮氨酸异养型的宿主中,放在不含亮氨酸的培养液中培养。能长出菌落的,表示含目的基因的重组体已导入宿主菌中;而不含目的基因的质粒,却不能使宿主菌生长。

2. 限制酶切图谱分析鉴定　用快速 DNA 提取法提取重组体 DNA,经限制性内切酶切割后,用琼脂糖凝胶电泳比较重组体与原载体,可以从 DNA 片段的大小与有关目的 DNA 来区分质粒是否已发生重组。

3. 利用核酸杂交技术进行鉴定　将待选菌株在平板上培养成菌落,用硝酸纤维素薄膜盖在平板上,使菌落 DNA 转移到膜上,用同位素标记的目的基因为探针与含有菌落 DNA 的薄膜杂交,若菌落含有目的基因,就与标记探针结合,经冲洗、烘干和自显影,含目的基因的菌落处就会出现黑点。从黑点位置可追回平板上菌落位置,从而检出正确的重组菌落。

经筛选鉴定的阳性克隆就可以进行扩增培养和基因表达,分析纯化所需的目的蛋白。但也有不少工程菌虽然表达成功,但产品活性不高,这就必须重新在方法上加以改进。

DNA 重组技术的主要应用有:① 运用 DNA 重组技术大量生产基因工程药物;②定向改造生物的基因结构,构建高产菌株,用于改造传统制药工业;③用于基础研究,如用于基因结构与基因组功能的调节研究,通过扩增目的基因、制造基因探针,用于分子杂交操作。

细胞工程技术系运用细胞学和遗传学的方法,按照人们的预先设计,有计划地改造细胞的遗传基础,以期获得人类所需的具有某些特性和功能的新细胞。根据所要改造的遗传物质的结构层次一般可分为基因工程、染色体工程、染色体组工程、细胞质工程及细胞融合(体细胞杂交)等,主要工作内容有细胞培养、细胞融合、细胞拼合、染色体导入和基因转移等。

基因的直接移植与转基因动物:基因在细胞内的转移一般采用体外培养细胞显微注射技术。用显微吸管吸取基因或带基因的质粒,在显微镜下借助特殊的注射装置,把目的基因注入受体细胞核内。通常是将目的基因注入早期胚胎内或受精卵的膜内,如把人或哺乳动物的某种基因导入到哺乳动物的受精卵里。若导入基因与受精卵里的染色体整合在一起,细胞分裂时,染色体倍增,基因也随之倍增,每个细胞里都带有导入的基因,而且能稳定地遗传到下一代,这样一种新的个体,称为转基因动物。转基因动物是获得低成本、高活性的基因工程药物的新途径,转基因动物也是培育药物、筛选新的病理模型的有效方法。我国已研究成功高效表达人凝血因子Ⅸ基因的转基因山羊,为构建"动物药厂"迈出了可喜的一步。

单克隆抗体(monoclonal antibody)是由一个杂交瘤细胞及其后代产生的抗体,具有单一、特异与纯化的特性。单克隆抗体主要用于免疫诊断、定向给药及家庭诊断检测试剂盒的配制,在治疗上也具有良好的应用前景。

单克隆抗体是通过杂交瘤细胞产生的。杂交瘤细胞是将骨髓瘤细胞与受免脾淋巴细胞融合而获得的。杂交瘤细胞继承了两个亲本细胞的遗传特性,既能分泌抗体又能快速无限地生长繁殖。通过融合与筛选,将具有两种亲本细胞遗传特性的融合细胞分离出来,使未融合的细胞死亡,从而获得既能无限生长繁殖又能分泌特异抗体的无性繁殖细胞,即单抗细胞株。由此细胞株分泌的抗体分子,其分子结构、亲和力、氨基酸序列、生物专一性和其他生物学特性均相同。所以单抗就是由单个 B 淋巴细胞分泌的、针对单一抗原决定簇的均质单一抗体。制备单克隆抗体主要包括三个步骤:① 将抗原注射到小鼠体内进行免疫,取出受免脾淋巴细胞与骨髓瘤细胞融合;② 用选择性培养基培养,筛选杂交瘤细胞,逐一克隆扩增,从中挑出能产生单抗的杂交瘤细胞株;③ 将杂交瘤细胞进行扩大培养或注射到动物体内,作为腹水癌生长,然后从培养液中或动物腹水中分离纯化单抗。图12-5为杂交瘤细胞与单克隆抗体制造示意图。

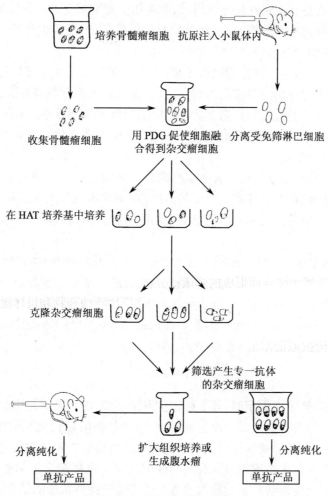

图 12-5　杂交瘤细胞与单克隆抗体制造示意图

第二节　药物质量控制的生物化学基础

药物直接作用于人体,任何药物必须达到一定的质量标准才能进入临床。为了控制药物质量,保证用药的安全、合理有效,在药品的研究、生产、保管、供应、调配以及临床使用过程中都必须经过严格的分析检验。

药品质量控制主要包括药物的鉴别、药物的杂质检查与药物的含量测定。生化分析方法在药品质量控制中的主要应用如下:

一、药物质量控制的常用生化分析法

生化分析法具有操作简便、取样少、灵敏度高、专一性强等优点,因此在药品分析中经常采用。如用微量凯氏定氮法测定含氮有机药物,用酶法分析具有旋光异构体或几何异构体的药物,用免疫法分析具有抗原或半抗原性质的药物以及用放射酶法检定微生物药品等。

（一）免疫分析法

抗原和抗体的沉淀反应可在体外进行,借此可用于鉴定相应的抗原性物质。基于抗原、抗体特异结合反应发展起来的分析方法,常见的有免疫扩散法、免疫电泳法、放射免疫法(RIA)与酶联免疫测定法(ELISA)。

1. 免疫扩散法　利用一块琼脂凝胶平板,在其上面打几个大小合适的小孔,分别加入抗原和抗体。两个反应物分别向凝胶孔的四方放散,成对的抗原和抗体在最适的平衡点上形成免疫沉淀弧,当反应物比例适当时,则沉淀弧以恒定的弧度向外延伸。本法可用于未知样品的抗原组成及不同样品的抗原特性比较鉴定,如应用免疫扩散法检定虎骨、豹骨中的特异性蛋白,可作为它们的真伪鉴别。

2. 免疫电泳法　电泳与免疫扩散技术的结合。利用带电蛋白质在电场作用下具有不同的迁移率,将抗原分开,再与抗体进行免疫扩散反应,借助沉淀弧来观察抗原抗体复合物。本法可用以检查抗原制剂的纯度和分析抗原混合物的组分。常见的方法有简易免疫电泳和对流免疫电泳。

3. 放射免疫测定法(RIA)　是利用抗原和抗体相互反应的高度特异性,与放射性同位素测量技术的高度灵敏性相结合而形成的超微量分析方法。本法不仅普遍用于具有抗原性的生物大分子的分析,而且也广泛用于低分子量具有半抗原性质的药物和甾体激素类物质的分析。其原理是在一定量抗体(Ab)存在时,体系中标记抗原(Ag^*)与未标记抗原(Ag)竞争地与抗体结合,分别生成标记抗原抗体结合物(Ag^*-Ab)。

$$\begin{matrix} Ag \\ Ag^* \end{matrix} + Ab \Longleftrightarrow \begin{matrix} Ag\text{-}Ab \\ Ag^*\text{-}Ab \end{matrix}$$

当标记抗原与抗体浓度固定时,如非标记抗原量增多,由于未标记抗原与标记抗原的竞争作用,则标记抗原抗体复合物生成量便会减少,而游离状态的标记抗原量便会增加,从而可以判断非标记抗原的存在量。通常先以不同浓度的标准抗原和一定量的标记抗原及适量抗体进行作用后,测定在各种标准浓度抗原存在时的标记抗原－抗体结合物的放射性,求出结合率,绘制标准曲线(剂量反应曲线),从此曲线上查得的相应于待测抗原的结合率,则可求知待测抗原的量。

4. 酶联免疫测定法(ELISA)　酶联免疫测定是广泛应用的蛋白质标记技术之一。该技术是以酶代替放射性同位素对抗原或抗体进行标记,使酶与抗原或抗体共价连接,故称为酶联免疫吸附测定(ELISA)。ELISA技术是把抗原－抗体特异性反应和酶的高效催化作用相结合而建立的一种免疫标记技术。该技术用化学方法使酶与抗原或抗体结合,生成标记物,或通过免疫方法将酶与抗酶抗体相结合,生成酶抗体结合物。酶标记物和酶抗体结合物保留酶的活性和免疫学活性,使其与相应的抗体或抗原反应,生成酶标记的结合物。结合在酶标记结合物上的酶可以催化相应的底物,生成有色物质,可用肉眼或比色法定性或定量。

（二）电泳分析法

电泳是带电颗粒在电场作用下,向着与其所带电荷相反的电极方向移动。各种物质由于所带净电荷的种类和数量不同,因而在电场中的迁移方向和速度不同。利用物质的这种性质可以对物质进行分离和鉴定。

影响颗粒电泳迁移率的因素主要有:① 缓冲液的种类与性质:缓冲液应选用使分离的物质稳定,而且不与其发生反应的体系。缓冲液的 pH 直接影响分子的解离与带电性质、状态,因而会影响迁移率和分离效果。缓冲液的离子强度一般以 $0.05\sim0.10$ mol/L 浓度为宜。② 电场:粒子在电场中的移动速度与电势梯度成正比。按电场中施加的电压不同有常压电泳(外加电压为 500 V 以下,电势场度为 $10\sim20$ V/cm)和高压电泳(外加电压在 500 V 以上,电势场度为 $20\sim200$ V/cm)。③ 支持介质:支持介质解决了电泳过程中样品的扩散问题。支持介质种类很多,对电泳行为影响各异。有的支持介质具有分子筛效应,如琼脂糖凝胶及聚丙烯酰胺凝胶等。粒子在这种凝胶中电泳时,迁移率不仅与其带电性质相关,而且与它们的分子大小和分子形状相关。

常用的介质电泳有纸电泳、醋酸纤维素薄膜电泳、聚丙烯酰胺凝胶电泳和琼脂糖电泳。毛细管电泳,除具有一般电泳迁移作用外,还受到毛细管电泳时电渗的影响。毛细管电泳的分离机理是根据被分析物质在单位电场中的泳动速率不同而将物质分开。在毛细管内的粒子运动,受到两方面的作用、电场的作用、电渗流的作用。正离子迁移方向与电渗方向一致,所以正离子在毛细管内的迁移速度加快;负离子迁移方向与电渗方向相反,离子的迁移速度,决定于泳动速度和电渗作用的大小。而且液体在毛细管中的流动呈扁平型的塞子流,这种流型导致了毛细管电泳的高效分离。毛细管电泳的另一特点是采用了极细的管子($2\sim75\mu m$),这样即使使用很大的电压,在一定程度上也能缓解由高压电场引起的产热问题,进而克服了传统区带电泳的热扩散和样品扩散问题,实现了快速、高效分离。

(三)酶法分析

酶法分析的原理是借助酶促反应(包括单酶或多酶偶联反应)对酶或酶所作用的底物或参与酶促反应的辅酶、激动剂和抑制剂等进行定性、定量分析。表 12-2 列举了酶法分析的主要特点。

表 12-2　酶法分析的特点

性质	特性
适用范围	酶、底物、辅酶、激动剂、抑制剂
专一性	极高,原则上允许类似物共存
灵敏度	很高,检出限量$<10^{-7}$mol/L,如与荧光法结合,可达 10^{-18}mol/L
精确度	与仪器误差和组合方法有关
分析速度	酶反应本身多在 30 分钟内完成,一般不需预处理
简便性	较差,必须有酶分析操作的专门训练
经济性	一般,因酶用量甚微,故不会太贵

酶法分析主要有三类测定法:

1. 中止反应法　系在恒温反应系统中进行反应,间隔一定时间,分几次取出一定体积的反应液,即刻中止反应,然后分析底物、产物、辅酶、激动剂或抑制剂的变化量。操作时,在分析酶活性时,底物浓度应大于酶浓度;在以酶为工具对底物、辅酶、激动剂或抑制剂进行分析时,则所用酶量应大于待测物质的量。底物浓度与反应速度之间成线性关系的范围,即为 0.2 倍 Km 值以上,在这个范围可依据反应速度来测定底物浓度。

2. 连续测定法　此法不需要取样中止反应,而是基于反应过程中光吸收、气体体积、酸碱度、温度、粘度等的变化,用仪器跟踪监测、计算酶活性或待测物质的浓度。

3. 循环放大分析法　酶循环(enzyme cycling)具有化学性放大作用,理论上可无限放大其分析灵敏度,目前已可准确定量 $10^{-15} \sim 10^{-18}$ mol/L 的生化物质。本分析法含三个步骤:① 转换反应:以试样中的待测组分为底物,经特异反应生成与待测组分相当的定量循环底物;② 循环反应:生成的循环底物反复参加由两个酶反应组成的偶联反应,所得产物量为循环底物的若干倍;③ 指示反应:以酶法分析反应产物量。由反应产物量及循环次数(时间),计算循环底物量,再推算试样中待测组分的量。如对前列腺素(PG)进行超微量分析时,以 NADH 为循环底物,通过甘油-3-磷酸脱氢酶(GAPDH)和谷氨酸脱氢酶(GDH)组成的偶联反应,经反复循环反应生成产物谷氨酸和甘油-3-磷酸,其量为 NADH 的若干倍。最后测定谷氨酸的量推算试样中的 PG 含量。反应如下:

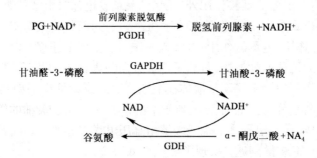

酶法分析已广泛用于多种药物分析,如用葡萄糖氧化酶分析葡萄糖,用 β-半乳糖苷酶分析乳糖,用单胺氧化酶分析精胺与精脒,还有多种有机酸、氨基酸、核苷酸、甾体激素等均可采用酶法分析。

二、生物药物质量控制的生化分析法

根据各类生物药物的生化本质,可应用生化分析法分析检定它们的结构、纯度与含量,从而有效地控制生物药物的质量。

(一)多肽与蛋白质类药物的主要分析方法

1. 蛋白质药物的纯度分析　蛋白质类药物的纯度分析是产品的一项重要质控指标。蛋白质的纯度一般指的是样品有无含其他杂质蛋白,而不包括盐类、缓冲液离子、SDS 等小分子在内。蛋白质的纯度检定方法有:聚丙烯酰胺凝胶电泳(PAGE)和 SDS-PAGE、毛细管电泳(CE)、等电聚焦(IEF)、HPLC(包括凝胶排阻层析、各种反相 HPLC、离子交换色谱、疏水色谱)等。也用一些化学法,如观察末端残基氨基酸是否均一等。在鉴定蛋白质药品的纯度时,至少应该用两种以上的方法,而且两种方法的分离机制应当不同,其结果判断才比较可靠。

2. 多肽与蛋白质分子量的测定　根据蛋白质分子的不同理化性质,采用渗透压、粘度、超离心、光散射,凝胶层析、SDS-聚丙烯酰胺凝胶电泳等方法,可以测定其分子量。使用较多的是超速离心法、凝胶层析法和 SDS-聚丙烯酰胺凝胶电泳法等。

(1)凝胶层析法测定蛋白质的分子量:凝胶层析法系根据凝胶孔径大小不同,把混合物按分子大小分离开,即样品在层析中的洗脱体积与其分子量成对应关系,可根据样品在凝胶层析中的洗脱性质测定其分子量。测定时,应使待测分子与标准分子量的分子具有相同形状,以直接给出精确的分子量数值,因为大分子通过凝胶柱的速度不仅与其分子大小有关,而且与形状也有关。一般使用葡聚糖凝胶或聚丙烯酰胺凝胶,根据凝胶的分级分离范围和样品的分子量估计,选用合适的凝胶型号和颗粒大小。

（2）十二烷基硫酸钠（SDS）聚丙烯酰胺凝胶电泳法测定蛋白质的分子量：SDS 聚丙烯酰胺凝胶电泳的原理是利用 SDS 的阴离子表面活性剂性质。在溶液中，它与蛋白质分子定量地结合，使蛋白质分子带上大量的阴离子，从而掩盖和消除了蛋白质分子间的电荷差异，使电泳分离只取决于被分离分子的形状与分子量大小，迁移率只和分子大小有关。电泳迁移率与一定范围内的分子量对数值呈线性关系。测定前，需根据待测样品分子量的估计值，选用胶浓度与标准参照物，通常采用 13％的胶浓度的不连续电泳体系。

3. 蛋白质的定量测定　根据蛋白质的性质，蛋白质的定量方法有以下几类：

（1）根据物理性质：紫外分光光度法、折射率法、比浊法。

（2）根据化学性质：凯氏定氮法、双缩脲比色法、Folin-酚法、BCA 法。

（3）根据染色性质：考马斯亮蓝 G-250 结合法、银染、金染。

（4）其他：荧光激发。

凯氏定氮法是蛋白质定量的经典方法，虽然已较少使用，但它具有特有的准确性，并能用于测定其他方法不能测定的不溶性物质。目前，紫外分光光度法、双缩脲比色法、Folin-酚法、考马斯亮蓝 G-250 结合法最常用，BCA 法是一种较新的方法。

BCA（bicinchnimic acid）是对一价铜离子敏感、稳定和高特异活性的试剂。在碱性条件下，蛋白质将二价铜离子（Cu^{2+}）还原成一价铜离子（Cu^+），后者与 BCA 形成紫色复合物，在 562nm 处具有最大光吸收，其吸收值与蛋白质浓度成正比。反应如下：

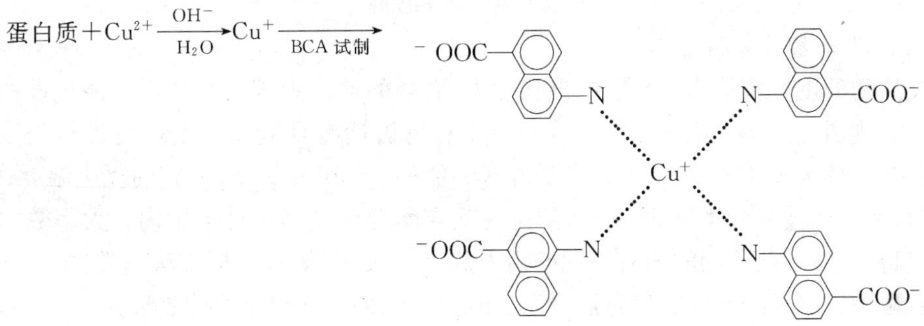

胶体金比色法：胶体金是一种带负电荷的疏水性胶体，加入蛋白质后，红色的胶体金溶液转变为蓝色，其颜色的改变与加入的蛋白质量有定量关系，可在 595nm 处测定样品的吸收值，计算含量。

4. 生物质谱法　多肽和蛋白质的分子量可用 MALDI/MS（基质辅助激光解吸离子化质谱法）或 ESI/MS（电喷雾离子化质谱法）直接测定，用质谱法测定蛋白质的分子量简便、快速、灵敏、准确。质谱法还用于测定蛋白质的肽图谱及氨基酸序列。近来还用质谱法研究蛋白质与蛋白质相互作用的非共价复合物。

生物质谱法的原理是激光源发出的激光束经衰减、折射，通过透镜聚集到离子源的样品靶上，固体基质与样品混合物在真空状态下受到激光脉冲的照射，基质分子吸收了激光的能量，转化为系统的激光能，导致样品分子的电离和气化，所产生的离子受电场作用加速进入无场飞行区。质量 m 带电荷 Z 的离子在电压 V 的电场中获得的电能将完全转化为动能。当加速电压和飞行管长度 L 固定时，各质荷比的离子依次到达检测器获得分离检出。

（二）核酸类药物的主要分析方法

核酸分子中含有碱基、戊糖和磷酸。定量核酸的方法可测定三者中的任何一种，从而计算样品中的核酸含量。

1. 紫外分光光度法测定 RNA 与 DNA 含量　核酸、核苷酸及其衍生物的分子中含有碱基，具有共轭双键结构，对紫外光有特征吸收，RNA 和 DNA 对紫外光的特征吸收位于 260 nm 处。在 260 nm 波长下，每 1 ml 含 1μg RNA 溶液的光吸收值为 0.022，每 1 ml 含 1μg DNA 溶液的光吸收值为 0.020。故测定样品在 260 nm 处的吸收值即可测定样品中的核酸含量，但应避免核苷酸与蛋白质杂质的干扰。

2. 地衣酚显色法测定 RNA 含量　当 RNA 与浓盐酸在 100℃ 下煮沸后，即发生降解，产生核糖，并进而转变为糠醛，在 $FeCl_3$ 或 $CuCl_2$ 催化下，糠醛与 3,5-二羟基甲苯（地衣酚）反应生成绿色复合物，在 670nm 处有最大吸收。当 RNA 浓度为 20～250μg/ml 时，光吸收值与 RNA 浓度成正比。测定时应注意其他戊糖与 DNA 的干扰。

3. 二苯胺法测定 DNA 含量　DNA 分子中 2-脱氧核糖残基在酸性溶液中加热降解，产生 2-脱氧核糖并生成 ω-羟基-γ-酮基戊醛，后者与二苯胺反应生成蓝色化合物，在 595nm 处具有最大吸收。当 DNA 浓度为 40～400μg/ml 时，其吸收值与 DNA 浓度成正比。在反应液中加入少量乙醛，有助于提高反应灵敏度。

$$2\text{-脱氧核糖残基} \xrightarrow{\text{浓 HCl}} \underset{\text{O}}{HO-CH_2-\overset{\|}{C}-CH_2-CH_2-CHO} \xrightarrow{\text{二苯胺}} \text{蓝色化合物}$$

$$\omega\text{-羟基-}\gamma\text{-酮基戊醛}$$

（三）酶类药物的分析

酶类药物的主要质量指标是它的催化活力，而酶的比活力则是酶浓度和酶纯度的衡量标准。适宜的测活方法至少应满足如下条件：① 有可被检测且能反映酶反应进行程度的信号物；② 底物对酶远远过量（通常底物浓度为 Km 值的 3～10 倍）；③ 适宜的反应温度；④ 最适 pH 反应体系；⑤ 被测的酶量适当；⑥ 测定时间在酶促反应初速度范围内。大多数酶对底物都有严格特异性，因此不同的酶有不同的活力测定方法，但就其分析方法分类，酶的测活方法包括比色法、紫外分光光度法、气量法、旋光测定法、电化学法和液闪计数法等。

（四）重组 DNA 药物中的可能杂质检查

重组 DNA 药物的可能杂质包括：残留外源性 DNA、宿主细胞蛋白质、内毒素、蛋白质突变体及蛋白质裂解物等。

1. 外源性 DNA　重组 DNA 药物中残留的外源性 DNA 来源于宿主细胞，每种制品都有其独特的残留 DNA，因此产品中必须控制外源性 DNA 残留量。世界卫生组织（WHO）规定每一剂量药物中残留 DNA 含量不得超过 100pg。为确保制品使用的安全，我国新生物制品控制要求重组 DNA 药物中外源性 DNA 残留量为每一个剂量低于 100pg。

测定残留 DNA 的有效方法是 DNA 分子杂交技术。探针的标记方法有放射性同位素标记法和地高辛苷配基标记法。放射性同位素标记探针虽然测定灵敏度较高，但因有放射性污染，且半衰期短，故多采用地高辛苷配基标记法。测定原理是用随机启动法将地高辛配基（digoxigenin，DIG）标记的 dUTP 掺入未标记的 DNA 分子中，从而获得标记探针。将此标记探针与待检样品中的目的 DNA 杂交后，用酶联免疫吸附法检测杂交分子。

2. 宿主细胞蛋白质　宿主细胞蛋白质简称宿主蛋白，是指生产过程中来自宿主或培养基中的残留蛋白或多肽等杂质。为确保制品安全，必须测定制品中的宿主蛋白含量。一般采用酶联免疫吸附测定法（ELISA 法），也可采用 Western blot 法做宿主蛋白的限度检查。

3. 二聚体或多聚体的测定 一般采用分子排阻色谱法测定二聚体或多聚体的含量限度。二聚物或多聚物分子较单体分子量大一倍或数倍,因此进行色谱分析时,先于单体出峰。

4. 降解产物的测定 鉴于降解产物的基本结构通常与未降解的重组药物相似,因此,对降解产物的测定多采用离子对反相色谱法(ion pair reverse phase chromatography)。其原理是对于结构相似的离子化合物,可使其与反离子(counter ion)作用生成离子对,离子对的形成与在非极性键合的固定相和极性流动相中的分配情况发生了变化,从而通过反相色谱法进行分离测定。

第三节 药理学研究的生物化学基础

现代药理学研究已从整体、系统、器官、组织、细胞进入到亚细胞、分子甚至量子水平,因此生物化学和分子生物学已成为现代药理学的重要理论基础。

一、药物作用的生物化学基础

(一)神经传导与神经递质

在神经系统,信息以动作电位的方式沿神经纤维传送,当两个神经元的突触间隙小于20 nm时,动作电位仍可使突触后膜去极化,神经冲动继续向下传递;如裂隙大于 20 nm,就必须由神经递质来传递信息。神经末梢合成的乙酰胆碱存在于突触小泡内,动作电位到达时,电压依赖性钙通道开放,细胞外 Ca^{2+} 内流,促使小泡内的乙酰胆碱释入裂隙中,乙酰胆碱与膜上受体结合,受体变构,通道开放,Na^+ 内流而 K^+ 外流,膜去极化,形成新的动作电位,继续向前传导。乙酰胆碱起着信息传递作用,所以称为神经递质。已发现的神经递质超过 30 种,除乙酰胆碱外,还有氨基酸(甘氨酸、γ-氨基丁酸、谷氨酸等),胺类(肾上腺素、去甲肾上腺素、多巴胺等)和肽类(脑啡肽、阿片肽、生长抑素等)。

(二)受体的结构与功能

细胞中能识别配体(包括神经递质、激素、生长因子、化学药物等)并与其特异结合,引起各种生物效应的分子称为受体(receptor)。受体的化学本质为蛋白质,部分为糖蛋白或脂蛋白。在细胞表面的受体大多为糖蛋白,而且由多个亚基组成,含调节部位与活性部位。外界化学信息特异性与受体的调节部位结合时,引起受体结构变化,使受体活性部位被激活。有些受体被激活后不仅有酶的催化功能,还有某种离子载体的功能。许多受体存在于细胞膜上并成为膜的组成部分,某些受体,如甾体激素受体存在于细胞内。

1. 受体—离子通道型 受体本身构成离子通道。当其调节部位与配体结合后,受体变构,使通道开放或关闭,引起或切断阳离子、阴离子的流动,从而传递信息。如 γ-氨基丁酸受体有 A、B 两种亚型,A 型所形成的通道控制 Cl^- 的内流,可使突触后膜超极化,对神经元有普遍抑制作用。B 型已知与 K^+ 及 Ca^{2+} 通道偶联,参与突触偶联。甘氨酸受体也调控 Cl^- 通道。谷氨酸受体是一价阳离子通道,与 Glu 结合时,通道开放,突触后膜的 Na^+、K^+ 通透性增强。许多药物都是通过对这类受体的激动或拮抗而发挥疗效的,如异丙肾上腺素是肾上腺素受体 β_1 型的激动剂,而心得安是其拮抗剂。

2. 受体—G 蛋白—效应蛋白型 在真核细胞,鸟苷三磷酸-结合蛋白(guanosine triphosphate-binding protein,简称 G 蛋白)在联系细胞膜受体与效应蛋白质中起着重要的介导作用。

G 蛋白含 α、β、γ 三种亚基。α 亚基是 GDP 或 GTP 结合位点，又具有 GTP 酶活力。β、γ 亚基对 α 亚基起调节作用。在基础状态，α 亚基结合 GDP，并与 β、γ 亚基构成无活性三聚体。当受体与激素结合后，受体被激活，活化受体与 G 蛋白相互作用，使 G 蛋白释出 GDP，并立即结合 GTP。结合 GTP 后的 G 蛋白改变构象使其与激素—受体复合体分离，并降低激素与受体的亲和力，使两者解离。同时 G 蛋白的 α 亚基与 β、γ 亚基解离，游离的 α 亚基—GTP 对效应蛋白起调节作用，如激活腺苷酸环化酶，催化 ATP 生成 cAMP 或激活磷脂酶 C，催化磷脂酰肌醇 - 4,5 - 二磷酸生成二酯酰甘油（甘油二酯）及三磷酸肌醇（IP_3）。最后 G 蛋白的 α-亚基将 GTP 水解成 GDP 并释放出 Pi，结合 GDP 的 α 亚基与 β、γ 亚基亲和力高，所以与效应蛋白解离，重新与 β、γ 亚基结合成 G 蛋白三聚体。

3. 受体—酪氨酸蛋白激酶型　胰岛素和一些生长因子的受体本身具有酪氨酸蛋白激酶活性。这类受体都是跨膜糖蛋白，胞外部分结构域是配体结合区，中间结构域为跨膜肽段，胞内部分含较多可以被磷酸化的酪氨酸残基。当配体与胰岛素受体或生长因子受体结合后，受体变构，胞内段结构内的酪氨酸残基磷酸化，形成与胞液内一些起传递信息作用的蛋白质分子的结合位点。同时受体的酪氨酸激酶的功能被激活，从而磷酸化信息分子，这些蛋白质本身被磷酸化而激活，激活后又能磷酸化下游的蛋白质，构成了激酶级联，有放大信息的效果。由激酶磷酸化核内的一些蛋白质，这些蛋白质有调控基因表达的功能（被称为核信使 nucleus messenger）。

4. 受体—转录因子型　类固醇激素及甲状腺素的受体位于细胞内。在受体的 C-末端都有激素结合结构域，以与激素结合。靠近激素结合域的是 DNA 结合域，由 60 多个氨基酸残基组成，各种受体中这段序列高度同源。DNA 结合域中的半胱氨酸和碱性氨基酸较丰富，并含有半胱-X_2-X_{13-15}-半胱-X_2-赖重复序列。在受体的 N-末端有与 DNA 特定区段高亲和力结合的 DNA 结合域，此外还有转录调控域。当类固醇激素进入细胞内与受体结合后，活化的激素-受体复合物转移入核内，与所调控的基因特定部位结合，然后启动转录。

（三）药物作用的靶酶

药物对靶酶的作用，一是调节酶量（酶的合成增加或减少），二是调节酶活力（激动剂、抑制剂、辅酶或活力调节）。

酶功能低下或缺乏的原因可能是遗传性或病理性的，有时可采用代谢旁路甚至建立新的代谢途径而克服，这种适应性常常是产生抗药性的重要原因。先天性缺酶症是许多遗传性疾病的原因，如苯丙酮尿症、白化症、遗传性果糖不耐受症（$α_1$-抗胰蛋白酶缺乏症）。有些重要治疗剂的作用在于它们能选择性地抑制一种靶酶。靶酶可存在于正常人体组织中或病原体内。一种酶抑制剂要成为应用于临床的有效药物应具备以下条件：

（1）被抑制的靶酶所催化的生化反应与某种疾病的发生有关，在患者体内这一生化途径的抑制具有治疗意义。

（2）这种酶抑制剂必须具有特异性，在治疗剂量内不对其他代谢途径或受体发生抑制作用。

（3）这种抑制剂应具有某种药代动力学特征，如可被吸收并渗透到作用部位和具有合理、可预见的量效关系及作用持续时间。

（4）抑制剂对人体毒性较小，疗效指数高。

（5）抑制剂应符合药品标准，工艺、质量与价格在临床上与市场上具有竞争性。

常见的酶抑制剂类药物有胆碱酯酶抑制剂（毒扁豆碱、新斯的明）、多巴脱羧酶抑制剂

（α-甲基多巴胺）、碳酸酐酶抑制剂（乙酰唑胺）、血管紧张素转换酶抑制剂（卡普托利，captoril）、HMGCoA 还原酶抑制剂（络伐他丁，lovastatin）、二氢叶酸还原酶抑制剂（TMP，甲氨蝶呤）、胸苷酸合成酶抑制剂（5-Fu）、逆转录酶抑制剂（zidovudine）等。

（四）细胞生长调节因子

细胞生长调节因子系在体内和体外对效应细胞的生长、增殖和分化起调控作用的一类生理活性物质，其中大多数是蛋白质或多肽，亦有非蛋白质物质。许多生长因子在靶细胞上有特异性受体，它们是一类分泌性、可溶性介质，仅微量就具有生物活性。已发现的细胞生长调节因子有 100 多种，以其相似性分属为细胞生长刺激因子类和细胞生长抑制因子类（即负性细胞生长因子）。

1. 细胞生长刺激因子类　属于本类的细胞生长因子，如促红细胞生长因子与集落细胞刺激因子、造血细胞生长因子和表皮生长因子、成纤维细胞生长因子、神经生长因子、白细胞介素 1～18、骨生长因子等。

2. 细胞生长抑制因子类　属于这一类的如干扰素（α、β、γ），肿瘤坏死因子 α、β，转化生长因子（TGFS），肝增殖抑制因子等。

二、新药筛选的生物化学方法

研究治疗某种疾病的药物，首先要有能反映预期药理作用的筛选模型。新药筛选模型可以是整体动物或是细胞、亚细胞或分子水平。生物化学理论与实验方法常常成为新药筛选与药效学研究的技术手段。

（一）放射配基受体结合法（RRA）

配体与受体结合及两者相互作用引起的生物效应见图 12-6。

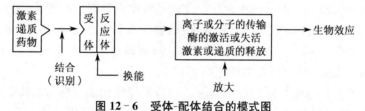

图 12-6　受体-配体结合的模式图

配基结合实验与药理活性的相关性是放射配基受体结合法用于药物筛选的生化基础。其原理是受体与药物（配基）结合的专一性和结合强度与产生生物效应的药效强度有关。实验是以同位素标记的配基与待筛选的药物（非标记配基）进行受体结合实验，在一定条件下配体与受体相结合，形成配体-受体复合物，随后作用物和生成物达到平衡，然后分离除去游离配体，分析药物与标记配基对受体的竞争性结合程度，从而观察药物对受体的亲和力和结合强度，判断其药理活性。

（二）酶学实验法

在药物代谢中起关键作用的酶是肝脏细胞色素 P_{450} 系统，肝脏药物酶代谢药物的分子机理及毒理学的关系是药理学基础理论研究的重要内容之一。其主要技术有：制备肝微粒体和线粒体用于体外药物代谢研究；用诱导肝脏药物酶的方法研究药物对肝脏药物酶的影响；观察药物对细胞色素 P_{450} 活性及含量的影响以及药物与 P_{450} 结合后的光谱分析；测定药物受肝脏药物代谢酶的水解作用和药物经葡萄糖醛酸转移酶、谷胱甘肽-S-转移酶的作用所产生的结合反应等。

（三）膜功能研究方法

对药物作用机制的阐明越来越多地集中在细胞膜或分子水平上进行。如线粒体内膜上 ATP 酶亚基的分离与重组研究丰富了人们对氧化磷酸化进程的认识。细胞膜钠泵的研究推动了强心甙作用机制的深入了解。在药理学研究中常见的、有代表性的膜制备技术与功能研究方法有：

1. 钙调蛋白-红细胞膜的制备及钙调蛋白功能测定　钙离子在生命活动中的作用主要是通过钙调蛋白（CaM）来实现的。CaM 本身无法测定活性，它的功能一定要有钙离子存在，与一定靶酶结合后才能表现出其激活或调节功能。应用高速离心法制备的红细胞膜含有 Ca^{2+}、Mg^{2+} ATP 酶是一种与钙离子转运密切相关的 CaM 靶酶。通过测定 CaM 激活 Ca^{2+}、Mg^{2+} ATP 酶活性的变化，可观察钙拮抗剂类药物的药理活性。

2. 心肌细胞膜的制备与功能测定　在维持心肌细胞膜电位和去极化、复极化过程所产生的动作电位中，起重要作用的钠泵（Na^+，K^+-ATP 酶）是贯穿在膜的内外两面，应用差速离心法制备的心肌细胞膜可作为膜上酶活性的测定材料。强心甙、某些抗心律失常药和 β-肾上腺能阻断药的作用机制都与心肌细胞膜上的 Na^+，K^+-ATP 酶或腺苷酸环化酶以及膜上专一性受体的功能有关。因此心肌细胞膜的功能分析可供这类药物的筛选研究。

（四）生化代谢功能分析法

体内存在着一整套复杂又十分完整的代谢调节网络，各种代谢相互联系，有序进行。其中有整体的神经-体液调节，还有细胞及其关键酶的调节。人体疾病的发生除了酶的先天缺陷与后天受抑制导致代谢异常外，还与代谢调节网络的失调有关，如糖尿病由于胰岛素分泌不足或其受体功能缺陷等原因所致的糖代谢调节功能的紊乱与失调。因此生化代谢功能分析是研究纠正代谢紊乱与失调药物的有效实验方法。

1. 降血糖药物实验法　测定血糖含量的变化是观察药物对血糖影响的重要手段，目前常用的有磷钼酸比色法、邻甲苯胺法、碱性碘化铜法、铁氰化钾法和葡萄糖氧化酶法以及应用酶电报、酶试纸等分析法。用于筛选抗糖尿病药物的动物模型主要有胰腺切除法与化学性糖尿病模型，如四氧嘧啶糖尿病、链佐霉素糖尿病等模型。

2. 调血脂药及抗动脉粥样硬化药实验法　动脉粥样硬化的发病与脂代谢紊乱密切相关，测定血脂水平和建立动脉粥样硬化病理模型，是研究动脉粥样硬化药物的重要手段。如用酶法测定血清总胆固醇酯和游离胆固醇；用比色法测定血清游离胆固醇，用乙酰丙酮显色法和酶法测定血清甘油三酯；用多种电泳法测定血清脂蛋白以及用免疫分析法测定载脂蛋白等。调血脂药及抗动脉粥样硬化药的筛选模型主要有：

（1）喂养法：喂养胆固醇和高脂类饲料使动物形成病理状态。

（2）免疫学方法：将大白鼠主动脉匀浆给兔注射，可以引起血胆固醇和低密度脂蛋白和甘油三酯升高；还有儿茶酚胺注射法等。

3. 凝血药和抗凝血药实验法　凝血过程包括凝血酶原激活物的形成、凝血酶原激活为凝血酶以及凝血酶作用纤维蛋白原变为纤维蛋白。据此，在凝血作用的促进和抑制分析中常有多种实验方法，如测定血浆中抗凝血酶性物质（这类物质可使凝血酶凝固时间延长），测定血浆中纤维蛋白原的量，测定凝血酶活力，测定纤维蛋白稳定因子等。

（五）逆向药理学

以往的药理学研究模式是先发现作用于某一类受体或受体亚型的药物，从而确定受体的存在，然后分离受体，再研究受体的相关基因家族，此为配基（药物）→受体→基因模式。由于分子生物学的发展,有人提出一个逆方向的模式即基因→受体→药物。这一模式的理论基础是:从各种受体的相关基因家族中分离得到第一代基因,其结果提示基因族中伴有大量结构相似性基因,这就表明同一家族的受体含有许多一级结构相似性受体。应用基因克隆技术可以从同一家族变体中构建出许多原来未知的受体基因(并表达出许多新的未知受体),从而为开发选择作用性药物提供机会。如对许多从属 G 蛋白偶联受体超基因家族的某些受体基因进行克隆,结果发现了腺苷受体、大麻碱受体以及一些尚未知道的类固醇受体。这就为设计作用于单个亚型受体的药物提供了新的生物学基础。

第四节　与药物设计有关的生物化学原理

药物设计是新药研究的重要内容,是研究和开发新药的重要手段与途径。所谓药物设计就是通过科学的构思与科学的方法,提出具有特定药理活性的新化学实体(new chemical enti-ties,NCE)或新化合物结构。研制成功的新化合物在药理活性、适应证、毒副作用等方面应优于已知药物,并尽量降低人力、物力的耗费。生物化学和分子生物学是与药物设计学密切相关的重要学科。

一、酶与药物设计

一些重要治疗药物的作用机理就在于它们抑制了一种靶酶,靶酶有的存在于正常人体组织中,也有的存在于感染人体的病原体内。如可逆性胆碱酯酶抑制剂毒扁豆碱,它抑制乙酰胆碱酯酶,阻止了乙酰胆碱的水解,延长了乙酰胆碱的效应,起着拟胆碱剂的作用,主要用于治疗青光眼,起缩瞳作用。作用于病原体内的靶酶药物常常是有效的抗感染、抗病毒和抗寄生虫治疗剂,如磺胺类药物是对氨基苯甲酸的竞争性抑制剂,又如三甲氧苄氨嘧啶(TMP)是二氢叶酸还原酶的有效抑制剂,与磺胺类药物合用时可以增强其抑菌作用,称为增效磺胺;抗血吸虫药物——葡萄糖酸锑钠和锑波芬能选择性地抑制血吸虫的磷酸果糖激酶,阻止寄生虫的果糖-6-磷酸转化为果糖 1,6-二磷酸,从而阻断了寄生虫赖以生存的葡萄糖无氧代谢。

以酶作为药物设计的靶比以受体作为药物设计的靶具有更多的好处,因为对受体结构和机理的了解远不及人们对酶催化反应所掌握的知识多。对受体结构的 X-衍射资料还比较缺乏,只能根据已有的构成其分子的三维结构知识对它们的几何形状加以推测,而许多酶已经进行精制和鉴定,有的还从其晶体 X-衍射研究中得到了结构与机理方面的精确资料。同时,酶的作用机理也符合有机化学的基本规律,比较容易根据其结构的测定来设计与其直接作用的抑制剂或过渡化合物。

基于酶结构的药物设计主要是设计特定靶酶的抑制剂或激动剂。如艾滋病病毒(HIV)蛋白水解酶抑制剂的设计就是一个成功的实例。HIV-1 蛋白水解酶是由两个含 99 个氨基酸残基亚单位组成的天冬氨酸水解酶,它在艾滋病病毒导入人体细胞过程中起了重要作用。研究表明,高效的蛋白水解酶抑制剂是治疗艾滋病的有前途的药物。现已使用计算机辅助设计合成了具有二重结构对称性、口服有效的 HIV 蛋白酶抑制剂。另一个突出例子是抗肿瘤药物胸腺嘧啶核苷酸合成酶抑制剂,它是基于该酶活性中心区结构的知识设计的,目前正在临床试用。类似的例子还不少,如凝血酶抑制剂、高血压蛋白酶原抑制剂、羧肽酶 A 抑制剂、胰蛋白酶抑制剂等的设计。蛋白激酶类抑制剂的设计是当前的热点,如酪氨酸蛋白激酶,它在细胞增殖、细胞转化、代谢调控及细胞通讯许多方面都起着十分重要的作用,细胞表面酪氨酸蛋白激酶受体的失控信号及细胞内的酪氨酸蛋白激酶异常能导致炎症、癌症、粥样硬化、银屑病。它的抑制剂的设计是一类有效药物发展的基础。

二、受体与药物设计

药物受体是在分子水平上,与药物互相识别、相互作用而发生初始药理效应的生物大分子。受体的基本特征是:①受体具有识别特异性配体(药物)的能力,其识别的基础是两者在化学结构和空间结构的互补;②配体与受体结合后可引发生物效应,其结合具有特异性、饱和性和可逆性;③与受体结合的配体,其生物效应可分为激动剂和拮抗剂。

(一)受体介导的靶向药物设计

利用受体学说指导药物设计,目前切实可行的是受体介导的药物导向,即以受体的配体为药物载体,把有效药物选择性地通过受体导向特定的细胞分子,以达到治疗疾病和减少毒副作用的目的。受体与配体的作用具有高度的结构专一性,受体的结合部位能专一性地识别相应配体并与之结合,因此利用无药理性活性的受体配体作为药物载体,制成的靶向药物大大地增加了药物作用的选择性。靶向药物按其导向机理可分为被动靶向、主动靶向和物理靶向。被动靶向是指药物通过正常的生理转运和贮留到达靶部位,如用各种具有生物相容性和生物降解性材料制备的不同直径的载药脂质体微球、毫微球等;主动靶向是指通过生物识别设计,如抗体识别、受体识别、免疫识别等将药物导向特异靶部位,可形象地称为"药物导弹";物理靶向是指通过磁场、电场、温度等因素把药物导向靶部位,如磁性微球、热敏脂质体等。

(二)药物与受体结合的构象分析

通过药物与受体结合的构象分析有助于设计新的有效结构物。由于大多数受体蛋白的三维结构尚属未知,因此目前的研究方法主要是由与受体结合的一系列药物的结构来反推受体图像。主要手段由 X-射线衍射、核磁共振、波谱学方法和量子化学计算以及用类似结构的刚性化合物进行试验。可用以研究受体蛋白三维结构的方法有:

1. 同源分子法　利用同源蛋白质分子的结构相似性,在同源蛋白分子的三维结构图形上利用转换氨基酸残基或变换等分子图形学操作,对分子能量进行局部优化,可使未知三维结构的受体蛋白的三维结构趋于逼真。

2. 归纳法　用严格的统计学方法,根据受体的一级结构独立地预测其相应的三维结构。

3. 演绎法　通过对药物分子系统的修饰,观测对生物活性乃至与受体结合强度的影响,推断出与受体结合的可能部位。

4. 比较分子力场分析法　将系列化合物的优势构象在空间彼此重叠,以不同的探针(原子或水分子等),按一定的步长,在三维网格中移动,计算每个点与化合物构象间的范德华排斥力、静电势和疏水性作用,然后经最小二乘法研究可区分该系列化合物活性的最少网格点,得出三维结构定量构效关系(3D-QSAR)方程,应用于预测新设计的化合物的活性。

三、药物代谢转化与前体药物设计

研究药物代谢的主要目的是确定药物在体内转化的途径,并定量地确定每一代谢途径及其中间体的药理活性。药物代谢转化除了极性发生变化外,还伴随着药理活性的改变。如非拉西丁通过 O-脱乙基生成扑热息痛而产生解热镇痛作用;又如本身是无药理活性的、进入体内及经生物脱甲基化才成为有药理活性的抗忧郁药去甲丙咪嗪;抗风湿药保泰松在代谢氧化中转化成更有效、毒性较低的羟基保泰松。许多实例表明，药物在代谢过程中，相当常见的是代谢产物比原药物具有更好的生物活性，甚至一些原先不具有药理活性的化合物，经过代谢转化才生成有效、低毒的药物。所以药物作用的强弱和效果既取决于其分子结构的药效学性质，也与药代动力学性质是否完善合理有关。目前已使用的药物，其中不少存在多种缺陷，有的口服吸收不完全，影响血药浓度；有的在体内分布不理想，产生毒副反应；有的水溶性低，不便制成注射剂；有的因首过效应而被代谢破坏，在体内半衰期太短等，为了改善药物的药代性质，克服其生物学和药学方面的某些缺点，常常根据药物代谢转化的研究结果，将药物的化学结构进行改造与修饰，将其制成前体药物(prodrug)。前体药物就是在体内经生物代谢转化后才显示药理作用，或在已知药理作用的药物结构上进行化学修饰，使其比母体药更能充分发挥作用。应用前体药物的原理已开发了许多新药，因此前体药物的设计已成为新药设计的重要组成部分。

四、生物大分子的结构模拟与药物设计

当前基于生物大分子结构模拟的药物设计有两个热点：

1. 应用蛋白质工程技术改造具有明显生物功能的天然蛋白质分子 以蛋白质的结构规律及其生物功能为基础，通过分子设计和有控制的基因修饰以及基因合成对现有蛋白质加以定向改造，构建最终性能比天然蛋白质更加符合人类需要的新型活性蛋白。应用蛋白工程技术已获得多种自然界不存在的新型基因工程药物，如改构 tPA(RtPA)，它除去 tPA 5 个结构域中的 3 个结构域，保留了天然 tPA 的两个结构域，具有更快的溶栓作用；将胰岛素 B 链的 pro-28 改为 ASP，即生成快速胰岛素；还有把 Asp21 改为 Gly，在 B 链 C 末端加了 2 个 Arg 残基的长效胰岛素和 IL-2 与毒素组成的抗肿瘤融合蛋白 Ontak 等。常用的蛋白质工程药物分子设计方法有：①用点突变技术或盒式替换技术更换天然活性蛋白的某些关键氨基酸残基，使新的蛋白质分子具有更优越的药效学性能；②通过定向进化与基因打靶等技术增加、删除或调整分子上的某些肽段或结构域或寡糖链，使之改变活性，生成合适的糖型，产生新的生物功能；③通过融合蛋白技术将功能互补的两种蛋白质分子在基因水平上进行融合表达，生成"择优而取"的嵌合型药物，其功能不仅仅是原有药物功能的加和，往往还出现新的药理作用。如 PIX-Y321 是 GM-CSF/IL$_3$ 的融合蛋白，它对 GM-CSF 受体的亲和力与天然 GM-CSF 相同，而对 IL$_3$ 受体的亲和力却比天然 IL$_3$ 高。

2. 基于生物大分子的结构知识进行的药物设计 由于结构生物学的发展，已有相当数量的蛋白质以及一些核酸、多糖的三维结构已被精确了解，进而药物分子与这些生物分子的相互作用方式也已阐明，这就使得基于蛋白质和 DNA 结构的药物设计成为可能，并已发展成为一种新的药物设计方法——合理药物设计(rational drug design)。其研究过程是先分离，鉴定药物受体、酶或与疾病发生有关的蛋白，通过 X-射线衍射与计算机模拟其三维结构，描画受体分子的指纹结构域和药物进入受体活性中心的拓扑结构状态，按照药物与受体有效结合的结构模型设计分子结构大小、形状合适的新化合物，从而合成一系列新的化学实体，同时进行药理活性筛选与评估。如抗高血压药阿托普利就是通过合理药物设计研究成功的，它与血管紧张素转化酶的活性中心结合，抑制血管紧张素 I 转变成血管紧张素 II，防止血管壁收缩，达到降压作用。

五、药物基因组学与药物研究

药物基因组学(pharmacogenomics)是研究影响药物作用，药物吸收、转运、代谢、清除等

基因差异的学科,即决定药物作用行为和作用敏感性的相关基因组科学,它是以提高药物疗效与安全性为目的,对临床用药具有重要指导作用。通过与疾病相关基因、药物作用靶点、药物代谢酶谱、药物转运蛋白的基因多态性研究,寻找新的药物先导物和新的给药方式。它将在药物发现、药物作用机制、药物代谢转化、药物毒副作用的产生等领域发现相关的个体遗传差异,从而改变药物的研究开发方式和临床治疗模式。

许多疾病是由遗传因子引起的,如能剖析这些疾病的基因结构就可能找到与这些疾病发生的相关作用靶。对多基因疾病,一般每种疾病与5~10个基因相关,估计常见病有100种左右,则有500~1 000个相关基因,如果在信号传导中,每种基因产生与3~10种蛋白相互作用,从这些途径应能找到与疾病相关的因子成为药物作用的靶,使药物作用有意义的靶数目将达到3 000~10 000种。而当今作为已知治疗药物的受体总数是417个,这就意味着药物作用靶的总数将增加一个数量级,而且现有的靶有可能被更具选择性的靶所代替。如除受体蛋白作为药物的靶外,广义的受体已将DNA、RNA、酶、抗体、癌基因与抑癌基因表达产物、基因转录因子、通道蛋白等均作为药物设计的有效靶。

将基因组科学介入药物作用的靶是现代药学研究的新方向,如胆囊纤维化基因是一种离子通道蛋白基因的缺失,现已被克隆。人类大约有6万个基因,随着人类基因组研究的深入,具有药用前景的基因和可作为药物作用靶的基因将不断增加,与疾病发生相关的基因克隆与表达将成为鉴定具有潜力的先导物的有力工具。在获得靶基因的顺序后,通过克隆技术可以建立其表达形式,利用DNA芯片技术(DNA chip)可以进行同步分析几千个基因,并在组织或细胞中进行显示,用于高通量筛选先导物,从而大大加速了新药的设计与筛选。

药物基因组学在以下药学领域中将获得广泛应用:

(1)检测、评估个体对某种药物的适用程度,使药物的有效性达到最大化。

(2)检测药物应答基因的多态性,依据个体的遗传差异实现个性化用药。

(3)确定疾病发生相关基因,筛选新的药物作用靶点,研究药物代谢酶基因谱及药物产生毒副反应的相关基因,从而提高新药开发命中率,增强药物疗效和安全性,缩短开发周期,降低研究开发成本。

复 习 题

第一章 绪 论

一、名词解释
1. 生物化学
2. 新陈代谢
3. 分子生物学

二、简答题
1. 什么是生物化学? 其主要任务是什么?
2. 什么是分子生物学? 主要研究哪些内容?
3. 浅析生物化学在现代药学中的地位。
4. 在生物化学发展过程中,据你所知,有哪些著名科学家获得了诺贝尔奖,他们有哪些重大贡献?
5. 我国科学工作者在生化研究方面取得了哪些重大研究成果?
6. 国内外有哪些重要生化文献(杂志和参考书)?

第二章 蛋白质的化学

一、是非题(在括号内打"√"或"×")
1. 一个化合物如能和茚三酮反应生成蓝紫色产物,说明该化合物是氨基酸、肽或蛋白质。( )
2. 天然氨基酸都有一个不对称 α-碳原子,所以都具有旋光性。( )
3. 构成蛋白质的 20 种氨基酸都是必需氨基酸。( )
4. 含有一氨基一羧基的氨基酸的 pI 为中性,因为—COOH 和—NH_2 的解离度相同。( )
5. 蛋白质的变性是蛋白质立体结构的破坏,因此涉及肽键的断裂。( )
6. 变性后的蛋白质分子量发生改变。( )
7. 蛋白质是生物大分子,所有的蛋白质都具有一、二、三、四级结构。( )
8. 血红蛋白和肌红蛋白都是氧的载体,前者是一个典型的变构蛋白,在与氧结合过程中呈现变构效应,而后者却不是。( )
9. 用 DNFB 法和 Edman 降解法测定蛋白质多肽链 N-端氨基酸的原理是相同的。( )
10. 并非所有构成蛋白质的氨基酸 α-碳原子上都有一个自由羧基和一个自由氨基。( )
11. 蛋白质是两性电解质,它的酸碱性质主要取决于肽链上可解离的 R 基团。( )

12. 在具有四级结构的蛋白质分子中,每个具有三级结构的多肽链是一个亚基。（　　）

13. 所有的多肽和蛋白质都能和硫酸铜的碱性溶液发生双缩脲反应。（　　）

14. 一个蛋白质分子中有两个半胱氨酸存在时,它们之间可以形成两个二硫键。（　　）

15. 盐析法可使蛋白质沉淀,但不引起变性,所以盐析法常用于蛋白质的分离制备。

（　　）

16. 具有四级结构的蛋白质,它的每个亚基单独存在时仍能保存蛋白质原有的生物活性。（　　）

17. 变性蛋白质溶解度降低,是由于中和了蛋白质分子表面的同种电荷及破坏了水化层所引起的。（　　）

18. 蛋白质二级结构的稳定性是靠链内氢键维持的,肽链上每个肽键都参与氢键的形成。（　　）

19. 生物体内只有蛋白质才含有氨基酸。（　　）

20. 多数寡聚蛋白质分子其亚基的排列是对称的,对称性是四级结构蛋白质分子最重要的性质之一。（　　）

21. 蛋白质分子中个别氨基酸的取代未必会引起蛋白质活性的改变。（　　）

22. 镰刀型红细胞贫血病是一种分子病,其病因是由于正常血红蛋白分子中 β-链第六位的谷氨酸残基被缬氨酸残基所置换。（　　）

23. 在蛋白质和多肽中,只有一种连接氨基酸残基的共价键,即肽键。（　　）

24. 蛋白质在等电点时净电荷为零,溶解度最小。（　　）

25. 必需氨基酸的含义是指合成蛋白质必不可少的一些氨基酸。（　　）

26. 抗体就是免疫球蛋白。（　　）

27. 免疫球蛋白就是抗体。（　　）

28. 一般说来,蛋白质在水溶液中,非极性氨基酸残基倾向于埋在分子的内部而不是表面。（　　）

29. 蛋白质的三级结构取决于它的氨基酸种类和排列顺序。（　　）

30. 蛋白质的亚基(亚单位)和肽链是同义的。（　　）

31. 蛋白质分子中所有的氨基酸(除甘氨酸外)都是左旋的。（　　）

32. 电泳时,某蛋白质在 pH 为 6 的溶液中向阳极移动,则其等电点小于 6。（　　）

二、填空题

1. 蛋白质多肽链中的肽键是通过一个氨基酸的＿＿＿＿＿基和另一氨基酸的＿＿＿＿＿基连接而形成的。

2. 大多数蛋白质中氮的含量较恒定,平均为＿＿＿＿＿％,如测得 1 g 样品含氮量为 10 mg,则蛋白质含量为＿＿＿＿＿％。

3. 在组成蛋白质的 20 种氨基酸中,带电氨基酸有＿＿＿＿＿氨基酸和＿＿＿＿＿氨基酸两类,其中前者包括＿＿＿＿＿和＿＿＿＿＿,后者包括＿＿＿＿＿、＿＿＿＿＿＿＿和＿＿＿＿＿;具有羟基的氨基酸是＿＿＿＿＿、＿＿＿＿＿和＿＿＿＿＿;含硫的氨基酸有＿＿＿＿＿和＿＿＿＿＿,其中后者能形成二硫键。

4. 组成蛋白质的 20 种氨基酸中,含有咪唑环的氨基酸是＿＿＿＿＿,含有吲哚环的是＿＿＿＿＿。

5. 蛋白质中的＿＿＿＿＿、＿＿＿＿＿和＿＿＿＿＿3 种氨基酸具有紫外吸收特性,因而使蛋白质在＿＿＿＿＿nm 处有最大吸收值。

6. 精氨酸的 pI 为 10.76,将其溶于 pH7 的缓冲液中,并置于电场中,则精氨酸应向电场的_____方向移动。

7. 蛋白质二级结构的类型有_____、_____、_____和_____。

8. α-螺旋结构是由同一肽链的_____和_____间的_____键维持的,螺距为_____,每圈螺旋含_____个氨基酸残基,每个氨基酸残基沿轴上升高度为_____。天然蛋白质分子中的α-螺旋大都属于_____手螺旋。

9. _____年,英国科学家_____用_____方法首次测定了_____的一级结构,并于1958年获得了诺贝尔化学奖。

10. 常见的超二级结构的类型有_____、_____和_____。

11. 大多数氨基酸与茚三酮发生氧化脱羧脱氨反应生成_____色化合物,而_____与茚三酮反应生成黄色化合物,后者属于_____氨基酸。

12. 维持蛋白质的一级结构的化学键有_____和_____;维持二级结构靠_____键;维持三级结构靠_____键,其中包括_____、_____、_____和_____等;维持四级结构主要的化学键为_____。

13. 稳定蛋白质胶体的因素是_____和_____。

14. GSH的中文名称是_____,它的活性基团是_____,它的生化功能是_____。

15. 加入低浓度的中性盐可使蛋白质溶解度_____,这种现象称为_____,而加入高浓度的中性盐,当达到一定的盐饱和度时,可使蛋白质的溶解度_____并_____,这种现象称为_____,蛋白质的这种性质常用于_____。

16. 用电泳方法分离蛋白质的原理,是在一定的 pH 条件下,不同蛋白质的_____、_____和_____不同,因而在电场中移动的_____和_____不同,从而使蛋白质得到分离。

17. 破坏蛋白质胶体溶液稳定的因素有_____、_____、_____和_____。

18. 常用的肽链 N 端分析的方法有_____、_____、_____和_____。C 端分析的方法有_____和_____。

19. 常用的测定蛋白质分子量的方法有_____、_____、_____和_____。

20. 生活在海洋中的哺乳动物能长时间潜水,是由于它们的肌肉中含有大量的_____以储存氧气。

21. 当蛋白质溶液的 pH＝pI 时,蛋白质以_____离子形式存在;当 pH＞pI 时,蛋白质以_____离子形式存在。

22. 谷氨酸的 $pK_1(\alpha—COOH)=2.19$, $pK_2(\alpha-NH_3^+)=9.67$, $pK_R(R 基)=4.25$,谷氨酸的等电点为_____。

23. 将分子量分别为 a(267)、b(45 000)、c(110 000)的三种物质混合溶液进行葡聚糖凝胶层析,它们被洗脱下来的先后顺序是_____。

24. 某些物理和化学的因素使蛋白质分子的_____发生改变或破坏,导致其生物活性的丧失和一些理化性质的改变,这种现象称为_____。

25. 最早提出蛋白质变性理论的是我国著名学者_____。

26. 超离心技术的 S 是_____,单位是_____。

27. 蛋白质系数是_____。

28. 血红蛋白与氧的结合过程呈现_____效应,这是通过血红蛋白的_____作用来实现的。

29. 测定蛋白质中二硫键位置的经典方法是_____。

30. 在水溶液中,Val、Glu、Ile、Lys、Asn、Gly 这几种残基中的_____趋向于球蛋白的内部,_____趋向于球蛋白的表面,而_____则分布比较均匀。

31. 我国于_____年由_____、和_____等单位在世界上首次合成了具有生物活性的蛋白质——_____。

32. 人工合成肽时常用的缩合剂有_____。

33. 维持蛋白质构象的化学键有_____、_____、_____、_____和_____。

34. 测定蛋白质含量的方法主要有_____、_____、_____和_____。

35. 酶蛋白的荧光主要来自_____氨酸和_____氨酸。

36. 抗体就是_____球蛋白。

37. 利用蛋白质不能通过半透膜的特性,使它和其他小分子物质分开的方法有_____和_____。

三、名词解释

1. 必需氨基酸 (essential amino acid)

2. 等电点 (isoelectric point, pI)

3. 蛋白质的一级结构 (protein primary structure)

4. 蛋白质的二级结构 (protein secondary structure)

5. 结构域 (domain)

6. 蛋白质的三级结构 (protein tertiary structure)

7. 蛋白质的四级结构 (protein quaternary structure)

8. 超二级结构 (super-secondary structure)

9. 盐析 (salting out)

10. 盐溶 (salting in)

11. 蛋白质的变性 (denaturation of protein)

12. 蛋白质的复性 (renaturation of protein)

13. 蛋白质的沉淀作用 (precipitation of protein)

14. 肽键 (peptide bond)

15. 肽 (peptide)

16. 肽单位 (peptide unit)

17. 变构效应（allosteric effect）

18. 镰刀型红细胞贫血症（sickle-cell anemia）

19. 分子病（molecular disease）

20. 蛋白质组（proteome）

21. 蛋白质工程（protein engineering）

22. 抗原（antigen）

23. 抗体（antibody）

24. 免疫球蛋白（immunoglobuin）

25. α-螺旋（α-helix）

26. β-折叠（β-pleated sheet）

27. β-转角（β-turn）

28. 协同效应（synergism or synergistic effect）

29. 亚基（subunit）

30. 同源蛋白（homologous protein）

四、简答题

1. 为什么说蛋白质是生命活动最重要的物质基础？

2. 什么是蛋白质的一级结构？为什么说蛋白质的一级结构决定其空间结构？

3. 你知道蛋白质的一级结构是怎么测定的吗？

4. 什么是蛋白质的空间结构？蛋白质分子的空间结构分成几个层次？各自的定义与特点是什么？

5. 蛋白质的空间结构与其生物功能有何关系？举例说明。

6. 蛋白质的 α-螺旋结构有何特点？β-折叠结构又有何特点？

7. 试述免疫球蛋白三级结构的特征。

8. 简述血红蛋白的分子结构及其结构与功能的关系。

9. 什么是蛋白质的变性？变性的本质是什么？蛋白质变性有哪些特征？举例说明蛋白质变性在实践中的应用。

10. 请列举三种蛋白质分子量的测定方法，并简述其原理。

11. 什么是蛋白质的沉淀？有哪些常见的蛋白质沉淀作用？

12. 蛋白质沉淀与变性的辩证关系是什么？

13. 何谓分子病？举例说明。

14. 蛋白质有哪几种分类方法？各从哪些不同的角度出发进行分类？

15. 有一个八肽，氨基酸组成为 Asp、Ser、Gly、Ala、Met、Phe、Lys2。

(1) DNFB 与之反应，在酸水解得 DNP-Ala。

(2) 胰凝乳蛋白酶消化后分出一个四肽，其组成为 Asp、Gly、Lys 和 Met，此四肽与 DNFB 反应产生 DNP-Gly。

(3) 胰蛋白酶消化八肽后，得到组成为 Lys、Ala、Ser 及 Phe、Lys、Gly 的两个三肽及一个二肽，此二肽被 CNBr 处理游离出 Asp。
请写出八肽的顺序及推理过程。

第三章 核酸的化学

一、是非题(在括号内打"√"或"×")

1. DNA 是生物遗传物质,RNA 则不是。 (　　)

2. 脱氧核糖核苷中的糖环 3′位没有羟基。 (　　)

3. 核酸的紫外吸收与溶液的 pH 值无关。 (　　)

4. RNA 的分子组成中,通常 A 不等于 U,G 不等于 C。 (　　)

5. 核酸中的修饰成分(也就是稀有碱基)大部分是在 tRNA 中发现的。 (　　)

6. DNA 的 T_m 值和 AT 含量有关,它随(A+T)/(G+C)值的增加而减少。 (　　)

7. 真核生物 mRNA 的 5′端有一个多聚 A 的结构。 (　　)

8. B-DNA 代表细胞内 DNA 的基本构象,在某些情况下,还会呈现 A 型、Z 型和三股螺旋的局部构象。 (　　)

9. DNA 复性(退火)一般在低于其 T_m 值约 20℃的温度下进行的。 (　　)

10. 生物体内,天然存在的 DNA 分子多为负超螺旋。 (　　)

11. mRNA 是细胞内种类最多、含量最丰富的 RNA。 (　　)

12. tRNA 二级结构中的额外环是 tRNA 分类的重要指标。 (　　)

13. 基因表达的最终产物都是蛋白质。 (　　)

14. 两个核酸样品 A 和 B,如果 A 的 A_{260}/A_{280} 大于 B 的 A_{260}/A_{280},那么 A 的纯度大于 B 的纯度。 (　　)

15. 毫无例外,从结构基因中 DNA 序列可以推出相应的蛋白质序列。 (　　)

16. 真核生物成熟 mRNA 的两端均带有游离的 3′—OH。 (　　)

17. 杂交双链是指 DNA 双链分开后两股单链的重新结合。 (　　)

18. tRNA 的三级结构是倒 L 型。 (　　)

19. 如果 DNA 一条链的碱基顺序是 CTGGAC,则互补链的碱基序列为 GACCTG。 (　　)

20. 一种生物所有体细胞的 DNA,其碱基组成均是相同的,这个碱基组成可作为该类生物物种的特征。 (　　)

21. 生物体的不同组织中的 DNA,其碱基组成不同。 (　　)

22. RNA 的局部双螺旋区中,两条链之间的方向也是反向平行的。 (　　)

23. 不同来源的 DNA 单链,在一定的条件下能进行分子杂交是由于它们有共同的碱基组成。 (　　)

24. 核酸探针是指带有标记的一段已知序列的核酸单链。 (　　)

25. DNA 蛋白在低盐溶液中溶解度较小,而 RNA 蛋白在低盐溶液中溶解度大,所以利用此差别来分离这两种蛋白质。 (　　)

26. 自然界中只存在右手螺旋的 DNA 双螺旋。 (　　)

27. 线粒体中也存在一定量的 DNA。 (　　)

28. Z-DNA 与 B-DNA 可以相互转变。 (　　)

29. 在所有病毒中,迄今为止还没有发现既含有 RNA 又含有 DNA 的病毒。 (　　)

30. 具有对底物分子切割功能的都是蛋白质。 (　　)

二、填空题

1. DNA 双螺旋结构模型是_____和_____于_____年提出的。

2. 核酸的基本结构单位是_____。

3. 脱氧核糖核酸在糖环_____位置不带羟基。

4. 两类核酸在细胞中的分布不同,DNA 主要位于_____中,RNA 主要位于_____中。

5. 嘌呤环上的第_____位氮原子与戊糖的第_____位碳原子相连形成_____;嘧啶环上的第_____位氮原子与戊糖的第_____位碳原子相连形成_____。

6. 核酸的特征元素是_____。

7. 与人类健康有关的病毒大多属于_____病毒。

8. DNA 双螺旋的两股链的顺序是_____关系。

9. 给动物食用 ^{3}H 标记的_____,可使 DNA 带有放射性,而 RNA 不带放射性。

10. B-DNA 双螺旋的螺距为_____,每匝螺旋有_____对碱基,每对碱基的转角是_____。

11. DNA 分子中存在三类核苷酸序列:高度重复序列、中度重复序列和单一序列。tRNA、rRNA 以及组蛋白等由_____编码,而大多数蛋白质由_____编码。

12. A. Rich 在研究 d(CGCGCG)寡聚体的结构时发现它为_____螺旋,称为_____型 DNA,外形较为_____。

13. 在 DNA 分子中,一般来说 G—C 含量高时,比重_____,T_m(熔解温度)则_____,分子比较稳定。

14. 在_____条件下,互补的单股核苷酸序列将缔结成双链分子。

15. _____RNA 分子指导蛋白质合成,_____RNA 分子用作蛋白质合成中活化氨基酸的载体。

16. 20 世纪 50 年代,Chargaff 等人提出,各种生物体 DNA 碱基组成有_____的特异性,而没有_____的特异性。

17. DNA 变性后,紫外吸收_____,粘度_____,生物活性将_____。

18. 因为核酸分子具有_____和_____,所以在_____nm 处有吸收峰,可用紫外分光光度计测定吸光度。

19. 双链 DNA 热变性后,或在 pH 2 以下、pH 12 以上时,其 A_{260}_____,同样条件下,单链 DNA 的 A_{260}_____。

20. DNA 样品的均一性愈高,其熔解过程的温度范围愈_____。DNA 所在介质的离子强度越低,其熔解过程的温度范围愈_____,熔解温度愈_____,所以 DNA 应保存在较_____浓度的盐溶液中,通常为_____mol/L 的 NaCl 溶液。

21. tRNA 的氨基酸臂中最后三个碱基是_____,反密码环最中间有三个单核苷酸组成_____。

22. mRNA 在细胞内的种类_____,但只占 RNA 总量的_____,它是以_____为模板合成的,又是_____合成的模板。

23. 变性 DNA 的复性与许多因素有关,包括_____、_____、_____、_____、_____等。

24. 维持 DNA 双螺旋结构稳定的主要因素是＿＿＿＿＿＿＿＿＿，其次，大量存在于 DNA 分子中的弱作用力如＿＿＿＿＿＿＿＿、＿＿＿＿＿＿＿＿也起一定作用。

25. tRNA 的二级结构呈＿＿＿＿＿＿＿＿形，三级结构呈＿＿＿＿＿＿＿＿形，其 3′末端有一共同碱基序列＿＿＿＿＿＿＿＿，其功能是＿＿＿＿＿＿＿＿＿＿＿＿＿＿。

26. 常见的环化核苷酸有＿＿＿＿＿＿＿＿＿＿＿和＿＿＿＿＿＿＿＿，其作用是＿＿＿＿＿＿＿＿＿＿＿＿＿＿＿＿＿＿＿＿＿＿＿＿＿＿＿＿＿＿。它们是由核糖上的＿＿＿与＿＿＿＿＿＿＿＿位磷酸—OH 环化而成。

27. 真核细胞的 mRNA 帽子由＿＿＿＿＿＿＿＿组成，其尾部由＿＿＿＿＿＿＿＿＿＿组成，他们的功能分别是＿＿＿＿＿＿＿＿＿＿＿＿＿＿＿，＿＿＿＿＿＿＿＿＿＿＿＿＿。

28. DNA 在水溶解中热变性之后，如果将溶液迅速冷却，则 DNA 保持＿＿＿＿＿＿＿＿＿＿状态；若使溶液缓慢冷却，则 DNA 重新形成＿＿＿＿＿＿＿＿＿＿＿。

29. 核苷酸除去磷酸基后称为＿＿＿＿＿＿＿＿。

30. 染色体由＿＿＿＿＿＿＿＿和＿＿＿＿＿＿＿＿＿＿组成。

31. DNA 的稀盐溶液加热至某个特定温度，可使其理化性质发生很大变化，如＿＿＿＿＿＿＿＿和＿＿＿＿＿＿＿＿＿＿＿，这种现象叫做＿＿＿＿＿＿＿＿＿＿，其原因是由于＿＿＿＿＿＿＿＿。

32. Northern 印迹法的研究对象是＿＿＿＿＿＿＿＿；Southern 印迹法是将＿＿＿＿＿＿片断转移至硝酸纤维素膜上后再进行杂交的技术；用 Western 印迹法可以分析＿＿＿＿＿＿＿＿＿。

33. 定糖法是常用的核酸含量测定方法，分析 RNA 采用试剂＿＿＿＿＿＿＿＿，分析 DNA 则用＿＿＿＿＿＿＿＿＿＿＿。

三、名词解释

1. 单核苷酸（mononucleotide）
2. 磷酸二酯键（phosphodiester bonds）
3. 碱基互补原则（complementary base pairing）
4. 反密码子（anticodon）
5. 顺反子（cistron）
6. 核酸的变性（denaturation）
7. 核酸的复性（renaturation）
8. 退火（annealing）
9. 增色效应（hyperchromic effect）
10. 减色效应（hypochromic effect）
11. 发夹结构（hairpin structure）
12. DNA 的熔解温度（melting temperature, T_m）
13. 核酸的杂交（molecular hybridization）
14. Chargaff 规则（Chargaff's rules）
15. DNA 双螺旋（DNA double helix）
16. DNA 超螺旋（DNA supercoiling）
17. 核小体（nucleosome）
18. DNA 的一级结构（primary structure of DNA）

19. tRNA 的二级结构（secondary structure of tRNA）

20. 限制性内切酶（restriction endonuclease）

21. 基因工程（gene engineering）

22. 基因（gene）

23. 核酸（nucleic acid）

24. 帽子结构（cap structure）

25. 环化核苷酸（cyclic nucleotide）

四、简答题

1. 将核酸完全水解后可得到哪些组分？DNA 和 RNA 的水解产物有何不同？

2. DNA 和 RNA 的结构和功能在化学组成、分子结构、细胞内分布和生理功能上的主要区别是什么？

3. 简述 DNA 双螺旋结构模型的要点。

4. 什么是 DNA 变性？DNA 变性后理化特性有何变化？

5. 比较 tRNA、rRNA 和 mRNA 的结构和功能。

6. DNA 热变性有何特点？T_m 值表示什么？T_m 值大小与哪些因素有关？

7. tRNA 分子结构有哪些特点？重点简述 tRNA 二级结构的组成特点及其每一部分的功能。

8. 原核 mRNA 和真核 mRNA 有何显著不同？

9. 提取 DNA 时要注意什么？

10. 简述下列因素如何影响 DNA 的复性过程：

    （1）阳离子的存在；（2）低于 T_m 的温度；（3）高浓度的 DNA 链。

11. 如何将分子量相同的单链 DNA 与单链 RNA 区分开？

12. 从两种不同细菌提取得 DNA 样品，其腺嘌呤核苷酸分别占其碱基总数的 32% 和 17%，计算这两种不同来源 DNA 四种核苷酸的相对百分组成。两种细菌中哪一种是从温泉(64℃)中分离出来的？为什么？

13. 什么是 DNA 的三级结构？

14. 对一双链 DNA 而言，若一条链中(A+G)/(T+C)= 0.7，则：

    （1）互补链中(A+G)/(T+C)=　？

    （2）在整个 DNA 分子中(A+G)/(T+C)=　？

    （3）若一条链中(A+ T)/(G +C)= 0.7，则互补链中(A+ T)/(G +C)=　？

    （4）在整个 DNA 分子中(A+ T)/(G +C)=　？

15. 下面两个 DNA 分子，如果发生热变性，哪个分子 T_m 值较高？如果再复性，哪个更易复性？

    ① 5'ATATATTATAAT 3'　　② 5'TAGGGCGATGC 3'
    　3'TATATAATATTA 5'　　　3'ATCCCGGTACG 5'

16. 简述 B-DNA 和 Z-DNA 的结构特点及两者之间的关系。

第四章　酶

一、是非题（在题后括号内打"√"或"×"）

1. 辅酶与酶蛋白的结合不紧密，可以用透析的方法除去。（　　）
2. 酶促反应的初速度与底物浓度无关。（　　）
3. 米氏常数(K_m)是与反应系统的酶浓度无关的一个常数。（　　）
4. 为防止酶蛋白变性，制备酶蛋白时采用常温操作。（　　）
5. 一个酶经过多步纯化过程后，总蛋白减少，比活力增加。（　　）
6. 酶反应的专一性和高效性取决于酶蛋白本身。（　　）
7. 某些调节酶的 V—[S] 的 S 形曲线表明，酶与少量底物的结合增加了酶对后续底物分子的亲和力。（　　）
8. 酶的最适 pH 是一个常数，每一种酶只有一个确定的最适 pH。（　　）
9. 测定酶活力时，底物浓度必须大于酶浓度。（　　）
10. 测定酶活力时，一般测定产物生成量比测定底物消耗量更为准确。（　　）
11. 本质为蛋白质的酶是生物体内唯一的催化剂。（　　）
12. 酶反应的最适 pH 只取决于酶蛋白本身的结构。（　　）
13. 诱导酶是指当细胞加入特定诱导物后诱导产生的酶，这种诱导物往往是该酶的产物。（　　）
14. 同工酶就是一种酶同时具有几种功能。（　　）
15. 竞争性抑制剂在结构上与酶底物的结构相类似。（　　）
16. 一般来说酶是具有催化作用的蛋白质，相应的蛋白质都是酶。（　　）
17. 对于可逆反应而言，酶既可以改变正反应速度，又可以改变逆反应速度。（　　）
18. 酶只能改变化学反应的活化能而不能改变化学反应的平衡常数。（　　）
19. 酶活力的测定实际上就是酶的定量测定。（　　）
20. 酶可以促成化学反应向正反应方向转移。（　　）
21. K_m 是酶的特征常数，只与酶的性质有关。（　　）
22. 在非竞争性抑制剂存在下，加入足量的底物，酶促反应能够达到正常 V_{max}。（　　）
23. 不同的多种底物与同一种酶发生催化反应时，K_m 值最大的底物是酶的最适底物。（　　）
24. 因为 K_m 是酶的特征常数，所以在任何条件下，K_m 是常数。（　　）
25. 如果一种酶有几种底物，就有几个 K_m 值。（　　）
26. 当 $[S] \gg K_m$ 时，V 趋向于 V_{max}，此时只有通过增加 $[E]$ 来增加 V。（　　）
27. 一个酶作用于多种底物时，其最适底物的 K_m 值应该是最小。（　　）
28. 酶的最适温度与酶的作用时间有关，作用时间长，则最适温度高；作用时间短，则最适温度低。（　　）
29. 金属离子作为酶的激活剂，有的可以相互取代，有的可以相互拮抗。（　　）
30. 酶的最适温度是酶的一个特征性常数。（　　）
31. 增加不可逆抑制剂的浓度，可以实现酶活性的完全抑制。（　　）
32. 竞争性可逆抑制剂一定是与酶的底物结合在酶的同一部位。（　　）

33. 当底物处于饱和水平时,酶促反应的速度与酶浓度成正比。　　　　　　　　　　（　　）

34. L-氨基酸氧化酶可以催化 D-氨基酸氧化。　　　　　　　　　　　　　　　　　（　　）

二、填空题

1. 酶是_____产生的,具有催化活性的_____。

2. 结合酶,其蛋白质部分称_____,非蛋白质部分称_____,两者结合成的复合物称_____。

3. 酶具有_____、_____、_____和_____等催化特点。

4. 根据国际系统分类法,所有的酶按所催化的化学反应的性质可分为六类:_____、_____、_____、_____、_____和_____。

5. 与酶催化的高效率有关的因素有_____、_____、_____、_____等。

6. 丙二酸和戊二酸都是琥珀酸脱氢酶的_____抑制剂。

7. 变构酶的特点是:①_____;②_____,它不符合一般的_____,当以 V 对[S]作图时,它表现出_____型曲线,而非_____曲线。它是_____酶。

8. 某些酶以_____形式分泌,不仅可保护_____本身不受酶水解,而且可以输送到特定的部位与环境后转变成_____发挥其催化作用。

9. 不可逆抑制剂常与酶的_____以_____键结合致使酶失活。

10. 全酶在催化反应时,其中的_____决定了酶的专一性和高效率,_____起传递电子、原子或化学基团的作用。

11. 辅因子包括_____和_____等,其中_____与酶蛋白结合紧密,需要用_____除去,_____与酶蛋白结合疏松,可以用_____除去。

12. 判断一个纯化酶的方法优劣的主要依据是酶的_____和_____。

13. T. R. Cech 和 S. Alman 因各自发现了_____而共同获得 1989 年的诺贝尔奖(化学奖)。

14. 影响酶促反应速度的因素有_____、_____、_____、_____和_____。

15. 根据国际酶学委员会的规定,每一种酶都有一个唯一的编号。醇脱氢酶的编号是 EC1. 1. 1. 1,EC 代表_____,4 个数字分别代表_____、_____、_____和_____。

16. 根据酶的非立体化学专一性的程度不同,酶的专一性可以分为_____、_____和_____。

17. 酶的活性中心包括_____和_____两个功能部位,其中_____直接与底物结合,决定酶的专一性,_____是发生化学变化的部位,决定催化反应的性质。

18. 一种酶能够催化 A、B、C 三种底物反应时,存在 K_mA$>$$K_mB>$$K_m$C 的现象,则酶与底物的亲和力最大的底物为_____。

19. 通常讨论酶促反应的反应速度时,指的是反应的_____速度,即_____时测得的反应速度。

20. 解释别构酶作用机理的假说有_____模型和_____模型两种。

21. 固定化酶的优点包括_____、_____、_____
_____和_____等。

22. pH 影响酶活力的原因可能有以下几方面：影响_____,影
响_____,影响_____。

23. 温度对酶活力影响有以下两方面：一方面_____,另一方面
_____。

24. 脲酶只作用于尿素,而不作用于其他任何底物,因此它具有_____专一性;甘油
激酶可以催化甘油磷酸化,仅生成甘油-1-磷酸一种底物,因此它具有_____
_____专一性。

25. 酶促动力学的双倒数作图(Lineweaver-Burk 作图法),得到的直线在横轴的截距为__
_____,在纵轴上的截距为_____。

26. 磺胺类药物可以抑制_____酶,从而抑制细菌生长繁殖。

27. 酶活性中心与底物结合的那些基团称_____,而起催化作用的那些基团
称_____。

28. 酶活力是指_____,一般用_____表示。

三、名词解释

1. 辅酶(coenzyme)

2. 辅基(prosthetic group)

3. 酶的活性中心(active center of enzyme)

4. 米氏常数(K_m 值)

5. 酶的激活剂(activator of enzyme)

6. 抑制剂(inhibitor inhibition of enzyme)

7. 变构酶(allosteric enzyme)

8. 同工酶(isozyme)

9. 固定化酶(innobilized enzyme)

10. 酶的比活力(enzymatic compare energy)

11. 抗体酶(abzyme)

12. 核糖酶(ribozyme)

四、简答题

1. 怎样证明酶是蛋白质?

2. 简述酶作为生物催化剂与一般化学催化剂的共性及其个性?

3. 试指出下列每种酶具有哪种类型的专一性?

(1) 脲酶(只催化尿素 NH_2CONH_2 的水解,但不能作用于 $NH_2CONHCH_3$);

(2) β-D-葡萄糖苷酶(只作用于 β-D-葡萄糖形成的各种糖苷,但不能作用于其他的糖苷,
例如果糖苷);

(3) 酯酶(作用于 R_1COOR_2 的水解反应);

(4) L-氨基酸氧化酶(只作用于 L-氨基酸,而不能作用于 D-氨基酸);

(5) 反丁烯二酸水合酶只作用于反丁烯二酸(延胡索酸),而不能作用于顺丁烯二酸(马来

酸);

(6) 甘油激酶(催化甘油磷酸化,生成甘油-1-磷酸)。

4. 测定酶活性时,应注意哪些方面?

5. 简述磺胺类药物以及增效剂的作用机制及意义。

6. 何谓可逆性抑制作用? 说明其特点。

第五章 生物氧化

一、是非题(在题后括号内打"√"或"×")

1. 磷酸肌酸、磷酸精氨酸等是高能磷酸化合物的贮存形式,可随时转化为 ATP 供机体利用。 （ ）

2. ADP 的磷酸化作用对电子传递起限速作用。 （ ）

3. 细胞色素是指含有 FAD 辅基的电子传递蛋白。 （ ）

4. NADH 在 340 nm 处有吸收峰,NAD^+ 没有,利用这个性质可将 NADH 与 NAD^+ 区分开来。 （ ）

5. ATP 在高能化合物中占有特殊的地位,它起着共同的中间体的作用。 （ ）

6. 寡霉素专一地抑制线粒体 F_1F_0-ATPase 的 F_0,从而抑制 ATP 的合成。 （ ）

7. NADH 和 NADPH 都可以直接进入呼吸链。 （ ）

8. 电子通过呼吸链时,按照各组分氧还电势依次从还原端向氧化端传递。 （ ）

9. 解偶联剂可抑制呼吸链的电子传递。 （ ）

10. 所有生物体呼吸作用的电子受体一定是氧。 （ ）

11. 物质在空气中燃烧和在体内的生物氧化的化学本质是完全相同的,但所经历的路途不同。 （ ）

12. ATP 虽然含有大量的自由能,但它并不是能量的贮存形式。 （ ）

二、填空题

1. 生物氧化有 3 种方式:_____、_____和_____。

2. H_2S 使人中毒的机理是_____。

3. 生物体内高能化合物有_____、_____、_____等类。

4. 琥珀酸呼吸链的组成成分有_____、_____、_____、_____、_____。

5. 呼吸链中含有铜原子的细胞色素是_____。

6. NADH 呼吸链中氧化磷酸化的偶联部位是_____、_____、_____。

7. 举出三种氧化磷酸化解偶联剂 :_____、_____、_____。

8. 高能磷酸化合物通常指水解时_____的化合物,其中最重要的是_____,被称为能量代谢的_____。

9. 微粒体中氧化酶类主要有_____和_____两种。

10. 在呼吸链中,氢或电子从_____的载体依次向_____的载体传递。

11. 鱼藤酮、抗霉素 A、CN^-、N_3^-、CO 者的抑制作用分别是_____、_____和_____。

12. 生物氧化是氧化还原过程,在此过程中有_____、_____和_____参与。

13. 线粒体呼吸链中电位跨度最大的一步是在_____。

14. 典型的呼吸链包括_____和_____两种,这是根据接受代谢物脱下的氢的_____不同而区别的。

15. 解释氧化磷酸化作用机制被公认的学说是_____。

16. 化学渗透学说主要论点认为:呼吸链组分定位于_____内膜上。其递氢体有_____作用,因而造成内膜两侧的_____差,同时被膜上_____合成酶所利用,促使 ADP + Pi → ATP。

17. 线粒体内膜外侧的 α-磷酸甘油脱氢酶的辅酶是_____;而线粒体内膜内侧的 α-磷酸甘油脱氢酶的辅酶是_____。

18. 动物体内高能磷酸化合物的生成方式有_____和_____两种。

19. 真核细胞生物氧化的主要场所是_____,呼吸链和氧化磷酸化偶联因子都定位于_____。

20. 胞液中的 NADH+H$^+$ 通过_____和_____两种穿梭机制进入线粒体,并可进入_____氧化呼吸链或_____氧化呼吸链,可分别产生_____分子 ATP 或_____分子 ATP。

三、名词解释

1. 生物氧化(biological oxidation)

2. 呼吸链(respiratory chain)

3. 氧化磷酸化(oxidative phosphorylation)

4. 磷氧比值 P/O(ratio of P/O)

5. 解偶联剂

6. 底物水平磷酸化(substrate level phosphorylation)

四、简答题

1. 试比较生物氧化与体外氧化的异同。

2. 常见的呼吸链电子传递抑制剂有哪些? 它们的作用机制是什么?

3. 氰化物为什么能引起细胞窒息死亡?

4. 在磷酸戊糖途径中生成的 NADPH,如果不参加合成代谢,那么它将如何进一步氧化?

5. 试述体内的能量生成、贮存和利用。

第六章 糖代谢

一、是非题(在题后括号内打"√"或"×")

1. 麦芽糖是由葡萄糖与果糖构成的二糖。　　　　　　　　　　　（　　）

2. 革兰阳性菌的细胞壁的脂多糖一般由核心多糖、外层低聚糖链、脂质组成,其中核心多糖各菌均相似。　　　　　　　　　　　　　　　　　　　　（　　）

3. ATP 是磷酸果糖激酶的变构抑制剂。　　　　　　　　　　　（　　）

4. 沿糖酵解途径简单逆行,可从丙酮酸等小分子前体物质合成葡萄糖。（　　）

5. 苹果酸-天冬氨酸穿梭主要存在于肝、骨骼肌中,1分子葡萄糖彻底氧化产生 38 分子 ATP。　　　　　　　　　　　　　　　　　　　　　　　（　　）

6. 发酵可以在活细胞外进行。　　　　　　　　　　　　　　　（　　）

7. 糖原的生物合成需要"引物"存在。　　　　　　　　　　　　　　　　（　　）

8. 糖酵解过程在有氧无氧条件下都能进行。　　　　　　　　　　　　　（　　）

9. 在缺氧条件下,丙酮酸还原为乳酸的意义是使 NAD⁺ 再生。　　　　（　　）

10. TCA 中底物水平磷酸化直接生成的是 ATP。　　　　　　　　　　　（　　）

11. 三羧酸循环的中间产物可以形成谷氨酸。　　　　　　　　　　　　　（　　）

12. 肝糖原的分解和肌糖原的分解可以补充血糖。　　　　　　　　　　　（　　）

13. 胰高血糖素、肾上腺素是升高血糖的激素,又是脂解激素。　　　　　（　　）

14. 磷酸戊糖途径的生理意义主要是为生物体提供能量。　　　　　　　　（　　）

15. 己糖激酶催化的反应需要无机磷酸。　　　　　　　　　　　　　　　（　　）

16. 短期饥饿时,血糖浓度的维持主要依靠肝糖原的分解。　　　　　　　（　　）

17. 糖尿病的发病机制是胰高血糖素分泌过多。　　　　　　　　　　　　（　　）

18. 胰高血糖素可以间接促进糖原合成酶磷酸化,从而促进糖原合成。　（　　）

19. 葡萄糖激酶是己糖激酶的同工酶,存在于肝中,不受反应产物 6-磷酸-葡萄糖的反馈抑制,这与肝的功能相关。　　　　　　　　　　　　　　　　　　　　　　（　　）

20. 糖原分解时,葡萄糖-6-磷酸酶仅存在于肝、肾中,不存在于肌肉中,所以肌糖原不能补充血糖,只能进行糖酵解和有氧氧化。　　　　　　　　　　　　　　　　　　（　　）

21. 糖异生的丙酮酸羧化酶仅存在于线粒体内,磷酸烯醇式丙酮酸羧激酶在线粒体和胞浆中都存在。　　　　　　　　　　　　　　　　　　　　　　　　　　　　（　　）

22. 肝可直接利用葡萄糖合成糖原,这是肝糖原的主要来源。　　　　　　（　　）

23. 糖异生的调节是两个底物循环的调节:一个是 6-磷酸果糖与 1,6-二磷酸果糖之间,一个在丙酮酸和乙酰辅酶 A 之间。　　　　　　　　　　　　　　　　　　（　　）

二、填空题

1. 1 分子葡萄糖转化为 2 分子乳酸净生成_____分子 ATP。

2. 糖酵解抑制剂碘乙酸主要作用于_____酶。

3. 2 分子乳酸异生为葡萄糖要消耗_____分子 ATP。

4. 丙酮酸还原为乳酸,反应中的 NADH 来自_____的氧化。

5. 延胡索酸在_____酶作用下,可生成苹果酸,该酶属于 EC 分类中的_____酶类。

6. 磷酸戊糖途径可分为两个阶段,分别称为_____和_____。

7. 糖原的磷酸解过程通过_____酶降解 α-1,4 糖苷键,靠_____酶降解 α-1,6 糖苷键。

8. TCA 循环中有两次脱羧反应,分别是由_____和_____催化。

9. 在糖酵解中提供高能磷酸基团,使 ADP 磷酸化成 ATP 的高能化合物是_____和_____。

10. 糖异生的主要原料为_____、_____和_____。

11. 参与 α-酮戊二酸氧化脱羧反应的辅酶为_____、_____、_____、_____和_____。

12. 催化丙酮酸生成草酰乙酸的酶是_____,它需要_____作为辅助因子。

13. 合成糖原的前体分子是_____,糖原分解的产物是_____。

14. 动物中糖原彻底水解为葡萄糖需要多种酶协同作用,它们是_____、_____

_____、_____、_____。

15. 糖蛋白中糖和蛋白质结合方式有两种：_____连接是指糖与天冬酰胺的_____基连接；_____连接是指糖和含_____的氨基酸以糖苷形式结合。

16. 葡聚糖又叫_____，临床上用作_____；醋酸纤维素是_____的原料。

17. 糖酵解的调节也就是对三个_____的调节，它们分别是_____、_____和_____，其中调节糖酵解途径最重要的是_____，它的最强的变构激活剂是_____。

18. 糖的有氧氧化分为三个阶段：一、葡萄糖在_____中经糖酵解途径生成丙酮酸；二、丙酮酸进入_____经氧化脱羧生成_____；三、进行_____循环和_____。其中细胞质中生成的_____不能自由透过线粒体内膜，必须通过_____作用才能进入线粒体。

19. 丙酮酸转变成烯醇式磷酸丙酮酸，需要_____酶和_____酶连续催化。这一反应主要在_____中进行，是_____代谢途径的关键步骤之一。

20. 正常人空腹血糖浓度为_____mmol/L。降血糖激素有_____，升血糖激素主要有_____、_____等。

21. 糖酵解和有氧氧化的主要不同在于甘油醛-3-磷酸脱下的氢生成_____的去路不同，在缺氧时前者必需还原_____生成_____，而有氧时则穿梭进入线粒体氧化。

22. 磷酸戊糖途径的反应在_____中进行，此途径主要提供_____和_____。

23. 生理情况下糖异生主要在_____组织中进行，该途径的关键酶有_____、_____、_____、_____。

24. G-6-P 在葡萄糖磷酸变位酶催化下生成_____；在 G-6-P 酶作用下生成_____；在 G-6-P 脱氢酶催化下进入_____；经磷酸葡萄糖异构酶催化进入_____途径。

25. 糖在消化道的吸收形式是_____，体内运输形式是_____，储存形式是_____。

26. 丙酮酸脱氢酶系的辅助因子有_____、_____、_____、_____、_____。

27. 三羧酸循环中由_____变成_____的反应为底物水平磷酸化，催化此反应的酶为_____，生成的高能化合物为_____。

28. 一分子乙酰辅酶 A 通过三羧酸循环和呼吸链彻底氧化可生成_____分子 ATP。

29. 异柠檬酸氧化脱羧成为_____；_____氧化脱羧生成琥珀酰辅酶 A。

30. 磷酸戊糖途径中有两次脱氢反应，分别由_____和_____催化；这两种酶的辅酶为_____。

31. 一分子葡萄糖酵解时，净生成_____分子 ATP；糖原的一个葡萄糖残基酵解时净生成_____分子 ATP。

32. 葡萄糖酵解时催化 ATP 反应的酶是_____或_____、_____。

33. 糖异生途径的关键酶有_____、_____、_____和_____。

34. 糖异生的主要器官为_____和_____。

35. 葡萄糖-6-磷酸在葡萄糖-6-磷酸酶催化下生成_____,在葡萄糖-6-磷酸脱氢酶催化下进入_____途径;在葡萄糖磷酸异构酶催化下进入_____途径。

三、名词解释

1. 糖异生（glycogenolysis）
2. 底物水平磷酸化（substrate-level phosphorylation）
3. Cori 循环（Cori cycle）
4. 粘多糖（lipolysaccharide）
5. 穿梭（shuttle）
6. 血糖
7. 高血糖
8. 糖尿病（diabetes mellitus）
9. 耐糖曲线
10. 低血糖昏迷（低血糖休克）

四、简答题

1. 糖类物质在生物体内起什么作用？
2. 为什么说三羧酸循环是糖、脂和蛋白质三大物质代谢的共同通路？
3. 糖代谢和脂代谢是通过哪些反应联系起来的？
4. 磷酸戊糖途径有什么生理意义？
5. 为什么糖酵解途径中产生的 NADH 必须被氧化成 NAD^+ 才能被循环利用？
6. 糖分解代谢可按 EMP-TCA 途径进行,也可按磷酸戊糖途径进行,决定因素是什么？
7. 比较糖酵解和有氧氧化的区别点。
8. 正常人空腹血糖浓度是多少？低血糖、高血糖的浓度是多少？
9. 试简述乳酸异生成葡萄糖的过程。
10. 糖酵解途径中有哪些关键酶？
11. 三羧酸循环中有哪些关键酶？有氧氧化的生理意义有哪些？

第七章　脂类代谢

一、是非题（在题后括号内打"√"或"×"）

1. 脂肪酸的 β-氧化和 α-氧化都是从羧基端开始的。　　　　　　　　（　　）
2. 只有偶数碳原子的脂肪才能经 β-氧化降解成乙酰 CoA。　　　　　（　　）
3. 脂肪酸从头合成中,将糖代谢生成的乙酰 CoA 从线粒体内转移到胞液中的化合物是苹果酸。　　　　　　　　　　　　　　　　　　　　　　　　（　　）
4. 脂肪酸的从头合成需要柠檬酸裂解提供乙酰 CoA。　　　　　　　（　　）
5. 脂肪酸 β-氧化酶系存在于胞浆中。　　　　　　　　　　　　　　（　　）
6. 肉毒碱可抑制脂肪酸的氧化分解。　　　　　　　　　　　　　　（　　）

7. 甘油在甘油激酶的催化下,生成 α-磷酸甘油,反应消耗 ATP,为可逆反应。 （ ）

8. 甘氨胆酸和牛磺胆酸是胆汁有苦味的原因,是动物胆囊分泌的。 （ ）

9. 长链脂酰 CoA、NADH、乙酰 CoA 不能从细胞浆进入线粒体内膜,必须有载体的参与。
（ ）

10. 磷酸甘油三酯又叫磷脂酸,是脂肪合成的前体,糖类转化为脂肪是体内脂肪的主要来源。
（ ）

11. 肝脏线粒体中的 HMG-CoA 合成酶是合成胆固醇的限速酶。 （ ）

12. 血中出现酮体就会引起酮症酸中毒。 （ ）

13. 脂肪酸 β-氧化产生的乙酰 CoA 只参与三羧酸循环代谢。 （ ）

14. 脂肪酸连续性 β-氧化,这个过程涉及 $NADP^+$ 还原。 （ ）

15. 合成卵磷脂时,所需的活性胆碱是 GDP 胆碱。 （ ）

16. 脂肪酸 β-氧化酶系存在于线粒体基质。 （ ）

17. 密度最低的脂蛋白是前 β-脂蛋白。 （ ）

18. 肉毒碱能促进必需脂肪酸的吸收和运输。 （ ）

19. 不饱和脂肪酸不能进行 β-氧化。 （ ）

20. 酮体是指乙酰乙酸、β-羟丁酸和丙酮。 （ ）

二、填空题

1. ＿＿＿＿＿＿＿＿是动物和许多植物主要的能源贮存形式,是由＿＿＿＿＿＿与 3 分子 ＿＿
＿＿＿＿＿＿＿＿酯化而成的。

2. 在线粒体外膜脂酰 CoA 合成酶催化下,游离脂肪酸与＿＿＿＿＿＿和＿＿＿＿＿＿＿反应,生
成脂肪酸的活化形式＿＿＿＿＿＿,再经线粒体内膜＿＿＿＿＿＿＿转运进入线粒体中。

3. 一个碳原子数为 n（n 为偶数）的脂肪酸在 β-氧化中需经＿＿＿＿＿＿＿次 β-氧化循环,
生成＿＿＿＿＿＿个乙酰 CoA,＿＿＿＿＿＿个 $FADH_2$ 和＿＿＿＿＿个 $NADH+H^+$。

4. 脂肪酸从头合成的 2C 供体是＿＿＿＿＿＿,活化的 2C 供体是＿＿＿＿＿＿,还原剂是
＿＿＿＿＿＿＿＿＿＿＿＿＿。

5. 乙酰 CoA 羧化酶是脂肪酸从头合成的限速酶,该酶以＿＿＿＿＿＿为辅基,消耗＿＿＿＿
＿＿,催化＿＿＿＿＿＿与＿＿＿＿＿＿生成＿＿＿＿＿＿,柠檬酸为其＿＿＿＿＿＿,长链脂酰
CoA 为其＿＿＿＿＿＿。

6. 脂酸从头合成中,缩合、两次还原和脱水反应时酰基都连接在＿＿＿＿＿＿上。

7. 脂肪酸合成酶复合物一般只合成＿＿＿＿＿＿＿＿＿＿＿,动物中脂肪酸碳链延长由
＿＿＿＿＿＿＿或＿＿＿＿＿＿酶系统催化;植物的脂肪酸碳链延长酶系定位于＿＿＿＿
＿＿＿＿。

8. 三酰甘油是由＿＿＿＿＿＿和＿＿＿＿＿＿＿在磷酸甘油转酰酶的作用下先形成＿＿
＿＿＿＿＿＿,再由磷酸酶转变成＿＿＿＿＿＿＿,最后在＿＿＿＿＿＿催化下生成三酰
甘油。

9. 脂肪酸的 β-氧化有四个步骤:①＿＿＿＿＿＿,辅酶为＿＿＿＿＿＿＿；②＿＿＿＿＿＿,催
化此反应的酶有＿＿＿＿＿＿性；③＿＿＿＿＿＿,辅酶为＿＿＿＿＿＿；④＿＿＿＿＿
＿＿＿＿＿。

10. ＿＿＿＿＿＿＿＿是脂肪酸、酮体、胆固醇代谢的共同中间产物。＿＿＿＿＿＿＿＿、
＿＿＿＿＿＿和＿＿＿＿＿＿统称为酮体。

11. 脂肪酸合成代谢中每轮加入的二碳片段为_____,酰基载体为_____。

12. ACP 即_____蛋白,是一种对热稳定的蛋白质。脂肪酸分解代谢中每轮脱下的二碳片段为_____,酰基载体为_____。

13. 合成酮体和胆固醇的共同原料是_____。在肝外组织,乙酰乙酸转变成乙酰乙酰 CoA 需要在_____酶或_____酶催化下进行。

14. 血浆脂蛋白以超速离心法分离成_____、_____、_____和_____四条区带,其中_____区带相当于电泳法中的 β-脂蛋白,具有转运_____至肝外组织的功能。

15. $CH_3(CH_2)_6COOH$ 完全氧化后产生_____分子 ATP。

16. 在体内胆固醇能转变成_____、_____、_____等三种生理活性物质。

17. 酮体氧化的组织是_____、_____、_____,因为存在_____和_____、_____关键酶。

18. 细胞中乙酰 CoA 主要来源有_____、_____、_____;主要去向有_____、_____、_____。

19. VLDL 的生理功能是_____。

三、名词解释

1. 必需脂肪酸(essential fatty acid)

2. 脂肪酸的 β-氧化(β-oxidation)

3. 脂肪动员

4. 酮体(ketone bodies)

5. 胆酸、胆汁酸、胆盐

6. 脂解激素

7. 柠檬酸-丙酮酸循环(citarte pyruvate cycle)

8. 酮血症、酮尿症

9. 高脂血症

10. 脂肪肝

11. 胆结石

四、简答题

1. 按下述几方面,比较脂肪酸氧化和合成的差异:
① 进行部位;② 酰基载体;③ 所需辅酶(H 载体);④ 能量变化;⑤ 酶系统。

2. 在脂肪生物合成过程中,软脂酸和硬脂酸是怎样合成的?

3. 在脂肪酸合成中,乙酰 CoA 羧化酶起什么作用?

4. 1 mol 软脂酸完全氧化成 CO_2 和 H_2O 可生成多少 mol ATP?

5. 试述酮体的代谢过程。

6. 写出乙酰 CoA 的来源及去路。

7. 试述十二碳饱和脂肪酸完全氧化的过程。

8. 简述脂肪酸的 β-氧化过程。

9. 试述血浆脂蛋白分类、生理功能?

10. 试述酮体合成与分解的部位,关键酶是什么?

11. 脂肪酸合成有哪些物质参与？脂肪酸合成中的关键酶是什么？

12. 胆固醇合成的原料有哪些？胆固醇合成中的关键酶是什么？胆固醇能转化成哪些重要化合物？

第八章　氨基酸代谢

一、是非题（在题后括号内打"√"或"×"）

1. 蛋白质的营养价值主要决定于氨基酸的组成和比例。　　　　　　（　　）

2. 谷氨酸在转氨作用和使游离氨再利用方面都是重要分子。　　　　（　　）

3. 氨甲酰磷酸可以合成尿素和嘌呤。　　　　　　　　　　　　　（　　）

4. 半胱氨酸和甲硫氨酸都是体内硫酸根的主要供体。　　　　　　　（　　）

5. 磷酸吡哆醛只作为转氨酶的辅酶。　　　　　　　　　　　　　（　　）

6. 在动物体内，酪氨酸可以经羟化作用产生去甲肾上腺素和肾上腺素。（　　）

7. 芳香族氨基酸都是通过莽草酸途径合成的。　　　　　　　　　　（　　）

8. 限制性内切酶的催化活性比非限制性内切酶的催化活性低。　　　（　　）

9. 尿嘧啶的分解产物 β-丙氨酸能转化成脂肪酸。　　　　　　　　（　　）

10. 嘌呤核苷酸的合成顺序是：首先合成次黄嘌呤核苷酸，再进一步转化为腺嘌呤核苷酸和鸟嘌呤核苷酸。　　　　　　　　　　　　　　　　　（　　）

11. 嘧啶核苷酸的合成伴随着脱氢和脱羧反应。　　　　　　　　　（　　）

12. 脱氧核糖核苷酸的合成是在核糖核苷三磷酸水平上完成的。　　（　　）

13. Lys 为必需氨基酸，动物和植物都不能合成，但微生物能合成。（　　）

14. 磷酸吡哆醛只作为转氨酶的辅酶。　　　　　　　　　　　　　（　　）

15. 所谓代谢库是指机体(细胞、组织或个体)中贮存的某一代谢物总量。（　　）

16. 色氨酸为必需氨基酸，动植物组织都不能合成，但微生物能合成。（　　）

17. 在生物体内，氨基酸的脱羧作用在组织内和组织外都有。　　　（　　）

18. 丝氨酸和苏氨酸的分解代谢有相似的地方，它们脱氨后都产生酮酸，都是生糖氨基酸。

　　　　　　　　　　　　　　　　　　　　　　　　　　　　（　　）

19. 氨基酸脱去 α-氨基生成 NH_3 是氧化过程，在此过程中需一分子 FAD 作为氧化剂。

　　　　　　　　　　　　　　　　　　　　　　　　　　　　（　　）

二、填空题

1. 生物体内的蛋白质可被＿＿＿＿＿＿和＿＿＿＿＿＿＿共同作用降解成氨基酸。

2. 多肽链经胰蛋白酶降解后，产生新肽段羧基端主要是＿＿＿＿＿和＿＿＿＿＿氨基酸残基。

3. 胰凝乳蛋白酶专一性水解多肽链由＿＿＿＿族氨基酸＿＿＿＿端形成的肽键。

4. 氨基酸的降解反应包括＿＿＿＿＿、＿＿＿＿＿和＿＿＿＿＿作用。

5. 转氨酶和脱羧酶的辅酶通常是＿＿＿＿＿＿＿＿＿＿＿＿＿＿＿。

6. 谷氨酸经脱氨后产生＿＿＿＿＿和氨，前者进入＿＿＿＿＿进一步代谢。

7. 尿素循环中产生的＿＿＿＿＿和＿＿＿＿＿两种氨基酸不是蛋白质氨基酸。

8. 尿素分子中两个 N 原子，分别来自＿＿＿＿＿和＿＿＿＿＿。

9. 生物固氮作用是将空气中的＿＿＿＿＿转化为＿＿＿＿＿的过程。

10. 固氮酶由_____和_____两种蛋白质组成,固氮酶要求的反应条件是_____、_____和_____。

11. 硝酸还原酶和亚硝酸还原酶通常以_____或_____为还原剂。

12. 芳香族氨基酸碳架主要来自糖酵解中间代谢物_____和磷酸戊糖途径的中间代谢物_____。

13. 组氨酸合成的碳架来自糖代谢的中间物_____。

14. 氨基酸脱下氨的主要去路有_____、_____和_____。

15. 胞嘧啶和尿嘧啶经脱氨、还原和水解,产生的终产物为_____。

16. 参与嘌呤核苷酸合成的氨基酸有_____、_____和_____。

17. 尿苷酸转变为胞苷酸是在_____水平上进行的。

18. 脱氧核糖核苷酸的合成是由_____酶催化的,被还原的底物是_____。

19. 在嘌呤核苷酸的合成中,腺苷酸的 C-6 氨基来自_____;鸟苷酸的 C-2 氨基来自_____。

20. 对某些碱基顺序有专一性的核酸内切酶称为_____。

21. 多巴是_____经_____作用生成的。

22. 生物体中活性蛋氨酸是_____,它是活泼_____的供应者。

23. 之所以被称为必需氨基酸是因为:①_____;②_____;③_____;人体所需的八种必需氨基酸是_____、_____、_____、_____、_____、_____、_____和_____。

24. 下面一些生理活性物质分别来自:① γ-氨基丁酸_____;② 5-羟色胺和褪黑激素_____;③ 牛磺酸_____。

25. 人体的转氨作用主要在_____中进行,_____中的转氨作用也很强。

26. Ala、Asp 和 Glu 是生糖氨基酸,因为这些氨基酸通过转氨作用分别生成_____,_____和_____。

27. 血氨的去路是:①_____;②_____;③_____;④_____;⑤_____。

28. 肾小管中排出的氨主要来自_____。

29. 人体尿素的合成在_____(组织)中的_____和_____(部位)。

30. α-氨基酸的氨基通过_____酶的催化转移给_____的_____位。结果生成_____和_____,此过程称为_____;该酶的辅酶是_____;人体内在肝脏中进行的主要是_____作用,在心肌中进行的主要是_____作用。

31. 脱去氨基的 α-酮酸在代谢中可能转变成糖或酮体,因此,20 种氨基酸可分为三类(名举一例):①_____如_____;②_____如_____;③_____如_____。

32. 肝脏合成 1 mol 尿素可消除 2 mol_____和 1 mol_____并消耗_____分子 ATP。

33. 写出下列一碳单位的名称及来源:

一碳单位　　　　　　　名称　　　　　　来源举例

—CH₃

—CH₂

—CH=

—CHO

—CH=NH

三、名词解释

1. 联合脱氨基作用

2. 蛋白质互补作用

3. γ-谷氨酰基循环

4. 转氨基作用

5. 必需氨基酸

6. 蛋白酶

7. 氮平衡

8. 生糖氨基酸

9. 生酮氨基酸

10. 限制性核酸内切酶

11. 氨基蝶呤

12. 一碳单位

13. 氨基酸代谢库

14. 鸟氨酸循环

四、简答题

1. 催化蛋白质降解的酶有哪几类？它们的作用特点如何？

2. 什么是鸟氨酸循环,有何生物学意义？

3. 什么是必需氨基酸和非必需氨基酸？

4. 嘌呤核苷酸分子中各原子的来源及合成特点怎样？

5. 嘧啶核苷酸分子中各原子的来源及合成特点怎样？

6. 何谓氮平衡？怎样判断和解释各种氮平衡的实验结果？

7. 氨基酸一般代谢有哪些途径？ 氨基酸脱氨后产生的氨有哪些去路？

8. 哪些氨基酸与一碳单位的代谢有关？一碳单位是如何形成的？

9. 糖可以转变为氨基酸吗？若不吃蛋白质,只吃糖与脂肪,动物可以生存吗？为什么？

第九、十章　核酸代谢与蛋白质生物合成

一、是非题(在题后括号内打"√"或"×")

1. 由于遗传密码的通用性,真核细胞的 mRNA 可在原核翻译系统中得到正常的翻译。

（　　）

2. 核糖体蛋白不仅仅参与蛋白质的生物合成。　　　　　　　　　　　　（　　）

3. 在翻译起始阶段,有完整的核糖体与 mRNA 的 5′端结合,从而开始蛋白质的合成。

（　　）

4. EF-Tu 的 GTPase 活性越高,翻译的速度就越快,但翻译的忠实性越低。 （　　）

5. 在蛋白质生物合成中所有的氨酰-tRNA 都是首先进入核糖体的 A 部位。 （　　）

6. tRNA 的个性即是其特有的三叶草结构。 （　　）

7. 从 DNA 分子的三联体密码可以毫不怀疑地推断出某一多肽的氨基酸序列,但氨基酸序列并不能准确地推导出相应基因的核苷酸序列。 （　　）

8. 与核糖体蛋白相比,rRNA 仅仅作为核糖体的结构骨架,在蛋白质合成中没有什么直接的作用。 （　　）

9. 多肽链的折叠发生在蛋白质合成结束以后才开始。 （　　）

10. 人工合成多肽的方向也是从 N 端到 C 端。 （　　）

11. 每个氨酰-tRNA 进入核糖体的 A 位都需要延长因子的参与,并消耗一分子 GTP。 （　　）

12. 每种氨基酸只能有一种特定的 tRNA 与之对应。 （　　）

13. 密码子与反密码子都是由 AGCU 4 种碱基构成的。 （　　）

14. 原核细胞新生肽链 N 端第一个残基为 fMet,真核细胞新生肽链 N 端为 Met。 （　　）

15. 蛋白质合成过程中,肽基转移酶起转肽作用和水解肽链作用。 （　　）

16. 色氨酸操纵子中存在衰减子,故此操纵系统有细调节功能。 （　　）

17. 蛋白质生物合成所需的能量都由 ATP 直接供给。 （　　）

18. 反密码子 GAA 只能辨认密码子 UUC。 （　　）

19. 生物遗传信息的流向,只能由 DNA→RNA 而不能由 RNA→DNA。 （　　）

20. 原核细胞新生肽链 N 端第一个残基为 fMet,真核细胞新生肽链 N 端第一个氨基酸残基为 Met。 （　　）

21. DNA 复制与转录的共同点在于都是以双链 DNA 为模板,以半保留方式进行,最后形成链状产物。 （　　）

22. 依赖 DNA 的 RNA 聚合酶叫转录酶,依赖 RNA 的 DNA 聚合酶即反转录酶。 （　　）

23. 密码子从 $5'$ 至 $3'$ 读码,而反密码子则从 $3'$ 至 $5'$ 读码。 （　　）

24. 一般讲,从 DNA 的三联体密码子中可以推定氨基酸的顺序,相反从氨基酸的顺序也可毫无疑问地推定 DNA 顺序。 （　　）

25. DNA 半不连续复制是指复制时一条链的合成方向是 $5'→3'$ 而另一条链的方向是 $3'→5'$。 （　　）

26. 真核生物蛋白质合成起始氨基酸是 N-甲酰甲硫氨酸。 （　　）

27. 原核细胞的 DNA 聚合酶一般都不具有核酸外切酶的活性。 （　　）

28. 在具备转录的条件下,DNA 分子中的两条链在体内都可能被转录成 RNA。 （　　）

29. 核糖体是细胞内进行蛋白质生物合成的部位。 （　　）

30. mRNA 与携带有氨基酸的 tRNA 是通过核糖体结合的。 （　　）

31. 核酸是遗传信息的携带者和传递者。 （　　）

32. RNA 的合成和 DNA 的合成一样,在起始合成前亦需要有 RNA 引物参加。 （　　）

33. 真核生物 mRNA 多数为多顺反子,而原核生物 mRNA 多数为单顺反子。 （　　）

34. 合成 RNA 时,DNA 两条链同时都具有转录作用。 （　　）

35. 在蛋白质生物过程中 mRNA 是由 3′端向 5′端进行翻译的。（　　）

36. 蛋白质分子中天冬酰胺、谷氨酰胺和羟脯氨酸都是生物合成时直接从模板中译读而来的。（　　）

37. 逆转录病毒 RNA 并不需要插入寄主细胞的染色体也可完成其生命循环。（　　）

38. 中心法则概括了 DNA 在信息代谢中的主导作用。（　　）

39. 原核细胞 DNA 复制是在特定部位起始的,真核细胞则在多个位点同时起始进行复制。
（　　）

40. 逆转录酶催化 RNA 指导的 DNA 合成不需要 RNA 引物。（　　）

41. 原核细胞和真核细胞中许多 mRNA 都是多顺反子转录产物。（　　）

42. 因为 DNA 两条链是反向平行的,在双向复制中一条链按 5′→3′的方向合成,另一条链按 3′→5′的方向合成。（　　）

43. 限制性内切酶切割的 DNA 片段都具有粘性末端。（　　）

44. 已发现一些 RNA 前体分子具有催化活性,可以准确地自我剪接,被称为核糖酶(ribozyme),或称核酶。（　　）

45. 原核生物中 mRNA 一般不需要转录后加工。（　　）

二、填空题

1. 蛋白质的生物合成是以＿＿＿＿＿＿＿＿作为模板,＿＿＿＿＿＿＿＿作为运输氨基酸的工具,以＿＿＿＿＿＿＿＿作为合成的场所。

2. 细胞内多肽链合成的方向是从＿＿＿＿＿＿＿端到＿＿＿＿＿＿＿端,而阅读 mRNA 的方向是从＿＿＿＿＿＿＿端到＿＿＿＿＿＿＿端。

3. 核糖体上能够结合 tRNA 的部位有＿＿＿＿＿＿＿部位和＿＿＿＿＿＿＿部位。

4. 蛋白质的生物合成通常以＿＿＿＿＿＿＿作为起始密码子,以＿＿＿＿＿＿＿、＿＿＿＿＿＿＿和＿＿＿＿＿＿＿作为终止密码子。

5. SD 序列是指原核细胞 mRNA 的 5′端富含＿＿＿＿＿＿＿碱基的序列,它可以和 16SrRNA 的 3′端的＿＿＿＿＿＿＿序列互补配对,而帮助起始密码子的识别。

6. 原核生物蛋白质合成的起始因子(IF)有＿＿＿＿＿＿＿种,延伸因子(EF)有＿＿＿＿＿＿＿种,终止释放(RF)有＿＿＿＿＿＿＿种。

7. 原核生物蛋白质合成中第一个被掺入的氨基酸是＿＿＿＿＿＿＿＿＿＿＿。

8. 无细胞翻译系统翻译出来的多肽链通常比在完整的细胞中翻译的产物要长,这是因为＿＿＿＿＿＿＿＿＿＿＿＿＿＿＿＿＿＿＿＿＿＿。

9. 已发现体内大多数蛋白质正确的构象的形成需要＿＿＿＿＿＿＿＿＿的帮助。

10. 分子伴侣通常具＿＿＿＿＿＿＿＿＿＿＿＿＿＿＿酶的活性。

11. 蛋白质内含子通常具有＿＿＿＿＿＿＿＿＿＿＿＿＿＿＿酶的活性。

12. 环状 RNA 不能有效地作为真核生物翻译系统的模板是因为＿＿＿＿＿＿＿＿＿＿＿。

13. 在真核细胞中,mRNA 是由＿＿＿＿＿＿＿经＿＿＿＿＿＿＿合成的,它携带着＿＿＿＿＿＿＿。它是由＿＿＿＿＿＿＿降解成的,大多数真核细胞的 mRNA 只编码＿＿＿＿＿＿＿＿＿＿＿＿＿＿。

14. 生物界总共有＿＿＿＿＿＿＿个密码子,其中＿＿＿＿＿＿＿个为氨基酸编码;起始密码子为＿＿＿＿＿＿＿;终止密码子为＿＿＿＿＿＿＿、＿＿＿＿＿＿＿、＿＿＿＿＿＿＿。

15. 氨酰-tRNA 合成酶对＿＿＿＿＿＿＿和＿＿＿＿＿＿＿均有专一性,它至少有两个识别位点。

16. 原核细胞内起始氨酰-tRNA 为_____;真核细胞内起始氨酰- tRNA 为_____。

17. 原核生物核糖体 50S 亚基含有蛋白质合成的_____部位和_____部位,而 mRNA 结合部位在_____。

18. 肽基转移酶在蛋白质生物合成中的作用是催化_____和_____。

19. 核糖体_____亚基上的_____协助识别起始密码子。

20. 延长因子 G 又称_____,它的功能是_____,但需要_____。

21. ORF 是指_____,已发现最小的 ORF 只编码_____个氨基酸。

22. 基因表达包括_____和_____。

23. 遗传密码的特点有方向性、连续性_____和_____。

24. 氨酰- tRNA 合成酶利用_____供能,在氨基酸_____基上进行活化,形成氨基酸 AMP 中间复合物。

25. 原核生物肽链合成启始复合体由 mRNA、_____和_____组成。

26. 真核生物肽链合成启始复合体由 mRNA、_____和_____组成。

27. 肽链延伸包括进位、_____和_____三个步骤周而复始的进行。

28. 乳糖操纵子的诱导物是_____,色氨酸操纵子的辅阻遏物是_____。

29. DNA 复制是定点双向进行的,_____的合成是_____,并且合成方向和复制叉移动方向相同;_____的合成是_____的,合成方向与复制叉移动的方向相反。每个冈崎片段是借助于连在它的_____末端上的一小段_____而合成的;所有冈崎片段链的增长都是按_____方向进行。

30. 以 RNA 为模板合成 DNA 称_____,由_____酶催化。

31. 基因突变形式分为:_____、_____、_____和_____四类。

32. 亚硝酸是一个非常有效的诱变剂,因为它可直接作用于 DNA,使碱基中_____基氧化成_____基,造成碱基对的_____。

33. 所有冈崎片段的延伸都是按_____方向进行的。

34. 前导链的合成是_____的,其合成方向与复制叉移动方向_____;随后链的合成是_____的,其合成方向与复制叉移动方向_____。

35. DNA 聚合酶 I 的催化功能主要有_____、_____、_____等。

36. DNA 旋转酶又叫_____,它的功能是_____。

37. 细菌的环状 DNA 通常在一个_____开始复制,而真核生物染色体中的线形 DNA 可以在_____起始复制。

38. 大肠杆菌 DNA 聚合酶Ⅲ的_____活性使之具有_____功能,极大地提高了 DNA 复制的保真度。

39. DNA 切除修复需要的酶有_____、_____、_____和_____。

40. 在 DNA 复制中,_____可防止单链模板重新缔合和核酸酶的攻击。

41. DNA 合成时,先由引物酶合成_____,再由_____在其 3′端合成 DNA 链,然后由_____切除引物并填补空隙,最后由_____连接成完整的链。

42. 原核细胞中各种 RNA 是＿＿＿＿＿＿＿＿＿催化生成的,而真核细胞核基因的转录分别由＿＿＿＿＿＿＿种 RNA 聚合酶催化,其中 rRNA 基因由＿＿＿＿＿＿＿＿＿转录,hnRNA 基因由＿＿＿＿＿＿＿转录,各类小分子量 RAN 则是＿＿＿＿＿＿＿的产物。

43. 一个转录单位一般应包括＿＿＿＿＿＿＿＿＿序列、＿＿＿＿＿＿＿＿序列和＿＿＿＿＿＿＿＿＿顺序。

44. 真核细胞中编码蛋白质的基因多为＿＿＿＿＿＿＿＿,编码的序列还保留在成熟 mRNA 中的是＿＿＿＿＿＿＿＿,编码的序列在前体分子转录后加工中被切除的是＿＿＿＿＿＿＿＿＿。

三、名词解释

1. 密码子
2. 同义密码子
3. 反密码子
4. 简并密码
5. 氨酰基部位
6. 肽酰基部位
7. 肽基转移酶
8. 氨酰-tRNA 合成酶
9. 核蛋白体循环
10. 顺式作用元件
11. 反式作用因子
12. 核苷酸的从头合成
13. 核苷酸的补救途径
14. 中心法则
15. 半保留复制
16. 转录
17. 逆转录
18. 翻译
19. 有意义链
20. 反意义链
21. 冈崎片段
22. 前导链
23. 滞后链
24. 内含子
25. 外显子

四、简答题

1. 以原核生物为例,简述蛋白质的生物合成过程。
2. 试述遗传中心法则的主要内容。
3. 为什么说 DNA 的复制是半保留半不连续复制? 试讨论。

4. DNA 复制与 RNA 转录各有何特点？试比较之。

5. mRNA、tRNA、rRNA 在蛋白质生物合成中各有什么作用？

6. 简述 DNA 复制的过程，并请说明 DNA 复制时的酶系。

7. 简述 RNA 转录的过程，并说明原核生物 RNA 聚合酶的亚基组成。

8. 肽链合成后的加工处理主要有哪些方式？

第十一章 代谢和代谢调控总论

一、是非题（在题后括号内打"√"或"×"）

1. 在动物体内，蛋白质可转变成脂肪，但不能转变成糖。 （　　）

2. 细胞代谢的调节主要是通过控制酶的作用来实现的。 （　　）

3. 磷酸化是最常见的酶促化学修饰反应，一般是耗能的。 （　　）

4. 反馈抑制主要是指反应系统中最终产物对初始步骤的酶活力的抑制作用。 （　　）

5. 短期禁食时，肝和肌肉中的糖原储备用于为其他组织特别是大脑提供葡萄糖。（　　）

6. 在动物体内糖可转变为脂肪，脂肪也能大量转变为糖。 （　　）

7. 机体一切生命活动所需的能量，都是从物质所含的化学能转变而来的。 （　　）

8. 尿黑酸症是由于机体内缺乏尿黑酸氧化酶所致。 （　　）

9. 共价修饰调节是指酶与底物形成一个反应活性很高的共价中间物。 （　　）

10. 在酶的别构调节和共价修饰中，常伴有酶分子亚基的解聚和缔合，这种可逆的解聚/缔合也是肌体内酶活性调节的重要方式。 （　　）

11. 分解代谢和合成代谢是同一反应的逆转，所以它们的代谢反应是可逆的。 （　　）

12. 提高代谢终产物的浓度可减少反馈抑制，有利于中间代谢产物或支路代谢的积累。

（　　）

13. 酶合成的诱导和阻遏作用都是负调控。 （　　）

14. 抗肿瘤药物氟尿嘧啶既是代谢抑制剂又是抗代谢物。 （　　）

15. 与酶数量调节相比，对酶活性的调节是更灵敏的调节方式。 （　　）

16. 果糖 1,6-二磷酸对丙酮酸激酶具有反馈抑制作用。 （　　）

17. 反馈抑制剂与别构酶结合后，酶分子的构象发生改变，导致酶活性中心构象改变，以调节酶活性。 （　　）

18. 酶的共价修饰能引起酶分子构象的变化。 （　　）

19. 细胞周期蛋白在胞内经泛素化后可被迅速降解。 （　　）

20. 连锁反应中，每次共价修饰都是对原始信号的放大。 （　　）

二、填空题

1. 在糖、脂、蛋白质代谢的互变过程中，_____和_____是关键物质。

2. 生物体内的代谢调节在三种水平上进行，即_____和_____、_____。

3. 代谢途径的终产物浓度可以控制自身形成的速度，这种现象称为_____。

4. 1961 年 Monod 和 Jacob 提出了_____模型。

5. 细胞中乙酰 CoA 主要来源有_____、_____、_____和_____；主要去向有_____、_____、_____和_____。

6. 细胞水平的代谢调节有两种方式：一是_____，它是通过_____来进行的，另一种是_____,它是通过_____来进行的。

7. 对酶活力调节的主要方式有_____、_____和_____。

8. 每克糖、脂肪和蛋白质的卡价分别为_____、_____、_____千卡,即_____、_____、_____千焦(kJ)。

9. 化学修饰最常见的方式是磷酸化,可使糖原合成酶_____,磷酸化酶活性_____。

10. 在磷脂酰肌醇信息传递体系中,膜上的磷脂酰肌醇可被水解产生第二信使_____和_____。

11. 在_____酶的作用下,细胞内 cAMP 水平增高;在_____酶的作用下,细胞内 cAMP 可被水解而降低。

12. 蛋白激酶 A 的激活通过_____方式;磷酸化酶 B 激酶的激活通过_____方式。

13. 蛋白激酶 A 使作用物中_____氨基酸残基磷酸化;蛋白激酶 C 使作用物中_____氨基酸残基磷酸化。

14. 哺乳动物的代谢调节可以在_____、_____、_____和_____四个水平上进行。

15. 酶水平的调节包括_____、_____和_____。

16. 酶合成的调节分别在_____、_____和_____三个方面进行。

17. 合成诱导酶的调节基因产物是_____,它通过与_____结合起调节作用。

18. 在分解代谢阻遏中调节基因的产物是_____,它能与_____结合而被活化,帮助_____与启动子结合,促进转录进行。

19. 色氨酸是一种_____,能激活_____,抑制转录过程。

20. 乳糖操纵子的结构基因包括_____、_____和_____。

21. 在代谢网络中最关键的三个中间代谢物是_____、_____和_____。

22. 酶活性的调节包括_____、_____、_____、_____和_____。

23. 共价调节酶是由_____对酶分子进行_____,使其构象在_____和_____之间相互转变。

24. 真核细胞中酶的共价修饰形式主要是_____,原核细胞中酶共价修饰形式主要是_____。

三、名词解释

1. 诱导酶(inducible enzyme)

2. 协同反馈抑制

3. 顺序反馈抑制

4. 中间代谢(intermediary metabolism)

5. 阻遏物(repressor)

6. 辅阻遏物(corepressor)

7. 同化作用(assimilation)

8. 异化作用(dissimilation)

9. 合成代谢(anabolism)

10. 分解代谢(catabolism)

11. 共价修饰(covalent modification)

12. 级联系统(cascade system)

13. 反馈抑制(feedback inhibition)

14. 泛素(ubiquitin)

15. 代谢抑制剂(metabolic inhibitor)

16. 抗代谢物(anti-metabolite)

四、简答题

1. 试述糖代谢与脂类代谢的相互关系。

2. 试述糖代谢与蛋白质代谢的相互关系。

3. 试述蛋白质代谢与脂类代谢的相互关系。

4. 简述酶合成调节的主要内容。

5. 以乳糖操纵子为例说明酶诱导合成的调控过程。

6. 以糖原磷酸化酶激活为例,说明级联系统是怎样实现反应信号放大的。

7. 二价反馈抑制作用有哪些主要类型?

8. 代谢的区域化有何意义?

9. 代谢调节有哪些主要方式?

10. 如何通过改变酶活力调节代谢?举例说明之。

11. 激素是如何参与代谢调节的?

参 考 答 案

第一章 绪 论

一、名词解释

1. 生物化学(biochemistry):是生命的化学(chemistry of life),是研究生物体的化学组成和生命过程中的化学变化规律的一门科学,是从分子水平来研究生物体(包括人类、动物、植物和微生物)内基本物质的化学组成、结构,及在生命活动中这些物质所进行的化学变化(即代谢反应)的规律及其与生理功能的关系的一门科学,是一门生物学与化学相结合的基础学科。

2. 新陈代谢(metabolism):生物体与外界环境进行有规律的物质交换的过程,称为新陈代谢。通过新陈代谢为生命活动提供所需的能量,更新体内基本物质的化学组成,这是生命现象的基本特征,是揭示生命现象本质的重要环节。

3. 分子生物学(molecular biology):分子生物学是现代生物学的带头学科,它主要研究遗传的分子基础,生物大分子的结构与功能和生物大分子的人工设计与合成,以及生物膜的结构与功能等。分子生物学的发展使生物学的各个领域在分子水平上密切联系、互相渗透、交叉融合,从而成为了解所有生命现象的分子基础。

二、简答题

1. 略(见名词解释)。

2. 略(见名词解释)。

3. 略(见名词解释)。

4. 生物化学研究的诺贝尔奖(1952~1999 年)有:

1999 年 生理学或医学奖:

美国纽约洛克菲勒大学的 Gunter Blobel 获得 1999 年诺贝尔生理学/医学奖。他的贡献是发现蛋白质具有控制其运输和定位的内在信号。

1998 年 生理学或医学奖:

Rolert F. Furchgott(美国),Louis J. Ignarro(美国)和 Ferid Murad(美国),发现 NO(一氧化氮)是心血管系统的信号分子。

1997 年 生理学或医学奖:

Stanley B. Prusiner(美国),发现一种新型的致病因子——感染性蛋白质颗粒 Prion。

化学奖:

Paul. Boyer(美国)和 John E. Walker(英国),阐明 ATP 酶促合成机制;Jens C. Skou(丹麦),发现输送离子的 Na^+,K^+-ATP 酶。

1996 年 生理学或医学奖:

Peter C. Eherty(美国)和 ROlf M. Zinkernagel(瑞士),发现 T 细胞对病毒感染细胞的识别受 MHC(主要组织相容性复合体)限制。

1994 年 生理学或医学奖:

lfred G. Gilman(美国)和 Martin ROdbell(美国),发现 G 蛋白及其在细胞内信号转导中的作用。

1993 年 生理学或医学奖:

Richard J. ROberts(美国)和 PhilliP A. SharP(美国),发现断裂基因化学奖。

Kary N. Wtullis(美国),发明 PCR 方法。

Michael Smith(加拿大),建立 DNA 合成用于定点诱变研究。

1992 年 生理学或医学奖：

Edmond H. Fischer(美国)和 Edwin G. Krebs(美国),发现可逆蛋白质磷酸化是一种生物调节机制。

1989 年 生理学或医学奖：

Harold E. Varmus(美国)和 J. Michael Bishop(美国),发现反转录病毒癌基因的细胞起源。

化学奖：

Sidney Altman(美国)和 Thorn R. Cech(美国),发现 RNA 的催化性质。

1988 年 生理学或医学奖：

James W. Black(英国),ertrude B. Elion(美国)和 Gong H. Hitchings(美国),发现"代谢"有关药物处理的重要原则。

1986 年 生理学或医学奖：

Stanley Cohen(美国)和 Rita Levi-Montalcini(意大利),发现生长因子。

1985 年 生理学或医学奖：

Michael S. Brown(美国)和 Joseph L. Goldstein(美国),发现胆固醇代谢的调节作用。

1984 年 化学奖：

Bruce Merrfield(美国),建立和发展(蛋白质)因相化学合成方法。

1983 年 生理学或医学奖：

Barbar McClintock(美国),发现可移动遗传元件。

1982 年 生理学或医学奖：

Sune K. Mtrom(瑞典),Bent. Samuelsson(瑞典)和 John R. Vane(英国),发现前列腺素和相关生物活性物质。

化学奖：

Aam Klug(英国),发展晶体电子显微镜技术测定核酸—蛋白质复合物的结构。

1980 年 化学奖：

Paul Berg(美国),关于核酸化学,特别是重组 DNA 的出色研究；

Walter Glbert(美国)和 FrederiCk Sanger(英国),测定 DNA 中的碱基序列。

1978 年 生理学或医学奖：

Werner Arber(瑞士),Daniel Nathans(美)和 Hmiltor O. Smith(美),发现限制性内切酶并应用于解决分子遗传学问题。

化学奖：

Peter Mitchell(英国),通过化学渗透理论了解生物能转换。

1977 年 生理学或医学奖：

ROger Guillemin(美国)和 ndrew V. SChally(美国),发现脑多肽激素的生成；

ROSalyn S. Yalow 美国),建立多肽激素的放射免疫测定法。

1976 年 生理学或医学奖：

Ba-ruch S. Bltirnberg(美)和 D. Carletor Gidusek(美),发现感染(乙型肝炎、库鲁病)的起源和散播的新机制。

1975 年 生理学或医学奖：

David Baltimore(美国),RenatO Bulbecco(英国)和 HOWard M. Tdrin(美国),发现肿瘤病毒和细胞遗传物质的相互作用,提出前病毒理论。

化学奖：

JOhn Warcup Chmforth(英国),酶催化反应的立体化学。

1972 年 生理学或医学奖：

Gerald M. Edelman(美国)和 Rodney R. Porter(英国),确定抗体的化学结构。

化学奖：

Christian B. nfinsen(美国)，RNase 的研究，提出氨基酸序列与生物活性构象间的联系；

Stanford Moors(美国)和 William H. Stein(美国)，关于 RNase 化学结构与活性中心的催化活性间联系的新见解。

1971 年 生理学或医学奖：

Earl. Sutherand(美国)，发现激素(如 cAMP)作用机制。

1970 年 化学奖：

Luis F. Lelhr(阿根廷)，发现糖—核苷酸及它糖类生物合成中的功用。

1968 年 生理学或医学奖：

Robert W. Holley(美国)，Har G. Khorana(美国)和 Marshall. Nirenbeng(美国)，阐明蛋白质生物合成中遗传密码及其功能。

1965 年 生理学或医学奖：

Francois Jacob(法国)，ndre L,ff(法国)和 JaCOques Monod(法国)，发现酶和病毒合成的基因调节。

1964 年 生理学或医学奖：

Konard Bloch(美国)和 Feoder Lgnen(德国)，发现胆固醇和脂肪酸代谢的机制和调节。

化学奖：

Derothy Crowfoot Hodgkin(英国)，用 X 射线技术测定重要生化物质的结构。

1962 年 生理学或医学奖：

Francis H. C. Crick(英国)，James D. Watson(美国)和 Maurice H. F. Wilkins(英国)，发现核酸的分子结构(DNA 双螺旋)及其对于活性物质中信息转移的重要性。

化学奖：

Max F. Perutz(英国)和 JOhn C. Kendrew(英国)，关于球状蛋白质(血红蛋白、肌红蛋白)结构的研究。

1959 年 生理学或医学奖：

Severo Ochoa(美国)和 Arthur KOrnbefg(美国)，发现 RNA 和 DNA 生物合成机制。

1958 年 生理学或医学奖：

George W. Beadle(美国)和 Edward L. Tatum(美国)，发现化学反应对基因的控制和影响 Joshua Lederbeng(美国)，发现细菌中遗传物质的基因重组和组织。

化学奖：

Rederick Saflger(英国)，蛋白质，特别是胰岛素结构的测定。

1957 年 化学奖：

Alexander R. Tod(英国)，核苷酸和核苷酸辅酶的研究。

1955 年 生理学或医学奖：

Axel. T. Theorell(瑞典)，发现氧化酶的性质和作用方式。

1953 年 生理学或医学奖：

Hans A. Krebs(英国)，发现柠檬酸循环；

Fritz A. Lipthann(美国)，发现辅酶 A 及其在中间代谢中的重要性。

1952 年 化学奖：

Archer J. P. Mrtin 和 Richard L. M. ynge，发明分配层析。

5. 略

6.

杂志名	参考译名	名称缩写	出版周期
Biochemistry and Cell Biology	生物化学与细胞生物学	Biochem. Cell Biol.	双月

杂志名	参考译名	名称缩写	出版周期
Journal of Biological Chemistry	生物化学杂志	J. Biol. Chem.	周
Journal of Biocheistry and Molecular Biology	生物化学与分子生物学杂志	J. Biochem. Mol. Biol.	双月
Journal of Cell Biology	细胞生物学杂志	J. Cell Biol.	半月
Journal of Molecular Neuroscience	分子神经科学杂志	J. Molec. Neurosci	半月
Proceedings of the National Academy of Sciences，USA	美国国家科学院院报	Proc. Natl. Acad. Sci. USA	双周
Protein Science	蛋白质科学	Protein Sci	月
Science	科学	Science	周
Biochemical Journal	生物化学 杂志	Biochem. J.	双周
Biochemistry	生物化学	Biochemistry	周
Cell	细胞	Cell	双周
Chemistry and Biology	化学与生 物学	Chem. & Biol.	月
Current Biology	现代生物学	Current Biol.	月
Current Opinion in Biotechnology	生物技术 新观点	Curr. Opin. Biotech.	双月
Current Opinion in Cell Biology	细胞生物学 新观点	Curr. Opin. Cell Biol.	双月
Current Opinion in Immunology	免疫学新观点	Curr. Opin. Immun.	双月
Immunity	免疫	Immunity	月
Journal of Biochemistry	生物化学杂志	J. Biochem.	月
Analytical Biochemistry	分析生物化学	Anal. Biochem.	半月
Annual Review of Biochemistry	生物化学年鉴	Ann. Rev. Biochem.	年
Annual Review of Biophysics and Biomolecular Structure	生物物理和生物 分子结构年鉴	Ann. Rev. Biophys. Biomol. Struct.	年
Annual Review of Immunology	免疫学年鉴	Ann. Rev. Immun.	年
Annual Review of Microbiology	微生物学年鉴	Ann. Rev. Micro.	年
Annual Review of Plant Physiology & Plant	植物生理与植物 分子生物学年鉴	Ann. Rev. Plant Physio. Plant Molec.	年
Molecular Biology		Biol	
Archives of Biochemistry and Biophysics	生物 化学与生物物理 文献	Arch. Biochem. Biophys.	半月
Biochemical and Biophysical Research Communications	生物化学与生物物理研究通讯	Biochem. Biophys. Res. Comm.	3 期/月

杂志名	参考译名	名称缩写	出版周期
Bioscience，Biotechnology，and Biochemistry	生物科学、技术与生物化学	Biosci. Biotech. Biochem.	月
Biotechniques	生物技术	Biotechniques	月
EMBO Journal	欧洲分子生物学杂志	EMBO J	双周
Journal of American Chemical Society	美国化学学会杂志	J. Am. Chem. Soc.	周
Journal of Immunology	免疫学杂志	J. Immuno.	双周
Journal of Molecular Biology	分子生物学杂志	J. Mol. Biol.	周
Journal of Theoretical Biology	理论生物学杂志	J. Theor. Biol.	双周
Methods in Molecular and Cellular Biology	分子与细胞生物学方法	Methods Mol. Cell. Biol.	双月
Nature	自然	Nature	周
Nature Bio/Technology	自然生物技术	Bio/Technology	月
Nature Medicine	自然遗传学	Nature Genet.	月
Nature Medicine	自然医学	Nature Med.	月
Nature Structural Biology	自然结构生物学	Nature Struct. Biol.	月
Nucleic Acid Research	核酸研究	Nucleic Acids Res.	双周
Protein and Peptide Letters	蛋白质与肽通讯	Prot. Pep. Lett.	双月
Protein Engineering	蛋白质工程	Protein Eng.	月
Proteins：Structure，Function and Genetics	蛋白质结构、功能与遗传学	Proteins Struct. Funct. Genet	月

第二章　蛋白质的化学

一、是非题

1. ×　2. ×　3. ×　4. ×　5. ×　6. ×　7. ×　8. √　9. ×　10. √　11. √　12. √　13. √　14. ×　15. √　16. ×　17. ×　18. ×　19. ×　20. √　21. √　22. √　23. ×　24. √　25. ×　26. √　27. ×　28. √　29. √　30. ×　31. ×　32. √

二、填空题

1. α-氨　α-羧

2. 16　6.25

3. 酸性　碱性　天冬氨酸　谷氨酸　组氨酸　精氨酸　赖氨酸　酪氨酸　苏氨酸　丝氨酸　蛋氨酸
半胱氨酸

4. 组氨酸　色氨酸

5. 酪氨酸　色氨酸　苯丙氨酸　280

6. 阴极

7. α-螺旋　β-折叠　β-转角　无规线团

8. —C＝O　　—N—H—　　　氢　0.54nm　3.6　0.15nm　右

9. 1953　Sanger　DNFB　牛胰岛素

10. βαβ　　αα　　βββ

11. 蓝紫　蛋白质　亚

12. 肽键　二硫键　氢　次级　疏水键　氢键　盐键　范德华力　疏水键

13. 表面有水化层　表面有同性电荷

14. 谷胱甘肽　巯基　抗氧化剂,保护细胞免受自由基的伤害

15. 增加　盐溶　降低　析出　盐析　分离提纯

16. 带电量　分子形状　分子大小　速率　方向

17. 中性盐　有机溶剂　重金属　加热　生物碱试剂

18. DNFB法　DNS-Cl法　Edman降解法　氨肽酶法　肼解法　羧肽酶法

19. 凝胶层析法　SDS-PAGE　生物质谱　超速离心法

20. 血红蛋白

21. 两性　负

22. 3.22

23. c、b、a

24. 空间构象　蛋白质的变性

25. 吴宪

26. 沉降系数单位　$1×10^{-13}$ s

27. 6.25

28. 协同　变构

29. 对角线电泳

30. Val、Ile　Glu、Lys、Asn　Gly

31. 1965　北京大学　中科院上海有机所　中科院上海生化所　结晶牛胰岛素

32. DCCI

33. 盐键　氢键　疏水键　配位键　范德华力　二硫键

34. 凯氏定氮法　Folin-酚试剂法　双缩脲法　紫外分光光度法

35. 酪　色

36. 免疫

37. 透析　超滤

三、名词解释(略)

四、简答题(略)

第三章　核酸的化学

一、是非题

1. ×　2. ×　3. ×　4. √　5. √　6. √　7. ×　8. √　9. √　10. √　11. ×　12. √　13. √

14. ×　15. ×　16. √　17. ×　18. √　19. ×　20. √　21. ×　22. √　23. ×　24. √　25. √

26. ×　27. √　28. √　29. √　30. ×

二、填空题

1. Waston　Crick　1953

2. 单核苷酸

3. 2′

4. 细胞核　细胞质

5. 9　1　嘌呤核苷　1　1　嘧啶核苷

6. 磷

7. RNA

8. 反向平行

9. 胸腺嘧啶

10. 3.4 nm　10　36°

11. 中度重复序列　单一序列

12. 左手　Z　狭长

13. 大　高

14. 退火

15. 信使　转运

16. 生物种　组织和器官

17. 增加　降低　丧失

18. 嘧啶碱　嘌呤碱　260

19. 增加　不变

20. 窄　宽　低　高　1

21. CCA　反密码子

22. 最多　3%～5%　DNA　蛋白质

23. 样品的均一性　DNA 浓度　DNA 片段大小　温度　溶液离子强度

24. 碱基堆积力　氢键　离子键

25. 三叶草　倒 L　CCA　接受活化的氨基酸

26. cAMP　cGMP　放大激素作用信号和缩小激素作用信号　3′-羟基　5′

27. 7-甲基鸟苷三磷酸　polyA　保护 mRNA5′-端不被磷酸酶、核酸酶降解　有助于 mRNA 稳定

28. 变性　双螺旋

29. 核苷

30. 组蛋白　DNA

31. 增色效应　粘度降低　DNA 变性　DNA 双链解开

32. RNA　DNA　蛋白质

33. 地衣酚　二苯胺

三、名词解释(略)

四、简答题(略)

第四章　酶

一、是非题

1. √　2. ×　3. √　4. ×　5. √　6. √　7. √　8. ×　9. √　10. √　11. ×　12. ×　13. ×
14. ×　15. √　16. ×　17. √　18. √　19. √　20. ×　21. √　22. ×　23. ×　24. ×　25. √
26. √　27. √　28. ×　29. √　30. ×　31. √　32. ×　33. √　34. ×

二、填空题

1. 生物活细胞　蛋白质或核酸

2. 酶蛋白　辅助因子　全酶

3. 高效性　专一性　作用条件温和　受调控　易失活

4. 氧化还原酶类　转移酶类　水解酶类　裂合酶类　异构酶类　合成酶类

5. 底物的趋近效应和定向效应　底物变形与张力作用　共价催化　酸碱催化

6. 竞争性

7. 由多个亚基组成　除活性中心外还有变构中心　米氏方程　S　双　寡聚

8. 酶原　器官　酶

9. 活性中心必需基团　共价

10. 酶蛋白　辅助因子

11. 辅酶　辅基　辅基　化学方法处理　辅酶　透析等物理方法

12. 比活力　总活力

13. 核酶(具有催化能力的 RNA)

14. [E]　[S]　pH　T(温度)　I(抑制剂)　A(激活剂)

15. 酶学委员会　氧化还原酶类　作用—CHOH 基团的亚类　受体 NAD^+ 或 $NADP^+$ 的亚亚类　序号为 1

16. 绝对专一性　相对专一性　键专一性

17. 结合部位　催化部位　结合部位　催化部位

18. C

19. 初　底物消耗量<5%

20. 齐变　序变

21. 稳定性好　可反复使用　有一定的机械强度　易于与反应液分离

22. 底物分子的解离状态　酶分子的解离状态　中间复合物的解离状态

23. 温度升高,可使反应速度加快　温度太高,会使酶蛋白变性而失活

24. 绝对　立体异构

25. $-1/K_m$　$1/V_{max}$

26. 二氢叶酸合成

27. 结合基团　催化基团

28. 酶催化化学反应的能力　一定条件下,酶催化某一化学反应的反应速度

三、名词解释(略)

四、简答题(略)

第五章　生物氧化

一、是非题

1. √　2. ×　3. ×　4. √　5. √　6. √　7. ×　8. √　9. ×　10. ×　11. √　12. √

二、填空题

1. 脱氢　脱电子　与氧结合

2. 与氧化态的细胞色素 aa_3 结合,阻断呼吸链

3. 焦磷酸化合物　酰基磷酸化合物　烯醇磷酸化合物

4. 复合体Ⅱ　泛醌　复合体Ⅲ　细胞色素 C　复合体Ⅳ

5. 细胞色素 aa_3

6. 复合体Ⅰ　复合体Ⅲ　复合体Ⅳ

7. 2,4-二硝基苯酚　缬氨霉素　解偶联蛋白

8. 释放的自由能大于 21kJ/mol   ATP   即时供体

9. 单加氧酶   双加氧酶

10. 低氧还电势   高氧还电势

11. NADH 和 CoQ 之间   Cytb 和 $Cytc_1$ 之间 $Cytaa_3$ 和 O_2

12. 酶   辅酶   电子传递体

13. 细胞色素 $aa_3 \rightarrow O_2$

14. NADH $FADH_2$ 初始受体

15. 化学渗透学说

16. 线粒体   质子泵   氧化还原电位   ATP

17. NAD   FAD

18. 氧化磷酸化   底物水平磷酸化

19. 线粒体   线粒体内膜上

20. α-磷酸甘油穿梭   苹果酸-天冬氨酸穿梭 $FADH_2$ NADH   2   3

三、名词解释（略）

四、简答题（略）

第六章   糖代谢

一、是非题

1. ×   2. ×   3. √   4. ×   5. ×   6. √   7. √   8. ×   9. √   10. ×   11. √   12. ×   13. √

14. ×   15. ×   16. √   17. ×   18. ×   19. √   20. √   21. √   22. ×   23. ×

二、填空题

1. 2

2. 3-磷酸甘油醛脱氢酶

3. 6

4. 3-磷酸甘油醛

5. 延胡索酸   裂合

6. 氧化反应   非氧化反应

7. 磷酸化   脱支

8. 异柠檬酸脱氢酶   α-酮戊二酸脱氢酶

9. 1,3-二磷酸甘油酸   磷酸烯醇式丙酮酸

10. 乳酸   甘油   生糖氨基酸

11. TPP   硫辛酸 NAD^+ FAD   CoA

12. 丙酮酸羧化酶   生物素

13. UDPG   G

14. 糖原磷酸化酶   脱支酶   磷酸葡萄糖变位酶   葡萄糖   6-磷酸酶

15. N   酰胺   O   羟基

16. 右旋糖酐   代血浆   塑料

17. 限速酶   己糖激酶   6-磷酸果糖激酶   丙酮酸激酶   6-磷酸果糖激酶   1,26-二磷酸果糖

18. 细胞质   线粒体   乙酰 CoA   TCA   氧化磷酸化   NADH   穿梭

19. 丙酮酸羧化   磷酸烯醇式丙酮酸羧激   线粒体   糖异生

20. 3.89～6.11   胰岛素   胰高血糖素   糖皮质激素   肾上腺素

21. NADH   丙酮酸   乳酸

22. 细胞质   戊糖   NADPH

23. 肝   丙酮酸羧化酶   磷酸烯醇式丙酮酸羧激酶   果糖双磷酸酶   1,6-磷酸葡萄糖酶

24. 1-磷酸葡萄糖　葡萄糖　磷酸戊糖途径　糖酵解

25. G　G　糖原或淀粉

26. TPP　硫辛酸　FAD　NAD^+　CoA

27. 琥珀酰 CoA　琥珀酸　琥珀酰 CoA 合成酶　GTP

28. 12

29. α-酮戊二酸、α-酮戊二酸

30. 6-磷酸葡萄糖脱氢酶　6-磷酸葡萄糖酸脱氢酶　$NADP^+$

31. 2　3

32. 己糖激酶　葡萄糖激酶　6-磷酸果糖激酶

33. 丙酮酸羧化酶　磷酸烯醇式丙酮酸羧激酶　果糖双磷酸酶　葡萄糖-6-磷酸酶

34. 肝　肾

35. 葡萄糖　磷酸戊糖途径　糖酵解

三、名词解释(略)

四、简答题(略)

第七章　脂类代谢

一、是非题

1. √　2. ×　3. ×　4. ×　5. ×　6. ×　7. ×　8. ×　9. ×　10. ×　11. ×　12. ×　13. ×　14. ×　15. ×　16. √　17. ×　18. ×　19. ×　20. √

二、填空题

1. 脂肪　甘油　高级脂肪酸

2. ATP　CoASH　脂酰 CoA　肉毒碱载体

3. (n/2)−1　(n/2)　(n/2)−1　n/2−1

4. 乙酰 CoA　丙二酸单酰 CoA　$NADH+H^+$

5. 生物素　ATP　HCO_3^-　乙酰 CoA　丙二酸单酰 CoA　激活剂　抑制剂

6. ACP

7. 到 16 碳的软脂酸　线粒体　内质网　线粒体

8. α-磷酸甘油　脂酰 CoA　磷脂酸　甘油二酯　甘油二酯转酰酶

9. 脱氢　FAD　水合　立体专一性　脱氢　NAD^+　硫解

10. HMGCoA　乙酰乙酸　β-羟丁酸　丙酮

11. 丙二酸单酰 CoA　ACP

12. 脂酰载体　乙酰 CoA　CoA

13. 乙酰 CoA　琥珀酰 CoA 转硫　乙酰乙酸硫解

14. CM　VLDL　LDL　HDL　LDL　胆固醇

15. 61

16. 胆汁酸　7-脱氢胆固醇　类固醇激素

17. 肾　心肌　脑组织　琥珀酰 CoA 转硫酶　乙酰乙酸硫解酶　乙酰乙酸硫激酶

18. aa 脱氨作用产生的 α-酮酸氧化分解　G 的氧化分解中丙酮酸氧化分解　FFA 的 β 氧化　肝外酮体氧化　进入 TCA 氧化分解　合成 FFA　合成胆固醇　肝内合成酮体

19. 转运内源性脂肪

三、名词解释(略)

四、简答题(略)

第八章 氨基酸代谢

一、是非题

1. √ 2. √ 3. × 4. × 5. × 6. √ 7. √ 8. × 9. √ 10. √ 11. √ 12. × 13. ×
14. × 15. √ 16. × 17. √ 18 √ 19. ×

二、填空题

1. 蛋白酶 肽酶

2. 赖氨酸 精氨酸

3. 芳香 羧基

4. 脱氨 脱羧 羟化

5. 磷酸吡哆醛

6. α-酮戊二酸 三羧酸循环

7. 鸟氨酸 瓜氨酸

8. 氨甲酰磷酸 天冬氨酸

9. N_2 NH_3

10. 钼铁蛋白 铁蛋白 还原剂 ATP 厌氧环境

11. NAD(P) 铁氧还蛋白

12. 磷酸烯醇式丙酮酸 4-磷酸赤藓糖

13. 核糖

14. 生成尿素 合成谷氨酰胺 再合成氨基酸

15. β-丙氨酸

16. 甘氨酸 天冬氨酸 谷氨酰胺

17. 尿苷三磷酸

18. 核糖核苷二磷酸还原 核苷二磷酸

19. 天冬氨酸 谷氨酰胺

20. 限制性核酸内切酶

21. 酪氨酸 羟化

22. S-腺苷蛋氨酸 甲基

23. ① 机体确实需要 ② 体内不能合成或合成量很少,不能满足需要 ③ 必须由食物供给色氨酸 苯丙氨酸 赖氨酸 苏氨酸 蛋氨酸 亮氨酸 异亮氨酸 缬氨酸 色氨酸

24. ① 谷氨酸 ② 色氨酸 ③ 半胱氨酸

25. 肝脏 心肌

26. 丙酮酸 草酰乙酸 α-酮戊二酸

27. ① 在肝生成尿素 ② 合成谷氨酰胺 ③ 合成其他含氮物 ④ 在肾以 NH_4^+ 形式排泄 ⑤ 与 α-酮酸作用合成非必需氨基酸

28. 谷氨酰胺的分解

29. 肝脏 线粒体 胞浆

30. 转氨酶 α-酮酸 酮基 新 α-氨基酸 另一种 α-酮酸 转氨 磷酸吡哆醛 谷丙转氨 谷草转氨

31. ① 生糖氨基酸 谷氨酸 ② 生酮氨基酸 亮氨酸 ③ 生糖兼生酮氨基酸 异亮氨酸

32. NH_3 CO_2 3

33.
—CH₃	甲基	Met
—CH₂—	甲叉亚甲基	Ser
—CH=	甲叉次甲基	His
—CHO	甲酰基	Gly 或 Trp

—CH=NH　　亚氨甲基　　　　　His

三、名词解释(略)

四、简答题(略)

第九、十章　核酸代谢与蛋白质生物合成

一、是非题

1. ×　2. √　3. ×　4. √　5. ×　7. ×　7. ×　8. ×　9. ×　10. ×　11. √　12. ×
13. ×　14. √　15. √　16. √17. ×　18. ×　19. ×　20. √　21. ×　22. √　23. ×　24. ×
25. ×　26. ×　27. ×　28. ×　29. √　30. √　31. √　32. ×　33. ×　34. ×　35. ×　36. ×
37. ×　38. √　39. √　40. ×41. ×　42. ×　43. ×　44. √　45. √

二、填空题

1. mRNA　tRNA　核糖体

2. N　C　5′　3′

3. P位点　A位点。

4. AUG　UAA　UAG　UGA

5. 嘌呤　嘧啶

6. 3　3　3

7. 甲酰甲硫氨酸

8. 没有经历后加工,如剪切

9. 分子伴侣

10. ATPase

11. 核酸内切酶

12. 缺乏帽子结构,无法识别起始密码子

13. DNA　转录　DNA 的遗传信息　hnRNA　一条多肽链

14. 64　61　AUG　UAA　UAG　UGA

15. 氨基酸　tRNA

16. fMet-tRNA　　Met-tRNA

17. 氨酰基　肽酰基　大小亚基的接触面上

18. 肽键的形成　tRNA 从肽链上分离出来

19. 小　16SRNA

20. 移位酶　催化核糖体沿 mRNA 移动　GTP

21. 开放的阅读框架　7

22. 转录　翻译

23. 简并性　通用性

24. ATP　羧

25. 70S 核蛋白体　fMet-tRNA^{fMet}

26. 80S 核蛋白体　Met-tRNA^{iMet}

27. 转肽　移位

28. 乳糖　色氨酸

29. 前导链　连续的　滞后链　不连续的　5′　RNA　5′→3′

30. 反向转录　逆转录酶

31. 转换　颠换　插入　缺失

32. 氨　酮　转换

33. 5′→3′

34. 连续 相同　　不连续　　相反

35. 5′→3′聚合　　3′→5′外切　　5′→3 外切

36. 拓扑异构酶Ⅱ　　使超螺旋 DNA 变为松弛状

37. 复制位点　　多位点

38. 3′→5′核酸外切酶　　校对

39. 专一的核酸内切酶　　解链酶　　DNA 聚合酶　　DNA 连接酶

40. SSB(单链结合蛋白)

41. RNA 引物　　DNA 聚合酶Ⅲ　　DNA 聚合酶Ⅰ　　DNA 连接酶

42. 同一 RNA 聚合酶　　3　　RNA 聚合酶Ⅰ　　RNA 聚合酶Ⅱ　　RNA 聚合酶Ⅲ

43. 启动子　　编码　　终止子

44. 隔裂基因　　外显子　　内含子

三、名词解释(略)

四、简答题(略)

第十一章　代谢和代谢调控总论

一、是非题

1. ×　2. √　3. √　4. √　5. √　6. ×　7. √　8. √　9. √　10. ×　11. ×　12. ×　13. √
14. √　15. √　16. ×　17. √　18. √　19. √　20. √

分析：

1. 错。机体可利用蛋白质合成各种脂类；同时也可通过中间产物 α-酮酸合成糖类。

2. 对。细胞内代谢调节方式是代谢物通过影响细胞内酶活力和酶合成量的变化,以改变合成或分解代谢过程的速度。

3. 对。

4. 对。限速酶的活性常常受到其代谢体系终产物的抑制,这种抑制称为反馈抑制。

5. 对。在早期饥饿时,血糖浓度有下降趋势,这时肾上腺素和糖皮质激素的调节占优势,促进肝糖原分解和肝脏糖异生功能,在短期内维持血糖浓度的恒定,以供给脑组织和红细胞等重要组织对葡萄糖的需求。

6. 错。一般情况下,依靠脂肪大量合成糖是困难的,但糖转变成脂肪则可大量进行。

7. 对。机体在物质代谢过程中同时伴有能量的交换,当机体从外界环境摄取营养物,也就是从外界输入能量(营养物质所含的化学能),当这些物质在机体内进行分解代谢时又将化学能释放出来以供生命活动的需要。因此,一切生命活动所需的能量,都是从物质所含的化学能转变而来的。

8. 对。

9. 错。酶分子多肽链上的某些基团,在另一些酶的催化下可与变构剂进行可逆共价结合,结合后引起分子变构,使酶的活力发生变化(激活或抑制),而达到调节作用,这种作用称为共价修饰调节。

11. 错。分解代谢和合成代谢虽然是同一反应的逆转,但它们各自的代谢途径不完全相同,如在糖酵解途径中,葡萄糖被降解成丙酮酸的过程有三步反应是不可逆的,在糖异生过程中需要由其它的途径或酶来代替。

12. 错。反馈抑制是由代谢终产物产生的,因此减少代谢终产物的浓度才能减少反馈抑制,有利于中间代谢产物或支路代谢的积累。

13. 对。在酶合成的诱导中,调节基因产生的活性阻遏物在没有诱导物的情况下,能与操纵基因结合,使转录终止和减弱;在酶合成的阻遏中,调节基因产生的失活阻遏物与辅阻遏物结合后被活化,再与操纵基因结合,也能使转录终止和减弱;

14. 对。氟尿嘧啶除可通过抑制胸腺嘧啶合成酶而发挥抗癌作用外,还可直接掺入核酸,形成异常核酸(含氟尿嘧啶的核酸),从而抑制肿瘤细胞的生长。

15. 对。酶合成的调节需要经过转录、翻译、加工等过程,酶的降解需要蛋白酶的作用,它们都是慢速的调节过程。酶活性的调节则直接作用于酶分子本身,所以是更灵敏更迅速的调节过程。

16. 错。果糖 1,6-二磷酸对丙酮酸激酶具有前馈激活作用。因为,在糖酵解的序列反应中,果糖 1,6-二磷酸位于丙酮酸激酶催化的反应之前,果糖 1,6-二磷酸对丙酮酸激酶的前馈激活作用有利于酵解反应的进行。

17. 对。

18. 对。在酶分子中共价引入或去除某种小分子基团,能使酶蛋白的空间结构在有活性和无活性构象之间发生转变。

19. 对。

20. 对。因为在连锁反应中,每次共价修饰都相当于增加一级酶促反应,使原始信号得到一次放大。

二、填空题

1. 乙酰 CoA　丙酮酸

2. 细胞内　激素　神经

3. 反馈

4. 转录前的调控　转录水平的调控　转录后的调控　翻译水平的调控　翻译后的调控

5. 糖　脂　蛋白质　胆固醇　氧化　合成胆固醇　合成脂肪　激素

6. 酶活力调节(快速调节)　酶分子结构　酶合成量调节(慢调节)　改变酶分子合成或降解

7. 反馈调节　ATP(TDP,AMP)　共价修饰

8. 4　9　4　17　38　17

9. 降低　增高

10. IP3　DG

11. 腺苷酸环化　磷酸二酯

12. 变构调节　化学修饰

13. 丝氨酸或苏氨酸　丝氨酸或苏氨酸

14. 细胞内酶水平　细胞水平　激素水平　神经水平

15. 酶的区域化　酶数量的调节　酶活性的调节

16. 转录水平　转录后加工和运输　翻译水平

17. 阻遏蛋白　操纵基因

18. 降解物基因活化蛋白(CAP)　环腺苷酸(cAMP)　RNA 聚合酶

19. 辅阻遏物　阻遏蛋白

20. LacZ　LacY　LacA

21. 6-磷酸葡萄糖　丙酮酸　乙酰辅酶 A

22. 酶原激活　酶共价修饰　变构调节　反馈调节　辅因子调节　能荷调节

23. 小分子基团　共价修饰　有活性　无活性

24. 磷酸化和脱磷酸化　核苷酰化和脱核苷酰化

三、名词解释(略)

四、简答题(略)

生物化学　教学日历

教材:《生物化学》(许激扬主编)
计划课时数:24学时

内　容	要　　　求	学时
第一章 绪论	掌握本学科的概念和任务,在药学中的地位及研究进展。	1
第二章 蛋白质的化学	掌握氨基酸的结构、性质;蛋白质的组成、结构、性质、功能及结构和功能的关系;蛋白质分离纯化的原理及方法。	3
第三章 核酸的化学	掌握核酸的组成、结构、性质、功能及它们之间的相互关系;了解核苷酸类辅酶的结构与功能。	2
第四章 酶	掌握酶的化学本质,酶的作用机理及酶促反应的动力学;熟悉酶分离纯化、活性测定的原理及方法;熟悉变构酶、同工酶、固定化酶等概念。	3
第五章 生物氧化	了解物质代谢和能量代谢概念;掌握重要的生物氧化体系;掌握氧化磷酸化作用机理,呼吸链抑制剂等。	1
第六章 糖代谢	掌握体内重要的糖的化学结构特点及其分解过程和生理意义;糖原合成及分解;糖异生作用及生理意义;糖代谢调节机制。	3
第七章 脂类代谢	掌握重要的脂类化学结构特点;脂类分解代谢及合成代谢途径;酮体的生成、利用及生理意义。	2
第八章 氨基酸代谢	掌握蛋白质的消化、吸收;氨基酸的一般代谢;重要的个别氨基酸的代谢。	2
第九、十章 核酸代谢及蛋白质的 生物合成	掌握核酸的分解和合成代谢;蛋白质生物合成的全过程;了解DNA的损伤与修复;熟悉药物对核酸代谢和蛋白质生物合成的影响。	4
第十一章 代谢和代谢调控总论	掌握物质代谢的相互关系;细胞、酶水平的调节。	1
第十二章 药物研究的生物化学 基础	掌握生物药物的概念和特点,熟悉药物质量控制的生化基础。	2